劳动和社会保障部职业技能鉴定中心 审订
中国摄影家协会

摄影师职业资格培训教程

中国摄影出版社　编著

中国摄影出版社

图书在版编目(CIP)数据

摄影师职业资格培训教程/中国摄影出版社编.
北京：中国摄影出版社，2000.12
ISBN 7-80007-409-9

Ⅰ.摄… Ⅱ.中… Ⅲ.摄影-工程技术人员-资格考核-教材 Ⅳ.TB8

中国版本图书馆 CIP 数据核字(2000)第 81226 号

书　　名：摄影师职业资格培训教程
出版发行：中国摄影出版社
　　　　　北京东单红星胡同 61 号　邮编：100005
　　　　　发行部电话：(010)65136125
制版印刷：北京博诚印刷厂
开　　本：787×1092 毫米　1/16
印　　张：21.5　插页：8
字　　数：500 千字
版　　次：2000 年 12 月第 1 版　第 1 次印刷
ＩＳＢＮ 7-80007-409-9/J・409
定　　价：68.00 元

编审委员会

顾　　问：袁毅平
主　　任：于　健　　陈　宇
委　　员：刘　榜　　宋　建　　刁惠香　　顾云兴
　　　　　陈　蕾　　冀运表　　谢荣生　　刘光孝
　　　　　张景山　　陈　申

执　　笔：于方敏　　许喜占　　朱传明　　陈　琳
　　　　　周　晶　　唐东平　　夏　放　　盛希贵

责任编辑：周　晶
责任设计：陈凯辉
编　　务：苏振涛　朱传明　林　洁

本社常年法律顾问高立宏、晋长明律师经授权郑重声明如下：本社享有《摄影师职业资格培训教程》著作权，未经本社许可，不得翻印、转载、摘编或以其他形式非法复制、使用。违者必将依法追究其法律责任。

前 言

本书是劳动和社会保障部职业技能鉴定中心和中国摄影家协会组织国内摄影行业的有关专家编写,并经审订作为全国摄影行业摄影师职业资格鉴定培训用书。

本书以劳动和社会保障部颁发的《摄影师国家职业标准》为依据,在教材编写中坚持以职业活动为导向,以职业技能为中心的原则。注重知识与技能相结合,由浅入深,融会贯通。

本书适用于摄影师初、中、高级、技师、高级技师的职业技能鉴定指导,也可作为培训学校的教学参考,并可作为从事摄影行业人员的自学用书。

编写职业资格培训教程对我们来说是一项探索性的工作,缺乏经验。因此,我们热忱希望摄影界的朋友们提出宝贵意见。

劳动和社会保障部职业鉴定中心
中 国 摄 影 家 协 会

目 录

前 言

第一部分　基础知识

3　**第一章　摄影成像原理**

3　　第一节　摄影光学知识
6　　第二节　摄影化学知识

9　**第二章　照相机**

9　　第一节　照相机的工作原理
9　　第二节　照相机的结构与性能
11　　第三节　照相机的种类
15　　第四节　照相机的检验与保养

17　**第三章　摄影镜头**

17　　第一节　镜头的光学特性
18　　第二节　镜头的结构与性能
22　　第三节　镜头的种类

24　**第四章　感光材料的种类与性能**

24　　第一节　感光材料的种类
27　　第二节　感光材料的结构
29　　第三节　感光材料的保存

30　**第五章　曝光控制与影调调节**

30　　第一节　曝光的概念
32　　第二节　曝光基本操作
36　　第三节　常见的曝光方法
38　　第四节　影响曝光的诸多因素

第二部分　初级摄影师

43　**第一章　接　待**

43　　第一节　接待礼仪
44　　第二节　接待服务

48　**第二章　拍　摄**

48　　第一节　准备工作
48　　　第一单元　器材
51　　　第二单元　布光
53　　第二节　证件照
53　　　第一单元　光线造型
55　　　第二单元　影室灯光证件照的拍摄
56　　　第三单元　室外自然光证件照的拍摄
58　　第三节　纪念照
58　　　第一单元　室内人像摄影技法
64　　　第二单元　室外风景人像摄影技法
67　　　第三单元　画面构图
69　　　第四单元　影调构成
71　　　第五单元　线条构成
73　　　第六单元　色彩构成
75　　第四节　小合影
75　　　第一单元　人物排列
77　　　第二单元　布光及拍摄

第三部分　中级摄影师

81　**第一章　接待工作**

81　　第一节　热情服务当好参谋

83	第二节　正确解答顾客的询问	163	第四单元　人物性格的表现
85	第三节　化妆、暗房、整修等相关知识	178	第三节　翻拍技术
		178	第一单元　不同感光材料在翻拍中的选择与使用
94	**第二章　拍摄**		
94	第一节　儿童摄影	180	第二单元　近摄翻拍与曝光量的计算
94	第一单元　给婴幼儿拍照	183	第四节　婚纱摄影
96	第二单元　为儿童拍照的方法	183	第一单元　现代婚纱摄影
98	第二节　多人合影照	185	第二单元　婚纱摄影的拍摄技法
98	第一单元　人物排列方法	189	第五节　产品照
100	第二单元　用光与拍摄	189	第一单元　产品照的拍摄
103	第三节　艺术人像	191	第二单元　产品的表面结构、形态、颜色和质感的表现
103	第一单元　审美与艺术		
107	第二单元　构　图		
109	第三单元　色　彩	196	**第三章　培　训**
112	第四单元　人像摄影不同影调的拍摄技法	196	第一节　理论指导
122	第五单元　室内人像的多次曝光	196	第一单元　职业教学的专业知识
123	第四节　婚纱摄影	197	第二单元　艺术作品的内容与形式
123	第一单元　设　备	198	第二节　传授经验
126	第二单元　姿态与神态		
129	第五节　一般性翻拍	201	**第四章　影室设计**
129	第一单元　翻拍设备的准备	201	第一节　环境设计
131	第二单元　翻拍操作	201	第一单元　影室环境装饰与风格
		202	第二单元　影室照明
	第四部分　高级摄影师	203	第二节　灯光设计
		203	第一单元　灯具种类的选择
137	**第一章　接待工作**	204	第二单元　灯位的合理布局
137	第一节　咨询服务工作	205	第三节　背景、道具设计
141	第二节　审美心理学知识		
			第五部分　摄影技师
144	**第二章　拍摄**		
144	第一节　大型团体照	209	**第一章　接待工作**
144	第一单元　人物的组织安排	209	第一节　对顾客审美趋向的探询
146	第二单元　大型团体照的拍摄	211	第二节　指导摄影消费
149	第二节　艺术人像		
149	第一单元　影调在艺术人像中的表现	214	**第二章　拍摄**
152	第二单元　滤光镜的使用	214	第一节　广告摄影
154	第三单元　构图、影调与色彩的处理	214	第一单元　广告摄影的设计

217	第二单元 广告摄影的拍摄		294	第二章 培训管理
229	第二节 摄影艺术的表现方法		294	第一节 教学
246	**第三章 数字摄影**		294	第一单元 讲授与创作活动
246	第一节 数字摄影组成与特点		299	第二单元 艺术才能与艺术个性
248	第二节 数字照相机及数字拍摄技术		300	第二节 教学管理
			300	第一单元 教学计划、教学大纲的制定
258	**第四章 培 训**		301	第二单元 因材施教
258	第一节 专业知识的讲授			
259	第二节 如何评价艺术作品		302	**第三章 经营管理**
			302	第一节 技术人员的管理
266	**第五章 经营管理**		303	第二节 行业管理
266	第一节 技术人员的管理			
266	第一单元 合理分工发挥特长		306	**第四章 艺术理论研究**
268	第二单元 加强培训组织技术交流活动		306	第一节 摄影艺术创作的基本规律
269	第二节 产品质量的管理		311	第二节 摄影艺术主要流派简介
269	第一单元 影响产品质量的原因及解决办法		315	附1：国内外主要感光材料种类及其性能介绍
270	第二单元 照相产品质量标准和管理制度		318	表①专业型彩色负片
272	第三节 设备管理		322	表②专业型彩色反转片
272	第一单元 器材的保养		326	表③黑白全色胶卷
273	第二单元 设备管理措施		327	附2：公民肖像权、名誉权和有关法律条款
275	**第六章 艺术人像的综合处理**		328	附3：《中华人民共和国消费者权益保护法》的相关条款
283	**第六部分 摄影高级技师**		330	附4：《中华人民共和国劳动法》的有关法律条款
283	**第一章 数字摄影**			
283	第一节 扫描仪及扫描技术			**后 记**
285	第二节 数字图像的加工处理			
288	第三节 数字图像输出			

第一部分

基础知识

第一章　摄影成像原理

> 摄影成像的基本步骤

从被摄体到照相底片上的影像，摄影成像要经历如下的基本步骤：

被摄物体→照相机（透镜）→感光材料（通常为胶卷）→显影→照相底片

在这个基本过程中，要涉及到一系列的摄影光学和摄影化学知识，下面分别加以阐述。

第一节　摄影光学知识

一、光的基本性质

（一）光与色

光是一种电磁波，它在均匀的介质中以每秒 30 万公里的速度沿直线传播。电磁波的波长范围很宽，但人眼可能看得见的，只有波长范围从 380—780 毫微米（nm）的非常窄的一段，这段波长范围叫做可见光。

不同波长的可见光，在我们的眼睛中产生不同的颜色感觉，按照波长由长到短，光的颜色依次是红、橙、黄、绿、青、蓝、紫等色。比红光波长更长的叫红外线，比紫光波长更短的叫紫外线，它们都是人眼看不见的，叫做不可见光。按照电磁波波长的长短，把它们依次排成一个波谱，称为电磁波谱。见图 1.1。

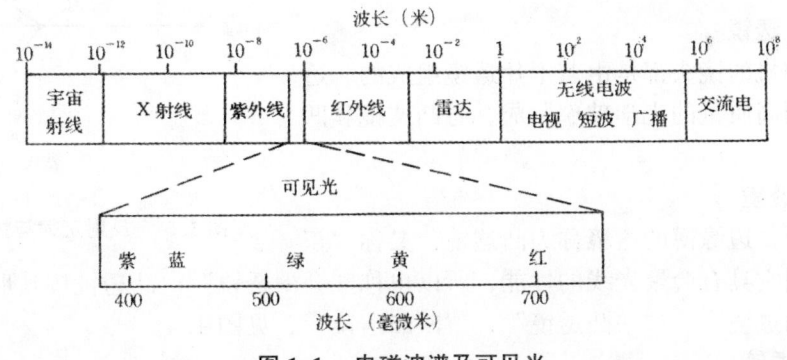

图 1.1　电磁波谱及可见光

（二）光线和光束

几何光学把光线看成是无直径、无体积，有一定方向的几何线条，用来表示光能传播的方向。

有一定关系的一些光线集合起来，称为光束。由一发光点发出的光束，称为发散光束。所有光线会聚于一点的光束，称为会聚光束。发光点或会聚点在无穷远时，光束中的所有光线互相平行，称为平行光束，这些都属于同心光束。而当光束中的光线既不相交于一点又不互相平行时，称为像散光束。见图1.2。

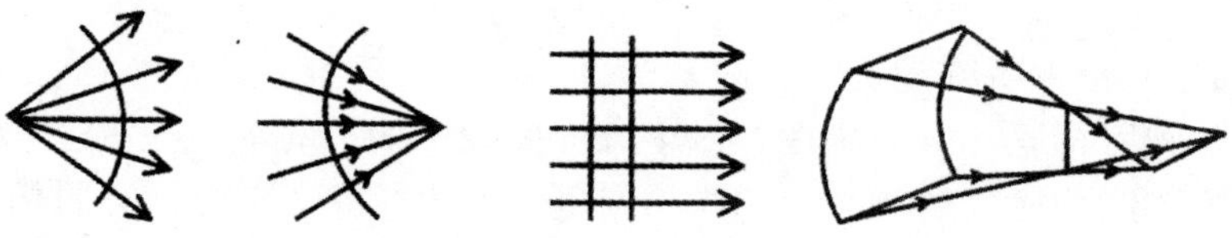

发散光束　　会聚光束　　平行光束　　像散光束

图 1.2　光　束

二、光线的传播规律

光线的传播规律是：

1. 光线在均匀透明介质中按直线传播。
2. 光线在两种介质面上的传播遵守反射定律和折射定律。

反射定律：入射光线与反射光线分属法线两侧，且与法线在同一平面内，入射角等于反射角。即 $I = I'$

折射定律：入射线，折射线与法线在同一平面内，入射角正弦与折射角正弦之比，等于第二种介质的折射率（n'）与第一种介质的折射率（n）之比。即

$$\sin I / \sin I' = n' / n$$

反射定律与折射定律见图1.3。

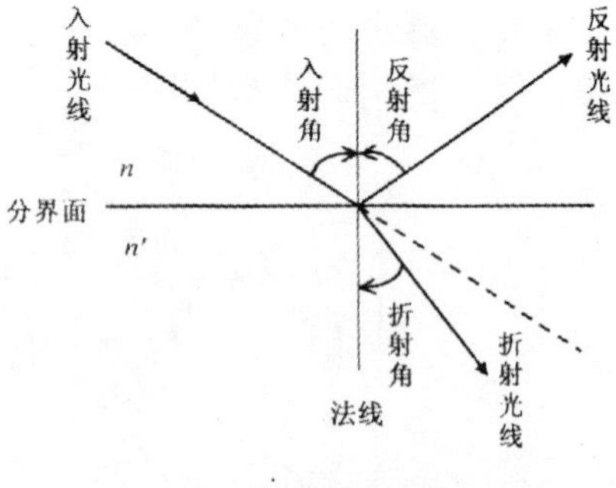

三、透镜及成像

（一）透镜

现代相机的镜头都是由若干片透镜组成的。透镜通常采用高质量的光学玻璃制成，有凸透镜和凹透镜两类。

图 1.3　反射定律与折射定律

1. 凸透镜

中间厚，边缘薄的透镜称为凸透镜，又称"正透镜"，因它具有会聚光线的性能，所以也称"会聚透镜"。凸透镜按其形状不同，又分"双凸透镜"、"平凸透镜"、"凹凸透镜"、见图1.4。

2. 凹透镜

中间薄，边缘厚的透镜称为凹透镜，又称"负透镜"，因它具有发散光线的性

能，所以也称"发散透镜"。凹透镜按其形状不同又分"双凹透镜"、"平凹透镜"、"凸凹透镜"。见图1.4。注意"凸凹透镜"是凹度大于凸度的，而"凹凸透镜"是凸度大于凹度的。

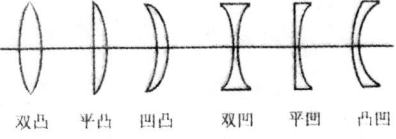

图1.4　凸透镜和凹透镜

3. 光轴

经过透镜两球面中心的直线，或通过一个球面中心并垂直于透镜另一面的直线，称做光轴，见图1.4。

4. 会聚作用和发散作用

在光路中，凸透镜能使平行光线会聚于透镜后一点 F'，凹透镜能使平行光线发散，使光线好象是从透镜前一点 F' 发出，见图1.5和图1.6。

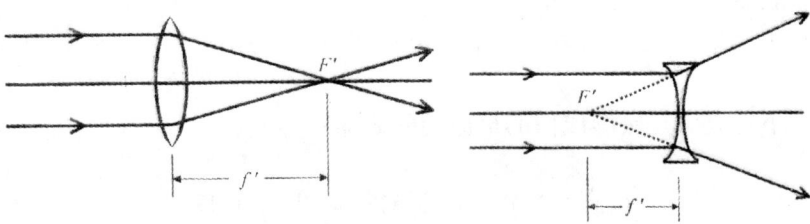

图1.5　凸透镜的会聚作用　　　　图1.6　凹透镜的发散作用

（二）透镜成像

当透镜的两个折射面为同轴球面，且将透镜的厚度看成接近零（薄透镜），并透镜置于空气中时，可以大大简化透镜成像公式。

当某一薄透镜的折射率为 n 时，物体通过该透镜的成像关系式为：

1／像距 − 1／物距 = 1／焦距

称为高斯透镜公式。见图1.7和图1.8。

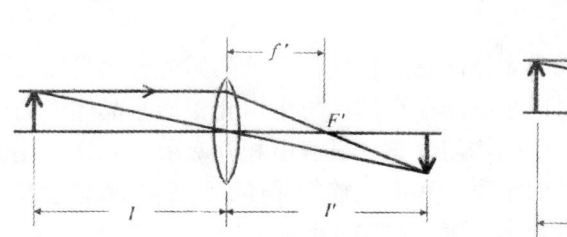
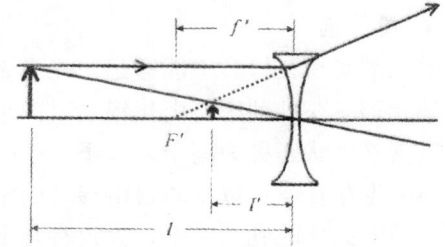

图1.7　凸透镜成像　　　　图1.8　凹透镜成像

式中："像距"为像点至透镜的距离，图中以 l' 表示。

"物距"为物点至透镜的距离，图中以 l 表示。

"焦距"为焦点至透镜的距离，图中以 f' 表示。

四、小孔成像现象及其原理

小孔成像现象：在一全黑的暗室中，给被摄体布置照明，并用一张描图纸面对着它，在描图纸和被摄体之间布置一个带有针孔的不透明屏障，结果在针孔另一侧的描图纸上可以看到一个被摄体的暗淡的倒立影像（如图1.9）。

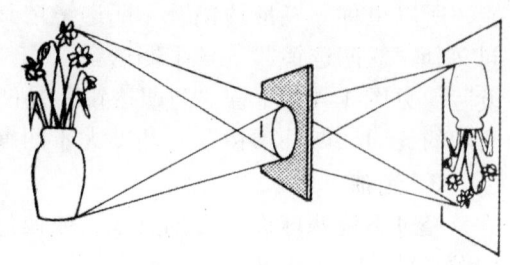

图1.9

很显然，小孔成像现象是利用光的直线传播原理而进行的。由于光线以直线传播，因此，来看物体上部的光线通过针孔后只能照在描图纸的下部，而来自物体下部的光线则只能照到描图纸的上部。

如果将屏障的针孔换成透镜，描图纸换成胶片，那就是一架能够拍摄影像的相机了。

可见，小孔成像是摄影成像的最原始的萌芽和雏型。

第二节 摄影化学知识

一、感光材料

感光材料作为摄影过程中记录光学影像的媒介和摄影影像的载体，种类极多。通常按照感光材料的载体质料，可分为感光胶片和感光纸，它们又有黑白和彩色之分。（本节涉及的感光材料知识以黑白为例）。摄影中常用的感光材料，基本构造为感光乳剂层和它的载体。

乳剂层也称感光层，它的作用是纪录摄影曝光后在该层上形成的潜影，冲洗之后又可产生可见的银影像。它的主要组成成份为：感光剂、明胶和各种补加剂。

1. 感光剂

感光剂是指在摄影中能够纪录光学影像的感光物质。传统的感光材料是以卤化银作为感光剂。在乳剂中，卤化银是以微小状态存在的。每个卤化银微小晶体中的原子均带电（这种状态称为离子）原子在空间均匀分布，靠静电相互吸引。同样，在卤化银晶体中也存在一定数量的自由移动的银离子和不完整的晶体，它们在摄影中起重要作用。一般胶片的乳剂层中，大致有几十个卤化银层。

感光材料的感光能力和卤化银晶体的大小有直接关系。一般地说，卤化银晶体的直径越大接受光照捕获光子的机会越多，就越容易变成可显影状态，感光能力也越强。

2. 明胶

明胶是指在感光层中将卤化银晶体彼此分离并粘结在片基（纸基）上的物质。它能使卤化银的微小晶体在乳剂中处于彼此隔离的均匀分散状态，从而乳剂层在摄影中，可按曝光多少产生相应的数量的银，构成影像。

3. 补加剂

乳剂中添加的补加剂，其中对感光性能影响最大的是增感剂，可以大幅度提高胶片的感光度，还可扩大它的感色范围。增感剂分为化学增感剂和光谱增感剂两类。

二、曝光和潜影

摄影曝光的过程，同时也是感光材料形成潜影的过程。当感光材料被光线照射后，也就是卤化银离子接受光能粒子撞击的开始，光化学变化反应开始发生。这一变化包括两个阶段，即电子运动阶段和离子运动阶段。变化的结果是卤化银中的银离子被还原为银原子，过程如下：

$$Ag^+ + e \longrightarrow Ag$$
银离子　　电子　　银原子

这个过程重复多次，感光中心上的银原子数量逐渐增多，积累到一定数量就形成了稳定的潜影。产生了潜影的感光材料，才能有效地进行显影，生成由银组成的可见影像。显影过程是一个氧化还原反应，反应的实质是使银离子还原为黑色的金属银。

三、显影和定影

（一）显影

显影是指感光材料曝光产生潜影后，在显影液中进行处理，产生出可见银影像的过程。下面以黑白感光材料的冲洗为例说明显影液的组成成分。

显影液的主要成分为：显影剂、促进剂、保护剂和抑制剂。

1. 显影剂

显影剂的作用是使已曝光的卤化银还原产生金属银，是显影液中必不可少的成分。米吐尔（对－甲氨基酚硫酸盐）和对苯二酚是应用最广的两种显影剂。

2. 促进剂

促进剂的作用是使显影的速度加快，加速显影过程的进行。常用的促进剂大都是溶解于水可水解产生氢氧离子的盐类，如：硼酸盐、碳酸盐等。

3. 保护剂

显影液在保存过程中与空气接触，显影剂很容易被氧化，从而使显影剂的浓度减小，导致显影能力的下降。因此，需在显影液中加入一定的化学药品，以减缓这一过程的进行，这些药品被称作保护剂，其中使用最普遍的是亚硫酸钠。

4. 抑制剂

抑制剂又称防灰雾剂，在显影液中可以抑制灰雾的产生。常用的有溴化钾、溴化钠等。

（二）定影

显影以后，感光材料上既有黑色的金属银颗粒，又有既未曝光也未显影的卤化银晶体，这些卤化银晶体如果在长时间的光照下，即使不进行显影也会产生可见的银密度，从而引起画面的密度、层次、影调的变化，因此，必须把感光材料上多余的卤化银除去，才能使影像稳定不变，这个处理过程就称作"定影"。

所用的加工药液就是"定影液"。

定影过后就是水洗，水洗是感光材料冲洗中的一个非常重要的步骤。由于水洗对影像质量的影响，常需经过若干时间之后才能看到，所以水洗过程的重要性容易被忽视。

经过水洗后的黑白感光胶片上的影像是与现实景物黑白相反的负像，通过暗房的加工放大，在相纸上就会得到一个与被摄物相同的影像。

至此，摄影成像的基本过程完成了。

思考与练习题

1. 摄影成像的基本步骤。
2. 光线的传播规律。
3. 照相机镜头是由何种透镜组成?分别说明它们的不同性能。
4. 小孔成像的原理是什么?
5. 感光材料的基本构造?
6. 简述显影的过程。

第二章 照相机

第一节 照相机的工作原理

照相机工作原理

一架照相机包括高级复杂的照相机都可以用一个很简单的示意图来表示（见图1.10），它起码要包括机体、镜头和快门等几个部分，同时在使用时还要加装胶片。照相机工作时，镜头把被摄景物成像在胶片位置上，通过控制快门的开闭，胶片即被曝光而形成潜影，从而完成了一次拍照动作。换装胶片或推行胶卷后，可以进行第二次拍照。已曝光的胶片经过冲洗，便显现出被摄景物的影像。因此可以说，照相机的工作过程就是照相机通过光化学作用把景物影像记录下来的过程：景物成像靠镜头，控制适当的曝光量靠快门和光圈，记录影像靠胶片。

当然，实际上现代照相机的构造要复杂得多。例如，为了使不同距离的景物在胶片位置上成像更为清晰，镜头就得能够前后移动，因而需要有调焦机构；为了适应被摄物的亮度，要求快门的曝光时间可以进行长短变换，因而需要加设快门时间的调节装置；胶片曝光后需要更换，将未曝光的胶片拉过来，以便准备第二次拍照，因而照相机要具备输片装置；拍照时要观察选取被摄景物的范围，因而要有取景器；计算胶片拍照的张数，需设有计数器等等。

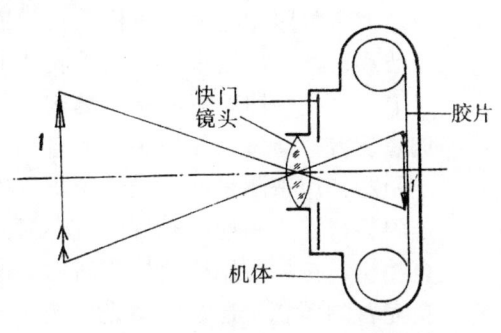

图1.10 照相机工作原理

第二节 照相机的结构与性能

一、照相机的组成部分

照相机是能使感光胶片通过摄影镜头把景物逐张拍摄下来的工具。它由机械、光学、电子装置三大部分组成（某些老式照相机一般没有电子装置部分）。

随着世界科学技术的飞速发展和人民生活水平的日益提高，照相机的性能也日趋先进、完善。伴随而来的是照相机的结构愈来愈复杂，照相机电子化程度被运用得也愈来愈高。

照相机的机械部分主要包括机身、快门、闪光联动机构、机械式自拍机构、快门上弦机构、卷片机构、计数机构、升降反光镜和收缩光圈机构等。

光学部分主要包括摄影镜头、取景器、调焦验证系统、取景视力补偿镜片。

电子部分主要包括测光和显示系统，电子快门、连拍功能等电子自拍机构、电子自拍显示灯和蜂鸣器，自动调焦机构，内装式电子闪光灯，电子记录拍摄日期装置，遥控装置，电动卷片、上弦、倒片机构等。

二、照相机的基本结构及其作用

主体：主体为一坚固骨架，用以支撑照相机其它各个部分。安装后的主体内部形成暗箱，以便安装胶卷和控制像幅的大小。

镜头：镜头由光学系统（透镜）、光圈和镜筒等组成，其主要作用是使景物成像。

取景器：取景器由光学系统和金属框架组成，用来观察被摄景物范围，选取合适的拍摄场面。

快门：快门是控制胶片曝光时间的机构。调节快门时间，可以选择适当的曝光时间。

输片机构：其作用是把已经曝光的胶片拉走，把未曝光的胶片拉来，准备下一次拍照。现大多数照相机输片机构与快门连动，即在输片动作中同时上紧快门。

计数器：计数器用来统计已摄胶片的张数。

以上部分是一照相机的基本结构，而在性能较完善的照相机上还加有下列装置：

调焦装置：通过操作，手动或自动，前后移动镜头，使胶片得到清晰的影像。

测距器：用来测量被摄景物距离，以便对镜头进行调焦。

连闪装置：用来使闪光灯的点燃时间与快门开启时间相同步。

自拍机：自拍机用来使快门滞后一段时间释放，以便摄影者把自己拍进画面。

更完善的照相机还装有测光系统。通过测量景物亮度，确定合适的曝光组合（光圈系数与快门时间），以达到正确曝光的目的。测光系统与控制系统连动，还可以自动控制光圈级数或快门速度，实现曝光控制自动化。

有的照相机还把小型电子闪光灯装在一起，成为照相机的组成部分，在光线不足的情况下，自动控制闪光灯照明，曝光控制就更加方便了。

135 胶卷拍完后，需倒回暗盒才能从照相机中取出以便冲洗，因而 135 照相机还应有倒片机构。120 胶卷因有护纸，照完后继续卷紧包好就可以取出，所以无需加设倒片机构。

此外，照相机还有一些附件连接部位，以连接滤光镜、遮光罩、三脚架、快门线和闪光灯等附件，用来改善拍照效果和扩大照相机使用范围。

第三节　照相机的种类

照相机的种类

目前，世界上生产照相机的厂家很多，产量也非常大，因此照相机的品牌和型号繁多。如果把国内外生产的各种照相机加以比较，就会发现：在主要技术性能和用途方面，它们有的差异很大，也有的基本相似。摄影界常常根据这些差异和相似点，对照相机进行分类。摄影者可以根据相机所属的类型，更快、更全面地了解该照相机的主要性能与用途。以便从众多的照相机中，选择最适合自己需要的照相机。

表 1-1　　　　　　　　　　常见照相机所摄画幅尺寸

照相机种类	胶片宽度(mm)	所摄画幅尺寸
8×10in 照相机	散页片	18×24cm
5×7in 照相机	散页片	13×18cm
4×5in 照相机	散页片	9×12cm
6×17cm120 照相机(俗称)	61	6×17cm
6×12cm120 照相机(俗称)	61	6×12cm
6×9cm120 照相机(俗称)	61	6×9cm
6×7cm120 照相机(俗称)	61	56×67mm
6×6cm120 照相机(俗称)	61	56×56mm
6×4.5cm120 照相机(俗称)	61	56×41.5mm
127 型照相机	45	40×40mm
135 型照相机	35	24×36mm
半幅 135 型照相机	35	24×17mm
126 型照相机	11/8in	26×26mm
110 型照相机	16	13×17mm
米诺克斯照相机	9.5	8×11mm
打火机式照相机	8	6×6mm

照相机的分类方法很多，最常见的是根据照相机所用胶片的宽度进行分类。常见的照相机有：特殊卷装胶片照相机（例如，使用 320 毫米宽、打孔胶卷的航空侦察照相机，使用 8 英寸宽、无孔胶卷的长条照相机，使用 10 英寸、6 英寸、4 英寸宽无孔胶片的照相机），120 照相机（胶卷宽 61 毫米，有保护衬纸，照相机的规格又分 6 厘米×6 厘米、6 厘米×7 厘米、6 厘米×4.5 厘米、6 厘米×9 厘米、6 厘米×17 厘米等数种），127 照相机（胶卷宽度为 45 毫米），135 照相机（采用 35 毫米宽、有孔、无保护衬纸的胶卷，该胶卷装在暗盒中。分为可拍摄 36 张画幅的普通 135 照相机和可拍摄 18mm×24mm 的 72 张画幅的半幅 135 照相机两类），126 照相机（使用 11/8 英寸宽的胶卷，可拍摄 28mm×28mm，20 张或 12 张正方形画幅，该胶卷装在快速装卸式专用暗盒中，此照相机由美国柯达公司于 1962 年首创），110 照相机

（采用 16 毫米宽、有单边片孔和保护衬纸的胶卷，可拍摄 20 张或 12 张 13mm×17mm 画幅，该胶卷装在快速装卸式暗盒中使用，此照相机由柯达公司于 1972 年首创），米诺克斯（Minox）照相机（采用 9.5 毫米宽的无孔胶卷，可拍摄 50 张画幅，该胶卷装在专用暗盒中），打火机式照相机（采用 8 毫米宽单边片孔胶卷，可拍摄 20 张画幅，该胶卷装在专用暗盒中），一步成像照相机（使用盒装散页相纸，波拉洛依德照相机拍摄的画幅尺寸为 78mm×78mm），圆盘式照相机（采用特殊的圆盘式胶片，每盘可拍摄 15 张 8 毫米×10 毫米的画幅，此照相机由柯达公司首创）。（参见表 1-1 中所示）。

摄影界又习惯按所摄画幅尺寸的大小对照相机进行分类。常见照相机有：大型照相机、中型照相机、小型照相机、超小型照相机等四大类。

1. 大型照相机

所摄画幅尺寸为 6 厘米×9 厘米以上的照相机，称作大型照相机。

照相馆中使用的照相座机即属于大型照相机。照相座机使用装在片匣中的散页片拍摄，并可随意拍摄所需尺寸的画幅。照相座机一般有 12 英寸（1 英寸＝25.4mm）、10 英寸、8 英寸、6 英寸等几种规格可供选择。

专业摄影者使用的大型照相机，一般可以折叠，从而缩小了体积，便于携带；只待摄影时才把照相机打开，并使摄影镜头向前伸出。这类照相机一般也使用散页片拍摄。国内专业摄影者常用的有：德国产林哈夫（LINHOF）牌标准技术型 4 英寸×5 英寸照相机、瑞士产仙娜牌照相机（SINOR）及日本产骑士（HORSEMAN）牌 VH-R 型照相机。后者的摄影镜头质量虽不及前者，但价格较便宜，并备有安装 120 胶卷的片盒。

2. 中型照相机

使用 120 胶卷，所摄画幅尺寸为 6 厘米×6 厘米、6 厘米×7 厘米、6 厘米×4.5 厘米的 120 照相机，称作中型照相机。

中型照相机按取景方式分类，常见者有下列两种：

（1）单镜头反光取景式 120 照相机

这类照相机在摄影镜头与感光胶片之间，有一与摄影镜头光学主轴成 45°夹角的反光镜。取景与摄影使用同一镜头。取景时由被摄景物投射来的光线，经摄影镜头会聚和反光镜反射后，在照相机上方的调焦屏上结成影像。这种照相机没有取景视差，取景器中影像尺寸大、清晰、明亮。单镜头反光式中型照相机一般为高、中档专业照相机。我国曾经生产的东风牌 120 照相机，瑞典产哈苏（HASSEBLAD）500C/M 型（图 1.11）、

图 1.11　哈苏相机

200FC/M型120照相机，日本产玛米亚（MAMIYA）RB67型（图1.12）、RZ67型、645型120照相机，勃朗尼卡（BRONICA）SQ-A型、GS-1型、ETRS型120照相机，均属于单镜头反光式中型照相机。

(2)双镜头反光取景式120型照相机

双镜头反光取景式120照相机在摄影镜头上方有一取景镜头，两镜头直径相似，取景镜头后方有一成45°夹角的反光镜，取景镜头与摄影镜头的主轴平行，调焦时取景镜头与摄影镜头同步伸缩。这种照相机属俯视旁轴取景式照相机。该照相机

图1.12 玛米亚相机

机身坚固耐用，取景影像比平视旁轨式照相机大且清晰。由于多了一个直径较大的取景镜头，因而相机体积和重量较大，不便携带。目前在国外，由于微粒胶片的出现，彩色扩印业务的普及，这种双镜头反光照相机有逐渐被淘汰的趋势。上海照相机总厂生产的海鸥牌4型系列120照相机（图1.13）、德国产禄莱（ROUEIFLEX）（图1.14）等均属于双镜头反光120照相机。

图1.13 海欧120相机

3. 小型照相机

使用135胶卷，所摄画幅尺寸为24毫米×36毫米、24毫米×18毫米的135照相机，称作小型照相机。

小型照相机按取景方式分类，主要有下列两种。

(1)单镜头反光取景式135照相机

单镜头反光取景式135照相机的摄影镜头兼作取景物镜，在摄影镜头与胶片之间有一与光学主轴成45°角的反光镜，取景影像通过反光镜显示在机身上方的调焦屏上，摄影者通过取景目镜和屋脊式五棱镜观察该取景影像，因而取景无视差，取景影像较大，也较清晰、明亮。这种照相机与120照相机相比体积较小，易于携带，摄影镜头一般可迅速地进行更换。图1.15、1.16为国产海鸥牌、凤凰牌单镜头反光135相机。

(2)平视旁轴取景式135照相机

平视旁轴取景式135照相机一般具有独立的取景物镜，取景光轴与摄影光轴平行，取景影像较明亮，但放大率较小，不便仔细观察，有取景视差存在。由于没有五棱镜和反光镜，因而照相机体积较单镜头反光135照相机更小，也更便于携带。但摄影镜头一般不可更换。

国内常见平视旁轴取景式 135 照相机，主要有普通手控曝光照相机、带旁轴测光的手控曝光照相机和自动曝光照相机三种。

普通手控曝光照相机的正确曝光，由摄影者根据经验进行估计和选择，这类照相机多数采用镜间快门，由于可供选择的快门时间挡数和光圈系数级数较多，深受业余摄影者喜爱。

4. 超小型照相机

常见超小型照相机有 110 照相机等几种类型，110 照相机使用 16 毫米宽的带孔胶片，该胶片背面有保护黑纸，并一同安装在 110 片盒内。

110 照相机上有内装 X 闪光灯，一般为自动曝光式照相机。整个照相机外型小巧、易于携带，是专供拍摄纪念照用的超小型照相机。

图 1.14　禄莱相机

以照相机用途分类主要有以下几种：大型专业照相机（例如，外拍机和照相馆用的座机，其中比较著名的如德国林哈夫照相机），中型专业照相机（例如哈苏 500C/M 型、玛米亚 RB67 型、6×7 规格的 120 照相机），普通照相机（例如中型业余用 120；135、126 照相机，超小型 110 照相机），微型侦察照相机，航空照相机，摇头照相机（拍摄横幅长条画面），水下照相机，翻拍照相机（拍摄图片或显像屏），制版照相机，显微照相机，医用照相机（例如：胃镜照相机、眼底照相机、牙科照相机、X 光照相机），立体照相机，高速照相机（快门曝光时间已达 $10^{-6}-10^{-9}$ 秒），卫星用照相机（其为超远距离照相机）。

照相机按取景方式分，主要有同轴（即单镜头）取景照相机和旁轴取景照相机两大类。同轴取景照相机包括：片窗磨砂玻璃取景照相机（例如照相馆中使用的座机）、平视五棱镜取景照相机（例如 135 单镜头反光照相机）、俯视磨砂玻璃取景照相机（例如 120 单镜头反光照相机）、平俯视取景照相机（例如哈苏 500C/M 型 120 单镜头反光照相机，它备有多种可快速更换的取景器，故既可平视取景，又可俯视取景）。旁轴取景照相机包括：俯视磨砂玻璃取景照相机（例如海鸥 4 型系列 120 双镜头反光照相机）、平视光学取景照相机（例如凤凰 205B 型 135 照相机）、平视框式

图 1.15　海鸥 135 相机

图 1.16　凤凰 135 相机

取景照相机（某些老式照相机）。

随着科技的突飞猛进，相机的自动化程度也越来越高，从手控曝光照相机到自动曝光照相机，从自动快门、自动光圈照相机到自动对焦照相机，相机的发展可谓日新月异。然而万变不离其宗，作为传统相机以化学感光材料来纪录影像，采用化学药液冲洗获取影像的摄影体系没有变。划时代的数字革命发生在1981年，日本索尼公司推出了"磁录相机"，又称"磁盘相机"，被认为是现今数码相机的前身。它在相机中不是用化学感光材料记录影像，而是采用磁盘录下影像。影像变为电子信号留在磁盘上。这种磁录相机的影像质量不如传统感光材料的影像质量，但其卓有远见的革命化摄影体系在摄影的进程中意义重大，自此以后，摄影进入了传统摄影与数字摄影并驾齐驱的新局面（有关数码相机，本书有专门章节介绍）。

第四节　照相机的检验与保养

一、照相机的检验

照相机的检验通常包括镜头的透镜检验，光圈的检验以及快门的检验。

检验镜头的透镜和光圈时，先启开"B"门，用吹气球把透镜前后表面的灰尘吹去，然后开足光圈，对着亮处（如天空）进行检查。

透镜的检查主要包括：透镜内是否有灰尘和杂质；是否有损伤和崩边现象；是否有发霉现象。

光圈的检查主要包括：光圈叶片是否有锈斑；转动光圈调节环的手感是否过紧或过松；逐级缩小光圈时，光孔是否也在相应缩小，光孔是否为正多边形。

快门的检查主要包括：用1、1/2、1/4、1/15、1/30秒释放快门时，凭听觉是否有长短之分；检查B门释放与1秒释放快门时的声响是否不同（应该不同），如果相同那就说明"B门"有问题；对镜间快门相机，打开后盖看镜头，快门叶片应不露光孔，对焦平面快门相机，打开后盖检查帘幕，前后两块帘幕的重叠部分以2－3毫米为宜。

二、照相机的保养

照相机的使用寿命除本身的制造因素外，关键还在于保养。为了保持照相机良好的工作状态，延长使用寿命，必须精心加以维护，做到：防震、防晒、防热、防潮、防尘。具体地讲，应从以下几个方面着手：

1. 正确使用

在卷片、装卸镜头、调焦变焦时，用力要适中。如在卷片、倒片时感到沮滞或扳不动，应及时检查原因。如是否已过片，或倒片钮未按下等等，不能用力过猛或强行扳动，以免损坏照相机。照相机一旦出现故障，不能继续强行使用，以防加重故障，要及时送维修部修理。

2. 保持清洁

操作照相机时不要用手触摸镜头和取景目镜,特别是不可用手触摸镜头。镜头有污染应及时清洁。定期清洁照相机外部和胶卷片仓,以及聚焦屏和反光镜等。

3. 正确存放

照相机不用后,要放于阴凉,干燥,通风的地方。如长时间不用,最好用干燥箱或完好的塑料袋装上干燥剂密封保存。保存时皮套必须与照相机分离,干燥剂要定期烘干,以免镜头受潮发霉。

在长期存放照相机之前,必须卸掉胶卷、电池。存放处要避开电视机、录音机等强磁场或强电场,以防止照相机金属部件磁化,导致操作失灵。

4. 避免在恶劣环境中使用

恶劣的使用条件对照相机的损害是比较严重的。在高于40℃酷暑和低于零下20℃的严寒中要尽量避免相机暴露在外,雨天摄影最好在照相机外套上一只塑料袋,防止照相机进水受潮。冬日在室外拍照后,不要急于带入温度较高的室内,要将照相机放在包内,使照相机缓慢升温,以避免水蒸汽骤然遇冷,凝结成水珠附于照相机上,使其锈蚀。

思考与练习题

1. 现代照相机主要由哪三大部分组成?
2. 照相机的基本结构。
3. 什么是单镜头反光照相机,有何特点?
4. 对照相机的保养维护须注意哪些问题?

第三章 摄 影 镜 头

第一节 镜头的光学特性

镜头是照相机的最重要部件，一般是由若干片透镜与相应的金属零件组合而成。它的作用是使被拍摄的对象在感光胶片上曝光，构成清晰的影像。透镜通常采用高质量的光学玻璃制成，有凸透镜和凹透镜两类。

现代相机镜头多采用多片凸凹透镜组成，它的主要光学特性可用三个参数来表示，即镜头的焦距、相对孔径和视场角。

1. 焦距

从光学成像的原理来定义焦距：从镜头像方主点到像方焦点的距离，称做像方焦距。但对于初学者来说不易理解。为了简单易懂，镜头焦距的含义从实用角度可以理解成"镜头中心至胶片平面的距离"。镜头的焦距长短决定被摄景物在胶片上成像的大小，即镜头的焦距长，所成的像大；焦距短，所成的像小。

根据用途的不同，镜头的焦距相差很大。按镜头的焦距与胶片画幅对角线长度的比值，镜头可分为标准镜头、广角镜头和长焦镜头三类。一般把镜头的焦距近似等于胶片画幅对角线长短的定为这种照相机的标准镜头。比标准镜头的焦距短的，称为广角镜头，比标准镜头的焦距长的，叫做长焦镜头。

各种胶片画幅的标准焦距值，见表1-2。

表1-2 各种胶片画幅的标准镜头的焦距差

画幅尺寸(mm)	画幅对角线长度(mm)	标准镜头焦距(mm)	画幅尺寸(mm)	画幅对角线长度(mm)	标准镜头焦距(mm)
8×11	13.6	15	40×65	76	75
8×14	17.2	17–20	60×65	81	75–80
12×17	20.8	20–25	60×90	100	100–110
18×24	30	30	90×120	150	150
24×24	34	35–34	120×160	200	200
24×36	43	45–50	130×180	225	200–250
28×40	49	50	160×210	265	250–300
40×40	56.5	55–60	180×240	300	300
45×60	73	75	200×250	320	300–380

2. 相对孔径

镜头的入射光孔直径 D 与焦距 f' 之比，叫做镜头的相对孔径。它是决定透光能力的重要因素。一般以其倒数形式 F = f'/D 表示，叫做光圈系数（F 数），标刻在镜头的口圈上。

3. 视场与视场角

摄影镜头在底片上成清晰像的范围叫做视场。视场边缘与镜头后节点所形成的夹角，叫做视场角。视场角与镜头的焦距成反比，即焦距越长，视场角越少；焦距越短，视场角越大。

第二节 镜头的结构与性能

一、镜头基本结构

镜头主要起成像作用。镜头成像的优劣与结构设计和制造水平有直接关系。一般说来镜头的水平应和整机性能相适应。镜头结构可用图 1.17 简单示意图来表示。这里镜头由四个部分组成：①是起成像作用的光学系统②是固定光学系统的镜筒③是起限制通光量的光圈④是前后移动光学系统的调焦机构。

光学系统一般由光学玻璃磨制的正负透镜组成。透镜数目有二片、三片、甚至十几片不等，有的还要根据需要把二片或三片胶合在一起称为透镜组。一般说来，透镜片数多，消除各种像差的情况好，成像质量也就高。图中是一种常见的四片三组式光学结构的摄影镜头。

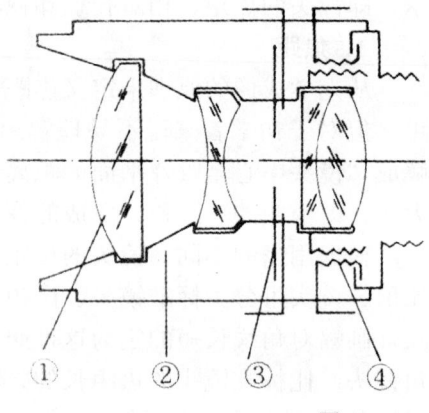

图 1.17

镜片用金属筒固定。为了减轻重量，镜筒多用强度较高而又重量较轻的铝合金或工程塑料等制成。镜筒一方面固定镜片，保证镜片间隔和镜片同心，另一方面还用来装置其它机构和操作机件等。

光圈一般由薄金属片等组成，有固定光圈和可变光圈结构。它的位置由光学系统的要求来决定。光圈的结构跟叶状快门有些类似，依相机型式不同，光圈控制可分为手动和自动两种。手动的光圈控制，通常都装设在镜筒上，成环状。光圈主要起控制镜头透光多少的作用，光孔越大，进光越多。标准的光圈设定值以 f 值表示，35mm 相机所用的标准镜头，其 f 值系列是这样的：f/0，7，f/1，f/1.4，f/2，f/2.8，f/4，f/5.6，f/8 及 f/16，f22……。最小的 f 值表示镜头开口最大，反之，最大的 f 值则表示光圈口径最小。光圈设定值的间距，每缩小光圈口径一级，则光量减半。这也就是说，f/2.8 所能允许进入镜头的光量，只有 f/2 的一半；f/4 所能允许进入镜头的光量，为 f/2.8 的一半；而 f/5.6 又为 f/4 的一半；以此类推。这一系列的改变，在快门速度标示值上，也是同样的情形——快门速率提高一级，底片的受光量会减少百分之五十。因此，在做曝光控制的时候，要减少一级曝光量（百分之五十），可以把快门速度由1/125秒提高到1/250秒，亦可将光圈设定值由f/4调到f/5.6。

除了能够控制进入镜头的光量之外，光圈具有改变照片外观的另一种功能——它会影响摄影作品的景深。景深意指照片中主体前到主体后的影像清晰范围。如果我们距离一个站在风景前的人数尺远，我们通常会希望所拍出来的照片，人和风景都足够清楚。换句话说，也就是希望得到较大的景深。反之，有的时候，我们却希望把人和周围的景物分开来，使照片中的人完全吸引住观赏者的注意力。要得到这些效果，可以通过光圈大小的控制调节来实现。

在同样的条件下，大光圈可提供浅景深，而小光圈则可造成较大的景深。如果光线适当的话，我们可以选用f/11或f/16，来让人和风景都足够清楚，亦可选用f/1.4或f/2使人清楚而周围景物模糊。

除了固定焦距的镜头之外，镜头通常都具有内置式的调焦系统（在镜筒之内），并且往往可加上辅助调焦的附件。镜头调焦多用罗纹转动来实现。通常调焦系统由大型内置式的螺旋轴环所组成，转动它的时候，依转动方向的不同，可使镜头元件靠近或远离底片。当镜头最靠近底片的时候，其调焦则在最远的主体上，此时肉眼所能见的最远物体，在底片上均可清晰地记录下来。这种调焦设定，在一般的镜头上，即称为调焦在"无限远"（∞）处。如果要对较近物体调焦的时候，需慢慢拉长镜头与底片的距离，而将相机到主体的距离缩短。

二、镜头加膜

几乎所有的镜头都不只是由单一个光学元件所组成的。越是高级的设计，在镜头中就会包含更多的元件。虽然在我们的观念里面，镜头是使光线透过的结构，事实上，并非所有进入镜头的光都可到达底片，在光线射入镜头之后与到达底片之前的这段路径，都会有固定量的光量损失，其中大部分是散失于玻璃面之间与其间的空气上。经过磨光的镜头面，会反射少量的光，使之散射到别处。这些光线会在镜头、光圈叶片、镜筒内面之间乱反射，等到达底片后，造成不能形成影像的光（通常称为光斑）。有些则不会到达底片。

镜头内部的光线散射及反射，由于不能形成影像的光，会破坏影像的品质，故通常是不受欢迎的。为了解决这个问题，镜头加膜技术出现了。"加膜"又称"镀膜"，此种方式是把极薄的特殊化学物质堆积在镜头元件表面上（在真空中进行），使之形成抗反射层，能够显著地减少散射的光量。相机所使用的镜头，若经过此种处理程序，即称为加膜镜头。现代照相机镜头大部分都经过加膜处理，我们看到的镜头表面呈蓝紫色、微红色、暗绿色等现像，就是加膜的结果。镜头加膜的作用主要是提高透光能力，提高影像质量。镜头的加膜有单层和多层加膜两种，单层加膜只能对某一种波长的色光起作用，而多层加膜则能对多种色光起作用。因此，多层加膜提高透光能力的作用就要大得多。例如一只7片6组的标准镜头，不加膜的透光率为59%，单层加膜为81%，多层加膜则使透光率上升到97%。有些相机镜头圈上刻着"MC"的标记就是表示多层加膜。

三、镜头的接口

照相机的镜头接口不仅有连接镜头与机身的作用，而且有传递照相机内部各种功能和信息的作用，如：自动对焦、自动收缩光圈、各种自动曝光模式等。因此在购买镜头时，除了注意镜头接口要与机身一致外，还要注意镜头的各种运动功能是否与机身相匹配。如果镜头连动功能比机身多，则派不上用场；如果少了，则闲置了机身的功能，镜头不能充分发挥机身的作用。因此在选购镜头时，应注意选择与机身接口一致，连动功能相匹配的镜头，这样才能做到物尽其用，物有所值。

目前国内市场上，镜头接口五花八门，各式各样。在进口照相机中，尼康、佳能有自己独立的接口，而其它进口相机以PK接口最多，如：潘太克斯、理光等牌号的照相机都用这一接口。而国产海鸥牌单镜头反光照相机则采用仿美能达的MD接口，所以MD接口在我国比较通用。下面把目前国内市场上常见的135单镜头反光照相机的镜头接口及连动功能列于表1-3：

表1-3　　　　常见国内外135单镜头反光照相机接口一览表

照相机牌号	卡口代号	对焦时自动收缩光圈	光圈优先AE	速度优先AE	程序AE	多模式自动调焦
潘太克斯(PENTAX)	螺纹P(又称PS)	×	×	×	×	×
	K(PK)(M)	●	●	×	×	×
	KA(PA)(A)	●	●	●	●	×
	KAF(F)	●	●	●	●	●
理光(RICOH)	PS	×	×	×	×	×
	K XR	●	●	×	×	×
	R-P(RK)(P)	●	●	●	●	×
启依(CHINON)	PK(K)	●	●	×	×	×
	AF(AF)	●	●	●	●	●
康太克斯(CONTAX)	PS	×	×	×	×	×
	CN(CX)	●	●	×	×	×
	MM	●	●	●	●	×
	SR	●	×	×	×	×
美能达(MINOLTA)	MC	●	●	×	×	×
	MD	●	●	●	●	×
	A(AF)	●	●	●	●	●
海鸥	DF-1相机,仿MD	●	×	×	×	×
	DF-ETM相机,仿MD	●	×	×	×	×
	DF-300相机,仿MD	●	●	●	●	×

续表

照相机牌号	卡口代号	运动功能				
		对焦时自动收缩光圈	光圈优先AE	速度优先AE	程序AE	多模式自动调焦
珠江	S-201相机,仿MD	●	×	×	×	×
	S207相机,仿PK(K)	●	●	×	×	×
佳能 (CANON)	R[R],FL[FL]	●	×	×	×	×
	FD,新FD[FD]	●	●	●	●	×
	EF[EF]	●	●	●	●	●
尼康 (NIKON)	NIKORAI	●	●	×	×	×
	S[S]	●	●	●	●	×
	AF[AF]	●	●	●	●	●
富士卡 (FUJI)	PS	×	×	×	×	×
	X[FX][X]	●	●	×	×	×
	DM[X]	●	●	●	●	×
柯尼卡 (KONICA)	KX	●	×	×	×	×
	AR[AR]	●	●	●	●	×
雅西卡 (YASHICA)	DSB	●	×	×	×	×
	C/Y	●	●	×	×	×
	ML[ML]	●	●	●	●	×
	AF[AF]	●	●	●	●	●
玛米亚 (MAMIYA)	CS	●	×	×	×	×
	P[SX]	×	×	×	×	×
	E[E]	●	●	×	×	×
	ES[ES]	●	×	●	×	×
	EF[EF]	●	●	●	●	×
奥林巴斯 (OLYMPUS)	OM	●	●	●	●	×
	AF[AF]	●	●	●	●	●
百佳 (CIMKO) (PRAKTICA)	P	×	×	×	×	×
	PB[BC]	●	●	×	×	×
基辅 (KIVE)	K[PK]	●	●	×	×	×
	P	×	×	×	×	×

注："●"表示有此功能,"×"表示无此功能。
表中不同品牌照相机接口名称相同的可互换,但佳能与玛米亚EF接口不能互换。

第三节　镜头的种类

镜头即照相物镜，是照相机不可缺的重要组成部分。照相机安装镜头有固定式和可换式两种。固定式镜头一般均为标准镜头（"傻瓜"相机除外），按其光学结构有二片二组式、三片三组式、四片三组式、六片四组式、七片五组式等。一般说来镜头片数越多，成像质量越好，可能达到的最大相对孔径越大。目前三片三组式的镜头相对孔径可达 1：3.5，四片三组式可达 1：2.4，六片四组式可达 1：1.7，七片五组式可达 1：1.2 等。

可换式镜头种类很多。按其用途和结构特征分为普通镜头、折反式镜头、鱼眼镜头、变焦距镜头、微距镜头和特殊镜头等；而普通镜头又包括标准镜头、中焦镜头、摄远镜头、超摄远镜头、广角镜头和超广角镜头等。

标准镜头的焦距约为所摄画幅对角线的长度，视场角为 40°到 60°之间，对 135 照相机来说，焦距为 40mm－60mm，中焦镜头焦距约为 60mm－135mm。摄远镜头焦距为 135mm－300mm。超摄远镜头焦距大于 300mm。而广角镜头焦距约为 38mm－24mm。超广角镜头焦距小于 24mm。镜头视场角的大小随焦距的长短不同而不同，焦距越长，视场角越小；焦距越短，视场角越大。（如图 1.18 所示）

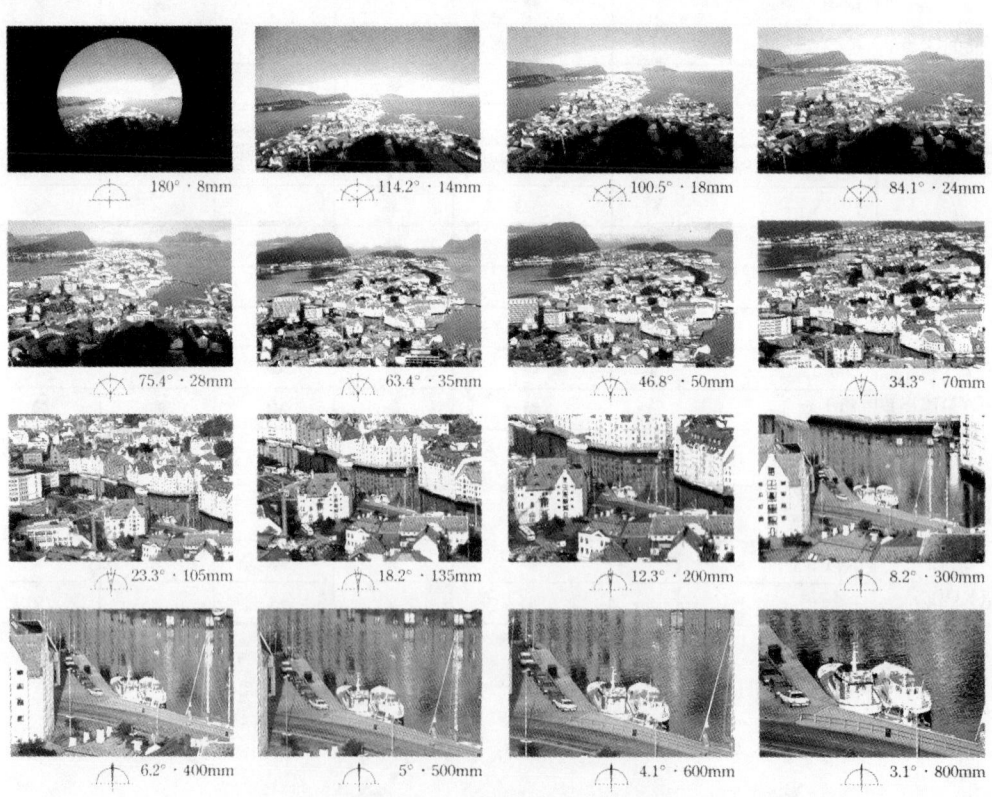

图 1.18　镜头的焦距与效果

鱼眼镜头、折反式镜头与普通镜头光学结构不同。鱼眼镜头焦距很短，视场角等于或大于180°。折反式镜头，其特点是结构长度可以缩短，只有相同焦距普通镜头的三分之一左右。但镜头中心部分被反光镜占掉，所以通光损失较大，只有在焦距很长时才采用，一般视场角小于5°。

变焦距镜头较常见的变焦范围为广角到中焦，这种镜头可代替标准镜头，其视场角的可连续变化，较标准镜头更为灵活。有的变焦距镜头则从标准到中焦，从标准到广角，从中焦到摄远，有完整的一个系列。

微距镜头多见于标准镜头，可近距离拍照，省掉了卸镜头加接圈、近摄皮腔或加装近拍镜的麻烦，且拍摄效果较好。

特殊镜头品种很多，一般都用于专业摄影，如拍照建筑物用的 PC 镜头，医用的各种医疗镜头等。

一般照相机厂家都会生产与其机身配套的各种镜头，如：尼康、佳能、美能达等，但价格一般偏高。而一些专门生产镜头的厂家由于大批量生产，价格较专业厂家便宜得多，而且质量也很好。因此它们的市场占有率很高。目前，国外著名的专业镜头生产厂家主要有以下几家：

德国蔡司镜头厂 世界上最负盛名的镜头生产厂家，产品专供哈色勃莱德、莱卡、罗莱弗莱克斯三大著名照相机配套之用。

日本腾龙有限公司 生产著名的腾龙（Tamron）牌镜头。腾龙镜头耐久性好，成像的分辨率高，畸变轻微，色彩还原优良，近摄比率大，是日本优秀的镜头厂家。

日本图丽光学有限公司 图丽（Tokina）镜头具有极好的分辨率，杂光较少，结构坚固且使用方便，只是在短焦距处畸变较强，反射较大，它的质量在专业镜头厂家中仅次于腾龙。

美国维维塔镜头厂家 维维塔（vivitar）镜头的分辨率良好，但反射及畸变偏强，杂光及渐晕一般。镜头大小、重量也一般，价格与其质量相比略偏高。

日本适马有限公司 适马（sigma）镜头性能良好，价格适中，分辨率好，是一种各项技术指标都较为平均的中档镜头。适马公司所生产的镜头种类最为齐全。

日本秀丽光学有限公司 秀丽（soligar）镜头在日本属中低档产品。它的分辨率较好，色彩还原优良，只是杂光、反射较强，畸变比较严重。但结构十分坚固，轻巧，价格低廉。

思考与练习题
1. 什么是焦距？焦距的长短变化决定了什么？
2. 标准、广角、长焦镜头是怎样划分的？
3. 什么是相对孔径？它决定了什么？
4. 光圈的作用有哪些？光圈系数是怎样排列的？

第四章 感光材料的种类与性能

第一节 感光材料的种类

感光材料种类的区分

感光材料是照相中所使用的胶片、胶卷和相纸等材料的总称。一般分为黑白感光材料和彩色感光材料两大类。黑白感光材料是以不同程度的黑、灰、白的影调变化来表现被摄景物的形象；而彩色感光材料能用丰富的色彩再现出被摄景物的彩色影像。不论是黑白感光材料，还是彩色感光材料，都可以按以下几个方面进一步加以区分。

一、按用途类别分为：

1. 负性感光材料

这类感光材料经曝光和冲洗加工后，得到的影像其明暗正好与被摄景物相反，彩色负片的色彩则为被摄景物的补色。负性胶片经拍摄和冲洗加工后，一般被叫做"底片"。

2. 正性感光材料

它用于对各种底片的复制。正性感光材料经曝光和冲洗加工后，所得到的影像，其明暗和色彩都与被摄景物相一致。我们通常看到的照片，电影放映机所放映的电影片以及幻灯机放映的幻灯片都是这类感光材料。

3. 反转感光材料

反转感光材料与正性和负性感光材料不同，它经过拍摄曝光和反转冲洗加工后，得到的是与被摄景物明暗、色彩相同的正像，因而省去从底片再复制正像的过程；若用于复制底片时，可用中间复制片拷贝复制，经冲洗加工后，可以得到一张和底片影像一致的"翻底片"。

二、按感光材料不同的支持体可分为：

1. 胶片

这是目前应用最广，品种最多的感光材料。它是以无色透明的塑料薄膜（常称为片基）作为感光乳剂层的载体。现在常用的有醋酸片基、涤纶片基、聚碳酸脂片基、聚苯乙烯片基等。这种胶片透明度好，重量轻，易裁剪，好携带。这种胶片又分为卷片与页片两种类型。卷片片基较薄，可卷曲。页片片基较厚，因其装入暗匣中须平坦。

2. 相纸

相纸是以光泽洁白的硫酸钡底纸基作为感光乳剂层的载体的，当把感光乳剂涂布在这种纸基上面就构成了感光纸。这种纸通常是由棉类或亚麻的纤维制成的。它具有下列特点：颜色洁白、水浸后不变形、耐酸碱、干燥后不起皱纹、有足够的强度。

3. 干板

干板是用无色透明的平板玻璃作为感光乳剂层载体的。现在这种硬片感光材料在印刷制版部门和一些科研单位还偶尔使用，普通摄影已经不再使用它了。

三、黑白感光胶片的分类

按感光胶片对各种色光的敏感程度和不同的敏感范围可分为：X光片、紫外片、色盲片、分色片、全色片、红外片等等，X光片用于医疗和工业拍摄，紫外片用于工业、公安和科学技术拍摄。红外片既有黑白片，又有彩色片，光谱敏感范围扩大到红外区，多用于军事、科技和航空拍摄，下面着重介绍其余三种广泛用于民用的胶片：

1. 色盲片

它只能感受紫、蓝色光，对于其它色光几乎不起作用。如果用它拍摄美丽的风光或人像，拍摄出的影像反差极强，层次很少，明暗影调关系会发生改变，与原景物的与人眼所见的实物相差很大。这种胶片多用来进行翻拍、复制黑白文字、图片资料，制作电影拷贝片及其它一些专业拍摄使用。

2. 分色片

能感受除红光以外的大部分可见光，即从紫、蓝光线扩展到绿、黄光范围。用这种感光片拍摄风景和人像，其影像的色调等级比色盲片要更接近于景物的实际情况，因此又叫做正色片，只有在翻拍复制和印刷等行业中使用。

3. 全色片

能感受的色光范围基本上包括了全部可见光。这种感光片对一般景物的明暗层次能相当丰富地表现出来。在普通摄影中所用的胶卷几乎都是全色片。

四、彩色感光胶片的分类

彩色感光胶片除了前面已说过的分为彩色正片、彩色负片、彩色反转片、彩色中间片外，还有正在市场供应的一步成像彩色片。这种一步成像片拍照一次立等可取一张照片，仅获得一张照片。要想多得几张同一照片，只能拿去翻拍复制。彩色片之所以是彩色的，很重要的原因是由于在多层感光乳剂层中使用了各自不同的能形成各自相应颜色染料的成色剂。它是一种能在彩色冲洗过程中，与彩色显影剂发生反应而生成的氧化物发生偶合作用而形成染料的有机化合物。这就是说，它是形成相应颜色染料的原料之一。按照成色剂是放在感光乳剂中使用，还是放在彩色冲洗的显影液中使用，可以分为内偶式和外偶式。内偶式彩色片的成色剂是放在各层感光乳剂中。因为成色剂作为一种有机化合物可以溶解于水、溶解于油等各种有机溶剂，从而形成一种液滴被分散到乳剂中去。这种内偶式彩片又有水溶性彩片、油溶性彩片、颗粒型成色剂彩片、聚合型成色剂彩片、活性成色剂彩片等等区分，目前水溶性成色剂已基本淘汰。但只要是内偶式，都是使用非扩散性成色剂。而外偶式成色剂是放在彩色显影液中使用的，必须通过扩散的办法渗透到各层感光乳剂层中起作用，才能生成相应的颜色染料，因此外偶式成色剂一定是扩散型成色剂。

使用外偶式成色剂的彩色胶卷，只有柯达公司生产的"柯达克罗姆"彩色反转片（Kodachrome）。冲洗工艺为"K-14"，由于其冲洗工艺复杂，只能由柯达公司及其指定的少数在世界各地的代理机构独家冲洗，目前我国尚无冲洗机构。该片较"E-6"工艺冲洗的"埃克塔克罗姆"的彩色反转片，在各项性能上更为优良。

成色剂一般是无色的，而作为色罩使用的马斯克（Mask）彩片则使用有色成色剂。成色剂除了能生成所需颜色的染料这一主要功能之外，还具有其他的功能。如带色成色剂（马斯克）和显影抑制成色剂就分别具有改善色彩还原、防止色彩有害吸收和使影像微粒化的作用。

近几年来在使用显影抑制成色剂的 II 型片基础上，又进一步使用聚合型成色剂使各乳剂层薄层化，以便在胶片涂层结构上大做文章，同时又使乳剂颗粒形状、结构、大的分散度和增感技术等方面取得突飞猛进的发展，从而出现了颗粒更加微细、像面更加清晰、颜色更鲜艳、色牢度更好的 III 型片，以及感光度高达 ISO1600 直到 3200 的高感片。

拍摄彩色胶片时必须注意照明光源。按摄影光源色温的不同可分为日光型彩色片、灯光型彩色片和日光灯光通用型彩色片三种。在日光下拍摄时应使用日光型彩色片，其色温为 5500K，若在灯光下使用日光型彩色片拍摄时，则必须加用蓝色雷登 85 系列的滤光镜以提高灯光色温，使光源色温与日光型片所需要的色温相符合。灯光型彩色片适宜在色温为 3200K 的灯光下拍摄，如果用灯光片在日光下拍摄时，则必须加用橙黄色的滤光镜以降低日光色温。使用日光、灯光通用型彩色片拍摄时可以在日光或灯光光源下拍摄，不需要加用滤光镜，这种片子可以在印放照片过程中进行色彩校正，但在彩色扩印中，商家一般不予较正。

五、感光纸的分类

感光纸就是照相纸。它分为黑白感光纸和彩色感光纸两大类。

黑白照相纸又分为放大纸和印相纸两种，如表 1-4。黑白照相纸根据反差性能的不同分为特别软性、软性、中性、硬性和特别硬性五类。按号排列为 0、1、2、3、4 号，纸号小的反差小，纸号大的反差大，使用时将根据底片反差情况分别选用不同纸号相纸。各种型号的印相纸和放大纸的纸面结构又有光泽面、绸面和绒面等不同形态。

彩色相纸不分印相纸和放大纸，也无软性和硬性之分，只有中性反差的一种规格。彩色相纸也分为水溶性（水溶性基本淘汰）和油溶性两种。油溶性彩纸往往经过涂料处理，因而冲洗消耗药液少，水洗时间短，适合高温快速冲洗。另有一种专供彩色反转片印放相片用的反转型彩色放大纸，可直接把反转片印放成照片。

表 1-4　　　　　　　　　　相纸基本尺寸

品　名	基本尺寸及公差（单位：毫米）	每盒张数
印相纸	610×508（20×24 英寸）±2	100（或 50）
	381×305（12×15 英寸）±2	100
	305×254（10×12 英寸）±2	100
	178×127（7×5 英寸）±2	100
	140×89（4.2×3.5 英寸）±2	100
	64×64（2.5×2.5 英寸）±2	100
	3810×508 卷筒，宽±2 长±10	1 卷
放大纸	610×508（20×24 英寸）±2	100（或 50）
	381×305（12×15 英寸）±2	100
	305×254（10×12 英寸）±2	100
	178×127（7×5 英寸）±2	100
	140×89（4.2×3.5 英寸）±2	100
	3810×508 卷筒，宽±2 长±10	1 卷

第二节　感光材料的结构

感光材料是由多层物质组成的。一般来说，感光材料的主体结构为感光乳剂层和它的载体。透射感光材料（负片、正片、反转片等）的载体为片基，反射感光材料（照相纸）的载体为纸基，感光材料除上述的构成部分外，根据其用途和性能要求，还要涂布一些辅助的构造层。图 1.19，1.20 为黑白负片与彩色负片的结构示意图。

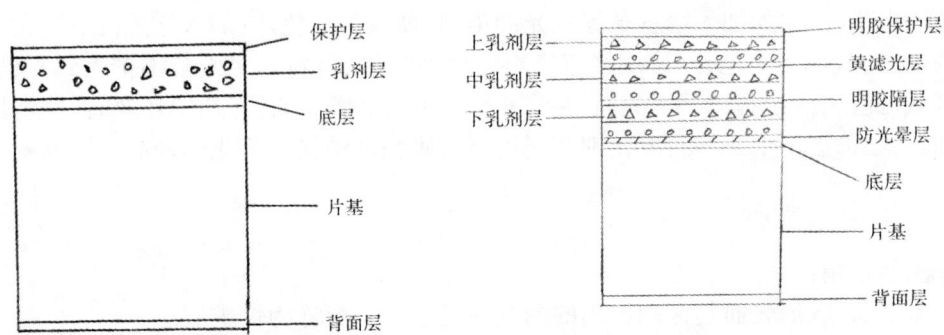

图 1.19　黑白负片构造示意图　　　图 1.20　彩色负片构造示意图

一、片基

片基是感光乳剂层的载体，它使感光材料保持一定的形状。胶片的片基要求是：①化学性能稳定，它不与感光乳剂、显影、定影药液发生化学作用，耐酸碱，在贮藏过程中不会分解变质；②物理性能稳定，必须有足够的强度和耐水性，在乳剂涂布、洗印加工及贮藏过程中不起膨胀和收缩作用；③光学性质上要有良好的透明性，折光率要和明胶近似；④有良好的耐光、耐寒、耐热等性能，特别是要使用安全，不易燃；⑤厚薄均匀，平整度好。

目前大量使用的片基是三醋酸纤维素脂（醋酸片基）和聚对苯二甲酸乙二脂（涤纶片基或聚脂片基）。此外还有耐低温性能很好的聚碳酸脂片基和变形微小用于印刷制版和测绘胶片的聚苯乙烯片基。

二、感光乳剂层

感光乳剂层是感光材料最核心的部分，它直接影响着感光性能。它是由明胶、银盐和一些补加剂三种材料构成的。明胶是由大牲畜牛、马、骆驼和猪等动物的骨骼或皮中提炼出来的一种高级动物胶，它形成了乳剂层薄膜。银盐是金属银和化学上称为卤素的氯、溴、碘等元素形成的盐类化合物。它的特点是遇到光后，就要产生化学变化，形成潜影，经过一定处理（显影剂作用）后，已经感光的银会还原成黑色金属银粒。因此，感光物质就是银盐，它们以极细微的晶体（颗粒）状态分散悬浮在明胶薄膜中。卤素的成分不同，对光的敏感程度也不一样。乳剂中的银盐可以是溴化银、氯化银、碘化银，也可以是它们的混合体。按感光速度快慢排列次序是：在溴化银中加入微量的碘化银配制的乳剂感光速度最快，溴化银乳剂次之，氯溴化银又次之，而以氯化银乳剂感光最慢。银盐的晶体颗粒大小十分悬殊，最大的直径可达20至50微米，最小的直径仅有50毫微米，其它大部分颗粒都在0.1至4微米之间。晶体颗粒的形状很不规则，多呈三角形、六角形、梯形和圆形等。银盐的形状、大小和分布情况，在很大程度上决定了感光材料的照明性能。从银盐本身来看，它只对光谱的紫外线区、紫色区和蓝色区的光线有敏感作用，而对绿、黄、红光几乎不起作用。所以，为了扩大感光乳剂的感色范围，在乳剂中要加入光谱增感剂。因为加入的有机染料不同，因而它的感色范围也不同。比如加入增感黄绿色光的染料，就成为正色片；加入增感红、橙、黄、绿色光的染料，就成为全色片。使用增感染料，已能将感光材料的感光范围扩大到光谱的红外区域。此外，为了提高感光速度还要加入一些化学增加剂，乳剂中还要有一些其它的补加剂，如抑制产生灰雾的溴化钾和能提高药膜强度的铬矾等化学药品。

三、各种附加层

主要是指：

1. 涂在乳剂表面起保护作用的明胶薄膜层，一般称为保护层。

2. 涂在乳剂与片基之间，防止乳剂层在冲洗时从片基上脱落的粘合层，一般称为结合层。胶片的结合层是由明胶、水、片基的有机溶剂和酸等组成；相纸的结合层是明胶加硫酸钡组成。

3. 涂在片基背面上的假漆层。它的作用是防止片基产生静电，防止产生光晕，防止卷曲等。

防光晕——曝光时，被摄景物中的某些强光不仅在乳剂上感光，而且还能穿过乳剂层射到片基上，又被片基反射使一部分光线射回乳剂层，从而在影像的周围形成一圈环状的跟月晕一样的影像，这种现象叫做反射光晕。为了防止这种现象的产生，在片基背面常涂有绿、红等颜色较深的染料，也有将片基染成淡灰或淡蓝色、紫色等，加强对光感的吸收，以此防止光晕的产生。

防静电——在快速卷片时，因片基是绝缘体，胶片和胶片间的摩擦会产生静电。这种微弱的静电火花会使感光乳剂曝光，显影出来后，会出现树枝状或绒毛状的影像。为了防止这种现象的产生，在片基背面涂布一层含导电物质的明胶，防止静电的产生。

防卷曲——胶片在冲洗过程中，由于两面膨胀率不一致而使胶片卷曲，从而易划伤胶片，为防止这种现象的产生，在片基背面涂上一层明胶膜。

第三节 感光材料的保存

感光材料在保存过程中，性能不断变化，导致质量逐渐下降。产生这种情况的原因是，乳剂的化学成熟过程在常温常湿状态下仍在缓慢地进行着，导致灰雾不断增大，感光度和反差系数降低。过程进行的速度和感光材料的保存条件有关。为了能在较长时间内保持良好的性能，感光材料应尽可能在较低温度、较低湿度下保存。一般中速黑白负片保存温度应在13℃以下，高速黑白负片长期保存温度应为0-8℃，黑白正片和照相纸保存温度应低于20℃，各类彩色感光材料一般均应在0-8℃或更低的温度下保存。专业型的彩色负片、彩色反转片等则应保存在0℃以下。保存环境的相对湿度均应不超过65%。暂不使用的胶片或相纸不要轻易开封，尽量以原装保存，减少和空气中氧、水分、各种有害气体（硫化氢、氨等）及放射性物质接触，以免受其侵害。感光材料的质量保证期一般为1-2年，经实践证明，良好的保存条件可适当延长感光材料的使用期限。

在摄影过程中，保存条件难以满足上述要求，但在使用时必须避免日晒、接触暖气等热源；避免雨淋和接触潮湿物体。尽可能放置在凉爽干燥、无化学药品的挥发性气体的处所存放。此外在使用中应避免震动，特别是大盘胶片更需注意，否则可能因震动而产生摩擦灰雾。低温下保存的感光材料使用时应提前取出。在环境温度下存放一段时间，使之与室温达到平衡后而再开封使用，否则可能在感光材料上凝结露珠，使乳剂变湿而易受损坏。显影时还可能在画面上形成水滴斑痕。一般小暗盒胶卷应提前2-3小时取出，大盘胶片或大盒照相纸应提前4-6小时取出。

思考与练习题
1. 按照不同用途分类，感光材料分为哪几种？
2. 彩色胶卷在拍摄时为适应不同的色温而分为几个种类？
3. 感光材料在保存当中应注意哪些问题？

第五章　曝光控制与影调调节

第一节　曝光的概念

曝光是摄影最基本，同时也是最重要的技术。曝光的恰当与否，直接影响着影像的密度、质感、清晰度以及色彩。因此，掌握曝光技术至关重要。为了达到这一目标，首先必须弄清楚曝光的完整过程。

首先，摄影离不开光源，光源可以是太阳光、灯光等等。光源有强弱的不同，在摄影中用照度这个概念来描述光源投射在被摄景物上的光线的强弱。同时，也可以把照度称为投射光。

自然界中的物体无非是三种情况：发光体、透明体及反光体。我们人眼能看到深深浅浅的物体是因为它们具有不同的反光率，不同的景物对光线反射的能力不同，用反光率表示物体反射光线的能力。自然界中，物体的反光率平均是大于0，小于100%，反射能力强的是高反光率景物，如白色或浅色景物；反射能力弱的是低反光率景物；黑色物体基本不反射或少量反射光线。

由于光源的照度不同以及物体反光率的不同，物体就形成了不同的亮度。

我们拍摄的目的，就是通过照相机把景物的不同亮度记录在胶片上。而这个过程都是通过光圈和快门来控制完成的：光圈调节通过镜头的进光量，快门则调节进光时间。经光化学作用后，在胶片上形成了人眼所看不到的影像——潜影。再经冲洗后，把潜影变为不同密度的可见影像——负像，就是我们称为的"底片"。那么还需要经过印片或者放大才能得到能够观赏的正像——照片。

如果在相机中安装一卷反转片，拍摄后则只需冲洗就可直接获得正像，也就是我们常称做的幻灯片。

通常，人们把按动照相机快门使胶片感光的这一瞬间称为"曝光"。

由此看来，曝光涉及光源、景物，照相机的光圈和快门，以及胶片的性质。在这些因素中，无论哪一个环节配合的不适当，都将造成曝光失误。为了我们能够正确地判断拍摄曝光是否正确，在这里我们首先必须搞清几个概念。

1. 曝光组合参数：指拍摄时使用的光圈系数与快门时间的组合。

2. 密度：感光材料（胶片和相纸）经曝光、冲洗后变黑的程度。也可以简单地理解为：密度即黑度。我们通俗地称为"薄"或"厚"。曝光过度底片的密度大（厚），曝光不足底片的密度小（薄）。

3. 反差：指景物或影像的明暗对比差别，也就是通常所说的"软"或"硬"。

4. 层次：影像对于景物中明暗细微变化的记录。

理解了上述概念之后，我们便有了判断拍摄曝光是否合适的依据。可以根据底片的密度情况把曝光状况归结为四种类型：曝光正常、曝光不足、曝光过度或曝光不足与过度同时出现在同一张底片上。

曝光不足的底片，整个底片的密度较薄，对应于景物暗部的密度往往很小。甚至看上去完全透明，失去层次。我们可以从看一张底片中最透明的部分是不是有层次，来判断底片是不是曝光不足。从印放出的照片上，我们也可以分析出曝光情况。曝光不足的照片其影像的暗部层次很少或者没有层次。

曝光过度的底片，整个底片的密度较厚，对应于景物亮部的密度往往很大，影像没有层次。曝光过度较严重时，底片上画框中的密度甚至会蔓延到画框以外没有感光的区域。同样，我们可以从看一张底片中密度最大的部分是不是有层次，来判断底片是不是曝光过度。对应到印放出的照片上，则看景物中比较明亮的物体层次是不是丰富。比如：白色的物体、天空等等。

还有一种底片会同时出现曝光不足和曝光过度，密度最大和最小的地方都超过了胶片的宽容度，因此失去了层次。发生这种现象是由于景物的亮度范围比胶片所能记录的亮度范围要大。比如拍摄日出、日落的场景，明亮的太阳与逆光下的景物之间亮度间距是非常大的，拍摄不当，就要出现上述问题。

在彩色摄影中，曝光不足和曝光过度不仅会造成影像层次上的损失，还会带来色彩失真。

从以上三种情况，我们知道了什么是不恰当的曝光。那么，什么是恰当的曝光呢？

对于摄影师来说，并没有一个绝对的界线来划分正确曝光与不正确曝光，因为根据具体的被摄对象不同，有时希望照片的调子明快，有时则希望调子低沉，在曝光控制上，要依据拍摄意图做一些调整。另外，现代胶片制造技术已经使胶片具有较大的宽容度，可在一定范围内，使可以允许的曝光误差对影像的技术质量影响不大。但是，这并不意味对于曝光就没有客观评价标准了，正确曝光仍然有它特定的意义。

一、我们如何给"正确曝光"一个比较准确的定义呢？严格地说，它应该涵括两个概念：

1. 正常曝光：是指影像正常地反映了原景物的亮度关系，是对原景物客观、真实的再现。这时确定曝光组合所依据的大多是具有18%反光率物体的亮度。（即景物的平均反光率）

2. 控制曝光：以摄影师的创作意图为目的，从而改变了原景物亮度与底片密度之间的关系，是摄影师使原景物主观意图的再现。这种方法多被以进行艺术创作并具有经验的摄影师所采用。

综上所述，正确曝光的定义即是：底片上所获得的密度与拍摄者的要求一致或近似时就可以称做正确曝光。

一般来说，曝光正常的底片应该能够最准确地表达摄影意图，而照片的影调、色彩再现都与摄影的内容相吻合。从技术上来讲，影像主体部分的密度应介乎于胶片所能记录的最大密度和最小密度之间，这样的图片色彩正常，颗粒细腻，层次分明。而且一张技术质量好的照片无论是景物中明亮的部分还是深暗的部分，应该白中可以看出更白的，而黑中又有更黑的。这样的照片才有丰富的细节，比较耐看，才有审美与欣赏的价值。

二、光比

光比即主光与辅光之。光比的大小是指被摄体的明亮面与阴影面之间的反差或亮度间距。光比的大小对塑造被摄体的形象有着很重要的意义。

光比的计算有几种方法：一是用明亮面与阴影面之间的亮度值的倍率来表示；二是可用曝光表相对值的差来表示；三是最简便易行的，用相机的测光系统分别计量所使用的光圈。相差一级光圈比为 1：2；相差两级光圈为 1：4；相差三级光圈为 1：8；四级 1：16……

第二节　曝光基本操作

一、合理地选取被摄景物

对于初学者来说，在取景时最为关注的是被摄景物的美与不美，这当然没有错，但是问题在于你是站在常人的一般视点去观察景物，还是站在专业摄影的视觉立场去判断、分析最终照片的画面效果：照片中的明暗影调相互搭配的是否有条有理，会不会超出胶卷的宽容度，会不会出现破坏画面视觉效果的大面积过亮或过暗的不平衡现象。这正是摄影初学者拍摄失败的主要原因之一。

能否把景物的亮度与照片的影调关系处理的合理，不使其出现亮度失控现象，是一张摄影作品成功与失败的关键，也是划分这幅作品专业水平或业余水平的标准和界限。

二、掌握不同光线造型与曝光的关系

（一）室外自然光摄影

自然界的光线千变万化，多姿多彩，随着季节、时间、气候、地点的变化而产生照度的不同变化，但归根结底，室外光线光性质不外乎直射光与散射光两种。

直射光是光源直接将光线投射在物体表面，随着投射方向的不同，在物体表面形成明显不同的明暗面。光质硬且反差大，曝光较难掌握。散射光的光线柔和，物体的表面受光均匀，曝光比较容易掌握。而直射光因为物体的受光方向不同，曝光比较复杂，主要有三种情况：被摄体处于顺光照明，侧光照明（包括前侧光）以及逆光照明。

顺光照明情况下，只能看到景物的受光面而看不到阴影面，因此景物的亮度间距不大，景物的亮度区别决定于景物自身反光率的高低。因此曝光控制较易掌握。

侧光照明时，景物的亮度间距取决于阳光直射的程度以及环境的反光情况。侧光摄影时，应注意物体受光面的高亮度和物体背光面的低亮度情况，即光比的变化。侧光摄影有利于表现景物的空间感和立体感。曝光时应注意景物的亮度间距和胶片的宽容度范围。

逆光照明摄影的曝光控制比较复杂。在逆光条件下，景物的亮度间距最大，最亮的物体和最暗的物体常常同时出现在同一画面里，远远超出胶片所能记录的范围。因此逆光摄影的关键是对被摄物做出适当的选择，通过构图缩小景物的亮度间距。

拍摄逆光照明的物体时，应尽量避开明亮的天空，以暗背景衬托主体，以主体背光面确定曝光。逆光摄影最善于表现光感，使原本平淡无奇的画面充满生机，因此是最富有魅力的。

（二）室内摄影

室内摄影分为室内自然光摄影和室内灯光照明摄影两种类型。

1. 室内自然光摄影

室内自然光摄影曝光的难度较大，与室外相比室内照度水平低，反差大，且照度分布不均匀，距离窗户近的地方照度高，远的地方照度低，越远则越低。

利用室内的自然光拍摄，应注意被摄体的受光情况。当被摄体部分是接受窗户光，部分是接受室内反射光时，反差往往较大，宜用反光板或闪光灯对暗部进行补光。曝光量则取决于表现意图，或按亮部或按暗部，或明暗兼顾确定曝光量。

2. 室内灯光摄影

室内灯光曝光量主要取决于三个因素：一是光源的强度；二是被摄体至光源的距离；三是被摄体的受光角度。

室内灯光摄影曝光控制过程和外景、实景不同。首先是设定一定的光比，被摄主体与环境、背景的关系，然后根据设定布光、测量。

当照射距离变化时，可以按光照度的"平方反比定律"调整曝光量。这一定律为：光照度与照射距离平方成反比。假如照射距离为1米时的照度是A单位，那么距离2米时的照度就是1/4A。我们可以按照"距离翻一番，曝光量翻两番"的原理掌握，距离变远了就开大光圈，距离变近了就缩小光圈。开大或缩小一档光圈就是翻一番，开大或缩小两级光圈就是翻两番。

对于光源距被摄体的距离变化所带来的亮度变化应予以充分的重视，这是因为我们人的视觉随光线明暗变化有较大适应能力，往往会觉察不出这种照度的变化。而胶片是不具备这种适应能力的。

三、注意调整照相机的胶卷感光度刻度

在确定曝光之前，首先要知道胶片的感光度是多少。因为照相机的测光系统测出的曝光组合，其重要依据之一，是你所用胶卷的感光度。在胶卷的外包装盒上都会标明胶卷的感光度。

感光度一般采用两种方法：一种是 ASA（美国标准），是感光度的算术值表达方式；另一种是 DIN（德国标准），是对数值表达方式。为了统一规范和使用上方便，国际标准化组织在上述两种标准的基础上于 1974 年制定了国际标准 ISO，我国也于 1982 年制订了国家标准 GB，标准与 ISO 相同。按照国际 ISO 标准规定，感光度应写做：ISOASA/DIN。例如某种胶卷的感光度写为：ISO100/21°，表示该胶卷为 ASA100 或 21DIN。感光度和曝光量的关系是：感光度越高，需要的曝光量越少。ISO 的数值越大，则感光度越高，感光度以 1/3 级的曝光量来划分等级。如：ISO125/22°比 ISO100/21°感光度高 1/3 级，对于同样的被摄景物，用 ISO125/22°的胶卷拍摄时，就要比用 ISO100/21°的胶片减少 1/3 的曝光量。由此类推，ISO200/24°比 ISO100/21°的感光度高 1 级，比 ISO50/18°的感光度高 2 级，拍摄时应分别减少一级和减少 2 级光圈的曝光量。如表 1-5 所示。

表 1-5　　　　　　　　　　　　不同感光度标准对照表

ISO	ASA	DIN	GB（照相）
1000/31°	1000	31	1000/31°
800/30°	800	30	800/30°
640/29°	640	29	640/29°
500/28°	500	28	500/28°
400/27°	400	27	400/27°
320/26°	320	26	320/26°
250/25°	250	25	250/25°
200/24°	200	24	200/24°
160/23°	160	23	160/23°
125/22°	125	22	125/22°
100/21°	100	21	100/21°
80/20°	80	20	80/20°
64/19°	64	19	64/19°
50/18°	50	18	50/18°
40/17°	40	17	40/17°
32/16°	32	16	32/16°
25/15°	25	15	25/15°

在实际拍摄的时候，一般不必这样计算感光度与曝光量的关系，曝光计或照相机的测光系统可以为我们做这些工作。我们所要做的只是：在测光之前，按照胶片的感光度把曝光计或是照相机的感光度调整好。

四、曝光控制的要点

一般情况下，曝光控制有两个目的：第一，使照片的影像合乎人们对自然景物的客观感受或摄影师的个人的主观感受；第二，摄影的层次和色彩有良好的表现。为了达到第一个目的，摄影时要正确地选定一组曝光组合参数——订光。对于第二个目的，则要通过对构图的取舍、对照明的调整等等，使被摄景物的亮度关系符合感光胶片的特性——控制景物的亮度差距。

（一）订光

订光，是指确定曝光组合参数。订光可以直接读取曝光计或照相机测光系统给定的光圈、快门参数，也可以依据测量结果由摄影者自行决定曝光组合参数。

量光时，曝光计指向不同亮度的物体就会得到不同的光值，而且可以得到一系列曝光组合参数。因此，常规摄影有两种订光方法可以使曝光基本正常：一是以照度订光，另一种是以中级反光率物体的亮度订光。

1. 以照度订光

曝光计的基本特性是：在基准反光率下（测光系统自身设定的标准），照度值等于亮度值。所以，测量投射到被摄体上的照度相当于测量具有与基准反光率相同反光率的被测体射出的亮度值。因此，测量照度并直接得到的曝光组合参数，是简便又比较准确的订光方式。

2. 以亮度订光

鉴于景物有不同的反光率，专业摄影中一般不使用机位平均测光和订光，而是以一定的中级反光率的物体为测光订光的依据。

常用的方法是使用反光率为18%的标准灰板，因为18%是自然界中景物的平均反光率。摄影之前，将18%的灰板放在被摄体的位置上，测量灰板的亮度并以此订光，就可以得到正常曝光的结果。

使用18%的灰板是科学而严格的订光方式。不过，摄影时随时携带18%灰板多少有些不方便。所以，不少摄影师采用了更为简便的办法：以肌肤取代灰板。黄种人的肌肤反光率水平在25%–35%左右，是比较理想的"灰板"。摄影时直接近测模特儿脸部的亮度或摄影师自己手背的亮度并确定曝光，是外景摄影快捷的订光方法。但前提是脸部或手背不是过白（反光率偏高），否则曝光量会偏少。

以中级反光率物体的亮度订光也适用于以照相机的测光系统。摄影前，先将照相机的功能调到手动挡，测光时靠近被测量的肌肤，使其满画面，然后按照显示调整光圈和快门的数值确定曝光。具有点测光或局部测光功能的照相机也可以在较远的距离上测量肌肤局部的亮度值。

3. 根据摄影意图调整曝光

以上订光方法可以基本避免曝光失误，对于特殊的摄影意图，可以在以上订光方式的基础上增加或减少曝光。

个别特殊场景不适于使用以上订光方式（例如：拍摄日出、日落），应具体情况具体分析。

（二）控制景物的亮度范围

正确订光解决摄影的正确曝光问题，但是并不能保证所有的被摄景物都正常还原，因为胶片的宽容度是有限的。所以，曝光控制的另一个重要问题是控制景物的亮度范围。控制景物的亮度范围通常有三种做法：1. 对暗景物做补光处理；2. 对亮景物做减光处理；3. 改变构图对景物的明暗做一定取舍。无论采用哪一种处理方式，首先要明确的是：被摄景物中有没有亮度失控的部分，哪些亮度需要调整。当没有办法调整，而从构图中无法解决的情况下，只好采取"惹不起，躲起来"的方针，只能弃而不拍，以避免拍摄失败。

（三）曝光宽容度的概念

有时，我们比较两幅曝光不同的底片制作的照片，并不能察觉它们在质量上的差别。这说明曝光的有些误差并不造成影像质量的下降，这些误差就是被允许的。由此引入曝光宽容度的概念。

曝光宽容度是指胶片对不恰当的曝光所允许的程度。

即：曝光宽容度 = 胶片的宽容度 – 景物的曝光范围

胶片的宽容度为9级，景物的亮度范围是6级。问：曝光宽容度是多少？

因为，景物的曝光范围等于亮度范围是6级

所以，曝光宽容度 = 9（胶片宽容度）– 6（景物量度范围）= 3级

曝光宽容度和胶片的宽容度有关，也和景物的亮度范围有关。它们之间的关系是：

1. 胶片的宽容度越大，曝光容度越大。
2. 景物的亮度范围越小，曝光容度越大。

景物的亮度范围和景物的反光率范围有关，但主要是与被摄环境的光比有关，光比大的景物则亮度范围大。

归纳曝光控制的基本要点：第一，以中级灰景物作为订光的根据；第二，控制景物的亮度范围在胶片的宽容度以内。做到了以上两点，就可以得到曝光正常的照片。但是，这样的曝光仅仅是达到了影像还原基本正常，并没有考虑摄影艺术气氛与曝光控制的结合。所以，在曝光控制的要点上，还要加上第三条：结合摄影意图，适当增加或减少曝光量。

第三节　常见的曝光方法

一、括弧式曝光法

"括弧式曝光法"又称"加减曝光法"、"梯级曝光法"、"包围式曝光法"，即对同一被摄对象采用若干不同的曝光量拍摄。通常是先按估计的曝光量拍一张，然后再分别增加和减少曝光量拍摄，一般是将光圈按半档或一挡逐次增减拍摄成三幅一组或五幅一组等。

无论是对有估计曝光经验的摄影师，还是使用曝光表的摄影师，括弧式曝光法都具有重要的实用价值，特别是对从事新闻、体育等抓拍摄影方面的摄影师尤为重要。只不过多用一些胶卷罢了。

二、平均曝光

平均曝光有两种意义，一种是测量景物的平均亮度，并订光；另一种是分别测量不同物体的亮度，取他们的平均值订光。

1. 平均测光及订光

该方法是在照相机的位置上测量全部取景范围内的景物亮度，得到景物的平均亮度值，并以此平均亮度订光。这种曝光方法是多数照相机自动曝光系统所采取的曝光方式，虽然应用很广，但它在特殊的摄影场合会引起曝光的失误。

平均测光并订光只有在被摄景物的平均亮度等于中级反光率的景物的亮度时，曝光结果是正常的；如果被摄景物中有大面积的暗景物，将会导致曝光过度；如果被摄物中有大量亮景物或少量很强的高光，将会导致曝光不足。

这种曝光方式虽然会发生问题，但是，由于它是照相机测光系统的基本形式，所以在外景摄影中仍有较高的使用频率。为了减少曝光失误，对于较特殊的景物应改为局部重点测光方式，或对平均测光的结果做出适当的修正。

2. 取测量平均值

这是局部测量景物亮度的一种计算曝光的方式。这种曝光方式虽然应用不广，但较平均测光更为准确，功能较多的电子曝光计都有这一项功能，如美能达（MINOLTA）IV型曝光计、高森（GOSSEN）MAS-TERSIX型曝光计。测量第一个亮度值时，曝光计显示出实际测量结果，以后每测量一个亮度数据，曝光计自动将新的亮度数据和前面的亮度数据取对数平均值，并以最后显示的平均值为订光依据。使用照相机的测光系统也可采取此种方法，但需要自己来计算平均值。

三、高光曝光模式

高光曝光模式是以高亮度景物作为曝光依据的一种计算曝光的方法。这种方法是测量画面中的高亮度景物的亮度，并在此基础上适当增加曝光量，（1-2级）使这类景物的密度正常还原。这种做法同时保证了明亮物体的正常影调关系和层次，特别适合于以明亮物体为视觉中心的画面的曝光控制。

一些电子曝光计带有高光曝光模式，如美能达IV型曝光计。当曝光计置于高光模式时，曝光计在测量时自动换算并直接显示出订光点的曝光组合参数。

四、阴影曝光模式

阴影曝光模式与高光模式恰好相反。这种方法是测量画面中的低亮度景物的亮度，并适当减少曝光量，使这类景物的密度正常还原。这种做法同时保证了暗物体的正常影调关系和层次，适用于以暗物体为视觉中心的画面曝光控制。

第四节 影响曝光的诸多因素

在摄影实践中，通常情况下，影响曝光的因素有以下几点：

1. 胶片的感光度

胶片的感光度不同，所需要的曝光量也不一样。要达到同样的密度，感光度高的胶片需要较少的曝光量；感光度低的胶片需要较多的曝光量。

2. 照度

光线越强，被摄对象反射的亮度越高，显得越明亮，越要少曝光；光线越弱，被摄对象反射的亮度越低，显得越暗，越要多曝光。

3. 被摄对象的反光率

在同样的照明条件下，反光率高的被摄对象，如湖滨、海面、白色建筑物等，反射出的亮度较高，拍摄时要适当减少曝光；反光率低的被摄对象，如绿色的植物、山石等等，反射出的光亮较低，拍摄时要适当增加曝光，这样才能获得适当密度。

4. 光线投射方向

被摄体处在顺光照明时，亮面多，阴影少，其亮度较高，可减少一点曝光；若被摄体处在侧光照明中，则被摄体一半明亮，一半阴暗，为了使阴影部分也有足够的曝光量，这时可以取平均值的方法。若被摄体处在逆光照明中，这时被摄体大面积处于阴影中，如果没有补助光线照亮它的阴影部分，则要比顺光照明增加两级至三级曝光。

5. 被摄对象周围的环境

被摄对象如果处在明亮的环境中，如：明亮的沙滩、海边或雪景中，周围的反光能提高被摄对象的亮度，应减少一级曝光量；若被摄对象处在幽暗环境中。如：狭窄的街道，大树下，面积较小的庭院等，使被摄体得不到足够的反射光，主体亮度降低，要增加一级曝光量。

6. 照相机镜头前有无滤光镜或其它附加镜

黑白和彩色摄影所使用的带颜色的滤光镜、偏光镜、中灰镜等有一定阻光率，使用它们时要根据该滤光镜的曝光补偿倍数增加曝光量（使用 TTL 测光系统的照相机除外）。

7. 互易律对曝光的影响

我们知道曝光量是由光照度（光圈控制）与曝光时间（快门速度控制）的乘积所构成的。互易律就是指这种光照度和曝光时间可以按正比互易而曝光量保持不变。例如光圈增大一挡、快门速度提高一挡，光圈缩小两挡，快门速度降低两挡；曝光量均不变。在摄影曝光组合的调节中，大多数情况都符合互易律。然而，当曝光时间太长或太短时，这种互易律就会失效。胶卷的种类、质量的不同，互易律失效的起点也就有所不同，通常认为曝光时间长于 1 秒或短于 1/1000 秒就会出现互易律失效。在这种情况下，要适当增加曝光量。

8. 测量误差对曝光的影响

曝光计及照相机的测光系统是曝光控制的依据，它应当是准确无误的。而实际情况并非如此，如果把几块曝光计（还可以加上有测光系统的照相机）进行一些测试，可能测量结果都不相同。不同的测量结果就会导致不同的曝光结果。克服的方法是先进行试拍实验，找出误差的量值。

此外，加用近摄附件，如：接圈、皮腔、增距镜头，也会引起曝光量的变化，一般应增加曝光量。

另外，季节、一天的时间、地理纬度、海拔高度等对曝光也有影响。

思考与练习题
1. 何为曝光组合？
2. 解释摄影专用术语：密度、反差、层次。
3. 什么叫做正确曝光？
4. 分别阐述正常曝光与控制曝光的概念。
5. 室内灯光摄影的曝光主要取决于哪三个因素？
6. 胶片感光度与曝光量的关系是怎样的？
7. 什么叫做订光？
8. 多数情况下为什么常以18%的反光率来订光？
9. 什么是曝光宽容度？
10. 影响曝光的因素有哪些？

第二部分

初级摄影师

第一章 接 待

第一节 接待礼仪

一、学习目标

掌握接待礼仪的要领，能够热情、礼貌、得体的接待顾客。

二、仪表仪容

1. 上岗必须穿本企业规定的工作服以及鞋袜，男摄影师不得赤脚穿凉鞋，男女摄影师均不得穿拖鞋上岗。
2. 服装必须熨烫平整，钮扣齐全，干净整洁，证章端正的佩戴在左胸处，皮鞋保持清洁光亮。
3. 面容整洁，男摄影师经常修面；女摄影师化淡妆，不可浓妆艳抹。
4. 发型美观大方，经常梳理，头发要常洗，不得有头屑，保持清洁。
5. 讲究个人卫生，经常洗澡，身上无异味。

三、礼貌礼节

1. 称呼礼节：称呼客人时应恰当使用称谓语言，如先生，女士，小姐，小朋友等词语，并问候客人。
2. 接待礼节：顾客进门时要主动热情地问候客人，如您好，欢迎您等。接待客人时要全神贯注，不许用粗鲁或漠不关心的态度待客，要与客人保持目光接触，不能将眼光注视别的目标，更不能与其他工作人员闲聊。送别客人时要讲诸如再见，欢迎您再次光临等词语。
3. 应答礼节：解答顾客问题时必须站立，语气温和耐心，双目注视对方，如自己回答不了顾客提出的问题时，应先致歉意再去查询或去请教别人。
4. 员工在工作中要保持工作地点的安静，不可大声喧哗，聚众开玩笑，哼歌曲等。
5. 要与顾客保持应有的距离，不应过分随意，不得与客人开玩笑，打逗，不要表示过分亲热，特别是在给顾客纠正姿势时，要用手势或用自己的身体示范，尽量少去接触客人的肌肤。

四、言谈规范

1. 与顾客讲话时要保持 1 米左右的距离，精神要集中，注意客人提出的要求，不得漫不经心、左顾右盼。

2. 与客人谈话时要准确、简洁、清楚，表达明白。说话时要注意轻重缓急，讲求顺序，不要喋喋不休。

3. 与顾客谈话时表情要自然，保持微笑，不能做出伸懒腰、打哈欠、玩东西等动作。

4. 遇有顾客心情不佳，言语过激时，也不要面露不悦神色，要以"顾客永远是对的"的准则对待顾客，更不准与同事议论顾客的短处或讥笑客人的生理或相貌上的缺陷。

5. 与顾客谈话不得涉及对方不愿意谈及的内容和隐私。

五、举止规范

1. 举止要端庄稳重、落落大方，表情自然诚恳、和蔼可亲，精神要振奋，情绪要饱满。

2. 双手不得插腰，插入衣裤或随意乱放；身体不得东倒西歪，前倾后靠，站姿或坐姿都要得体。

3. 为顾客服务时不得流露出厌烦、冷淡、愤怒、僵硬的表情，不得扭捏作态，吐舌头，作鬼脸。

4. 遇有顾客未能按照摄影师的要求摆好姿态或作出动作时，应耐心讲解，循循善诱。如果顾客实在无法把动作到位，可以用婉转的办法更换一个容易做到的动作，绝不可以训斥客人。

六、注意事项

1. 旺盛的精力是优质服务的前提，在一天的任何时候都要保持这种精神，无精打采的服务人员是不可能做好工作的。

2. 微笑永远对拉近工作人员与顾客之间的关系行之有效，无论个人有什么不愉快的事情也不应在顾客面前表露，面对顾客应该永远是微笑的表情。

3. 所有的事情都有一个"度"的把握，文明用语和各种规范不能生搬硬套，言谈要自然，行为要得体。

第二节　接待服务

一、学习目标

掌握对顾客接待服务的一般规律，有针对性地为顾客服务。

二、对持单据顾客的服务

1. 摄影师是在摄影室工作的,一般不了解顾客在营业室与业务人员的谈话,业务人员给顾客开出的票据是他们之间洽谈的结果,摄影师应依据票据进行工作。
2. 顾客走近摄影室,摄影师要起立迎接,主动说好第一句欢迎的话。
3. 双手接过顾客的单据,将工作单一联留下,将取相票一联交还给顾客,并请客人保存好作为取相时的凭据。
4. 仔细看清票据上的规格、项目、数量和交件时间、备注要求等。
5. 为了防止差错,摄影师需以询问的口气核对所拍照的尺寸、数量和备注要求,得到客人的肯定后方可进行拍摄。

三、对无票据顾客的服务

1. 经常有顾客对业务人员表达不清楚自己的要求,而不能在拍摄前开票,摄影师应给予热情耐心的接待,不能有丝毫的讥讽和轻视。
2. 首先要询问清楚客人所拍摄照片的用途,根据其用途告知其应该拍摄的项目、式样、规格、数量、交件时间和价格,说话的语气要和蔼,言词要肯定,不能含混不清,磨棱两可,使客人无所适从。
3. 遇有不善于表达的顾客要有耐心地仔细倾听并加以分析;遇有不愿意表明用途的,摄影师可以先报以常规证件照的规格、式样和数量,请客人选择。
4. 摄影师的提议只是一种参考意见,任何工作人员无权替代顾客作出最后的判断,一定要请客人自己做决定后才可正式拍照。
5. 拍摄完毕后,工作人员要陪同顾客到业务部门办理开票及交款手续。

四、操作程序

1. 顾客近前,起立迎接,主动说好欢迎词。
2. 双手接过单据,认真观看并与客人核对与拍摄工作有关的内容。
3. 指导顾客对头发、面容、衣服和饰品等进行必要的修饰和整理。
4. 调整照相机、灯光后请客人入座拍照。
5. 拍摄完毕后立即在拍摄记录表中登记上顺序号、票据号和顾客的特征。
6. 在工作单上相应的位置签上自己的代号。
7. 提醒客人带好自己的东西,热情地欢送并欢迎再次光临。

五、相关知识

1. 常用礼貌语言

"您好"、"欢迎光临"、"请"、"谢谢"、"对不起"、"不客气"、"欢迎再来"等。

2. 北京市地方标准照相业服务操作规程

范围

本标准规定了照相业服务操作应达到的要求。

本标准适用于在北京市行政区域内开设的各种经济成分的照相业经营者。

引用标准

下列标准所包含的条文，通过在本标准中引用而构成为本标准的条文。在标准出版时，所示版本均为有效。所有标准都会被修订，使用本标准的各方应探讨使用下列标准最新版本的可能性。

SB／T10269—1996 照相业开业的专业条件和技术要求

定义

本标准采用下列定义。

照相业

运用照相机、感光材料和灯光设备，在室内外拍摄人物及风光静物影像，并通过暗室（照片制作室）、整修、着色等技艺，来塑造可视画面形象，以及运用彩照扩印设备、彩色相纸、冲洗药液等从事冲卷、扩印彩色照片的经营单位和机构（SB／T10269—1996 中2.1）

服务操作要求

①经营者应向消费者提供服务的真实信息，对消费者提出或询问的有关问题，应做真实明确的答复。

②经营者在为消费者提供服务时，应按下列程序操作：

——认真听取消费者对照相服务的具体要求，为消费者提供符合自身服务能力和工艺水平的样片，说明所使用的感光材料的品牌和质地，相片的生产周期和价格；

——按消费者的要求，确定所照相片的规格尺寸和拍摄的具体方法；

——对需提供冲扩放大、翻拍、着色服务的，应对底片（胶卷）或相片的质量、外观进行检查，并向消费者做详细说明，使消费者清楚所能达到的服务效果；

——在协商一致的前提下，为消费者开具服务单据。其内容包括单位或姓名、服务的内容、规格尺寸、数量、价格、以及看样片和交付相片的日期、经手人等，必要时还应注明消费者对服务所提出的特殊要求。

注：服务单据应一式三联。一联存根，一联随封套作为经营者内部各工序操作的依据，一联作为消费者取件的凭证。

③摄影服务

——摄影人员应按照服务单据进一步与消费者核对对照相的各项要求，并使票据与底片对号无误；

——指导消费者对发式、面容、服饰等作必要的修饰和整理；

——正确运用摄影器材和感光材料，选择拍摄角度和道具。构成主题突出，层次丰富的画面；

——引导并处理好被摄者的姿势、表情、调动启发人物的情绪，及时捕捉生动的拍摄瞬间，为消费者拍摄出真实生动的影像画面。

④冲洗、放大、印制照片

——按规定标准配制显影液、定影液，进行冲洗黑白片或彩色负片；

——根据黑白底片的密度、反差，选配相纸。彩色底片要根据色罩、密度和拍摄内容进行试样，剪裁构图，印制或放大质量合格的黑白或彩色照片；

——进行底片或照片的整修，使其达到比较完美的程度；

——照片着色应根据原照片的形式内容，将色彩与原影像有机地结合在一起，增强作品的真实性和艺术性，达到消费者所提出的要求。

⑤各工序在完成操作后，应检查是否与服务单据标明的要求相一致，质量是否合格。确认无误后，将产品装入封袋，签上自己的姓名或工号。

⑥营业员应严格按要求检查成品的数量和质量，经与服务单据核对确认无误后，方可交付消费者。

思考与练习题：

1. 接待顾客时应做好哪几方面的工作？
2. 作为商业人像摄影师在仪表仪容方面应注意什么？

第二章 拍 摄

第一节 准 备 工 作

第一单元 器 材

一、学习目标

能够独立操作照相机。会构图、调焦，能够运用光圈快门选择准确的曝光组合。

二、操作步骤

（一）使用工具
135 单反式手动照相机配 70～210mm 变焦镜头
（二）操作程序
1. 装卸胶卷
装胶卷的步骤
第一步　照相机面朝上平放在工作台上，打开照相机后盖；
第二步　除去胶卷外包装，露出暗盒；
第三步　将胶卷片头插入照相机收片轴上的开口处并挂好齿孔；
第四步　顺势将胶卷沿着导轨拉出并将暗盒放入照相机的暗盒仓内；
　　（注意：胶卷的尺孔一定要嵌入照相机输片轴的齿轮上，否则胶卷将不能顺动）
第五步　小心搬动卷片搬手，观察胶片是否沿着导轨正常前进；
第六步　盖好照相机的后盖，观察计数器窗口，其数字应该是在 0 位；
第七步　搬动卷片搬手，观察倒片轮是否反方向转动，释放快门后再次搬动卷片搬手并再次释放快门，其目的是放过已经露光的片头部分；
第八步　搬动卷片搬手、计数器恰好处于 1 的位置，这时便可以正式拍照。
卸胶卷的步骤
第一步　将照相机底盖上的倒片钮按下；
第二步　将倒片轮上的倒片搬手扳开，顺其箭头指示的方向缓缓转动，转动若干匝后会感觉到突然的轻松，此时表示胶卷已脱开收片轴，应立即停止转动；

第三步　打开照相机后盖，拔起倒片轮，取出暗盒；

第四步　在胶卷的片头处做好已拍摄过的标记或编码，至此便完成了卸卷工作。

2. 安装三脚架

第一步　将三脚架的腿子伸缩到被摄对象高度一半的位置处锁定，调整三条腿子的角度使之稳定；

第二步　将照相机底部的三脚架专用接口对准三脚架的螺栓并将其旋紧；

第三步　按照拍摄幅面横竖的要求确定云台上层翻板的位置；

第四步　按照拍摄高度的要求调整三脚架中心的升降杆，并锁紧固定螺丝；

第五步　按照拍摄角度的要求调整云台上的俯仰、水平、旋转三个部位，调到恰当位置时旋紧固定旋钮加以固定。

3. 调焦

第一步　调整镜头的焦距。在摄距不变的条件下通过改变镜头的焦距，来改变成像的大小。焦距短时成像小，焦距长时成像大。在保证人物成像大小相同时，长焦距镜头距离人物远，短焦距镜头距离人物近。当这段距离过远时所摄人物影像会缺乏立体感，而这段距离过近时，又会产生凸起的变形。普通证件照的焦距设定在 135mm 左右为宜。

第二步　调整清晰度。转动镜头的调焦环可以调整影像的清晰程度，必须要找准影像清晰程度的最佳点。拍摄人像的调焦点应以被摄人物的瞳孔为准。调焦时摄影师应闭上左眼，用右眼紧贴在取景器目镜上观察影像的变化。现代照相机一般都提供了三种以上的对焦方式，例如：磨砂玻璃调焦、裂像调焦、微棱镜调焦等，商业人像摄影师一般应采用磨砂玻璃调焦的方式。其它的方式只作为辅助手段。

4. 调光圈

光圈是照相机镜头的重要装置，一般机械光圈的光圈环位于镜头靠近机身的一端，环上有刻度来表示光圈的大小，光圈系数越大表示光圈越小，光圈系数越小表示光圈越大。反复转动光圈环会感觉到每到一个光圈值的位置时会有一个加重阻力的手感。在使用光圈时并不要求一定要在整挡的位置上，可以放在任意位置。

5. 调快门速度

照相机的快门速度表示曝光时间，由照相机上端的速度盘来控制，数值越大表示曝光时间越短，数值越小表示曝光时间越长。在有些电子快门的手动照相机上有长于一秒钟的慢速装置，其快门速度盘上的对应数值是黄色或棕色的。B门是照相机上手动控制曝光的方式，揿下快门按钮，快门打开，松开手指后，快门即行关闭。在速度盘上还有一个用红颜色表示的数字，它是指该照相机在使用闪光灯拍摄时的最高同步速度，使用时只能等于或低于此速度，而不能使用比它更高的速度。否则，拍摄的画幅不是全幅画面。

6. 光圈和快门的配合使用

光圈可以改变镜头的通光量，快门可以控制光线通过的时间，两者在曝光量方面可以进行多种组合。在正常情况下，开大一挡光圈和放慢一挡速度对曝光量的改变是一样的。但是闪光摄影却不能运用此法则。

三、注意事项

1. 照相机是集"机、光、电"为一体的精密设备，要严防暴晒、雨淋，火烤、碰撞或强拧硬扳，否则会损坏机件。镜头和相机的反光镜部分严禁手摸。

2. 擦拭镜头应遵循先吹后擦的原则，即先用气吹子吹掉镜头上的尘土，而后再用镜头纸自内向外轻轻擦拭镜头。

3. 装卸胶卷时必须把照相机放置在工作台上，不允许手持照相机悬空操做。

4. 三脚架的螺栓应与照相机相匹配，过长会将照相机的底盖顶穿，过短则很难把照相机固定牢固，有的三脚架上有限制螺栓长度的螺母，应将其调整在适当的位置。

5. 光圈可以不放在整级的位置上，快门速度却必须放在整挡的位置上，否则既可能造成速度不准又可能造成相机的损坏。

6. 调焦时眼睛与目镜的位置很重要，如果看到取景窗内的裂象调焦部分出现一半黑一半亮，则应该调整眼睛的位置。

7. 光圈与快门的曝光匹配关系是有一定限度的，过短或过长的曝光时间都有可能使这种关系失效。专业术语称之为感光材料的互易率失效，详细内容见基础知识部分的相关章节。

8. 有的变焦镜头设有微距装置，当使用微距时变焦功能可能会被锁定，不可硬扳。

四、相关知识

1. 如前文"第一部分"中所述，照相机的种类及划分的方式很多。作为在影室中使用的相机根据不同用途，大多使用135、120单镜头反光相机或4英寸×5英寸页片相机。因为单反相机所具有的无视差、更换镜头方便等优点，是旁侧式取景相机不能比拟的。除此之外，不同行业还有不同的专业相机。如在水下拍摄用的水下相机、航拍用的航空相机、医疗摄影用的医用相机、公安用的刑侦相机、拍摄超大合影及全景用的360度相机（转机）、立等可取的一次成像相机、APS相机以及数码相机等等。

2. 摄影镜头

镜头是照相机的关键装置，从焦距的形式上分为定焦镜头和变焦镜头两个大类，一般来讲定焦镜头的质量优于变焦镜头，而变焦镜头比定焦镜头使用便捷。但需要指出的是，质量优良的变焦镜头在成像质量上会胜过低质量的定焦镜头。镜头的有效口径决定了其最大的通光能力。虽然在影室中的人像摄影很少使用大孔径拍摄，但是大孔径可在取景、调焦中提供更大的方便。

第二单元　布　　光

一、学习目标

掌握影室布光要领，正确使用影室闪光灯。

二、操作步骤

（一）使用工具

影室闪光灯，反光罩，柔光箱，反光伞，柔光伞，束光筒，蜂窝罩，遮光板，色光片，连闪线等。

（二）操作程序

1. 确定光源的种类

摄影光源有多种，既可以采用灯光也可以采用日光，既可以采用闪光也可以使用白炽灯光，既可以采用小型闪光灯也可以采用影室闪光灯。目前在商业人像摄影中一般采用影室闪光灯。

2. 确定闪光灯指数

影室闪光灯的发光强度是用闪光指数来表示的，指数大表示发光强度高，在已有的设备中应当选用指数最大的闪光灯作为主光灯使用，把闪光指数最小的作为背景灯使用，中间指数的闪光灯用来作辅光灯或装饰光灯。

3. 确定光质

光质在摄影行业被称之为光线的软硬与聚散，根据需要影室闪光灯发出的光线既可以是软光也可以是硬光，关键在于使用什么样的灯罩，如果需用硬光就用束光筒或蜂窝罩，如果需用软光就用柔光设备。

4. 确定闪光灯的设置

在使用影室闪光灯时必须进行必要的设置，一是确定发光强度挡位，二是确定造型灯的开关挡位，三是确定光敏接收器开关挡位，四是确定蜂鸣器开关挡位。

5. 确定灯位

（1）首先确定主光灯的灯位，商业人像摄影最常用的光线效果是顺光（小鼻影光）、前侧光（三角光）和侧光，所以，从水平角度来讲，主光灯的位置基本上就是在0～90°的区间内移动。确定主光灯的灯位时一般是先根据摄影师的设想大概确定一下位置，待被摄人物的姿态和面部朝向固定以后，再仔细调整灯位。主光灯的垂直角度变化幅度很小，一般均在0～60°的范围之内。

（2）其次确定阴面光辅助灯的灯位，阴面光辅助灯一般应在水平角和垂直角都尽可能小的位置，只要是不影响拍摄，灯位最大限度的贴近镜头主轴的延长线。垂直高度更要低于主光灯，以被摄人物主要被摄位置相比，最高不能超过30°角。

（3）确定阳面光辅助灯的灯位，顾名思义阳面光辅助灯是辅助主光灯工作的，因此它的灯位自然是在镜头主轴延长线的主光灯一侧，它的灯位高度基本与阴面光辅助灯持平，水平位置也是以尽可能靠近镜头的主轴延长线为佳，其作用是接匀主光与阴辅光的交界部分。

（4）确定背景灯的灯位，商业人像的半身肖像照所使用的背景灯应放在被摄人物的身后，从照相机的角度来看，人物恰好挡住了背景灯具，背景灯的垂直高度与被摄人物的腰部相平，背景灯距离背景一般以一米左右为宜。

（5）确定轮廓灯的灯位，轮廓灯应放在被摄人物的侧后方阴面光辅助灯一侧，其目的是为了用光线勾画出被摄人物的头发、面部或服饰轮廓，灯位的水平角度越大勾画的边缘就越小，灯位的垂直高度却恰恰相反，越高则勾画物体顶部的边缘越宽。一般高度基本与主光灯持平即可。

三、注意事项

1. 灯具的品种繁多，型号复杂，使用前必须仔细阅读其使用说明书。
2. 灯具全部是金属制品，万一漏电极其危险，必须使用三线电源，做好接地线和安装漏电保护装置，注意安全。
3. 闪光灯与白炽灯的色温是不同的，除非是追求特殊的光线效果，一般不能将两种灯光混合使用。
4. 同一只闪光灯加装不同的附件后对其照度有很大的影响，要仔细观察其效果，有条件的可用闪光灯测光表测量其具体数值。
5. 硬光与软光相比使用难度要大，光线效果也更明显，初学者应以硬光为基础练习布光。

四、相关知识

1. 影室闪光灯的各项指标

影室闪光灯因其色温接近日光色温，且闪光速度极快，所以是当前应用最为普遍的摄影照明灯具，影楼拍婚纱摄影，照相馆拍纪念照，摄影工作室拍个人写真以及广告摄影等都适用于影室灯的闪光照明。影室闪光灯的主要技术指标有15项：（1）闪光能量、（2）闪光指数、（3）造型灯功率、（4）回电时间、（5）电源电压、（6）触发方式、（7）触发电压、（8）调光方式、（9）闪光时间、（10）闪光色温、（11）闪光管、（12）闪光提示、（13）遥控距离、（14）体积、（15）重量。在众多种指标中最为重要的技术指标是闪光能量，亦称输出功率，用W·S（瓦特·秒）来表示，输出功率大的发光强度高，反之则低。由于以往许多摄影师并不经常使用闪光灯测光表，为了方便习惯使用曝光指数。须知，闪光能量决定了闪光指数，但是功率不等于指数，闪光指数是用GN来表示的，我们一般可以认为GN指数是光圈和距离（米）的乘积，在这里需要注意两个条件，一是使用的胶片的感光度是以GB21度为条件的，二是距离以米为单位，离开了这两个条件就离开了当前摄影行业的使用习惯。有些闪光灯的生产或销售厂商把胶片感光度设定在GB24度或者把距离设定为英尺（FT），更有甚者，竟将WS与GN混为一谈，使用者应加以注意，否则会产生曝光不足的问题。

回电时间是指上次闪光后需间隔多长时间才能充电完毕作下一次闪光，这个时间当然是越短越好，特别是在有抓拍任务时，这段时间显得尤为重要。在日常的业务中正巧拍到顾客眨眼的情况是任何摄影师都在所难免的，在保持顾客姿势神态都不变的情况下，立即补拍一张是摄影师当然的希望，这时，回电时间就成了至关重要的问题了。短一些可能拍摄成功，时间拖久了可能会影响顾客的情绪。

其它诸如触发方式、调光方式、闪光提示、闪光色温等并非不重要，只是一般在闪光灯的说明书中都标明的比较清楚，只需详细阅读就可以了。

2. 平面光位图（见图2.1）

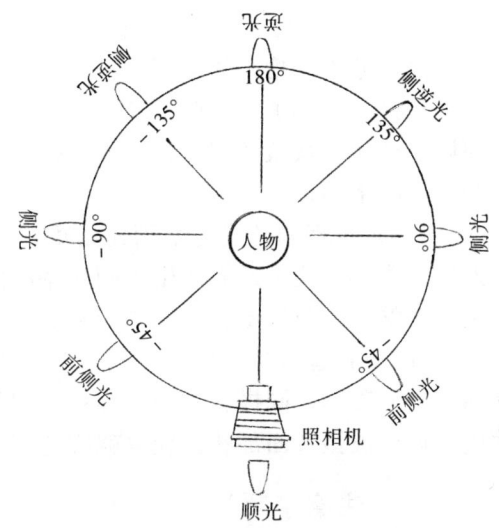

图2.1　平面光位示意图

第二节　证件照

第一单元　光线造型

一、学习目标

掌握证件照的用光要领，能够依据不同的脸型合理布置灯位。

二、操作步骤

（一）使用工具

影室闪光灯4只，柔光箱3只，反光罩1只，连闪线1条。

（二）操作程序

1. 将闪光指数最大的一只灯配上柔光箱作为主光灯，将闪光指数最小的一只灯配上反光罩作为背景灯，另外两只灯配上柔光箱分别作为阳面光辅助灯和阴面光灯，将连闪线插在阳面光辅助灯的插口内，另一端与照相机接触好。

2. 待被摄人物坐定后，仔细观察其脸型，确定使用光线的类型。

（1）如果人物较瘦欲拍丰满些，应该使用顺光位，即将主光灯贴近阳面光辅助灯，放置于临近镜头主轴延长线的位置处。灯位的高度应当低一些，大约与人眼睛的高度持平。

（2）如果人物较为丰满，欲拍得清秀些，应该使用侧光位，一般是将主光灯放在人物的左侧，灯位要高出人的眼部，约成40°左右位置。

（3）如果人的脸型比较标准可以采用前侧光位（三角光），在商业人像摄影的证件照业务中三角光的运用是最多的，但是三角光的光位并不是一成不变的，特别要注意被摄人物鼻子的高低，鼻高者应将主光灯的水平角度调小些，鼻矮者反之。基本原则以灯光在被摄者阴面光颧骨上投影光斑的大小为准，一般应使鼻子的投影与鼻唇沟衔接起来为佳。

（4）合理调整光比是用光的重要环节，光比即阳面光部分与阴面光部分的亮度差别。调整光比一是靠使用不同功率的闪光灯，二是靠设定闪光灯上的输出数值，三是靠调整灯距与被摄者之间的距离。

3. 布置背景灯，背景灯对人物面部的光线造型不起作用，但对整幅照片的影调却有较大影响，同样深浅的一幅背景用强光照明则会变浅，用弱光照明则会变深。为此，如果被摄者面部肤色较黑就应适当将背景光减暗一些，反之则应该增亮。

三、注意事项

1. 安装闪光灯的柔光箱或反光罩时要非常小心，一定不能碰撞闪光管，该管是闪光灯的关键部件而且十分娇脆。

2. 闪光灯架的三角支撑腿是可以调节的，分叉太大，会减少摄影室的有效活动空间；分叉太小，又会使闪光灯缺少稳定性，应把分叉调整到恰当的开合程度。

3. 遇有被摄人物是配戴眼镜者且反光强烈时应关闭阳面光辅助灯，并将主光灯和阴辅灯提高灯位，使眼镜反光避开眼睛，为了引发闪光，需将连闪线改插到主光灯上。

4. 装有柔光箱的闪光灯虽然发光柔和，但是灯箱的中心部位仍然强于边缘，因此，无论灯位如何变化，光心部分永远应该对准被摄者的脸部，否则可能出现次要部位明亮而脸部灰暗的不协调现象。

四、相关知识

1. 前侧光又称作三角光，是一种最常用的光效，这主要是比较符合常规下人们的视觉习惯，在自然界中太阳是高于人的头部的，而且人们总是习惯于斜侧面向阳光。除此之外三角光对于描述人物还有一个其它光效不能达到的作用，它能将人物面部的70%照亮，因而会使瘦人显得胖一些。又由于人物面部会有30%的阴光区域，它又会使胖人显得瘦一些。所以有些摄影师贪图省事将三角光作为万能光来使用，如图2.2。国外摄影书籍中所称

图 2.2

伦布朗光其实就是三角光,此种称谓是由于大画家伦布朗常使模特处在这种光线下作画而得名。

2. 点状光源的照度与被摄体的距离呈平方反比定律,闪光灯也适用于该定律,但影室闪光灯因其巨大的柔光箱发光面积大,虽然照度随着距离的改变而变化,却不能依据该定律来计算照度的变化。

3. 闪光灯上的造型灯光是为了摄影师调整被摄体的照度参考用的,它与闪光管是两套不同的发光系统,由于这两种发光体都有随着使用时间延长而减低发光强度的问题,所以在实际布光过程中除去直观造型灯的光线效果之外,最好是用测光表测量出具体读数来确定所使用的光圈系数。

第二单元 影室灯光证件照的拍摄

一、学习目标

掌握在摄影室内用闪光灯拍摄证件照的要领,能够拍摄出符合证件管理部门要求的证件照片。

二、操作步骤

(一)使用工具

135单反式手动照相机,70mm~210mm变焦镜头,快门线,影室闪光灯,三脚架等。

(二)操作程序

1. 架好三脚架,调整好高度,将云台的翻板调成纵向,并将照相机牢固地安装在三脚架的云台上,将快门线拧在快门按钮处。

2. 请被摄人物端坐在距离背景1米的凳子上,面部朝向照相机,从镜头位置应该能同时看到被摄者的两只耳朵。

3. 打开闪光灯电源,根据人物的脸型特征调整好灯位和亮度。

4. 把照相机调整到距被摄者二米左右的位置处,将镜头的光轴对准被摄者的脸部。

5. 用入射式闪光灯测光表在贴近被摄者脸部的位置,测光窗对着照相机镜头方向测光,依据测光表的读数或凭经验调整好镜头上的光圈值,由于在影室用闪光灯拍照,快门速度已失去控制曝光量的意义,一般是将快门速度设置在低于闪光同步速度以下一挡的位置。

6. 在照相机的取景窗内观察取景范围、影像大小和清晰度,靠云台的旋转和俯仰调整取景范围,靠调整变焦镜头的焦距改变影像的大小,靠调整镜头上调焦环改善影像的清晰程度。

7. 引导被摄者的视线,启发其表情,一经发现最佳表情时,立即按动快门线完成拍摄。如图2.3。

三、注意事项

1. 拍摄证件照是项很细致的工作，首先必须注意观察被摄人物的头发和衣服是否整齐，如果发现问题要及时提醒被摄者纠正。

2. 有些证件照对背景的色彩有特殊的要求，例如有的护照相片要求白背景，有的驾驶证相片要求红背景，拍摄前一定要询问清楚。

3. 并不是所有的证件照都要求拍摄人物的正面，有些证件照（例如某些国家的移民照）是需要拍摄侧面或半侧面的，一定不能搞错。

4. 被摄者的视线应投向照相机方向，但不要直接盯住镜头，摄影师可用手势放在距离镜头约20厘米左右的位置上引导被摄者的视线。

图 2.3　证件照

四、相关知识

1. 135底片的片幅为24mm×36mm，公安部门规定，身份证照片要求片幅是22mm×32mm（不含白边），其中人物脸部的宽度（左耳边缘至右耳边缘）是18mm，人物脸部的长度（头顶至下颌）是26mm。由于有些人的脸型或发型关系，在实际工作中一般是以脸部的宽度为标准，由于绝大部分的135单镜头反光式照相机的取景器视野小于底片的拍摄范围，所以在取景器中构图时应把这种误差考虑进去，否则将会发生看到的影像大而拍出的影像小的问题。

2. 出国护照相的规格要求很严格，旧版护照相的规格是32mm×40mm，新版护照相的规格是33mm×48mm（均不包括白边）。公安机关出入境管理部门还规定：新版护照的照片必须是：直边正面免冠彩色本人单人半身证件照，光面相纸，背景颜色为白色或淡蓝色。着白色服装的照片须用淡蓝色背景颜色，着其它服装的最好使用白色背景，人像要清晰，层次丰富，神态自然。公职人员不着制式服装，儿童不系红领巾，头部宽部21mm～24mm，头部长度28mm～33mm，据了解，不符合上述要求的一次性快照，翻拍的照片或彩色打印机打印照片，在申请护照时，公安机关出入境管理部门将不予受理。

第三单元　室外自然光证件照拍摄

一、学习目标

掌握在室外自然光条件下拍摄证件照的要领，避免不符合证件管理部门要求的照片产生，能够顺利的完成不带闪光灯进行外出拍摄证件照的任务。

二、操作步骤

（一）使用工具

135 单镜头反光式手动照相机（带 TTL 内置测光系统），70mm～200mm 变焦镜头，快门线，三脚架，背景布，遮光布等。

（二）操作程序

1. 首先选择光线条件，室外自然光拍摄证件照最理想的光线条件是薄云遮日，因为太阳直射光的光质太硬，造成的光比也较大，薄云遮日（俗称假阴天）就如同加了一个柔光伞而使光线变得柔和。如果是阴天可以选择任意的开阔地，如果是晴天应选择有较大面积的阴影处，如楼房或高墙的背后作为拍摄场地。

2. 平整地将背景布悬挂好，距背景布 1 米位置处放置一个无靠背的座位，在座位正上方 2 米高度横拉一幅遮光布。

3. 在距坐位 2 米处架好三脚架，调整好云台并牢固地安装好照相机。

4. 选择一位身着中性灰色衣服，面部肤色正常的被摄人物端坐在坐位上，将镜头对准其构图和调焦，启动照相机的测光系统并按其数据调整好光圈和快门。

5. 正式拍照时并不需要每个人都测光，只要是光线条件不变，都可以采用同样的曝光组合。但是，必须依据人物的高矮适当调节三脚架的高度，依据人物头部的大小适当调整焦距的设置。

6. 照相机部分的操作完成以后，摄影师的眼睛要离开取景器，直接观察被摄者的动态，启发人物的表情，伺机快速地按动快门线完成拍摄。

三、注意事项

1. 室外拍摄与影室照相的最大区别就在于是使用日光照明，它受制于自然条件，因此要时刻注意天气的变化。

2. 选择拍摄场地时一定要挑选光线均匀之处，应避开树阴下、水塘前等一切有花影或反光的地方。

3. 背景布颜色的深浅在影室摄影中并不很重要，因为有背景灯可以调节其亮度。但在自然光摄影时，光线达到人物和达到背景的亮度是一样的，无法调节，所以，必须要认真选择颜色深浅适当的背景布。

4. 被摄人物头顶上方的遮光布是为了遮挡顶光照度的，如果不进行遮挡，有可能把头发照的过亮，甚至在人物的头顶产生一个强烈的反光环。遮光布一般是用较厚一些的白布，规格为 2 平方米左右。

5. 使用相机上的测光系统时应注意正确设定胶卷的感光度数值，如果设定错误，测光的结果也将是不正确的。

四、相关知识

1. 日光在一天的各时间段不但照度不同，色温也是不一样的，早晨和傍晚色温最低,中午时刻色温最高。天气的变化对色温也有影响,晴天的色温低,阴天的色温较高,雨天的色温最高,晴天的日子里阳光直射的地方色温低,阴影的地方色温高。对于拍黑白胶片来说色温并不重要,如果拍彩色片,色温便是影响色彩还原的重要因素之一。

2. 线条透视关系中最基础的原理就是近大远小,人们在观察他人时都会相隔一段距离,这就形成了一定的视觉习惯,证件照片的透视关系应该符合人们的这种习惯,拍摄时如果是物距过近就会产生口鼻过大,耳朵过小的变形现象;如果物距太远又会显得脸部扁平,一般以 2 米左右的物距最恰当。

3. 表情是人物心情的外在表现,应该说有什么样的心情就有什么样的表情,不能强求人们无论在怎样的心情下都作出微笑的表情,假笑、强笑、皮笑肉不笑的表情都是不美的,每一个被拍摄者坐在镜头前都会有一定的压力,特别是对于很少照相的普通人更会有一种紧张感,在尚未消除这种紧张心理之前企图让其做出微笑的表情是徒劳的。况且,一味地追求笑也不一定能够把照片拍好,证件照片中人物的神态应是自然、大方、端庄为宜。

第三节 纪 念 照

第一单元 室内人像摄影技法

一、学习目标

针对青年人和老年人的体态和性格特点,通过对其体态的拍摄和光线、取景、构图及服饰的认识,熟悉摄影位置中的特写、半身、大半身、全身照的特点,较好地完成青年及老年人的照片拍摄。

二、青年人像的拍照方法

青年人一般具有比较成熟的心理,其性格及爱好突出,身体已基本定型。因此在反映青年人物形象时,就要针对他们的特点,采用更加灵活的身体姿态,特有的表情,变化多样的光线效果,新颖独特的构图以及利用服饰等来掌握其拍照方法,以显示青年人所特有的气质和精神面貌。在青年人中,除了有男女之分以及不同体态、性格等之分外,还有在摄影镜头前的不同感觉。本单元将分别给予论述。

1. 姿态的安排

姿态安排的基本要求是:洒脱、自然、协调、大方。

拍摄女青年时,对自身条件不错,如身材苗条,相貌端庄而又具有镜头前的熟练展示能力的女青年,其拍照的随意性就大,无论人物特写、半身、大半身或全身照,她们都能自如发挥自己的主动性,摄影师只需适当调整、纠正。其方法:一是拍照前灯光、背景要基本确定,只要不影响画面构成,拍照中一般不做大的调整(特殊拍法除外)。二是摄影师要注意观察,任人物动作、神情自由发挥,抓取人物富于变化又具美态的瞬间。三是快速确定距离和角度,调焦准确。距离是指拍摄人物的特写、半身、全身像时的摄距。角度是指人物变化时的不同体态角度和相机与人物之间的不同方位的角度(包括俯、仰、平拍角度)。四是相机的使用。使用135小型相机室内影室闪光灯下拍照,易端举抓拍。使用120相机时,一般端举和固定结合使用,但在人工光下拍照以固定为主。

给女青年拍照,如其稍胖或偏瘦而又不善于在镜头前展示,摄影师就要主动一些,要注意观察其较美的一面,确定构图形式。此时的方法是:一是姿态多以端庄、稳重为主,人物动作幅度不大。人物稍胖或太瘦时,要利用服饰、道具、光线等加以弥补。二是注意调动对方的情绪,摄影师提出要求,以相互间配合为主,完成画面人物造型。三是人物神态与姿态要协调。如果人物端庄稳重,神态多以沉思、遐想表现。表情上常常以微笑、平静、神往、回眸等为多。

给女青年拍照,如其身材、面貌较好但不善于镜头前的表现或身材面貌有某种缺陷,拍摄方法:一是摄影师要善于通过语言与动作影响对方情绪,创造一个轻松气氛,消除对方紧张感或自卑感。二是姿态可以适当摆布,但要选择较好的角度。三是摄影师要有掩盖缺陷的手段,如利用人物面形角度、姿态变换、道具、光线、相机角度等。

现代女性受其社会环境影响,其审美标准和文化素养较高。因而在拍照时,摄影师要充分发挥摄影造型特性,除上述拍照方法外,在表现女性尤其是女青年时,可大胆进行姿态安排,诸如表现人物光滑的肩膀、纤细的手指、柔软的胳膊、修长的双腿、腰臀的变化等。姿态的形状可以是团形的,也可以是舒展型的,既可以是动态的,也可以是静止的;既可以是大角度的,也可以是小角度的(如图2.4、图2.5)。

图 2.4

图 2.5

总之，女青年的姿态美感较之其他人物是最多的，也是最富于变化的。

给男青年拍照时，应注意阳刚、洒脱的特点，展示人物姿态。

其方法：一是姿态大方，舒展有力。男女之间身体形状，骨骼、肌肤等明显有差异。男青年的姿态动作具有一定的力量性。诸如用手托腮这一动作，男青年常常表现为五指分开，大拇指托下巴，或握拳或八字指等。表现人物大半身时，常常用略倾角度展示其威武健魄的阳刚之躯。

二是表情多以平稳、端庄、机警、沉思为主，体现出男青年坚定的信念和坚强的性格。如为军人拍照，可通过持枪的动作、炯炯有神的双眼展现军人风采。给年轻企业家拍照时，则多以沉稳、多思的表情，展现现代人物的气质和能力等。(如图 2.6)

图 2.6

总之，给男青年拍照，其姿态和神态的安排抓取区别于女性，应避免男人女性化。

2. 光线的安排

拍摄青年人采用的光线比较灵活，但男女有别。一般讲，女性青年的用光注重细腻性(特殊情况除外)。男青年注重强硬性。用光方法是：给女青年拍照时，使用平光或柔和的软光比，人物面部皮肤感细腻，使人感觉肤色洁白，静美。用闪光灯拍照时，一般常使用柔光箱或反射光(如反光板等)，还可采用低光补射，以弥补人物下方光亮度的不足。拍照柔和的画面还要注意背景的亮度以及人物服饰的亮度，避免产生大块暗影或浅白，缺乏层次感。用室内人工光时，注意调节各灯间的光亮度和距离，力求光线均匀柔和(也可使用反光板等)。

给男青年拍照时，使用硬光或软硬相间的光线较多(要根据人物形象特征来选择，应避免千人一面，落入俗套。如常见的三角光（前侧光）、侧光、侧逆光等，光比多在1∶2以上，有时甚至使用单灯或更大光比展示人物形象，以体现男性特点。无论使用闪光灯或人工光，有无柔光箱等，均应体现一个光比。在拍照时，对一些特定环境下使用的特定光线(如书桌前、窗前、夜幕下、烛光下等等)要慎重安排。如顶光、底光或怪光，要在不丑化人物形象的前提下使用。在表现男性肌肤层次质感时，一般常用侧光效果。表现自然生活中的光效时，要注意光线的投向，做到突出一种主要光线和方向的一致性。无论给男青年拍照还是给女青年拍照，用光的基本要求是：因人而异，影调或色调协调，主体突出，美化形象。

3. 画面构图

青年人的画面构图更注重活泼、新颖、有创意性和自然性。例如：以人物线条为主要画面形式时，可以运用平行、倾斜、起伏或线条的垂直性、均衡性及各种分割形式来表现(如十字不均衡水平对等分割、综合分割等)。以人物姿态为画面构图或以陪体进行协助造型时，可充分运用圆形、三角形、V形、S形，十字型，对角线等来表现。利用摄影位置安排构图时，可以运用拍照距离(远景、全景、中景、近景、特写)，还可以大量利用拍照方位(正面、侧面、斜侧面、背面等)或利用拍照角度(平拍、仰拍、俯拍)等来表现。利用相机镜头的特性，可以表现出近大远小；近清晰、远模糊；前虚后实(或前实后虚)等，利用照相机镜头附件拍照时，可以使画面表现出星光效果、柔化效果、四周虚化效果等。运用色彩构图(即色调构成)，可以表现画面的色彩对比性。如使用对比的色调(包括强弱对比)，和谐的色调，暖调、冷调等，通常使用色调设计手段(如利用面积对比、利用色光、利用变调、利用明暗、环境色、滤光镜、色别等手段)做为构图条件。

无论画面构图突出什么样的效果，都离不开它的基本要求，即鲜明、易懂、和谐、统一，以达到表现画面主题内容，使作品更具艺术感染力和增强艺术效果的目的。

4. 人物服饰

随着人民生活水平的提高，男女青年的服饰变化非常多，尤其是女青年的服饰、色彩、款式新颖多样，一年四季变化不断，这为摄影创作带来了更多的表现形式。但在镜头前拍照时，不能随心所欲。服饰还要与拍照时的人物心情、周围的环境气氛、画面构图、背景色彩等联系在一起。拍照时，青年人的服饰可以从下面几个方面考虑。

①款式

造型新颖大方的款式总会有较好的表现。尤其是女青年,新颖独特的服饰往往能影响个人的外在气质。因此，有条件的大中型照相馆或影楼，应结合当地的环境和时尚的流行款式或结合摄影师个人的造型手法，适量准备一些不同类型、不同风格的服装，如进口或台湾、香港及国产的各式晚装、时装(高中档均可)，款式上既可是裙式晚装，也可是裤式时装；上身既可以是袒肩露背挂带式，也可以是新型领边的圆口式或是松紧半胸式等，并配以不同的头饰、耳坠、项链等。还可以准备不同的民族服装，如朝鲜族、白族、侗族、藏族、维吾尔族的代表服饰等，这样给人的挑选及拍摄表现的余地就大些。一些小型照相馆或写真室等，如无条件购置服装或服饰不多，一般拍照前可让被摄者自备服饰，摄影师可根据被摄者的条件(体态、情绪等)提出建议选择服饰。影室内还可以准备几块布料(如格式、条式图案、不同颜色)，短料可以装饰人物上半身，长料可以装饰全身。经过变化，可以表现出多种不同式样的服饰，对不同的人物造型有所帮助，摄影师可以尽情创意，为人物形象表现服务。这种做法既省钱又省时，有时甚至能取得绝妙镜头。一般讲，表现人物雍容华贵的体态时，多以晚装、礼服等为主；表现人物潇洒自如时，多以仔装、紧身衣为主；表现人物稳定端庄时，常以西服或时装为主。在拍照时，还可以根据现场气氛以及背景来调整人物的服饰。

②颜色

色彩极富个性，每个人都有自己的色彩标准。因此对于服饰的颜色，一般讲不能限制,许多摄影师和被拍照的人都有自己的爱好和审美标准。对于摄影师来讲,色彩又极具情感性,在摄影创作上,摄影师应根据总的设想,选择不同颜色服饰。从拍照实践看,不同颜色服饰能表现不同画面效果,如暖色(红橙黄或相间色)给人一种活泼、跳跃、不稳定感;冷色(绿青蓝或相间色)给人一种低沉、稳重之感;浅色宜表现洁静的画面,如高调;深色服饰宜表现低调或暗调。又如,明亮的红色意味着夸张或危险,绿色包含着平静与青春,黄色暗示华贵与温暖,蓝色给人和平与安宁感。又如,从背景色彩上考虑,既可使用冷暖对比(如红色服饰、蓝色背景等),也可以是同类色对比(如黄色服饰配黄色背景)。但在颜色搭配上,一定要防止"怯或俗",要求摄影师学会搭配色彩。方法上既可以利用面积对比,也可用色光装饰对比,也可选择背景色彩调节,还可利用视觉变化或距离变化等。

③扬长避短

任何服饰都应起到美化人物形象的作用。生活中不是每一个人都能做到利用服饰来装点自己或美化自己。这就要求摄影师在拍照前要注意观察,利用服饰遮挡人物体形的某些不足。如瘦体型,服装上不宜暴露过多,不过于宽松,色彩不宜深或冷,可选用浅暖色或横破断结构的服装,使人显得丰满。胖体型,服装不宜过紧,色彩不宜暖或浅,可选用深冷色或竖破断结构的服装,使人显得苗条。瘦高的人宜穿宽横条服装,矮胖人宜穿竖窄条服装,长脖人不宜穿开胸衣、毛孔重的人不宜暴露过多皮肤等等,通过调整做到化丑为美。当然,扬长避短的手段很多,在拍照中,可以结合个人的表现意识,总结出许多利用服装纠正缺陷的方法来。

④利用服饰的个性

每个人服饰选择有各自标准,这和每个人的性格爱好有关。人的个性有开朗、热情、温和、潇洒、理智等之分,人的服饰又有不同色彩和款式之分。因此,可利用人物个性搭配不同式样、色彩的服装。如性格开朗、活泼的年轻人,展现其朝气蓬勃风貌,可选用高明度色或暖色。又如弥补人物情绪缺陷时,也可选暖调服装搭配(包括过于颓废的人)以增加人的青春活力。有时为画面效果的需要,改变色彩则对人的性格给予"调和"。如在冷静柔和的色彩气氛中,适当增加明亮的对比色,宜增加画面的生气与趣味。青年人活泼、热情、好动但又缺少稳重、冷静,可适当选用冷色调服装以强调稳定感,起到平衡性格的作用。

三、老年人像的拍照方法

老年人与青年人相比,无论在体态上、情绪上、精神上都有很大的区别。在拍照中,应当采取有针对性的拍照方法对人物的姿态、摄影位置(如特写、半身大半身全身照等),使用的光线、背景的安排等进行调整,反映老年人特有的气质和精神风貌,以体现老年人的特点(如图2.7)。

1. 人物的姿态角度安排

①特写照

适合表现老年人炯炯有神的双眼及面部纹理特征。它可以避免老年人身材上的缺陷，如驼背、变形等等。拍照中可根据面形确定面部和相机角度，可使用人物的手来协助造型，还可利用如眼镜、烟斗及其它反映老年特征的道具点缀画面，此种形式由于刻画老年人神态十分突出，因此宜选择那些双目神奕、面目轮廓分明的老人。

②半身、大半身照

适合表现老年人丰富的神情和健康的体魄。由于它相对特写照，容纳了人物半身或大半身，空间加大，在人物姿态上可以将手、胳膊以及适当安排的道具更加灵活地表现出来，以烘托画面气氛。如老年人的室内肖像照，人物略侧，或双手叠放，或手持椅把，或手托腮、手持拐杖等等（如图2.7）。表现生活题材时，多以下棋、读书、绘画、思考等为形式。它与环境气氛融为一体，体现老年人的老有所为，精神焕发的风貌（图2.8）。

图2.7　　　　　　　　　　　　　　　　图2.8

③全身照

健康良好的身材，或坐或站均可表现老年人独有的气质。由于空间大，其面部纹理多的特点可以淡化。此种形式，适合老年人身体无大的缺陷者；如果老年人身体过胖或有腿疾，一般以坐照全身为宜。此时，应注意人物的手的摆放（如双手交叉置于膝盖上或手扶椅背等）和双腿的姿式（如双腿交叉或前后丁字等），切忌将年青人的姿态强加给老年人。全身照由于场景大，选择人物的坐椅或其它陪衬品要适当，不可喧宾夺主或太年轻化。

2. 光线的安排

无论人工光或闪光灯拍照，男性老年人常使用略大的光比效果。一般情况下，表现面部纹理时，多用侧或偏侧光。而对女性老年人，则光比略小，顺侧光均可，主要以细腻性刻画，在个别时，为突出人物年老斑驳面容，饱经风霜的形象时，也常采用侧逆光方法拍照。

3. 背景的安排

老年人人像摄影使用的背景一般要求是：淡雅、凝重、不繁杂，不浮夸，不过分靓丽。因其国情民族和环境以及个人修养等的因素，我国的老年人从体态上、服饰上相对以庄重、凝神、淡雅、合体为主。夸张的色彩，杂乱的背景及其它不协调的背景会破坏画面效果。但变化的背景或独具新颖味道的环境同样适合老年人。

除上述三个方面外，老年人的化妆、服饰等都应遵循"因人而异，体现个性、自然协调"的原则。生活中老年人的形象都可以体现，如阳光下老年人的漫步，儿孙满堂欢喜的神情，赏花观鸟的自足，孜孜不倦老有所为的追求，享受天伦之乐等等，都是表现老年人极好的摄影题材。摄影师只要选择适当的角度和姿态，恰当的光线和背景，是可以拍出绝好的老年人照片。

第二单元　室外风景人像摄影技法

一、学习目标

掌握在自然风光中如何拍摄人物纪念照的技术，能够兼顾人物与景物的表现。

二、操作步骤

（一）使用工具

135单镜头反光式手动照相机（带TTL式内测光系统），35～135mm变焦镜头，三脚架，快门线，小型闪光灯或反光板等。

（二）操作程序

1. 日光的风景人物纪念照

①首先选择被摄景物。风景人像很重要的是选择有代表性的景物作背景，每进入一个自然风景区或人文景观后，第一步的工作就是找出该地不同于它地的特点，否则就会降低照片的纪念价值。

②其次是确定景物的拍摄范围。摄影总是在整个视野中截取一个部分拍成照片，不可能把看到的美景都拍进去，确定景物的拍摄范围有两方面的含义，一是确定景物在照片中的大小，二是确定是取横幅还是竖幅。

③再次是确定前景。前景对于美化画面，活跃气氛，突出空间感，提示季节或时间以及揭示主题等方面有着不可低估的特殊作用。一束花，一块石，一个树枝，甚至一颗草都可以被用来作为前景使用。关键是要运用得恰当，要有意义和美感。

④在适当的位置支起三脚架并安装好照相机，连接好闪光灯和快门线，从取景器内观察，选取到一幅理想的背景画面。

⑤请被摄人物进入设计好的位置，从取景器内观察人物与景物的比例，如果人物

过小，可请人物向照相机方向移动，反之则移向相反方向。当然也可以移动照相机，但这会使选好的前景废弃。

⑥调整人物与景物的相对位置关系。在被摄人物不动的情况下，如果欲使人物左移，可将照相机的位置右移；如果欲将人物上移，可将照相机的位置下移。总之，相机运动的方向与人物成相反关系与背景物体成相同关系。如果被摄人物能够改变位置那将是更方便的。

⑦如果是侧光或是逆光拍照，脸部会有较多的阴影，最好是用反光板进行补光，以减小光比。

⑧测光，启动照相机内的测光系统，对人物的脸部进行重点测光，依据测光的数据调整好曝光组合。

⑨仔细调焦后离开取景器，手握快门线，调整人物的姿态并启发人物的表情，待进入状态时立即按动快门完成拍摄。

⑩如果是使用闪光灯作为补光，先要知道该灯的 GN 指数，用指数除以灯与人之间的距离（以米为单位）得到的数值为光圈值，为了获得和谐的光比应将光圈再缩小一级并以此为依据用测光系统测出自然光应使用的快门速度，即使用该曝光组合拍摄即可（快门速度必须在闪光同步范围以内）。

2. 夜景人物纪念照

①城市的夜景很漂亮，许多人都想在灯火辉煌的建筑前或流光溢彩的马路旁拍张纪念照，选景时应选择灯光较多，颜色丰富的景区。

②支起三脚架，调整好云台，把照相机固定好，连接好闪光灯和快门线。

③请被摄人物站在一个光线条件比较暗的位置，注意千方不能站在亮处，否则人物既可能曝光过度，色彩也不会自然。

④根据闪光灯的 GN 指数和闪光灯与被摄者之间的距离来设定光圈值，例如使用 GN 指数为 24 的闪光灯距人物 3 米，可用 24 除以 3 得出光圈 8 的数值。

⑤根据背景的亮度和使用的光圈值来确定快门速度，以用 GB21 度胶卷为例，如果使用光圈 8 来拍城市的街景和建筑，可视其明亮程度将快门速度设定在 1/8 秒～1 秒的范围内。速度过高背景会显得灰暗，速度过低又会使背景过于明亮失去夜景气氛。

⑥在取景器内将影像调整清晰后手握快门线，眼睛离开取景器直接注意观察人物的表情，伺机按动快门完成拍摄。

三、注意事项

1. 室外摄影的光线复杂，为防止炫光的产生，最好在镜头上加遮光罩。

2. 在逆光条件下拍摄应该避免使用高亮度的背景，如天空、水面、白墙等。如果是在雪景条件下应注意避免测光偏差，因为大面积白雪容易使曝光不足。

3. 为了外出轻便，风光人像摄影可以不使用三脚架，但快门速度不能太慢，否则会影响清晰度。同时，由于单镜头反光式照相机在曝光的瞬间将反光板翻起影响视觉，故此，不用三脚架时应格外小心。

4. 由于注意力的关系，我们往往对有些实际存在的物体视而不见，结果拍出照片后才发现，如肩上长着一棵树，头顶一根电线杆等，在取景器中要全面观察景物，而且应考虑到景深范围延长以后的实际效果。

5. 自然界的颜色是丰富多彩的，在拍摄纪念照时既不能单调乏味也不能色彩过于庞杂，特别是人物服装与景物的颜色，处理好对比度与统一的关系。

6. 有些纪念照是想拍摄一些特殊的气氛，如日出、日落、雾、雨景等等，这时就不能过高地期望人物的表情刻划和肤色的真实还原，这些照片往往是以气氛取胜。

7. 在大海边或高原高山等地方，紫外线较多，它会影响底片的密度和色彩，拍摄时应在镜头前加用UV镜。

8. 为了达到压暗天空突出兰天白云的效果，可在镜头前加用偏振镜或渐变镜。如果是拍黑白照片还可以加黄镜甚至淡红镜。

9. 拍摄夜景人像时最好带上一只小手电筒，便于在黑暗的条件下观看光圈和速度等照相机上的刻度。

10. 由于夜景的曝光时间较长，所使用的三脚架应该非常稳定，否则可能影响影像的清晰度。同样道理，人物在整个的曝光时间里不能做身体的晃动，特别是在人物身体遮挡着发光体的情况下更是如此，不然会使人物的影像与背景发光体重叠。

四、相关知识

关于曝光参考表的运用

民用胶卷的盒内一般都装有一张厂家推荐的曝光参考表（有的是印刷在胶卷包装纸盒的内侧），这张表对于摄影初学者来说是一个较为实用的曝光指南。当拍摄时的天气与表中列出的某一种情况相符时，按照表中所述的快门与光圈组合进行曝光，就基本能够得到密度、反差、层次都较理想的底片，这种曝光参考表的编制依据除了照相机与胶卷的因素之外，主要考虑到自然界的四种情况。一是季节的影响，二是一天中不同时间的影响，三是天气状况的影响，四是地理环境的影响。

第一项的季节影响和第二项的时间影响其实都是从太阳位置的角度来考虑的，夏季太阳北移至北回归线，我国是在赤道以北，夏季里一天当中的每个时间段的光线强度都相对较高。冬季的太阳直射角度南移，对我国的照射强度减弱，春秋两季虽然气候不同，但阳光的照射角度却极其相似，从曝光的角度可以把春秋两季同等看待。在一天当中，早晨太阳刚刚升起的时候斜度最大，光强也最弱，傍晚的情况与早晨相似，中午时候太阳照射最强烈，一般胶卷说明书上都要求日出后2小时至日落前2小时之间拍摄，是因为在这个时间段里光线虽有强弱的变化，却都在胶片的曝光宽容度之内，不易产生曝光失误。

第三项影响是从天气的因素考虑的，天气的变化很多，从适合拍摄的角度来看天气，将其分为四个大类，一是晴天，二是晴天薄云，三是阴天，四是阴天乌云。也就是将晴天分为两类，将阴天也分为两类，不同的天气情况用不同的曝光组合。

第四项影响是从环境的因素考虑的,由于人们拍摄时的环境极其复杂,曝光参考表将其综合归纳为三大类型,一是高山海滨或雪景,二是露天广场等开阔景物,三是阴影或较窄的街道。这些环境在表格中都对应不同的曝光组合,只要对应正确就可得到恰当的曝光。

第三单元　画面构图

一、学习目标

1. 初步掌握摄影取景构图的一般方法;
2. 了解通过照相机镜头进行观察与提炼的基本技巧;
3. 学会后期剪裁。

二、操作步骤

1. 准备工作

准备好照相机,并在事先对其取景框的各项功能有较充分的了解。一般照相机类型不同,取景框也会有所区别,但几乎所有的取景框都有一个最基本的功能,那就是可以有选择性地将被摄人物或景物"框起来",而"框"起多大范围,"框"到什么位置,怎样"框"才好看,这便是取景构图的学问。

在训练的时候也可以准备一个小小的矩形纸框(如幻灯框),随身携带着,随时随地可进行模拟取景。学习摄影应首先养成用取景框进行观察与选择的习惯。

自制一对"L"形的直角硬纸板充当剪裁尺,选一些不成功的摄影习作,以备作后期剪裁的练习用。

2. 拍摄训练

①持稳相机,从取景框中审视被摄对象,并前后移动相机,上下左右作一些相应的调整,这时请认真比较画面的变化。

②选择一个矩形被摄物体(如门、窗和方形的房屋),采用最佳距离和最佳角度(即最合适的水平方向与垂直高度)拍摄,要求画面周正(即横平竖直),无变形。

③在三脚架上拍摄标准证件照,要求:相机镜头采用最为合适的焦距,被拍摄者的头部在画面中所占的比例恰当,左右脸匀称,双眉水平,两眼等大,鼻梁线垂直,嘴形无歪斜,两耳等大,两肩对称。

④三脚架上拍摄带真实背景的多人合影纪念照,要求:人与景分配合理,人物布局不堆砌,无不良重叠现象,画面不松也不紧;全身群像应考虑到每个人身体的完整无缺,画面边框不可无端截去任何一个人的手指或脚尖;半身群像也应当具备相对的完整性,边框线究竟截到什么地方为合适,得视具体情况而定,但千万不要在被摄人物的主要关节处截断,如膝关节、踝关节、肘关节和腰部在画面上被截断时,会给人带来极不舒服的感觉。

⑤实景拍摄人像,追求静态与动态效果的操作方法:拍摄静态人像的关键是"正",即要注意画面水平线的平稳,垂直线的端正,人物视线前方留空,动作不宜

太大，表情或含蓄隽永或庄重典雅；动态人像讲究活泼，应以"欹"取胜；画面中的线条均不宜取"正"，太直太正，就会给人以古板的感觉，可通过扭转镜头有意将线条取倾斜，人物的动作可以大一些，表情也可表现得夸张些。

⑥后期剪裁的方法：用两把"L"形的剪裁尺罩在需要剪裁的照片上，两尺之间便形成了一个可以调节大小的矩形框，通过这个矩形框能够对照片进行第二次取景，多余的部分排除在框外，最终被框住的部分便是该画面构图的最后方案（如图2.9）。

图 2.9

三、相关知识

1. 兴趣中心：构图学术语，指画面中最最引人注意的地方，通常就是被摄主体本身，或被摄主体所处的位置，也可以是画面中各人物情感交流的会聚点与情节中心，总的说来，它是画面中视觉地位最高，或者说是最具视觉价值的部位。

2. 景别：构图学术语，指在画面上被"框"起的被摄景物或人物的大小范围。

3. 均衡：构图学术语，在人们的视觉心理上，被"框"起来的景和人那一部分，与画面的四条边框线之间总会有一种对立的力量存在，只有当这个力量达到平衡时，画面才会变得稳定。与人的双眼相对应的画面中的左右两侧位置也好比是天平的两头，必须保持平衡。你可以假想画面的正中央处有一条垂直的平衡轴线。另外，人眼在看画面时，往往会根据人类自身对各类事物关注程度的不同，而在注意力的分配上也会有所区别，一般人类对自己的同类或与同类相关的某些事物最感兴趣，这部分在画面中的份量也就最重，拍摄时一定要注意。如图2.10。

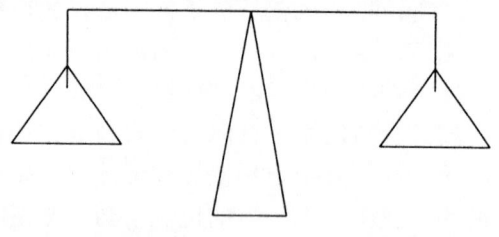

图 2.10

4. 决定摄影构图的三个变量：拍摄距离、拍摄方向和拍摄高度。我们平常所说的取景取得好，实际上就是对这三个变量控制得好。采用什么样的距离拍摄，就会出现什么样的画面景别，而拍摄方向与拍摄高度就是我们常说的角度。

5. 其它相关知识："黄金分割"、"三分法"、动态构图、静态构图、"多样统一"，请参照本书第三部分的相关章节。

6. 注意事项

判别构图是否合适的最简单的方法，便是参照画面边框线看被摄主体"正不正，全不全"，即是否做到既完整又统一。但看构图不是在照片出来以后，而是在拍摄时就应看到最终效果，也就是说得在取景框中进行构图。

学习摄影构图的关键是多练，多琢磨，多从反反复复的拍摄实践中获得构图的感觉，并逐渐使自己的感觉到位。

第四单元　影调构成

一、学习目标

1. 明确影调及其影调构成的含义；
2. 初步掌握影调构成的一般方法；
3. 了解影调与人物着装、拍摄环境、用光方法、曝光技巧和冲洗方案的关系。

二、操作步骤：

1. 室内纪念照的影调控制

室内纪念照影调配置的要领主要体现在以下几个方面：
①背景明暗调子的选择；
②被摄人物服装明暗调子的选择；
③拍摄道具明暗调子的选择；
④用光方向与光线性质的选择；
⑤曝光与冲洗的控制。

在室内拍摄单人或多人纪念照，首先得根据被摄人物自己所确定的着装（原来自己带来的或后来由摄影师提议在影室选定的）来选配背景，本着以明衬暗、以暗衬明和以有明暗变化的背景衬托有明暗变化的主体的总体原则来进行影调的配置。浅色的着装可以选用深色的背景，深色的着装可以选配浅色的背景，例如：黑衣服可以用白背景，也可以用灰背景（如图2.11）；而白衣服可以用黑背景，也可以用灰背景；同样，灰衣服既可以用白背景，也可以用黑背景。

光线是形成不同明暗调子的最主要因素，合理的布光是影调控制的关键。为了使画面的影调布局达到最理想的效果，必须对主光的方向与性质、主辅光的光比、背景光的照射范围和照射强度等各方面因素进行有效的控制。

如果拍摄的是黑白照片，摄影师还必须对曝光、冲洗和后期的印相放大这一系列过程，进行影调上的控制。

图 2.11

影调构成是摄影构图中的一个重要组成部分，较大面积的相同或相似影调能形成画面的基调，在影调布局上可以有意识地加以控制，也就是说在同一幅摄影画面中则必须求得影调的平衡与统一。影室内的纪念照拍摄，可以通过对背景的选择来实现，影室中拍摄黑白照片所常采用的背景主要有黑、白和灰三种，材料为无缝毡纸或无缝背景布，拍摄时可以选用其中的任何一种；此外，还可以通过打背景光的方法来获得灰背景与白背景的影调效果。

2. 室外纪念照的影调控制

与室内摄影不同的是，在室外拍摄纪念照背景的选择与背景光的运用则大受局限，影调控制则主要依赖于用光和曝光控制，但室外的光线较为复杂，其性质和方向变化太快，驾驭起来有一定的困难。一般在室外拍摄全影调的纪念照要容易些，而拍摄高调、低调或白背景与黑背景的纪念照相对说来要困难些。室外拍摄纪念照要确保影调上的平衡，首先应尽可能控制好光比，例如晴天拍摄光比太大，就应想法子降低光比，可用闪光灯或反光板对暗部进行补光，如图2.12；而阴天拍摄光比太小，需加大光比，可采用吸光板加重暗面的阴影效果来取得。

在室外拍摄暗背景照片的方法是：将主体置于强光下，与此同时为主体选择一个相对较暗的背景，按主体的亮部进行曝光，

图2.12

就可以获得暗背景的效果。如果主光为侧逆光，还可以得到低调的效果。

室外拍摄白背景与高调效果照片，则显得较困难些，尤其是在晴天，亮部极容易失控，层次细节无法展现。一般室外拍摄白背景与高调效果照片宜在阴天的散射光下进行，曝光时宜增加一至两级曝光量。

3. 有关高调照片与低调照片的具体拍摄方法，请参照本书第三部分相关章节。
4. 有关用滤光镜控制影调与反差的方法，也请参照本书第三部分的相关章节。

三．相关知识

1. 影调：构图学术语，也称明暗，指构成摄影画面的明暗调子。
2. 影调构成：指在摄影画面中影调的具体配置方案，以及由各种配置方案所给画面带来的艺术形式感。
3. 影调透视：构图学术语。室外拍摄的照片，由于受大气透视的影响，往往近处的景物清晰，影调较深，色彩较重；而远处的景物则较模糊，影调较浅，色彩较淡，这就是人们常说的影调透视。
4. 高调照片：照片基调为白色，影调主要由白、灰白、浅灰和中灰调子构成。高调照片给人以明快、单纯、活泼的感觉，在人像摄影中，高调较适宜于表现儿童和

青春女性的纯真可爱。

5. 低调照片：照片基调为黑色，影调主要由纯黑、暗灰、深灰和中灰调子构成。低调照片常给人以深沉、坚毅、刚强的感觉，在人像摄影中，常以低调的形式来拍摄成熟的男性或老人。

6. 注意事项：在影调处理中，必须注意画面影调的完整与统一，尤其要小心因拍摄用光与后期显影定影的控制不当而造成的画面"脏"与"花"，如黑白照片显影不匀或相纸"吃药"太浅或紧贴盘底时，就很难保证黑白影调的质量，操作时一定要严格加以控制。

第五单元　线条构成

一、学习目标

1. 初步掌握直线、规则曲线等线条在摄影画面构成中的作用；

2. 了解点、线和面之间的关系及其在画面构成中的运用；

3. 了解画面主线条与画幅宽高比以及画面景别的关系；

4. 学会在画面中正确处理地平线的位置；

5. 了解几种看不见的线条；

图 2.13

6. 明确线条透视的具体含义。

二、操作步骤

1. 根据主线条的特征决定画幅的宽高比：

主线条就是能体现被摄主体主要外在特征的线条。画面究竟采用哪一种画幅最为合适，关键就是看其主线条的延伸情况。主线条向左右方向延伸，那么，画面就采用横画幅；如果主线条向上下方向延伸，画幅也就相应采取竖画幅。总之，画幅的宽高比完全受制于主线条的延伸状况。

2. 如何强调画面中的主线条：

首先，必须能够看见"线"，并能区分出其中的主线，取景构图时就应充分调动光线、色彩、影调、拍摄距离与拍摄角度等各种造型因素，来最有效地突出主线。另外，由四条边框线所形成的画面，与画面中的主线条总是存在着一种相互制约的关系，边框线要直追主线，才能令画面紧凑，而恰恰在这个时候，主线条才能更加突出。

3. 地平线的控制：

地平线可以算得上是一个非常特殊的线条，处理地平线的关键是恰倒好处地安排地平线的位置：地平线处于画面顶部（一般为高角度俯拍），为"高地平线"，如图2.14所示。这时画面主要强调的是地面情况；地平线处于画面底端时（一般为低角度仰拍），为"低地平线"，如图2.15所示。这时画面强调的是天空位置；地平线处在画面中央时，即"地平线居中"，这时画面极容易被"切割"成上下两个部分，一般应加以避免。如果实在避免不了，也可用"破线"的方法来解决（关于"破线"请见下文）。如图2.16所示。

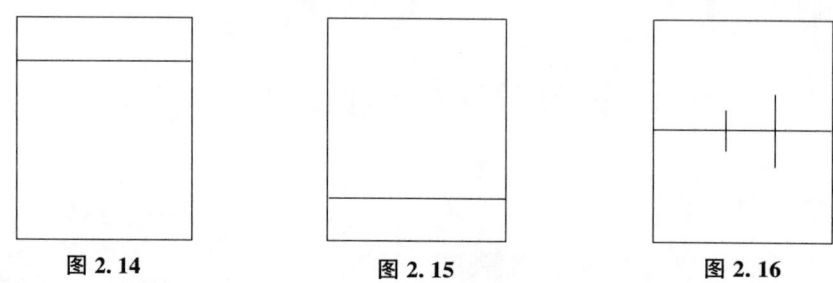

图 2.14　　　　　　　　图 2.15　　　　　　　　图 2.16

三、相关知识

1. 直线条的象征含义：水平线具有水平方向的无限延伸的趋向，表示开阔广远平静，水平线是所有线条中最宁静的线条；垂直线具有向垂直方向作无限延伸的趋向，表示高大挺拔；倾斜线介于前二者之间，具有不稳定的趋势，同时在平面的摄影画面中表示第三维空间的存在，暗示空间深度感觉，由多个倾斜线产生的画面透视感觉，便是人们常说的"线条透视"。

2. 画面的"松"与"紧"：

画面的边框线将被摄景物或人物"框"起来，"框"到哪儿为止，是"框"得"松"一点呢，还是"紧"一些呢？则应根据表达的需要来决定，一般宽松的边框适宜于表达宁静轻松的意境，而紧凑的框线则与追求紧张和动感的效果相适宜。如图2.17、2.18所示。

图 2.17　　　　　　　　　　　　　图 2.18

3. "破线"：

当画面中的某一线条感觉太单一、太强烈，而这时又不需要强调时，如当地平线居中的时候，你可以用相对或相反方向的线条来削弱这种过于突出的感觉，并可打破原线条所带来的单一感，令画面线条所形成的感觉丰富起来，这种方法就叫做"破线"。

四、注意事项

线条是画面构成中的一种重要元素，线条意识或线条感觉是造型训练中不可缺或的重要组成部分。练习时要注意线条的表意倾向必须与画面的具体表达需要结合起来，线条不能孤立存在，千万不要"为线条而线条"，把线条看作是表现的目的。

第六单元 色彩构成

一、学习目标

1. 了解有关色彩的基本知识；
2. 初步懂得一些色彩构成的基本原理；
3. 能分辨各种色彩构成的具体画面效果。

二、操作步骤

为了令画面的色彩效果趋于和谐，拍摄前必须首先了解色彩的一些基本原理，并在拍摄时采取相应的控制措施。

三、色彩的视觉心理感受

很显然，色彩比单纯的黑白影调对人的视觉刺激更强烈，如果在黑白的照片中出现一些色彩，哪怕是一个极小的色块，其视觉感召力便会压倒画面中的一切其他因素，无可争辩地成为实实在在的视觉注意中心。可是，人们对于色彩的具体感受却很难进行具体的表达。尤其是对于造成种种主观感受的内在心理机制方面的研究，至今还只停留在半带猜测性的以经验为主的认识上，尽管如此，这些经验性认识在艺术创作中却仍然是非常实用的。例如人们习惯上将色彩分成冷色系列与暖色系列。还有介于二者之间的中性色。根据色彩的活跃程度可以分出其运动的感受，如前进感、退缩感、跃动感、闪耀感等。色彩还能产生出声音的联觉反映，如热闹感、冷峻感，我们常以"响亮"来形容色彩画中的某个重要的明快突兀的调子。杂乱的色组合在一起，极易产生混乱的感受，"用色"就是要从混乱中建构起秩序来，使得色彩的组合产生一种和谐的感受。因此，在色彩处理方面永远是"不患寡而患众"、"不患无色而患色杂"。当然在处理上各人可以尽可能地体现出自己的独创性与灵活性。但是有一点是共通的，即在直觉上追求色彩的和谐——一种自然而又融洽的视觉感受。因为和谐不只是使得画面更好看、更耐看，还在于能恰如其分地给这一个特定画面的内容一个恰到好处的形式。

四、相关知识

1. 三原色：指连续光谱色中的红绿蓝三种颜色成分，它们等比例相加，便得到白。我们就将红绿蓝这三种颜色称之为"三原色"。如图 2.19。

2. 三补色：指连续光谱中的黄品青三种颜色，它们等比例相加能得到黑，并且它们与三原色正好是互补关系，如黄与蓝、品与绿、青与红都属于互为补色关系，它们之间的对比关系也最为强烈。如图 2.20。

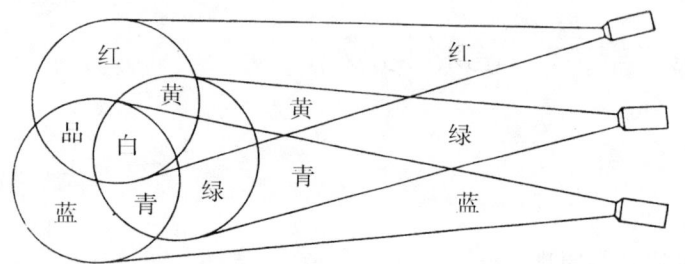 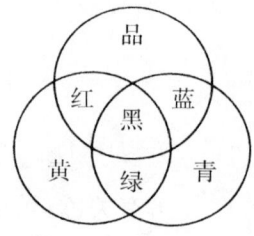

图 2.19　　　　　　　　图 2.20

3. 色彩的三要素：（1）指色别（也称色相）、明度和饱和度（也称色纯度）

色别就是颜色的相貌，也就是说该颜色属于那一种色；（2）明度就是颜色的明暗程度，值得注意的是，胶片对色彩的明度感觉与人眼大不相同。（3）饱和度就是指颜色的纯净程度，饱和度最高的颜色是光谱色。

4. 色环（色轮或称"六星图"）：为了更方便地分析研究色彩，我们把三原色与三补色按照光谱波长的顺序排列，并围成一个圆，这就是"色环"。在色环图中我们能清楚地看到：处在相对位置的就是对比色，其中最强烈的对比色就是处于对角线位置的互补色；处在相邻位置的为邻近色；处在相邻两种颜色之间的为相似色。如图 2.21。

5. 光源色、固有色和环境色：光源色就是光源的颜色；固有色就是物体固有的颜色，实际上是指物体具有吸收光谱中某些颜色成分，而反射出某种颜色的特性；环境色就是在特定光线下环境所反射出来的颜色，如在阴影处会呈现出天空的颜色。

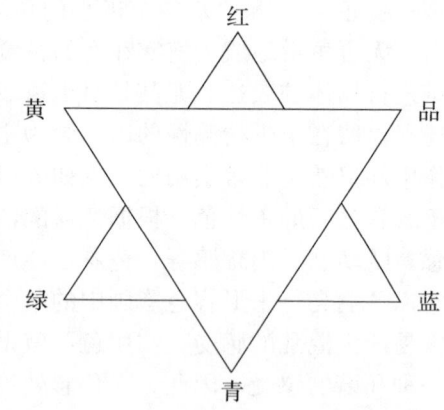

图 2.21

6. 基调：指画面的基本色调，也就是画面的主要色彩倾向或给人的总的色彩视觉印象。如冷调、暖调、淡彩色调与重彩色调等。

7. 冷色与暖色：在整个光谱色中，青蓝色给人以寒冷收缩的感觉，称冷色，如图 2.22。也叫"后退色"；而红橙黄则给人以热烈膨胀的感觉，故称暖色，也叫"前进色"。如图 2.23。

8. 色彩的和谐：指在画面色彩的配置中，所构成画面的颜色搭配得较为谐调，

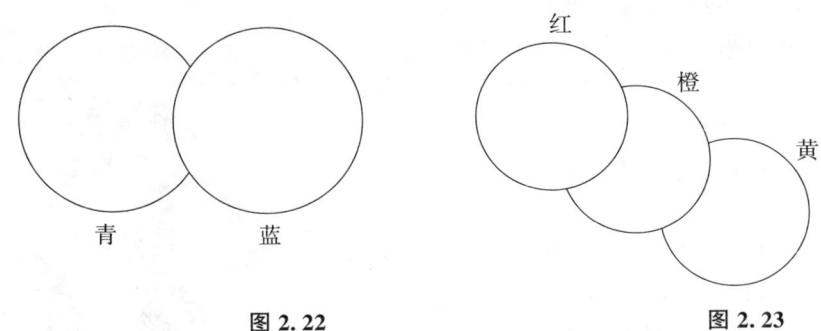

图 2.22   图 2.23

视觉感受较为舒适。

9. 对比色构成：指所构成的画面色彩由对比色组成。
10. 消色构成：指画面中占统治地位的颜色为消色，即黑白灰时，为消色构成。
11. 重彩构成：由明度较低的浓重的颜色所构成的画面为重彩构成。
12. 淡彩构成：以明度较高的浅淡颜色所构成的画面为淡彩构成。
13. 冷调构成：所构成画面的主要颜色为冷色或冷色调。
14. 暖调构成：所构成画面的主要颜色为暖色或暖色调。

第四节　小合影照

第一单元　人物排列

一、学习目标

掌握拍小合影时人物排列的方法，能够恰当地把不同辈分、不同年龄、不同身份的人组织到同一画面中。

二、操作步骤

（一）使用工具

椅子，椅垫，脚垫等

（二）操作程序

1. 首先询问被拍摄者之间的关系以及是拍全身照还是半身照，以便正确排列人员和使用脚垫。
2. 如果是家庭合影应着重考虑辈份关系，其原则是长辈安排在重要位置，晚辈安排在次要位置。例如祖孙三代的合影照应让祖父、祖母端坐在椅子上，儿子、儿媳站在身后，孙子辈则围绕在祖父母左右。一般的原则是坐为上站为下，左为上右为下，如是夫妻要男左女右，如是姐弟要女左男右。

3. 三个人合影的排列有三种方法：一是正三角形排列法即前面的两个人坐着，后面一个人站着，整个画面呈一个正三角形，显得非常稳定，三口之家且孩子较大时常采用此法。二是倒三角形排列法即前面一个人坐，后面两个人站着，一般夫妻二人与长辈合影时常采用此法，如果是年青夫妻带一幼儿拍摄合影时，将儿童放在二人前排的中间亦是此种排列方法，三是排成阶梯形，如三姐妹、三兄弟或三个好朋友均适合此法，排列时矮个子在右、高个子在左，左肩压右肩呈一字排开。画面虽不很活跃却能体现出一种平等的氛围。如图 2.23。

4. 四个人合影的排列方法有二种：一是两前两后，前排两人坐着，后排较高的一个人站在二人的中间，另一人站在其旁边。二是一前三后，这是当四人

图 2.23　小合影照

中只有一位是长辈的情况下请其坐下，而其余三人站立其后，这种排法的前排一人不能居中而是要偏向一侧，否则就会将后排中间人物的大部分身体遮挡住，出现前排人物头上顶着后排人物头部的问题。

5. 五个人合影的排列方法也是二种：一是两前三后，二是三前两后，如果是两位前辈与晚辈的合影，当然是用第一种排列法；如果无辈分关系，应女前男后或瘦前胖后。

三、注意事项

1. 拍小合影照以家庭为单位的最多，人员之间的关系是排列的关键，一定要确认清楚以后才能动手安排。

2. 家庭合影的排列应以辈份为原则，但是，当晚辈是儿童时可以优先安排在相对重要的位置，因为这比较符合我国遵老爱幼的传统。

3. 遇有因身材高矮胖瘦的原因不能按理想的原则排列时，可用适当的得到被摄者同意而改变其位置，否则一味地强调排列原则会影响整幅照片的美感。

4. 椅垫和脚垫是调节人员高矮用的，不能怕麻烦而弃之不用，一定要用这两种垫子将整体人物调整和谐后才可拍照。

5. 如果是拍全身照不可用脚垫，人员也应安排的松散一些，过于紧密的排列会遮挡住后排人物。如果是半身照就应相对将人员安排得紧凑一些，前排人物与后排人物要错开位置不能重叠、遮挡。

6. 如果是同学、同事、朋友或平辈之间拍摄合影照，安排人员时主要考虑高矮、胖瘦，同时还要顾及衣服的颜色，尽可能达到不同颜色的搭配，使整幅照片色彩和谐。

四、相关知识

商业性的合影照都是顾客出于纪念性的目的来拍照的，一般应排列的整齐规范，

使人们一看便知照片中人物的关系和每个人的正面形象。但是，这种传统的合影照往往显得严肃有余而活泼不足，为此有些人想突破这种束缚，拍一些活跃性的纪念照，比如说大家围坐在沙发上或大家错落有致地站在台阶上，甚至有坐有站的自然组合。人物的面部朝向不一定非要求一致，可以对视或旁视，当然也可以用一些布景道具点缀画面，总之是追求自然状态下人们的形态，遇有此种情况时需认真听取顾客的要求，并在排列完毕、征求其同意后，再行拍照。

第二单元　布光及拍摄

一、学习目标

能够配置光线均匀、光比适宜、光位适当的光线造型效果。独立完成小合影的拍摄。

二、操作步骤

（一）使用工具

单镜头反光式 135 手动照相机，35～135mm 变焦镜头，快门线，闪光灯，三脚架，连闪线。

（二）操作程序

1. 将所用的闪光灯全部配装上柔光箱以加大发光体的面积。
2. 将闪光灯的发光功率调至最大，以便获得最大的照度。
3. 将灯摆至前侧光效的光位，灯与人物的最近距离不能少于 2 米。
4. 支起三脚架，调好云台并将照相机固定，连接好快门线和连闪线，照相机的高度应与所拍范围的中心点呈水平状态且左右亦在中心点位置。
5. 依据照度或闪光灯测光表测得的数值，调节好光圈，检查并确定快门速度是否在闪光同步位置。
6. 调整好影像的比例、构图和清晰度。一手握快门线，另一手引导被摄人物的视线，启发其表情，伺机按动快门完成拍摄。

三、注意事项

1. 合影照的布光应特别注意均匀，发光体的面积尽可能大些，灯具距离被摄人物尽可能远些，照射角度尽可能正些。
2. 拍摄全家福照片时，总是有个别家庭成员对别人不放心，时时关照别人的姿态或表情，却忘了自己也在被拍摄之中，这是有碍于拍摄工作的。摄影师应用恰当的语言加以劝阻，以免影响大局。
3. 合影照片中，大家的视线最好一致，分散的目光给人以涣散的感觉。
4. 表情的启发要因人而异，对于不同的人物要使用不同的语言，不要期望所有被摄者笑，因为人们对可笑语言的敏感程度是不同的，某些人大笑的姿态反而会破坏画面。所以，合影照只要有些人微笑，有些人表情自然就可以了。

四、相关知识

眨眼是人的自然本能，是为了保护眼球的湿润程度，由于人们的生活习惯不同，眨眼的频率不同。有的快些，有的慢些，有的人在紧张的时候瞪大了眼睛一下也不眨，也有人不停的眨眼。拍合影照如果有某一个人眨了眼睛，照片就成了废品，所以要特别敏捷地在所有人都不眨眼睛时按下快门，多数人还有一种下意识的动作，当你提醒其不要进行某种动作时，他却情不自禁地去做。例如，你要大家都不要整理头发，他却下意识地马上伸手捋捋头发梢；你要大家都不要眨眼睛，他却随后立即快速地眨动两下。此时摄影师不应烦躁，须知，这是许多人都存在的自然生理现象，摄影师要懂得避开这一规律，待被摄者下意识的动作完成以后，迅速按动快门。

思考与练习题：

1. 拍摄室内证件照有哪些步骤？如何布光？
2. 各种证件照的规格是什么？
3. 拍摄纪念照应如何布光？
4. 什么叫景别？人像摄影中常见的景别有哪几种？
5. 分别讲述"视觉中心"、"均衡"和"多样统一"的含义。
6. 控制摄影构图的要领有哪些？
7. 请比较摄影构图与绘画构图的异同点。
8. 什么是影调与影调构成？
9. 什么是影调透视？它有哪些特点？
10. 什么是线条透视？它有哪些特点？
11. 说说画面主线条与景别的关系。
12. 如何正确控制地平线？
13. 分别讲述"三原色"、"三补色"、"色彩的三要素"、"基调"、"冷色"和"暖色"这些概念的含义。
14. 拍摄小合影照时人物应怎样排列及如何布光？

第三部分

中级摄影师

第一章 接待工作

第一节 热情服务 当好参谋

一、学习目标

能够热情介绍本单位的产品样式和服务项目,提出适合顾客需求的建议。

二、工作程序

1. 热情迎接进店的每一位顾客,主动讲好第一句话,自然地使用欢迎用语。
2. 用敬语询问顾客需要进行的服务类别,如拍摄、冲印、放大等。并根据服务类别继续询问顾客所需的式样、规格、数量和用途。
3. 依据顾客提供的信息,主动介绍本店在该类服务中所能提供的品种或式样,介绍目前市场的流行趋势和人们对于照片的一般选择,介绍本单位的服务特色和质量特色。
4. 对于不熟悉照相业务或在选择照相项目尚存犹豫的顾客,工作人员要以真诚、负责的态度为顾客出谋划策,坦诚地提供自己的建议供客人参考。
5. 待顾客确定下所选择的项目后,即陪同其到营业部门办理付款和开具凭证等手续。

三、注意事项

1. 摄影师虽然与业务接待人员在职业上有所区别,但是,并不能忽视摄影师的接待功能,有许多顾客出于对专业人员的信任,往往愿意直接与摄影师对话,摄影师应正确理解顾客的心情,热情地予以接待。
2. 听顾客讲话时要认真,许多顾客都缺乏照相消费的经验,他们一般不清楚照相业的行业术语,只能根据其所拍摄照片的用途和一般描述确定其服务的项目和品种。
3. 要善于观察,照相服务不同于其它的服务业,更不同于商业,它是要按照顾客的需求和意愿,将顾客的形象在感光材料上固定下来,又提供给顾客本人和他人欣赏的一种特殊服务。这里的关键在于,并不是所有的款式都能够适合每一个人,摄影师要用专业人员的眼光,从顾客的实际需要、经济能力、相貌特点三个方面来推荐项目。

4. 介绍本单位的服务项目和特点时要实事求是，不可欺骗顾客。向顾客推荐项目时，特别是在推荐高价位的套系时，要视顾客的经济承受能力，量力而行，免得顾客陷入尴尬的境地。

四、相关知识

1. 证件照

证件照是一种实用性的照片，主要是贴在工作证、身份证、学生证、驾驶证、医疗证、毕业证、结婚证、护照等证件上，以使验证单位验明其相貌。这类照片的基本要求有两点，一是要符合发证单位对规格式样的要求。二是要真实地反映被摄者的形象。因此，证件照必须要遵守一定的规定，既不需要摄影师进行什么创作，也不需要对被摄者进行过分的化妆或粉饰，更不允许生产车间对照片做特技加工。

2. 纪念照

从广义的范围来讲，除去证件照之外的商业人像照片都可以叫做纪念照。而在当前的照相馆里，所谓的纪念照单指那些不做环境和情节的设计，只拍摄被摄人物形象的照片。纪念照包括：儿童满月照、百日照、周岁照、生日照、结婚纪念照以及为某个阶段或某项事情所拍摄的纪念性照片等等。纪念照可以是全身的，也可以是半身的；可以是单人的，也可以是双人或多人的；可以是化妆的，也可以是素妆的。规格和式样亦可灵活多样。总之，要能将其要求纪念的特点表现出来。

3. 艺术照

照相业的艺术照不同于摄影展览或摄影刊物上所发表的艺术摄影作品，照相业的艺术照是应顾客的要求，对其进行美化的一种被动创作而后者则是摄影师的主观创作。商业艺术照没有严格的标准，拍摄成功与否完全取决于顾客是否认同。顾客的要求是多样化的，而摄影师的拍摄风格和暗室师的制作风格却都是有局限性的，再高明的摄影师也不可能达到所有消费者都满意的程度。因此，某种风格的照相馆只能吸引与之相适应的消费群体。在接待中，给顾客介绍艺术照项目时，一定要拿出本店实际拍摄的样本请顾客观看和挑选，不能只凭口头表述，更不能拿别人拍摄的样品作示范，对于出现顾客的要求与本店拍摄风格差异较大的情况时要慎重对待，轻易的许诺很难在最终交付照片时达到顾客的满意，而造成被动的局面。

4. 婚纱照

婚纱照是照相业的重要业务。在社会化分工越来越细的今天，已经有不少影楼从传统的照相馆里分离出来，专门从事婚纱摄影业务。结婚是人的终身大事，婚纱照自然也就马虎不得，为了能够吸引更多的顾客，每个照相企业都为婚纱照精心设计了多种套系。套系的分类方法是依据价位和风格两种因素。在价位上，一般分为高、中、低档三大类。每一价格档位中又分出二至三种风格来，一般顾客均能选中适合自己的套系。当然，也应该允许顾客自由组合套系，这会有益于扩大业务和检验该店所规定的套系是否符合消费者的需求。

由于婚纱照并不是拍摄在结婚当天，拍摄地点也并非结婚现场，而是在照相室内或被指定的外景场地。所以，这种照片极具表演性，唯美和时尚是拍摄婚纱照顾客的普遍追求，为了满足这种需求，所有的经营单位都尽己所能，加大了美化的程度，在化妆、服装、饰品、拍摄技法、后期加工以及照片装裱等方面都力求完美，加上被摄者的积极配合，使一般顾客都能达到俊男靓女的视觉效果。

第二节　正确解答顾客的询问

一、学习目标

能够在业务接待过程中正确地解答顾客提出的业务问题。

二、顾客提出问题的一般范围

1. 影调问题

顾客对于照片的影调往往有自己的要求，有人喜欢照片的影调深一些，有人则喜欢影调浅一些，顾客的表述方法一般是说，照片太黑或太白。如果交付给顾客的照片确实存在影调方面的问题，就应向顾客致歉并退回制作部重新制作。如果是顾客的看法问题，则可向顾客讲解控制照片影调的一般规律，特别是要讲清楚影调与层次之间的必然联系，一般来讲，当顾客了解了影调过浅会损失亮部的层次，影调过深会损失暗部层次的道理后，都会接受影调适当的照片的。

2. 反差问题

对于照片的反差亦会有不同的看法，有的顾客喜欢反差高一些，认为反差高一些看起来清晰明朗。也有的顾客喜欢反差低一些，认为反差低会显得温馨柔和。黑白照片的反差比较容易控制，可以通过不同型号的相纸或换用不同反差的显影配方来实现。但是彩色照片的反差主要是通过摄影师在拍摄时调整不同的光比来实现的，因为彩色相纸是没有反差区别的。如果交付给顾客的照片反差失常就要退回重做。

3. 色彩问题

在彩色照片中，顾客最敏感的就是色彩问题，由于每个人对色彩的感受不尽相同，所以，一幅彩色照片很难令所有观看者都能满意。制作彩色照片最容易产生的两大问题是色彩不平衡和饱和度低。如果是因为制做照片时校色不当，而造成彩色不平衡是比较容易解决的，一般只需要在曝光时改变光源的光谱成份就可以了。所有的扩印机、彩色放大机都有可以调校光源颜色的滤光装置，是专门用来调校色彩不平衡用的。照片色彩的饱和度是个比较棘手的问题，它不像调校色彩平衡那么简单。饱和度涉及胶片、相纸、药水、设备、工艺、曝光等诸多方面因素，光靠放大或扩印时的校色是不能完全解决的。表现在彩色照片上的色彩饱和度，是上述多种因素的综合反映，作为相纸的洗印部门，只能控制好自己的环节，对于其它因素造成的色彩不饱和将是无能为力的。

4. 姿态和神态问题

姿态是人像摄影的重要内容，美的姿态定会使照片增辉不少，商业人像照片中人物的姿态一般是摆出来的。特别是在现阶段，不少照相馆里的人像照片的姿态都是在规定的模式里产生的，这种作法虽然便捷，却难免有做作与流俗之感。人物的身材、相貌、气质各异，没有哪一种姿态能适宜所有的人。对于前来要求按照某个范例姿态拍照的顾客，要讲明这个道理。个人的身材、风度不同，要扬长避短，因人而异。

神态是被摄人物的面部表情，对于所有的人来说，微笑总是美丽的，但是，并不一定每幅照片都要面露笑容。特别是眼睛较小的人，笑起来会显得眼睛更小，倒不如把眼睛睁大一些显得精气十足。牙齿不整齐或嘴歪的人也不宜笑，笑起来会使他的生理缺陷暴露无遗。在接待中最常遇到的神态难题常常在一些怯生的儿童身上，许多家长常因照片中的小宝宝没有笑而对照片不满意。他们总是抱怨说孩子在家里很爱笑而且笑得非常可爱，在照相馆里摄影师没有等到孩子笑就提前拍照了。须知，所有的人进入摄影室，坐在灯光明亮的摄影机前，面对摄影师的摆布都会有一种拘束感，更何况是怯生的儿童呢？在陌生的环境下，面对陌生的人，要想使怯生的儿童开心一笑是很困难的。只要整体效果好，不必非要拍到孩子笑的那个瞬间，无论多有耐心的儿童，假如拍摄过程的时间太长，都可能会引起烦燥不安，甚至哭闹，使拍照无法完成。

5. 化妆造型问题

在拍摄婚纱照或艺术照时，要由化妆师为顾客做化妆造型。在工作进行之前，化妆师应征求顾客的意见，依据顾客的需求和能够使人美丽的一般原则进行操作。当化妆造型完成以后，再次征求顾客的意见，得到顾客的同意后才可进行拍摄，有的顾客对化妆造型后的直观效果与拍摄后照片上呈现的效果不一致不能理解，遇有这类情况时，要向顾客耐心解释以下三点问题：一是动与静的视觉效果不同。人物在生活中是动态的，即便是静坐在那里的时候也是动态的；而照片是静态的，动态与静态的视觉效果肯定有差异。二是立体与平面的视觉效果不同。人物是三维空间的，而照片是二维空间的，在二维的空间里要表现三维的被摄体，只能依靠透视关系和明暗层次。三是感光材料的再现功能有一定的局限性。目前的胶片和相纸，只能在大范围内反映被摄物的色彩和层次，只能是近似的而不是完全真实地还原。摄影化妆造型的目的是为了摄影，而不是为了直观，它不同于生活妆或新娘妆，也不同于演出的化妆，不必追求直观感觉，只要在照片上的效果好就是成功之作。

6. 照片的整修问题

修片是商业人像摄影的重要环节，当底片或照片上有瑕疵或不美观的光斑，阴影以及人物面部的斑痕、痘、痣、皱纹等问题时，一般都要通过修片来解决。整修是一种补救措施，大多采用物理的办法增加或减少影像的密度及色彩，完全天衣无缝是很难办到的。特别是当顾客了解所整修的部位后，在高强度的光线条件下，近距离地注意观察都会找出痕迹，尤其是从照片的侧面用反射光来观察，所有经过整修的部位将会全部暴露出来。遇有这类情况时，要向顾客解释清楚，修片是在正常照明的光线条件下，由技术人员手工操作进行的。因此，观看经过整修的照片不能脱离正常的光线条件、正常的观看距离和常规的观察角度。所谓正常的光线条件即为常规的室内照明，正常的观看距离即为"明视距离"（25公分左右），大画幅的人像照片的观看距离还应更远些。常规的观察角度应为正面或稍侧面观看，不能到看不清楚画面内容的角度去观看照片。如果符合上述三个条件后，观察不出整修的痕迹，此照片的修片质量就是合格的。

第三节　化妆、暗房、整修等相关知识

一、化妆造型的基本知识

摄影中的化妆造型包括：新娘妆、艺术照化妆和儿童照化妆等。

1. 新娘妆

①准备工作

新娘在拍摄婚妙照片前1~2天最好进行一次皮肤护理，可以配合化妆师进行皮肤保养。例如：在妆前净面，涂好护肤霜，用毛巾围在顾客胸前，以免化妆品洒落而弄脏衣物，用发带或卡子将其头向后卡住，露出整个面部，这样就可以开始化妆了。

②修眉

不是每个人的眉型天生都整齐，有很多人的眉毛杂乱无章，这就要先根据脸型来确定眉型。瓜子脸型的人，任何眉型都较适合，所以，可以根据顾客的喜好及眉型的实际情况来修整。长脸型的人，不能将眉毛向上挑，否则，不但脸型变得更长，而且看起来会使人觉得很厉害的样子；方型脸的人，忌见棱角的眉型；圆脸型的人，不要画直行眉，直行眉会使脸型加宽，而是要在收峰之处见棱角，要向上挑，以此来加长脸。修眉毛时，可先将选好的眉型用细眉笔勾出，再用眉钳夹住多余的毛发，顺其生长方向逐根快速拔下，或用剃刀将多余的眉毛刮去。

③打粉底

打粉底是化妆的基础工作，它可以遮盖面部瑕疵，弥补缺陷，使皮肤光泽、细腻。粉底的选择要根据顾客的肤色而定。先用粉底在面部颧骨、鼻尖、下颌处点几个点，然后用手指肚轻轻打开铺匀。粉底一般要涂两层，第一层要薄、要匀。第二层稍厚一些，重点对面部缺陷进行弥补。粉底涂抹均匀，要浑然一体，耳朵，脖子等处也不要忘记，否则会有戴了假面具的感觉。打粉底后，用深色造出鼻影，完成打粉底工作。

④画眉

眉型修整之后，画眉就相对容易了，不要用黑色眉笔从头至尾画一道黑线，要有疏有密，深浅适宜浓淡恰当。画眉时，要从眉头至眉尾，顺着毛发生长的方向，一根一根地描出质感，眉头至三分之一眉处可用棕色眉笔，这样眉头处容易与肤色相接，眉峰至眉尾处可用深灰色或黑色。为了防止生硬感，在画眉之后要用眉刷从头至尾轻轻刷动多遍，并在尾部将眉稍拉长少许，以求所画眉型的自然流畅。

⑤眼妆

眼睛在人的五官中占很重要的位置，眼妆自然是新娘妆的关键，通过对眼部的强调和刻画，使新娘的内在美通过眼睛表露出来。眼妆的妆色丰富多彩，强调色可以是桃红色系，也可以是淡绿、淡黄、淡兰、深棕以及浅灰等色系，根据每个人不同的气质和要求，在这些色系中选择或配合使用，对妆色的总体要求是干净、漂亮。

眼妆的具体操作方法是，用刷子将浅棕色均匀地涂在眼睑上面，在眉弓骨部涂以亮色，以提高眼部结构的立体。在眉尾涂上强调色，并将其揉匀，一般的眼妆最好不要使用三种以上的颜色，否则看上去会变得复杂，使人感到混乱，弄不好会变得很脏，影响美感。若遇到单眼睑，肿眼泡的情况，可将深色施于睫毛根部，用刷子由上向下，由深至浅地晕染，这样会减轻凸兀感，产生较好的视觉效果。

眼线可用眼线液或眼线笔来画，眼线液的优点在于不会晕开而且保持长久，但画得不好会显得生硬。而眼线笔在使用起来会显得自由一些，它比较便于化妆师的自由发挥，眼线要由眼角至眼尾一气呵成，在眼尾处可将眼线笔向上挑一些，然后用手指将其晕开。下眼线也同样要认真的画，其顺序是由眼尾至眼角，但要注意，对于眼睛较小的人，其下眼线不要从头画到尾，只在眼角画至三分之一处就可以了。

眼妆的最后一道工序是整修眼睫毛，对于睫毛浓而长的顾客，可用睫毛夹卷曲睫毛，并刷以睫毛膏。如果睫毛短而稀，可用假睫毛代替，用细棒将专用胶水涂在假睫毛根部，待胶水稍干后，用夹子夹住假睫毛贴在真睫毛的根部，使稍短的一端靠近眼角处，然后刷睫毛膏。

⑥腮红

腮红不但可以使面部红润，而且具有改变脸型的作用。用刷子沾上腮红颜色后，先在化妆师手背上轻掸，然后才可刷在脸上，这样颜色不会太浓，也不会太生硬。长脸型的人，要在脸颊上晕染；圆脸型要纵向晕染，腮红通常使用桃红色，但淡粉色腮红更可以使皮肤细嫩一些。

⑦画唇

唇是女人面部的焦点，新娘的唇更会引人注意。唇的颜色不应局限于大红色，也可以用桃红和粉色，也有一些人适合桔黄、桔红、紫色或肉粉色等。

画唇时，先用唇线笔勾出唇形，然后用唇刷将口红色涂满，由于新娘在拍摄会有笑的镜头，唇可以在原来的基础上画得厚一些，因为人们在笑的时候，唇被绷紧、变薄，所以，除去原唇形太厚者以外，适当加厚一点是有益的。唇化好后整个化妆就将结束了，最后用香粉来定妆。香粉要用粉扑从上向下扑深，产生的多余粉末要用干净的刷子除去。

脸部化妆完毕后就要做头发的造型，新娘发型流行盘头，它不但有结婚的象征意义，而且确实会使新娘更加娇艳，由于盘头需要大量的头发，现代女性多不具备，所以，必须用假发、发垫等进行补充，盘头的形式多样，总的原则是要与脸形相适应，头纱、头饰和所有的装饰品都是为整体效果服务的，既要能够烘托主体又不能喧宾夺主。

2. 艺术照妆

由于艺术照本身就是一个比较宽泛的概念，拍摄的内容自然就是多样的，因此，化妆也就没有一个固定的格式。男性拍艺术照时的化妆就相对简单得多，主要是加重眉毛以及用粉底霜消除皮肤上的皱纹和斑痕，适当加浓一些颧骨下的轮廓就可以了。女性拍艺术照时要依据其所拍的内容给以不同的化妆。在现阶段的照像馆里，明星照仍是艺术照的主要内容之一，明星照的化妆成功与否是决定这项业务成功与否的关键。凡是走进照相馆里拍摄明星照的顾客一定是凡人，而不是明星，化妆正是把凡人打造成明星的第一步，化妆的全部目的就是要消除被摄者一切可能被拍摄出来的缺点，使其在照片上成为无可挑剔的靓女。明星照的化妆程序同婚纱照化妆相同，也是先打粉底而后是眉妆、眼妆、腮红、唇妆、最后是用香粉收尾。只是明星照的发型要根据被摄者的原有条件灵活掌握，不必像婚纱照那样非盘头不可。

3. 儿童艺术照妆

儿童艺术照是近些年来照像馆的重要业务之一。它新颖有趣，很受孩子家长的欢迎，儿童化妆要注意突出儿童的特点。因为孩子正在成长发育阶段，所以切忌给他们修眉，儿童的眉毛可根据其自身的走向来画。所有的孩子们，不论漂亮与否总是可爱的，化妆时，千万注意不要改变了他们天真可爱的天性。儿童的皮肤十分娇嫩，切不可使用过多化妆品，眼影也要配合服装颜色使用单一色彩，涂在眼尾处，并向眼角晕开。腮红可大面积地染于面颊，唇型也要根据孩子的自身条件修饰。

4. 负片冲洗

①黑白负片的冲洗

冲洗黑白负片，一般使用 D-76 配方显影液，也有的照相馆根据自身的需要尺对标准的 D-76 配方进行了改变，形成了自己的配方。近年来，有些企业为了追求更高的黑白照片质量使用了柯达 TMX 黑白胶片拍摄，同时也就使用了 TMX 套药进行冲洗，还有一些影楼采用染料型的黑白负片，这类负片使用冲洗彩色负片的 C-41 工艺进行冲洗加工。

黑白负片的冲洗一般是在显影罐中进行的，灌中显影能够避免胶片的物理擦伤。但是，工作速度较慢。有些企业黑白负片的冲洗量较大，为了提高工作效率而采用了盘中显影，盘中显影的全过程都必须在全黑暗的暗室中进行，中途虽然可以打开暗绿色的安全灯观察显影效果，但不可时间过长或距离太近，可允许观看的时间和距离以不使胶片产生灰雾为原则。也有经济实力较强的单位采用冲卷机进行冲洗，效率既高质量又稳定，只是初期的资金投入较大。

黑白负片冲洗工艺流程是：显影——停显——定影——水洗——清洁——干燥等 6 个步骤，显影的作用是使已曝光的卤化银还原为金属银，将潜影变成可见影像。显影时的温度时间和搅动的控制都非常重要，是决定冲洗质量的关键环节。停显需要 1 分钟。定影的目的是用酸来中和胶片中残留的显影液的碱性物质，使胶片的显影过程立即停止。的目的是溶解乳剂层中来曝光的卤化银，使已形成金属银的影像得以保持稳定。定影的时间一般控制在胶片边缘未曝光部分呈透明状态所需时间的 2 倍。水洗步骤是为了除去残留在胶片中的药液，水洗的时间宁长勿短，在流动水中，不应短于15分钟。

为了节约水资源，增强环保意识，提倡使用"换水"水洗方法。每隔5分钟倾倒换水一次，不少于五、六次即可。经试验检测，此种水洗方法优于用流动水冲洗。清洁步骤在水质较硬的我国北方地区尤为重要，它是在用表面活性剂高倍稀释的溶液中浸泡1分钟，以克服胶片晾干时依附在胶片表面上的水滴的表面张力，以免胶片干燥后，表面形成弄脏底片的水渍。

影响黑白负片显影的三个基本因素有：一温度，二时间，三搅动情况，如果这三个方面均呈加强状态时，被显影的影像就会密度高、反差大、颗粒粗，甚至会产生一定的灰雾。当这三方面均呈减弱状态时，被显影的影像就会密度低、反差小、影像平淡无力。

D-76黑白负片微粒显影液配方
　　水　　　　　　　　　　　750毫升
　　米吐尔　　　　　　　　　2克
　　无水亚硫酸纳　　　　　　100克
　　对苯二酚　　　　　　　　5克
　　硼砂　　　　　　　　　　2克
　　加水至　　　　　　　　　1000毫升

F-5酸性坚膜定影液配方
　　水(50℃)　　　　　　　　700毫升
　　硫代硫酸钠　　　　　　　240克
　　无水亚硫酸钠　　　　　　15克
　　冰乙酸(28%)　　　　　　 45毫升
　　硼酸　　　　　　　　　　7.5克
　　硫酸铝钾　　　　　　　　15克
　　加水至　　　　　　　　　1000毫升

②彩色负片冲洗

彩色负片的冲洗较黑白负片的冲洗，无论从配方与工艺要求上都复杂一些。所有的彩色胶片生产厂都对自己所生产的负片推荐了专用的冲洗配方和工艺。例如：柯达公司推荐C-41配方，富士公司推荐CN-16配方，阿克发公司推荐AP-70配方，乐凯公司推荐G-70配方，柯尼卡公司推荐CNK-14配方。严格地讲，各种负片应该使用各自推荐的配方才会产生最佳效果。但是，所有的胶片厂也并不反对在冲洗过程中使用其它厂家的同类配方，由于柯达公司在这方面的领先地位，其它胶片在其包装盒上都标明可以使用C-41配方。以上各种配方都可称为C-41工艺。

由于彩色药液的抗氧化能力较低，C-41工艺对于温度、时间、搅动等因素的要求又十分严格，为了保证冲卷的质量，很少有人进行手工操作，一般都是采用冲卷机进行工作。冲卷机有吊挂式、引带式、短导带式、滚筒式等多种形式，性能优劣各异。目前吊挂式最受欢迎，它从根本上排除了胶片在冲洗过程中划伤的可能性。吊挂式冲卷机还可以改变某个胶卷的显影时间，能够满足迫冲增感的特殊要求。所有的冲卷机冲洗质量的优劣都是依靠严格的品质控制来完成的，不能单凭操作者的经验，要有客观的数据依据。使用者除了按时检查冲卷机的温控系统、传动系统、药液循环补充系统、供水系统和烘干系统外，还要定时根据冲洗的厂家提供的试条，用密度仪测量其密度、反差、灰雾度、色度和留银等多项技术指标，发现问题后及时纠正。

C-41 彩色负片冲洗工艺(罐冲)

工序	药液	温度(℃)	时间
1	彩显	37.8±0.15	3分15秒
2	漂白	37.8±3	6分30秒
3	水洗	37.8±3	3分15秒
4	定影	24-41	6分30秒
5	水洗	37.8±3	3分15秒
6	稳定	24-41	1分30秒
7	干燥	50左右	

C-41 RANP 彩色负片快速无水冲洗工艺

工序	药液	温度(℃)	时间
1	彩显	37.8±0.15	3分15秒
2	RA 漂白 NP	38±3	45秒
3	RA 定影	38±3	1分30秒
4	稳定液Ⅱ	38±3	1分
5	干燥	50左右	

5. 照片制作

①黑白照片制作

黑白照片的制作分为印相和放大两类，两者在制作时所使用的曝光工具不同。

印相是在曝光箱上进行曝光的，印相时，将底片的乳剂层向上放置于曝光箱上，在底片的上面覆盖规定照片画幅规格的"套方"，将印相纸乳剂层向下放置在套方之上，在相纸的背面向下施以重压，目的是让相纸与底片紧密结合，如果相纸与底片之间存在间隙，所印制出的影像就会模糊。在相纸与底片完全紧贴的条件下开启曝光箱内的光源，依据底片的密度和相纸的感光度，给以适当的曝光量。

放大是在放大机上进行曝光工作的，放大机是一种装有镜头的投影设备，镜头的优劣对于放大照片的质量有很大的影响。而这一点是被许多人所忽视的。镜头的焦距应等于或大于所放底片画幅对角线的长度。否则因镜头的涵盖力不足，会出现周边影像发暗、发虚和变形的问题，但在进行高倍率放大时，镜头的焦距也不能过长，否则机位会升得很高，不便于操作。在进行放大操作时，先将底片乳剂膜向下装入放大机的底片夹中，依据放大倍率的要求调整放大机与成像板之间的距离，距离与放大倍率成正比，距离越远，所放大的倍率越大。底片夹与放大机的镜头之间用折叠皮腔相连，其距离可以用旋钮进行调整，这段距离的远近决定放大照片的清晰程度。

镜头与底片的距离和镜头与放大纸的距离是互相关联的，它们之间是共轭的反比例关系。当放大倍率为1∶1时这两段的距离相等，为镜头焦距的2倍。当提高放大倍率时，需要加长镜头与放大纸之间的距离，而相反时，必须缩短镜头至底片之间的距离才能获得清晰的影像。放大倍率越高，这两段距离之间的差别越大，实际上，镜头至放大纸的距离除以镜头至底片距离所得的商数，就等于影像的线性放大倍率。至于更严格的镜头节点距离的计算在这里可以暂时略去不计。

放大照片的曝光量取决于底片的密度、光源的亮度、镜头光圈的系数、放大倍率和相纸的感光度及洗相药液的能力等六大要素。印相纸与放大纸的光度相差甚多，虽可互相代用，但使用上并不方便。无论是印相纸还是放大纸，一般都用纸号来表示反差。2号表示反差适中，1号表示软性，0号表示特软性，3号表示硬性，4号表示特硬性。近年来也有部分依靠滤光原理调整反差的，多反差性能的相纸在市场上有售，虽然省去了更换相纸的麻烦，但因价格和设备等因素尚难普遍使用。

配纸是暗室操作人员的基本功之一，全调照片的配纸原则是：高反差的底片配低反差的纸，低反差的底片配高反差的纸，中反差的底片配中反差的纸，最终使影像的反差达到适中为目的。

相纸曝光后要进行显影，一般都是使用1∶2冲淡的D-72显影配方，比较专业的暗室都有自己独特的显影液配方，工作时同时配制软性药、中性药和硬性药三种显影药液，供显影过程中调节反差使用。三种药液的反差调整范围最大可以达到半号相纸左右的幅度。这样，通过显影过程中相纸在不同药液中浸泡时间的调整，就可以获得满意反差的影像了。

照片显影是在安全灯的照明下进行的，待达到理想的密度和反差时，即投入停显液稍作停顿便可进行定影，照片在定影液中也应经常地翻动，防止压叠在一起的照片定影不足。当确定照片定影充足后，就可在白光下对照片进行水洗、干燥、裁切等工序的处理。如表3-1黑白相纸显影配方。

表3-1　　　　　　　　　　黑白相纸显影配方

用量性能 名　称	软　性	中　性	硬　性
水（40-50℃）	750毫升	750毫升	750毫升
米吐尔	10克	3克	1克
无水亚硫酸钠	50克	45克	45克
对苯二酚	无	12克	12克
无水碳酸纳	50克	50克	90克
溴化钾	1.2克	2克	3克
加水至	1升	1升	1升
同时冲淡	1∶1	1∶2	1∶1

②彩色照片制作

彩色照片的制作分为扩印和放大两个工种,彩色扩印是使用彩色扩印机,将底片中的影像扩印成某种固定规格的照片,例如：3R(8.9cm×12.7cm)、4R(10cm×15.2cm)、5R(12.7cm×17.8cm)等。

扩印机设有若干个频道,每个频道可以贮存某一种特定品种胶片扩印某种特定规格照片的信息。当遇有该种胶片扩印该种规格的照片时,必须使用该频道,否则,将会影响照片的质量,主要表现为偏色。频道内数据的设定必须与所使用的相纸、药液及其它控制条件相吻合。如果其中某一项有所改变,频道内的数据也要随之修正,以保证照片的扩印质量。

当前,国内使用的彩色扩印机,绝大多数是减色法扩印机,光源的色温由电压和基础滤光片共同控制,扩印机的扩印灯泡总是长明的。在扩印机镜头的周围有若干只测光探头(俗称电眼)分别测量被扩印底片的 C.M.Y.(青品黄)数值,当操作人员启动曝光开关时,扩印机的快门打开,相纸开始曝光,扩印机的电脑控制系统测得某种原色的色光已经达到规定的量值时,便指示该原色的补色滤光片切入光道,阻止光源中的该种原色光从光道中通过,该张相纸便得不到该种原色光。当第二种原色光曝光量已达到规定的量值时,这种原色的补色滤光片也同样地切入光道,阻止该光的通过,当最后一种原色光的曝光量已达到规定的量值时,除去其补色滤光片切入光道外,扩印机的快门也同时关闭,完成这幅照片的曝光工作。而后,输纸系统启动,新的一幅相纸进入纸框,等待下一幅照片的曝光。

扩印机的自动化程序很高,一台调试精良的扩印机,可以把70%以上的底片扩印出合格的照片。但是,再先进的彩色扩印系统也是有局限性的,扩印机工作原理是以"灰色"为理念设计的,虽然大多数的被摄对象都与这一理念相吻合,但仍有两种例外的情况发生。一种是主体密度与陪体密度的差异。当这两者的差异较大时,扩印机自动扩出的照片会产生密度控制的失控。补救的办法是人工给予适当的调校,如果底片上主体密度大,陪体密度小时,就应手工增加密度,如果底片上主体密度小,而陪体密度大时,就应手工减少密度。这种人工增减密度的依据只是主体与陪体间的密度差异,而不必去管底片的整体密度,因为整体密度的大小是由扩印机的测光系统感知的。

第二种是被摄景物色别不均衡。当被摄物是单一色彩或某一色别的面积大幅度超过互补色面积时,所产生的色彩失控问题,用扩印机的自动功能扩印这种底片,照片会发生偏色。补救的办法也只能是手工调校,调校的原则是：被摄景物中的哪种色彩面积大,就在扩印机上增加哪种颜色的浓度,或者是减少该色补色的浓度。例如：在大面积红色背景下拍摄的人物,就应该在扩印机上增加品红+黄色浓度或是减少青色的浓度,以达到所扩印照片的色彩平衡。

彩色放大是用放大机获得彩色照片的一种方法,其放大倍率可以自由选择,也可以对影像进行任意剪裁,还可以在放大过程中进行技法加工。彩色放大与黑白放大的基本原理相同,只是彩色放大机添加了校正颜色的滤色装置,机上有 C.M.Y 青品黄三块滤光片,这组滤光片安置在放大机灯泡与混光箱之间,通过滤光片切入光道的面积,改变光源的色光成份,投入底片的色光成份的变化,必然会影响穿透底片而达到相纸上影像色彩的变化,由此来调校照片的色彩。由于彩色负片中普遍使用色罩技术,所以很难直接通过观看底片来确定其偏色的程度。一般的做法是:先用面积较小的相纸在影像主要部位做曝光试验,俗称"打小样"。所打的小样虽不是正式照片,整体的制做工艺却丝毫不能马虎,做出的小样如果有偏色现象,就要用放大机的滤光片进行校正。其校正的原则是:增加与小样照片偏色色别相同的滤光片浓度,或是减少其互补色的滤光片浓度。例如:小样照片偏黄,就应该在放大机上增加黄滤光片的数值,使放出的照片减少黄色的成份,表现出正常的色彩;同样如果小样片偏黄,而放大机中已经加了品红和青滤光片,这时就减少品红和青滤光片的数值,因为品红和青滤光片相叠后会产生蓝色光,减少了这种蓝色光的成份,照片自然就不会偏黄了。

　　放大机中,虽然有三种颜色的滤光片,却不可同时使用,只能用一色或两色。如果三种色同时使用,会产生一定的中性灰,无助于色彩的校正,却减弱了光源的照度。

　　经过扩印或放大曝光后的相纸,都要通过冲纸机进行彩显、漂定、水洗、干燥和裁切等工序后才能最终完成,许多快速扩印机的曝光部分与冲纸部分是联体的。由机器自动运行,而放大机曝光后却要将相纸拿到独立的冲纸机上单独作业。近年来,有一种介于放大机和扩印机之间的设备称做"随意放",它综合了放大和扩印的优点,同时还增加了视频正像显示和自动调焦等功能,既可以明室操作又能任意剪裁,操作方法与扩印十分接近,大大提高了工作效率,只是在放大倍率上还有一定的局限性,超过其幅面规格的照片还得需要使用放大机。

　　目前,彩色照片的洗印过程都在向高温、快速的方向发展,绝大多数冲纸机都在使用 RA 系列药水,只需 3 分钟便可完成彩显、漂定和稳定的全部工作,使工作效率空前提高。如表 3－2 常见扩印照片规格一览表。

表 3－2　　　　　　　　常见扩印照片规格一览表

照片规格＼胶卷规格＼相纸规格	135 24×36 毫米	135 半格 18×24 毫米	120 60×45 毫米	120 60×60 毫米	120 60×70 毫米	120 60×90 毫米	110 13×17 毫米	126 28×28 毫米
宽 89 毫米	3R	3R	3R	3S	3R	3R	3P	3S
宽 102 毫米	4R	4R	4R	4S	4R	4R	4P	4S
宽 127 毫米	5R	5R	5R	5S	5R	5R	5P	5S
宽 203 毫米	8R	8R	8R	8S	8R	8R		8S

　　注:规格为英寸×英寸
　　　　3R＝3.5×5　4R＝4×6　5R＝5×7
　　　　8R＝8×10　3S＝3.5×3.5　4S＝4×4
　　　　5S＝5×5　8S＝8×8　3P＝3.5×4.5
　　　　4P＝4×5.5　5P＝5×6.5

6. 照片整修

①化学整修法

黑白底片或照片中,组成影像的金属银可以通过化学的办法除去,也可以在金属银的周围增加某些物质以增加影像的密度.除去金属银的方法通常是使用氧化剂——铁氰化钾等强氧化物质,使金属银被氧化,然后使用定影液,将被氧化的银离子变成可溶物质,溶于水溶液中。这种方法常称为"减薄"。增加密度的方法通常是用重铬酸钾、汞等物质,使金属银加大阻光能力,也被称做"加厚"。

②物理整修法

用物理的办法使影像的某个局部产生密度的增加或减少。包括三种情况。

第一是增加密度。一般是使用毛笔沾上墨或颜料进行填补,这项工作的关键是掌握好毛笔的含水量及所沾墨或颜料的浓度。在对底片整修时也经常使用铅笔,笔尖削得长而尖,约3～4cm左右,很便于修整较为细小的部位,为了能顺利地附着于底片上,整修之前还要在底片上均匀地涂抹上一层"修相油",这种油有一定的粘度,能使底片发涩而"挂铅",而且会很快地挥发掉,有很理想的作用。

第二是减小密度。用物理的办法减少密度只适用于黑白影像,不能用于彩色影像。所用的工具主要是刮刀,这种刀具很小,但必须非常锋利。使用时下手要稳、准、轻,不可贪图一刀成功,可多次反复进行。经过刮刀刮过后的照片或底片,实际上已经将其保护膜破坏。从侧面观察很容易发现所刮部位的痕迹。被刮过的影像在保存上更困难些,所以,修相时要慎用此法。

第三是增加色彩。彩色照片的色彩是由成色剂生成的。有时,因某些情况,需把某些部位的色彩加重或改变其色别,就可以用人工着色的办法来完成这项工作。所用的工具主要是柔软的毛笔,所用颜料一定要用照相专用的透明色,而不能用粉质较多的绘画颜料。工作方法很简单,用毛笔沾上被水稀释到适当浓度的颜料涂上去就可以了,关键就在于涂得要均匀、要适度、要符合影纹层次,不要露出任何人工填加的痕迹。

思考与练习题

1. 作为中级摄影师,接待顾客时应注意哪些问题?
2. 在"新娘妆"的化妆工作中有哪些程序?
3. 冲洗黑白负片时,影响显影的三要素是什么?
4. 冲洗彩色负片的工艺是什么?有哪些程序?
5. 制作彩色照片、彩色扩印与彩色放大有何区别?

第二章 拍　　摄

第一节　儿童摄影

第一单元　为婴幼儿拍照

一、学习目标

熟悉婴幼儿的年龄特点，掌握拍照方法，学会逗引和熟练操作，能拍摄一般婴幼儿的生活照片。

二、婴幼儿的拍照方法

婴幼儿一般指的是由刚出生到三岁左右这一时期内的孩子。婴幼儿和儿童的心理状态有所区别。婴幼儿刚刚降临到人世间，正在咿呀学语，只能根据人们的不同手势、简单口语来理解或模仿人们的某种神情和姿态，受他人的控制性很大。而儿童虽然有些事情似懂非懂，但能用语言表达。尤其稍大一点的儿童（如小学生）能根据拍照的要求，做出不同姿态，受人的控制性相对较小。对婴幼儿和儿童的拍照应采取不同的方法。

婴幼儿或周岁以内的孩子，对环境有一种天生的本能，往往初到影室，便产生一种陌生感，家长常常叹息到：孩子在家一逗就笑，来到这里怎么就笑不起来了呢！大多数家长都希望有一张孩子笑的照片。摄影师要满足对方的要求，就要从如下几方面去做。

1. 环境和道具

为满足孩子好奇心态，尤其是婴幼儿，影室环境的布置和小道具是非常必要的。

无条件的影室，可适当准备几件小道具，诸如小皮球、小响鼓、小嗽叭、带响的小动物等等；预备几块不同色彩的布料，最好以暖色（如红、粉、黄等）或浅淡色为主；再准备几件木制道具如高背椅、小桌、小马、小车等；玩具是逗引孩子的必备工具，布料是拍照婴幼儿时的垫布或背景。这些都是最简单的拍照工具。

有条件的影室，往往在影室的环境上下功夫。如背景，除几块布料外，还准备可渐变背景，各种素色背景纸或准备婴幼儿能够仰、坐卧的小软沙发，或小卡通状椅、桌以及各种积木形状，几何形状的小道具等。在环境上如墙面上也都施以绘画或其它反映婴幼儿特点的装饰物，体现出婴幼儿影室的气氛。婴幼儿影室还可以布置成具有浓厚的家庭气氛，如软床、衣柜，有窗有幔，加上各样色彩搭配，适合婴幼儿半身、特写、全身照，易形成一种温馨的舒适感。小道具和小玩具可多准备一些，可在拍照中灵活运用，引发孩子兴趣。

2. 学会逗引

婴幼儿的拍照离不开逗引，这就要求摄影师做到：

一是摄影师表情要温和，温和的摄影师给婴幼儿一种亲切感。因为他们的家长哄惯了他们，如果你的表情很严肃，即使不吓坏了他们，也易造成紧张感。

二是摄影师语气要温柔，节奏要慢，音量不能太大。称呼对方小名时，语气尽量柔和，如叫"小宝—宝"，"娜—娜"等。

三是掌握几种逗引方法。语言逗引法是指摄影师用语言或模仿音响吸引对方。婴幼儿尽管听不懂你说的话，但他们对简单的词语会做出某种变化。如"你叫什么名字"，"噢，小宝宝笑了"，还可用咂嘴做出某种声音，如"哪……哪"，"呢……呢""咝……"并配以表情的变化和语气起伏的变化，效果更好。还可用口哨或小动物叫声吸引对方，但口哨声不要过长，小动物叫声音量要适当。语言上的逗引，一定要随时观察对方的变化，一旦发现对方对你的语声不耐烦就需要改变一下逗引方法。

动作逗引法，指摄影师用手势、身体姿态的变化吸引对方。常使用的动作诸如用手轻轻触摸对方脸蛋，并伴以语言逗引，或用手痒痒对方身上某一部位，或与对方"藏闷儿"，用手捂住自己的眼睛一松手，一声"闷儿"等，或藏在照相机后一露面，学一声动物叫（如羊、猫等），注意，动作要轻，要来回变换。

玩具逗引法，指摄影师用各种小玩具逗引对方。常使用的小道具如小鼓、小花环、小皮球、会叫的小动物等。逗引周岁的孩子时，可用小娃娃或小皮球，如将小皮球扔过去，再叫他扔过来（注意，你最好接准，否则对方眼神会随球而去，你就会失去按动快门抓神态的机会）。同时注意你手中的快门，做好抓拍准备。拍婴儿照时，对方注意力往往不集中，你可使用带响的小道具吸引对方，然后再用语音逗引，但这种方法时间不宜过长，否则婴儿会因疲劳而失去兴趣。

上述的几种逗引法，一般情况下，常常相互交替使用，摄影师也可根据个人的爱好和经验，使用其它方法逗引孩子。但无论怎么逗引都应是柔和的，符合婴幼儿的心理，甚至有时候一次逗引不成，还要反复多次，所以摄影师还要学会有耐性。

3. 要熟练操作

拍婴幼儿照不同于其他人物照，摄影师的相机、布光等操作要做到快捷、准确。快捷是说在拍照前摄影师能熟练做好布置，如问清孩子家长的拍照要求，根据要求快速布置好背景、坐椅及选用的各种道具（有时孩子陌生感很强，则需要耐心等一会儿），同时还要逗引孩子。摄影师还要快速调整光线和相机快门速度等（过去照相馆常使用的老式木制座机最好配用电子快门。目前拍照时，有的已使用小型相机或改用闪光灯拍照，都为给孩子拍照提供了方便条件）。在拍照中也要做到快捷，摄影师通过逗引孩子，在其表情变化瞬间要快速按下快门，有时由于距离（相机和被摄人的距离）稍远一些，逗引孩子时要能快速躲闪，否则容易遮挡镜头或碰动相机。使用小型相机和闪光灯拍照时，快门速度较快，可以不用三脚架，那么给逗引孩子增加了困难。因此在给婴幼儿拍照时最好使用三脚架固定。准确地说在抓拍过程中，要善于捕捉婴幼儿神态变化的瞬间，比如婴幼儿往往被逗笑时间短，稍纵即逝。有的孩子爱笑则好办，第一次未拍准可第二次再拍；而有的孩子，好不容易笑了一下，你如果未拍准，再拍就不那么容易了。如果孩子不笑，在征求家长同意后，也要将其自然流露的神态，准确拍照下来，但要避免"愣神"的表情。还有的婴幼儿在逗引时，表现出某种意想不到的情形，摄影师也应快捷准确地抢拍下来，这种画面往往能取得令人振奋的效果（如图3.1、3.2）。

图 3.1　　　　　　　　　图 3.2

第二单元　为儿童拍照的方法

一、学习目标

熟悉儿童的年龄特点，掌握拍照方法，能拍照一般儿童的生活照片。

二、拍摄方法

1. 环境和道具

儿童影室和婴幼儿影室的环境和道具区别在于：儿童具有一定的思维能力，又有一定的语言理解和能动性，因此在影室的环境和道具上区别于婴幼儿影室的布置。

有条件的影室，可以安排影室的每一个角落都有其不同景物，如布置成室外花园景、室内书房景。既有天上的，如飞船、飞艇、飞马；也有地上的，如木马、木象、电动小汽车等，还有如小钢琴、电脑等，这些都不需要大场景，有一个小地方足矣。在玩具方面，一般不用小鼓、小玲铛，而是以男孩用的木枪、女孩玩的布娃娃，大皮球或小挎包、小花蓝、水果形状的塑胶制品，卡通动物，各种小型器乐如小提琴、小吉它等等。还有专门设计出的儿童化妆室和服装室，备有专门的化妆师和准备各式儿童服饰如少数民族服装、军装、小纱裙、牛仔服、小西服或小时装等。给儿童拍摄大半身或全身照时，还备有立体、半立体背景或素色连地背景或带有平面图案的背景，选择的道具也应适合2—10岁左右的儿童，如小桌椅、书柜、各类用具等。

儿童影室的设计布置既可以是突出某一环境气氛的，也可以是综合实用的。总之，它的环境和道具应是符合儿童的特点而又有别于婴幼儿的影室（当然也可以婴幼儿和儿童共用一个影室，但在设计和摆放上应有所区别）。

2. 启发和逗引

给儿童拍照其逗引方式与婴幼儿有区别。儿童的逗引在语言动作和玩具上更讲究方法。儿童较之婴幼儿，对陌生人更具有一种本能的戒备心，在新的环境下不知如何是好，摄影师要想法消除对方的这种心理。摄影师应做到：

一是语言有针对性。对年龄较小的儿童（如2—4岁），如女孩，可以用"你几岁啦"，"告诉我，你叫什么名字？"等，男孩可用"你像个小伙子"、"你真有信心"、"你会玩几种拼图"等等；对大一点的儿童（如5—10岁），可用"你上幼儿园了吗？"、"你的名字真好听"、"你穿的真漂亮"、"能告诉我你喜欢什么玩具吗"、"你上几年级了？"等。

二是动作具有滑稽性。对于摄影师的滑稽动作，小孩子有时会忍不住一笑。摄影师可以装做吹大气球、吹不动，或扔过去的皮球，扔回来时故意要摔倒，或做某一个怪相等；对女孩，你可以教她一个舞蹈动作，对男孩可教他一个武术动作等，这样既可以消除对方陌生感，也可以融洽气氛，利于拍照。即使对方不笑，也可以在逗引中找机会捕捉到较自然的神态。

三是要善于启发。有的儿童陌生感很强，更胆小"认生"，摄影师无论说学逗唱，都不起作用。这时，摄影师除了要有耐心外，还要善于启发。这种启发可以是观拍，就是让孩子稍等一会儿，让他看别的孩子拍照，以得到启发、诱导。就是摄影师循序渐进，柔声细语告诉他，如"你会得到好照片"、"你爸爸妈妈喜欢你好看的样子"等等。拍照中，请家长配合也是一个启发方式，如"乖乖，咱们不是在家里练习了吗"、"你再做一遍好吗？"通过启发孩子的回忆，使他有所变化。

启发的方式有很多种，目的就是拍到一张富于变化，较为生动的照片。

3. 拍照方法

儿童的拍照方法与婴幼儿大致相同，但除了要求快捷和准确外，需要强调的是，儿童拍照不宜过分摆布。婴幼儿年龄过小，受他人摆布性较大，但对儿童来讲，过分摆布易失去自身特点，容易拍出"大人气"。

掌握儿童的拍照方法，可从两个方面去做。

一是适当安排，以"抓"为主。适当安排，指的是根据儿童的外形、外貌、年龄大小和具体要求，做出拍照准备，如背景道具的选择，人物角度或相机位置的确定等。以"抓"为主，指的是儿童表情变化瞬间要抓住，儿童姿态变化最富情趣的瞬间

图 3.3　　　　　　　　　　　　　　　　图 3.4

要抓住，不能总强调对方一动不动或"笑一笑"来拍照(如图3.3)

二是自然流露，表情多样。儿童的表情也各具个性表现。尽管他受客观环境影响大，往往不易真实流露，容易陌生感，但摄影师要提高观察力，在逗引过程中去发现除"笑"以外的多样性表情。如儿童也有思考，也有好奇心，也有喜怒哀乐等情绪。(如图3.4)。一般情况下，经营性的拍照多以儿童微笑为主，在选择其它神态时，一定要事先征得陪同家长的同意后进行。

第二节　多人合影照

第一单元　人物的排列方法

一、学习目标

能够运用整齐或自然排列方法，拍摄10人至50人的合影。排列时能照顾人物的主次、高矮、胖瘦、衣服颜色等关系。画面布局均衡，构图合理。

二、使用工具

摄影室拍照，需使用椅子和合影架子；室外拍摄，需用椅子或建筑物的台阶、山石、木板平台等。

三、工作步骤

1. 首先根据客户的意图和现场的设备条件确定排列方法，如果现场只有不规则的山石或土丘而无其它设施时，只能采用自然式排列方法；如果在空旷而平整的场地也可以采用整齐排列法。

2. 在室外采用整齐排列法时，需事先把椅子摆好，一般是使用被摄人物1/2数量的椅子，左右相靠，前后间距30－40cm排成两排。

3. 分清被拍摄人物的主次关系，请最主要的人物坐在最中心的椅子上，其左侧是第2号人物，右侧为第3号人物，以此类推地安排好前排就坐的人物。

4. 将未能入坐的其余人员，按高矮顺序排成两列，较矮的人站在两排椅子中间的地面上，较高的人站在后排的椅子上。

5. 仔细调整人员的位置。其原则是：人物排列的宽度与高度要根据画面的长、宽比例来决定。每排之中，身材最高的人站在最中间的位置，两边逐渐矮一些，形成平滑的过渡。特别是站在椅子上的那一排人的高矮变化最为明显，要仔细调整。排与排的关系：后排的每人要站在前排两人的空档中，即交叉站位。以免互相遮挡。

6. 调整胖瘦和衣服颜色。由于镜头的透视关系是近大远小，所以，胖一些的人应与后排瘦一些的人相互调换，胖人应在最后排。衣服颜色深浅相近或色彩相近的人物不要集中在一起，要分散开，最好是左右对称，特别是对衣服色彩明度极高、极低或鲜艳夺目的人员要精心安排，以取得画面的视觉平衡。如图3.5。

图3.5 多人合影照

四、注意事项

1. 供被摄者站立的椅子最好是硬面的如果是软面椅子或是折叠椅时，一定要提醒被摄者注意安全。

2. 供人站立的椅子在摆设时，要椅背朝前，按反方向放置，使人物便于上下。

3. 如果是使用标准镜头拍摄，被摄队伍可排成直线；如果是使用广角镜头拍摄，该队伍的排面要排成相应的弧形，其原则是：镜头广角越大则队列弧度越大。

4. 如果是利用建筑物的台阶时，要考虑台阶的高度，一般台阶踏步的高度对于拍摄合影来说都不够理想，会出现前排人物遮挡后排人物的问题。遇有此类情况，可采用隔一步台阶站一排人的方法，以提高差距。但此时必须考虑到景深因素和近大远小的透视关系。

五、相关知识

1. 依据自然形态排列的合影照称作自然排列法，这种方法的关键是巧妙地利用地形地物。被摄人物有坐有站，有蹲有靠。外观是随意之感，其实是摄影师刻意策划和指导的。主次安排要十分明确，主要人物应被安排在最重要的视觉中心位置，而且不能被有碍视线的前景或人物遮挡；次要人物虽然可以随意安排，但是不能喧宾夺主。人物排列的总体把握要错落有序、疏密相间、高低参差、相互呼应，不可各行其事，散成一片。

2. 在摄影室内安排多人合影，需要足够的场地。如拍 50 人的合影，其摄影室的宽度不应短于 7 米、长度不应短于 8 米。室内净高不应低于 4 米，被拍人物登踏的台阶不能少于 3 层，层高不能低于 30cm。在室内拍这类合影照，一般可按 5 排来设计。第一排坐椅子，第二排站在椅子后的地面上，第三、第四、第五排分别站在架子的各层台阶上，这样单排人数 10 人的总宽度约 5 米，最后一排人物头顶距地面的距离约 3 米，所拍画幅的构图适当。

3. 拍摄合影照片一定要使用坚实稳固的三脚架，所用照相机的画幅尽可能大一些。如果使用 135 相机拍摄 50 人的合影，最好是使用成像质量优良的标准镜头或 35mm 的广角定焦镜头。因为，合影照片对镜头分辨率与像差的要求很高。大范围变焦比的变焦镜或 AF 镜头（自动调焦），很难达到所要求的精度。某些镜头在拍艺术照，婚纱照时可能很好，但并不一定适合拍合影照。还要求中心部分与边缘部分的分辨率相差小，因为在拍摄合影照时，要求整幅照片中的所有人物都必须是同样清晰和不变形的。

第二单元 用光与拍摄

一、学习目标

能够恰当地利用日光、照明灯光、闪光灯等多种光源拍摄多人合影。

二、使用工具

测光表及各种灯具

三、操作步骤

1. 在室外拍摄合影照时，首先要考虑光源的照射方向，尽量避开晴朗的中午时刻。特别是夏季的中午，太阳几乎垂直于人物的头顶，这种顶光会使人物的脸部产生难看的阴影且光比太大。一天中，最佳的拍摄时间是上午 10 点和下午 4 点左右，这时的太阳高度最适合拍合影照，阴天的时候，虽然不能直接看到太阳，但是，光源的方向性依然是存在的。无论是晴天还是阴天，都应选择前侧光的光位（最理想的前侧

光是水平角和垂直角都接近45度)

2. 在非摄影室环境下的室内拍摄多人合影的步骤,是先考察该室的电源情况。如果电源充足,可用常明光源照明,否则只能使用大型的闪光灯照明。使用常明灯拍彩色胶片时,应将胶片换成灯光型或在镜头前加用升色温滤光镜。使用闪光灯时,采用日光型的胶片即可。无论使用哪种灯,都必须有足够的功率,否则会影响拍照质量。灯光照明要以顺光为主,只要将被摄人物均匀照明即可,不必打出光比。灯位要升得足够高,最低也要超过被摄人物最后一排头部的高度。

3. 在摄影室内拍摄多人合影,应开启安装在墙壁上的合影专用灯具,这些灯具都是经过仔细计算其照度后安装的。照射角度也是呈接力状态射向被摄体的整个幅面,它们会组成照度均匀的柔合光线,使被拍摄的每一个人都得到同等的照度。

4. 无论是在何种情况下拍摄多人合影都要在排列好人物并开启照明设备后,使用测光表测出正确的曝光组合参数,并以此为依据调整照相机的光圈系数和快门速度。如果是在常明光源下拍照,可用反射式测光表或相机内的测光系统。如果用闪光灯照明,则必须使用入射式的闪光灯测光表。

5. 仔细调整影像的清晰程度,特别是要使两端人物的清晰程度一致。

6. 详细观察每一个被摄者的形态,纠正其不恰当的姿式,引导大家一个共同视线的目标,提醒被摄者注意表情,不要眨眼,而后伺机按动快门,完成拍摄工作。

四、注意事项

1. 在日光下拍摄合影必须注意树枝和电线,它们的投影一定不能落在人物的任何皮肤部位,更不能落在脸上。最好是选择光照均匀的场地来排列被摄人物。

2. 晴天的日光下,尽可能不使用正面光或侧光,因为正面光容易照得人睁不开眼睛,而侧面光又会使被摄者被左侧或右侧的人物投影所遮挡。

3. 照相机镜头的视角不可太仰,否则,大面积的天空为背景会使得画面单调乏味,使画面的影调平衡受到破坏,并使人物的面部肤色显得过于浓重及人物下巴过大而产生变形,将机位升到足够的高度,会有利于克服这种弊病。

4. 正式拍摄曝光之前要仔细观察每一个人的服装、姿态、表情、眼睛反光等,发现后要及时纠正。但是,这种纠正不可过于繁琐,要以把握大局为重。如果在这个环节上延误很多时间,将会使整体人员的精神涣散,不利于拍摄工作的正常进行。

5. 被拍人物的视线一定要一致,为了防止大家东张西望,摄影师要指定一个视觉目标,这个目标最好是照相机本身,这样的合影照会显得庄重而团结。

6. 为防止意外事故,要采用包围式曝光法(改变不同的曝光组合)拍摄2~3张底片。

五、相关知识

1. 亮度测光表的应用

亮度测光表又称反射式测光表,是测量被摄体反射光亮度的。这种测光系统的设计是以 18% 的中性灰反光率再现为目的的。因此,不管你把测光表对准什么深浅色调的物体进行测光,它总是认为该物体是灰色的,它所提供的数据是把该物体拍成灰色物体的数据。使用这种测光表对准白色物体测光时,所得的数据会使你曝光不足;对准黑色物体测光时,又会使你曝光过度;对准灰色物体测光时曝光量会是正常的。因此,找准被测对象即选好基准亮度是使用亮度测光表的关键。拍摄合影照时,使用亮度表有两种方法;一是机位测光法,就是在照相机的位置上,使测光表对准被摄整体进行测光,使用这种方法要注意避开天空光。因为合影照的拍摄距离都比较远,在机位上以平视角度测量会包含很大的天空。这会使测光表显示较高的 EV 值,按此拍照一定会曝光不足。因此,可用压低测光表视角的办法避开天空,也可以在原测光的基础上减少一定数量的 EV 值。第二种方法是近位测光法,就是靠近被摄体测量其局部亮度。近测时,测光表距被测部位宜控制在 10cm 左右,既要做到测光部位准确,又要防止测光表的投影落在被测光部位,影响测光读数的准确性。近位测光法所选择的测光区为被摄人物的脸部。由于肤色是人像合影照片的曝光重点,又由于黄种人肤色的反光率非常接近中性灰,所以,测量脸部的测光法是最为准确的。如果是测光角度可以调整的反射式测光表,也可以将视角调小,使得测光表距离人物远一些,从而避免距离过近而带来的尴尬。当然,还可以在相同于被摄者的光线照明条件下,摄影师用测光表测量自己的手背,这种代测法通常都能获得良好的效果。

2. 照度测光表的运用

照度测光表是测量光线到达被摄物体表面时的照度的,也称入射式测光表。该种测光表的操作简便,使用时,将测光表尽量贴近被摄体的位置,使测光窗朝着照相机的方向测光。须注意:测光表的测光窗不能对着光源,因为,这样测出的光值只是物体受光面的数值,按此拍摄会使阴影部位曝光不足,只有测光窗朝向照相机镜头主轴而测出的数值才是人脸受光面与阴影部的平均值。照度测光表最大的优点是不受被摄体影调深浅的影响,也不存在测光元件对某种色光在感受敏度上的差异,它能使各种色调和各种色彩的被摄体都得到忠实的再现,受到人像摄影师的广泛欢迎。不过这种测光表在使用上也有不方便之处,就是要接近于被摄体测光,这会使摄影师在被摄人物与照相机之间往返跑路,特别是遇到天空云朵快速运动使得日照忽亮忽暗的天气时,这个缺点尤为明显,如果此时照相机与被摄体处于同等的光线照明条件下,也可以在机位处量光。

当光源使用闪光灯时,则必须使用闪光灯测光表,闪光灯测光表在使用时有两种方法。一种是采用闪光同步线将测光表与闪光灯连接。当按下测光表的测光按钮时,闪光灯闪亮,测光表也同时显示出测光读数。拍摄多人合影时,闪光灯距被摄体通常较远,连接线要有足够的长度,否则不能采用此法。第二种方法是不用同步线连接,测光时,先按下测光表按钮,使测光表处于测光准备状态,随后触发闪光灯,测光表也能显示出测光读数。这种方法的缺点是必须由两个人配合操作:一个人执测光表,另一个人触发闪光灯。不管是使用何种办法,闪光测光都是测量的照度而非亮度。

现代高级独立式测光表能集多种测光功能为一身,只要加用相应的附件就能测量反射光、入射光、闪光，甚至能够测量色温，这种测光表给摄影师带来了极大的便利。

第三节 艺术人像

第一单元 审美与艺术

一、学习目标

1. 学会发现美；
2. 学会在最短的时间内与被摄对象沟通的技巧；
3. 初步掌握针对每一个具体的拍摄对象进行不同造型处理的技巧。

二、操作步骤

1. 美，在于合乎比例——选取最佳的拍摄角度

看人的长相身材，关键是看身体各部分的比例搭配，如果长相身材均合乎比例，那么就可称得上"美人"或长得标致。在现实生活中，我们不可能指望每个人处处都长得那么标致，但也并不等于说我们面对长相各异的各类人等就无能为力。事实上，每一个长相身材一般的人差不多都有一个比较可取的角度，尤其是针对于照相机的镜头和各种具体的用光手段来说，要取得合乎标准比例的拍摄效果，可以说并不是一件难事。一般说来，人的面孔不可能两边长得一模一样，拍摄时可通过将脸较小的一边对着镜头，并同时用主光照亮脸较小的一侧来改善或修正面部的比例关系，以获得矫正脸形、掩饰外貌缺陷和美化的效果。

调整照相机的拍摄高度，可以对被摄者的脸形与五官比例进行修正，一般拍摄女性半身或头部特写可采取稍高一点的角度，可以令其脸围线更润、更顺一些，因而也就更显女性特有的含蓄与妩媚。

2. 美，在于自然——摈弃做作摆弄的念头

对于摄影师来说，选择拍摄与用光的角度来美化被摄者的方法与手段，是艺术人像摄影中的一项过硬的基本功，但仅仅掌握这一基本功还远远不够，除此之外，还必须得明白：美化人物须自然而然，切不可生硬做作。应该说，美在于自然，自然而然的美才是最高境界的美。因此，摄影师在处理人物造型时应时时处处把握好这一总体原则。

3. 鼓励——最好的解决方案

人像摄影是一种较为特殊的摄影，因为照相机面对的是活生生的具体的人，这就要求摄影师与被摄者之间必须形成一种良好的合作关系，只有双方密切配合，才有可能取得较好的拍摄效果。一般情况下，被摄者面对镜头，都会有一种莫名的紧张，表情会显得僵硬，神态极不自然，摆出的姿势也会显得非常滑稽。遇上这种情况实属正常现象，摄影师千万不要大惊小怪，更不可有任何嘲笑的表示，应当想方设法去打消被摄者的种种紧张情绪与思想顾虑，让他们的紧张情绪得到充分的放松。这时最恰当的做法就是不断鼓励被摄者，令他们树立起自信，在轻松自然的环境下，与摄影师密切配合，完成造型任务。

4. 尊重——不可缺或的素质

一般说来，较正规的人像所要传达的是一种赞美的情调，或者说艺术人像便是用光线用相机用摄影的语言来赞美人的一种全新方式。因此，尊重被摄者应当是人像摄影师自始至终的一贯作风。人都是社会化的人，自然他展现在镜头面前的形象也应当是合乎社会行为规范与伦理道德观念的。艺术与道德在标准上虽然不同，我们不应该以道德的标准来要求艺术，但艺术绝对规避不了道德的约束，呈现在照片上的人物形象也必须是公众所认可的或是能够接受的，不至于是会引起非议的那种。因此，对于人像摄影师来说，不光要在拍摄时尊重被摄者，还得尊重被摄者在公众中的形象，也就是说，还必须尊重广大观众。

三、密切配合 共同创作

与纪实类的反映社会生活的人物摄影不同，人像摄影讲究摄影师与被摄者的双方合作。在这里，摄影师与被摄者都共同参与创作，双方都是创作者。拍摄过程中，被摄者始终是积极的、主动的，因此，被摄者在作出种种姿势时也决不是盲目的、消极的，这种独特性便决定了对于摄影师与被摄者双方一系列的素质要求。

1. 摄影师

对于摄影师来说，首先应当具备必要的有关形体美与行为举止规范及其各种姿势体态所呈露的社会特性与心理含义等方面的知识，这样在具体拍摄过程中，才能对被摄者的姿势有所评价、有所诱导，和有所甄选。也就是说，在道德观念、文化传统及其社会学、心理学等人文知识领域里要有所了解、有所追求。否则就弄不清美丑的界限，混淆是非的标准。正是因为美的规范受众多的制约，因此，具备足够的人文知识也就显得十分重要了。

其次，摄影师还要具备良好的镜头感觉。任何一种姿势造型都要通过镜头来观察、来取舍、来体现，美的姿势不仅要合乎社会道德规范，合乎大众的审美趣味，还必须要合乎照相机镜头的感觉。可以说，相机镜头是检验姿势是否够得上美的第二道程序。培养训练镜头的造型感觉是对摄影师的起码要求。人物姿势造型总是以镜头为依据的，离开了镜头就无法谈造型。因此，摄影师观察分析被摄对象时，应努力从镜头上去把握感觉，在极短的时间里对该姿势的"上镜性"作出反应并进行修正。从这个意义上说，所谓摄影师的"眼力"，其实就是一种对于姿势的镜头造型的直觉感受经验。对于这种经验的获得与把握是十分重要的。优秀的人像摄影师之所以能拍出比被摄者本人更美的人像作品来，最根本的一点就在于，他们能够以镜头的感觉支配和发现人物所直露的或隐藏的美：先找出他们在镜头上的优点，然后分析其上镜头的不足之处，最后再用镜头掩盖不足的同时，想方设法突出优点。如左脸比右脸漂亮，那么在拍摄角度与用光上就以左脸为主；如耳朵不美，可侧面拍摄或用头发或帽子掩饰。机位的高低不同所形成的镜头也不相同，尤其对人物的脸围形状能产生较明显的影响。一般来说机位高一些或让被摄者稍低一下头，对改善女性的脸围形状有好处，它既可以让鼻形更美，还能使脸围轮廓更加柔和秀丽，并使得眼神更加含蓄，眉形更舒展一些（如图3.6）。但这对于下巴瘦削的人来说就不合宜了，此时机位低一些，稍稍仰拍，效果会更好些。拍摄额头宽而高的人，机位也不宜升高，否则会使额头更加突出。镜头不只对修正被摄者的脸形有影响，对于被摄者的身材高矮、胖瘦、四肢的比例大小及头、颈、肩、胸、背、腰、臀、胯、腿各关节的动作朝向与微妙的谐调关系均有不同程度的作用。总的来说，人物身体的各部分在镜头里看起来应当和谐自

图3.6

然，没有任何别扭的感觉。而有些姿势就显得非常不自然，如过分挺起的胸与刻意摆放和手势在镜头上表现的过于生硬做作；尤其是反叉腰的左手由于肘部冲着镜头，其镜头感就更差了，看起来似乎很怪。

还有一点值得注意，要使双方配合默契，现场拍摄气氛很重要。摄影师应尽量让被摄者感到轻松自在。拍摄前，摄影师应尽量向被摄者展示自己的作品或画报上的照片，先取得被摄者信任。然后再通过闲聊、播放音乐等手段使被摄者的紧张情绪得到放松。同时还可传授一些控制形体动作的要领。拍摄时要不断地对被摄者和姿势进行耐心的诱导启发，尽可能地赞美其长处。使之更加自信，发挥更加出色。循循善诱，才能渐入佳境。好的摄影师就像一位好导演，他能将演员的表演才能最充分地展示出来。

2. 被摄者

下述对被摄者的要求，同时也是对摄影师的要求。就被摄者而言，最关键的要明白什么是美，什么样的姿势才是最美的姿势，为什么这样就美，那样就不美。美与丑的差距在哪里，不要只注意到服装、化妆对于形象的美化作用，更应考虑到自身的行为举止，各种体态姿势对于自我形象所产生的根本性的影响。每个人的内在气质、修养都是通过其外在的行为举止显现出的，行为举止自然也就成了对个人形象的公众评判依据。很显然，行为举止、包括各种体态姿势，对于个人的形象设计比服装化妆更

加重要。体现在具体的人像创作中，就是姿势如其人。假如被摄者不明白这一点，只是盲目地模仿别人的姿势，结果反而会弄巧成拙。此外，被摄者应尽可能弄清自身的长处与不足。只有充分了解自身的魅力所在，才能在拍摄时不怯场，具备足够的自信。而自信本身就是一种很难得的美。

与自信相关的便是尽量放松自己，只有完全放松，才能令形体的控制准确到位，才能在镜头中获得满意的姿势造型。被摄者必须给人以落落大方、从从容容、坦坦荡荡的感觉，既不能扭扭捏捏，也不可油气。像图3.7这样的照片，那纯净的神情辅之以自然的动态，给人以温馨亲切的感受。很显然，这类商业人像，其中与人物形象有关的各个细节都是经过精心设计的。

图 3.7

另外，被摄者也应具备一定的镜头感觉。不同的景别对被摄者的姿势有着不同的要求。拍摄全身照片，动作幅度可大一些，姿势可以放开些，此时，站立的姿势必须考虑到全身的协调配合，尤其是身段的体现必须恰当。如挺胸收腹放松腰部这些基本的形体控制方法要掌握好，并在此基础上变化头部与手、腿关节，自然地形成各种给人以健康美的姿势。拍摄半身照片，动作幅度不宜太大，因为这时的画面比较紧凑，人们的注意力主要集中在脸与手的关系上，此时的动作可细腻一些。若是正面拍摄，被摄者还可以从玻璃中看到自己的形象，就像镜子那样清晰，加上摄影师的启发，被摄者就可很容易地把握各种姿势的要领了。但这里要注意的是，不论哪一种景别，不论哪一种姿势，被摄者的弯曲部位，如肘部、膝盖部位等都不宜直对镜头。由于三维空间向二维空间转换时，透视感被极大地压缩了，若这些突出的弯曲部位直对着镜头，手臂会显得短小蠢笨；膝盖对镜头，再修长美妙的大腿也会变得臃肿难看。总之，弯曲的部位应向镜头方向偏侧偏后一些，做到尽可能让身体的各部分比例"正确还原"。

总而言之，人像摄影是一种美化个人形象的艺术，它需要摄影师与被摄者双方共同付出努力，相互协调，密切配合，共同参与创作。在充分掌握创作规律性的基础上去不断发现、挖掘个性的美，并在选取姿势造型中以自然美为最高准则，这样才能不断推陈出新，不落窠臼，创作出高格调、高素质的人像作品来。

第二单元 构 图

一、学习目标

1. 掌握摄影取景构图的一般方法；
2. 初步掌握用镜头进行造型的技巧；
3. 了解艺术与视觉理论在摄影构图中的运用。

二、操作步骤

1. "三分法"与"黄金分割"

如图3.8所示，用线条将一个画面分成九个等份，其中线条相交之处，便是该画面视觉地位最为突出的地方。中国传统书法理论中将之称为"九宫格"，现代摄影构图学也采用这种方法来强调突出需要着重表现的部分，通常我们将这种方法称之为"三分法"。

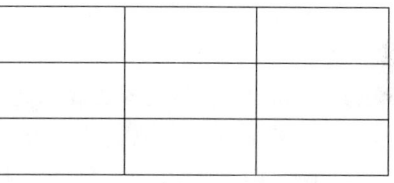

图3.8

"黄金分割法"

是古希腊较为著名的学说，后来被广泛地应用于造型艺术中，成为造型艺术极为重要的比例分配原则，如画面边框线的宽高比，人物处在画面中的位置等，均采用这一原则。如果我们将整个线段的长度设定为"1"，现在需要将线段切割为最佳比例分配的两部分，我们再将其中的一部分长度设成"x"，那么具体计算表示为：$1/x = x/1-x$，$x = 0.618$，实际使用时常以5:8的简化形式来表示。"黄金分割法"与"九宫格"理论极为相似，在实际拍摄时，我们常将兴趣中心安排在偏离画面中心的某一位置上，这与以上的两种理论基本上也是相符的。如图3.9所示。

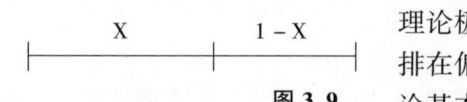

图3.9

2. 拍摄距离、拍摄方向与拍摄高度的系统调整

与绘画的构图不同，摄影的构图调整主要通过对拍摄距离、拍摄方向和拍摄高度这三个方面来进行控制。由于照相机的镜头与人眼有很大的差别，取景框又是从具体的拍摄现场来框取被摄人物与景物及其范围的，快门又只是选取了其中的一个瞬间，而一旦按下了快门，画面的构图也就成了定局，再也无法更改了。因此，在按快门之前的一切工作也就变得非常重要了：我们得考虑该选取多大范围的景，哪些必须排除在画面以外，用固定焦距的镜头拍摄，只需前进或后退，便可大功告成；而采用可变焦距镜头拍摄，则还必须在进退之间考虑究竟该采用哪一个焦距段来拍摄，即使是拍摄同样一个景别的照片，也应注意到用广角镜头靠近拍摄与采用长焦镜头后退拍摄，所获得的最终效果是完全不同的。因为改变拍摄距离，就意味着调整画面内部的透视效果，而不同焦距的镜头，其本身透视效果就不一样。选择拍摄方向与拍摄高度，更是对画面主题的选择刻画与立意的充分强化及其背景的取舍起着决定性的作用。

①近距离拍摄：近距离拍摄主要适宜于较小景别或需要进行局部刻画的被摄主体，主体占据画面的全部或绝大部分，此时以细节刻画为主，背景因素退居为次要因素。

②中等距离拍摄：中等距离拍摄所形成的主要是中等景别，此时被摄主体与环境均能得到表现，但在视觉地位上一般不以哪一方为主，体现得较为中庸。

③远距离拍摄：远距离拍摄适宜于表现较大的场景，以突出画面的气势为主，环境在整个画面中占据绝对的优势地位。

④水平角度拍摄：也称视平角度拍摄，由于这一角度与平时人眼观看的方式相近，所得到的画面感觉较为平实客观，但往往不利于较有创意的造型和空间感的表达，视觉效果较为平淡。

⑤高角度拍摄：也称"俯拍"，可抬高地平线在画面中的位置，能强调地面的纵深感觉，适宜于表现地面的图案形状与宏大气势，风光摄影中常以这种角度来拍摄大场景，新闻报道摄影也常以这一角度拍摄大场面的人和景，如群众集会与游行场面等。但应注意近距离的俯拍很容易造成变形。

⑥低角度拍摄：也称"仰拍"，这是一个颇具戏剧性的角度，极具视觉冲击力，适宜于强调被摄主体的高大与挺拔的气势，由于地平线被压低，天空位置会显得较为突出。

⑦正面拍摄：正面拍摄较为直截了当，拍摄人物时，目光直接与镜头交流，看照片会有如与真人相遇的效果，但正面拍摄不利于表现立体感与纵深感。

⑧侧面拍摄：侧面拍摄较有利于表现被摄物体的纵深感与立体感，在拍摄人物时，它比正面拍摄要来得冷静。

⑨背面拍摄：背面拍摄不如正面与侧面拍摄来得具体明确，但背面拍摄往往更为含蓄，更值得令人回味。

3. 画面边框线与构图的"松""紧"

主体在画面中所占据的面积愈小，画面就显得愈"松"，反之，就愈"紧"。画面的"松""紧"应当合乎表达的要求，"过松"与"过紧"都是不应该的。画面的"松""紧"程度则主要依据摄影师的主观表达意图，一般画面侧重于宁静意向的，应以"松"为主，即画面边框线可放开一些；而表现紧张热烈意向的，则宜"紧"一点，也就是说该收紧边框线。

4. 画面主线的取舍与景别的到位

画面中占据主要视觉地位的线条称为主线，一般是指被摄主体所形成的线条。主线条能延伸开去，且显得较为流畅，画面就会显得较有气势，主体的造型也就会显得完整有序。画面主线的取舍与景别的是否到位有着密切的内在联系：在提取主线条时，一旦确立了主线的走向与位置，画面的边框线就会紧随其后，将主线"框"起来，而同时将那些画面不需要的杂乱的线条排除在画外，也就是说，画面最合适的景别也就在这个时候被定了下来。

5. 静态与动态的处理

画面以水平线条或垂直线条为主线，那么画面就会给人以宁静平和的感觉；如画面主线为倾斜线，则画面就会产生一种动感。我们可以有意识地利用这一原理来处理画面的动静感觉。比如想要强调宁静，我们就充分地利用延伸的水平线来取得这一效果，而表现动感只需扭转相机，将主线变成倾斜线即可。

三、相关知识

1. 摄影构图的含义与目的

摄影构图是指摄影师凭借摄影的表现方法，将被摄主体（或人或景或物）有机地安排在一幅画面中，并使之产生一定的艺术形式，从而将拍摄者的表达意图充分传达出来的一种造型手段。摄影构图的最主要目的不是为了构图本身，而是为了更充分、更有效、更有力地传达摄影师的表达意图，也就是为了证明某一个主题、某一样思想、某一种情感或某一时刻的感觉。

2. 关于摄影的造型

摄影首先是一种工具或一种手段，用摄影的方式与方法来从事艺术创作，便有了摄影造型。摄影造型的手段与其他视觉艺术很不相同，它是用镜头而不是用眼睛去观察与提炼，是用感光材料而不是用画布来感受与记录的，并在一个及其短暂的时间与一个极其有限的空间里，来凝聚和放大摄影师刹那之间与人、与自然的兴会的一种全新的艺术手段。

3. 多样统一

"多样统一"是所有造型艺术一致的追求目标。"多样"就是丰富，不单调；"统一"就是有同一的目标，不杂乱。但应注意"多样统一"不一定就是指绝对数量上的要求，其实它在更大程度上是就表达含义与艺术感觉方面而言的。

第三单元　色　　彩

一、学习目标

1. 掌握色彩学理论，并能运用于拍摄实践中；
2. 掌握使用曝光的技巧来改变画面色彩感觉；
3. 学会一般的色彩配置方法。

二、操作步骤

1. 增加画面色彩明度的方法

简单地说，增加画面色彩明度的方法就是在拍摄时增加曝光量。但应注意到感光胶片的宽容度是有限的，也就是说，不是在任何情况下都可以允许这么做的，增加曝光量是有条件的。我们为了增加画面的色彩明度，就应该获得更大的曝光宽容度。曝光宽容度＝胶片的宽容度－景物的亮度范围，这个"差"越大，曝光宽容度越大。那么增加曝光量就需要有较大的曝光宽容度。为了减少景物的亮度范围，就必须在散射光下拍摄，因为只有在散射光下 曝光量才会获得允许选择的自由，此时按正常测光所得到的读数，再增加一至两级曝光量，便可得到色彩明度增加的画面效果。用这种方法拍摄的画面是一种淡彩构成的效果。因为增加了色彩的明度，就意味着减低了颜色的饱和度，而令颜色变得浅淡。

2. 加深画面颜色的方法

加深画面颜色就是降低色彩的明度，操作条件与增加明度的方法一样，即必须在散射光下进行拍摄，只不过此时要做的是减少曝光量。一般按正常测光所获得的数据，降低一级至一级半的曝光量便可令颜色加深。但值得注意的是，明度的降低，同样会造成饱和度的下降。

3. 消色构成

消色是指黑、白、灰。消色构成就是由黑白和灰来协调画面中各种颜色的构成方法。由于消色没有颜色（其实消色包含了任何一种颜色），所以任何一种颜色与消色搭配都能获得强调与和谐。当画面的颜色难以谐调时，加入消色便可达到画面的和谐，如图3.10。例如，同等比例的互补色彩组合在一起时会显得极不协调，这时组合中加入消色，问题便可迎刃而解。

4. 淡彩构成

用增加明度的方法拍摄的照片，在色彩的构成上就称作"淡彩构成"。具体操作方法见"增加画面色彩明度的方法"。

5. 重彩构成

图 3.10

用降低明度的方法拍摄的照片，在色彩构成上就是"重彩构成"。具体操作方法见"加深画面颜色的方法"。这种构成较适宜于拍摄风景与静物，而拍摄人物时则主要考虑的是面部的色彩效果。当色彩加深时，人物的面部肤色也会发暗，拍摄成年男性尤其是老年人尚可，但拍摄女性就不易取得良好的效果，除非是拍摄那种脸上涂满颜色的创意性照片。

6. 对比色构成

在色环上处于相对位置的称为对比色，其中处在对角线位置的互补色为最强烈的对比色。画面色彩主要由对比色来组成的，就是对比色构成。对比色构成的画面色彩响亮热烈，但往往不易达到和谐。因此，处理对比色构成画面的关键是如何达到和谐。削弱一方，加强另一方，是较为普遍的做法。可以通过面积上的悬殊差异，也可以采用明度和饱和度的变化，或加进消色成分，来取得画面的和谐。中国画论中有"万绿丛中一点红"之说，说的就是处理对比色的方法。如图3.11。

图 3.11　　　　　　　　　　　　图 3.12

7. 冷调构成

冷调构成指的是画面主要由冷色调，即蓝与青构成，或偏蓝与偏青的色调构成。紫色或绿色与蓝青调组合在一起时，也能形成冷调。冷调构成的画面含蓄宁静，并有神秘的感觉，空间感也较强。如图 3.12 由于背景用了冷调处理，画面气氛较为显著。

8. 暖调构成

画面主色由暖色调构成，即红橙黄或偏红橙黄色调构成的为暖调构成。紫色或绿色与红橙黄组合在一起时，也能构成暖调。暖调构成的画面热烈奔放，但空间感不强。如图 3.13 所示。

三、相关知识

1. 色彩的"雅"与"俗"：画面格调的雅与俗感觉完全取决于色彩构成的品位，色彩搭配不和谐，画面基调不统一，就会显得俗气，只有高度和谐且又有新意的色彩构成才是高雅的，这就需要摄影师具备相应的色彩学知识和过硬的造型基本功，并且能以人文艺术为依托，不断提高自己的艺术修养。

图 3.13

2. 色彩的情感特性：色彩与情感的关系是非常密切的，而且色彩所对应的情感表达十分显著。视觉心理学研究表明，不同的色彩会激起人们不同的情绪反映。如蓝色会带给人宁静的感觉，而红色则会令人兴奋。由于种族环境、风俗习惯、宗教信仰和文化传统的不同，人们在色彩的情感表现方面的反映也很不相同，例如红色在东西方文化中的含义就绝然不同，而白色在西方象征着纯洁，东方则表示服丧戴孝，意在悼念亲人。现今由于东西方文化交流的日益增进，文化正趋向于世界大同，东方人也能接受大夫穿白大褂，结婚穿白婚纱的习惯了。

第四单元　人像摄影不同影调的拍摄技法

一、学习目标

认识和熟悉影调，明确影调在人像摄影中的作用，找出影响影调的因素，为取得正确的画面影调，拍出具有一定水准的不同影调照片，并获得相关知识。

二、关于人像摄影的影调

(一) 影调的概念

影调就是指光线照射下的不同亮度的景物，经过拍照、冲洗、印放，在照片上以黑、白、灰等密度形式反映原景物的亮度。

(二) 影调的变化

关于影调的形成，前文（见本书第二部分第二章）已有论述，而影调的变化是随着光线的变化，照片上的影调结构随之变化。在室内人像摄影中，影调的变化是随人工光的调节而不断变化的。常用的主灯、中间灯、阴辅灯、发灯、背灯等，只要改变它们的高度、角度、强弱、远近等，哪怕只移动其中一支灯，人物面部或身体所产生的投影就会有所不同，它们会在照片上以强弱反差，肌肤感、层次感，立体性等形式强调影调的重要性。在底片上即是以密度的形式反映此种亮暗关系。例如，在底片上最黑的地方(俗称高光部位)，我们称它为密度最高，取得的照片易获得高光影调；在底片是最浅的地方(俗称暗光部位)，我们称它为密度最低，取得的照片可获得暗调效果。无论底片上的密度高与低，都应显现出细微层次，这是讲究影调与否的关键。如果在同一底片上，既有密度高的部位，也有密度低的部位，同时存在不同深浅的灰色影调，那么就由下面的不同密度组合确立它所形成的影调。

一张底片：

大面积是高密度，少量为低密度，层次细腻但不明显，整底偏厚(即黑)易形成高调照片。

大面积是低密度，少量为高密度，层次较丰富，但暗部位层次不明显，整底偏薄(即白灰)，易形成低调照片。

整底高低密度均等，且中性灰(即不同的灰色调)占大面积，层次最为丰富且明显，立体感强烈，整底薄厚均等，易形成中间调。

此外，根据整底的不同密度和反差的构成，还可获得软调、硬调、明调，暗调等照片。

在表现最高密度与最低密度的同时,首先应强调中性灰的形成。表现人物层次最为丰富最富于变化,最表达人物直观形象,同时又是构成整底基础的即是中性灰。我们应当充分认识这一区域变化的重要性,不断变换光的位置获取从深灰到浅灰的一系列变化。

影调的变化又是以适应不同人物,不同拍照内容为前提的。在诸多成功的人像摄影作品中,利用影调的变化,增强画面效果的很多。正是由于影调的形成和变化给黑白摄影带来了无穷的变化。因此说,影调是表现画面形式的基础,它是塑造物体形状体积和质感的最重要环节。拍照黑白人像照片一定要讲究影调,正确运用影调。

(三)影调在人像摄影中的作用

1. 影调可以表现空间感

①通过明暗间距增加空间感。光线照射到人物形象或物体时,便产生了明暗关系,即形成了影调透视。暗影部分使人感觉沉重,深远;明亮部分使人感觉轻飘、亲近;一亮一暗,使人产生了距离感,这种距离愈大,空间的感觉愈大。

②通过角度、距离变化和光线变化增加空间感。实际拍照时,我们感觉到,人物或物体的侧面形态往往比正面形态更加富有立体感。同样,俯仰拍照又比平面拍照富于立体效果,近距离拍照往往比远距离拍照人物或物体的立体感强。同时借助于光线的照射和其产生的投影构成黑白灰不同影调关系,有助于空间感的增强。

③通过光线的不同效果增加空间感。光线的变化能产生强弱对比,给人一种近与远、大与小的对比。同样各种光线效果也会使人产生不同强弱对比。如平面光效果不如侧面光效果立体性强,小光比不如大光比立体效果明显,平面背景不如渐变式有投影的背景立体效果大等等。往往在影调照片中表现为,高调照片其空间感不如中间调或低调照片强烈,软调照片不如硬调照片给人以强烈的视觉感。

2. 影调可以表现人物质感

质感一般解释为物体的表面结构。不同质地的材料其表面结构成分不同,产生的质感不同。人物的质感体现在人物的肌肤感上。不同人物皮肤颜色的深浅,不同年龄人物的肌肉光滑与松驰,不同的生活习性,不同的工作生活环境和爱好等,都可使人物皮肤感各有所异。在表现质感时,可利用影调变化进行调整。如表现少女、儿童或某一特定环境人物时,或表现高调效果时,由于多采用顺光拍照,因而人物肌肤感就弱,给人一种皮肤光滑细腻之感;相反表现男人、老人、军人或某种环境人物时,或表现中间调低调效果时,由于多采用侧逆光拍照,因而人物肌肤感就强,给人一种粗犷、凸凹不平、强烈的肌肤纹路明显和严肃之感。所以在拍照时,要因人而异,使用不同光线效果,表现不同人物质感。

3. 影调可以均衡画面

①影调可以改变画面结构主体,如拍照时将人物明亮部位安排在暗影处,有明有暗,形成对比,突出人物;反之,人物暗部放在明亮的背景上产生的效果也是同样的。高调照片往往利用人物形象的轮廓线及面部光线的细致变化突出主体;低调照片

则使用明亮轮廓线装饰主体。无论何种影调，其目的都是通过影调对比改变画面结构，突出人物形象。

②影调可以协助构图，如利用人物的投影保持画面平衡；利用物体或道具的投影进行画面装饰；利用一束光或不规则光投射到背景上进行构图等。但利用影调进行构图一定要根据画面的主体需要、气氛的感受来安排。同时各种投影安排要恰当，线条要美观，有深有浅，才会使画面有活力，引人入胜。

4. 影调能够渲染气氛

画面中的气氛与表达人物形象密切相关，气氛能够烘托主体，使人们能够通过画面的气氛，清楚主体所处的当时环境。摄影师还能够利用影调表现出来的明暗强弱，夸张缩小、刚柔动静等气氛，体现个人的创作思想和意识，从而达到画面艺术效果和起到鼓舞人的目的。如拍摄老人吸烟的姿态时，常常会降低背景的亮度，以突出烟雾缭绕效果，同时又用侧光照射烟雾，产生明暗的气氛更加突出。其它还有如利用部分"吃光"产生光晕，利用光影产生太阳，明月效果，利用人物投影画面构图，利用暗背景表现人物剪影形象……这些都是影调形成画面气氛的例子。

（四）影响影调的因素

1. 被摄者的光线条件对影调的影响

不同的光线照射，给被摄者造成不同的影调配置（即画面中最高密度到最低密度之间的过渡、反差、各种光效等），光线强与弱及其角度的变化是影响画面影调的决定性因素。例如，在顺光下拍照人物、人物面部及主要部位处于明亮的照射之下，光效是：画面平淡，暗影少，明暗对比不大，起伏感小，则容易形成亮的影调。当然，同是顺光，光线强则阴影重，光线弱则阴影轻。无论光线强与弱，都应取决于当时现场的拍照及其材料的特性和冲洗条件。再如，侧光拍照时，人物面部及主要部位亮度与暗部亮度形成一定的反差比例时，这种光效容易形成中间调或暗调。又如，一般情况下，被摄人物光线变化，其背景亮度也随之变化。拍低调照片时，光比加大，亮调面积缩小，背景暗下去，才能够形成低影调；拍摄高调照片，减弱光比，亮度面积加大，背景亮度随之提高，才能够形成高影调，反之则不行。以上两种影调，如果改变某一条件，则难于取得预想影调效果。所以说，被摄人物光线条件是影响影调的重要因素。

2. 曝光对影调的影响

正常的曝光是指底片经曝光冲洗后形成的密度能够如实反映原物体的亮度差。尽管不同的胶片都有其不同的宽容度。能在一定程度上容纳不同亮度并反映细部层次。但在拍照时，如果曝光掌握不准，定会影响到影调效果。如曝光过度，人物亮部密度大，亮部层次丢失；反之曝光不足，密度过小，暗部层次也会丢失。例如，人物面部暗光位亮度设定为1，亮部位为2或3或更高，曝光依据1进行，则2或3或更容易过度；如果曝光依据1＋2＋3或＋更高，然后取得一个平均曝光值时，由于胶片宽容度的特征，则可将亮暗大部分容纳进去，层次易表现，影调效果较好。因此说，要使底片的密度与原设计的光比相吻合及正确反映原亮度差，就要在曝光时，仔细测定，如调整光的亮度或调整曝光组合，以求得到一个正确曝光值。

3. 感光材料的性能对影调的影响

常用的感光材料较多，一般使用全色胶片（卷）拍照人物。它们的性能主要表现在：感光度、宽容度、感色性、反差系数、颗粒性等方面。一般讲，高感光度的胶片（如ASA200以上），其宽容度大，但颗粒较粗；反之，低感光度胶片，宽容度较小，但颗粒细腻。中感光度胶片（如ASA100）其宽容度，颗粒度及反差等方面比较适中，对影调的影响不甚大。这些特性，是我们讲究影调时应注意的条件。例如，拍照小反差皮肤细腻感时，可用中感光度胶片；拍照弱反差，表现皮肤粗糙感时，可用高感光度胶片等。在拍摄不同影调照片时，可选择不同性能的感光胶片，以求得理想的影调结果。

4. 不同显影液配方对影调的影响

我们知道，各种不同显影液的配方其酸碱值不同，产生的作用也不一样。目前常用的显影液配方主要有三种：硬性、中性、软性。使用这些配方冲洗后的底片，密度、反差各不相同。比如，当我们在同等条件下，使用三种不同显影液配方冲洗底片时，酸碱值高的显影液冲出的底片其感光度就高，反差也大；酸碱值低的显影液冲出的底片其感光度就低，反差也小；当酸碱值适中时，会得到密度和反差适中的胶片。除不同显影液配方对影调产生影响外，显影时的温度高低，时间长短，搅动快慢等也会使影像发生变化。如显影液温度高则得到的影像浓厚，反差强，影纹粗糙，易产生灰雾；温度低时，影像平淡，反差弱。一般冲洗温度控制在18~20℃左右时，能够有着正常的还原能力。从以上的变化中，我们看到，只有在掌握不同显影液配方的冲洗效果和严格控制温度、时间、搅动等，才能正确表达拍摄者所要表达的实际影调对比。

5. 相纸型号对影调的影响

印相纸和放大纸有软硬之分，它们用一二三四号来表示相纸的不同软硬。一号为软性相纸，二号为中性相纸，三四号为硬性和特硬性相纸，不同密度反差的（俗称软、硬底片）底片对应不同软硬相纸。如果用错相纸，印放出来的照片非软即硬，层次损失，影调不协调。当然，有的摄影师为创作上的需要，利用不同软硬相纸制作出特殊效果影调的照片是可以的。一般讲，中性二号相纸适合反差密度适中的底片，其影调层次丰富。

三、不同影调的表现技法

在影调形成时，人们为追求具有艺术美的画面效果，又充分利用背景环境、人物性格、服装服饰等因素提出了画面基调概念。即一幅画面中，黑白灰某一比例大于其它比例形成总的影调时，称这一效果为基调。这种基调的形成是与多种因素结合在一起的（如环境、人物特征、服饰等）。历经多年的实践，人们总结出了不同调子的拍照规律，如高调、低调、中间调、硬调、软调等等。

（一）高调

1. **高调的概念**：指一幅画面中，由灰、浅灰、白三种色调组成的影调所占比例大，深灰、黑色调组成的影调所占比例小，称为高调。

2. **高调的特点**：愉悦明快、淡雅轻松向上。它比较适合少女、儿童或某种工作生活环境下的人物外貌形象(如图3.14)。

3. **高调照片的拍照方法**

①背景

色彩要浅，无明显投影。可用白布白墙或淡灰色当背景。但应注意，为避免背景产生投影，可使用一只或两只以上背景灯均匀照射，其亮度应与人物面部亮度做比较。如果背景亮度过高于脸部亮度则画面中因过亮易产生杂光(反射光)，使照片晦暗不明快。如果背景亮度低于脸部亮度，则不易形成高调效果。一般讲，背景

图3.14　高调照片效果

亮度应略高于脸部亮度，如使用测光表时，背景亮度在f/8光圈时，则脸部亮度控制在f/5.6~8之间即可。以环境做背景时，也应以浅色为主，不应有大块暗色出现，其亮度也应略高于人物面部亮度。

②服饰

适合选用浅色服饰或色块不突出的物品，即宜浅不宜深。一般讲，浅色服饰能够形成高调效果。如果拍摄高调照片选较深色服装时，则因色块太重太大失去了浅和白色优势而破坏高调效果。特殊情况下，如果使用深色服饰，一是强调服装线条性，要优美；二是距离拍照，如女性全身照，由于距离关系使黑色物体在画面总面积上仍处于劣势，因此仍在大面积白色为主中表现人物体态，也可形成高调。还应注意人物头上或手、脖等处饰品的使用，如使用不当过深、过浅都极易造成人物头部或身体某一局部图像丢失或缺一块而破坏总体形象。要求饰品的形状、大小、颜色要运用适当、协调。

③光线

高调照片的拍照，一般以顺光为主，反差小、级差变化不明显，人物纹理细腻、投影不多。顺光的特点是照度面积大，投影小，但光质较硬(通过调整可以改变)，它适合高调效果的形成。拍照时应注意几个方面问题：一是通过调整照明亮度改变影调的软硬，如照度高或近距离，会使人物受光部位非常明亮，相对其产生的投影也会非常生硬，如人物鼻影、下巴、衣褶、手臂处等。亮度略低或距离稍远投影就略弱(当然曝光也随之调整)。无论亮暗，视其现场拍照需要和人物特征来决定。二是调整灯光角度避免更多的投影出现，画面投影过多，画面杂乱。拍照时灯位不宜过高，灯具

左右角度不宜过大。人物正面拍照时，灯位左右(在照相机旁)约为20°，人物侧面时，根据面向，一支灯为顺方向(照相机位置)，另一支灯可在45°左右调整(见图3.15、图3.16)。三是注意人物的姿势。拍照时，人物姿势尽可能要简练、自然大方，因为复杂的动作往往带来一些不必要的投影。如单手或双手支托面部则易形成暗影。因此在布光时就要想办法减弱它，如换一下姿势，找找灯光角度等。总之，对拍高调的光线基本要求是顺光为宜，减少投影，画面简洁如图3.15、3.16。

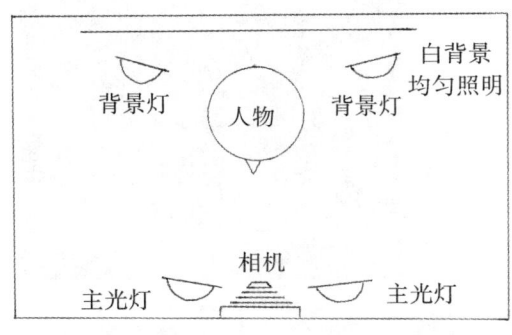

图3.15 拍高调时基本光位图(人物正面)

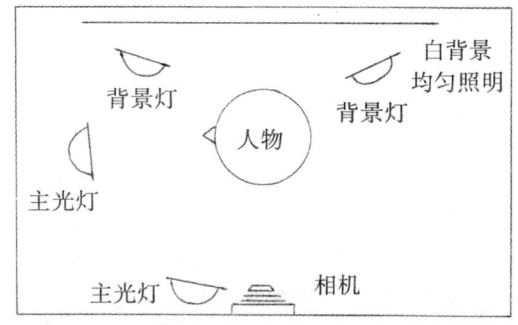

图3.16 拍高调时基本光位图(人物侧面)

④曝光

拍摄高调照片时，其曝光略过为宜。一是在大面积浅色之中，在暗部位(如头发)仍需表现一定层次，增加曝光，容易满足它的需要。二是适当增加曝光、使底片密度略大，放大制作高调照片时容易表现白色。不过增加曝光要适当，不可过大。一般情况下，可增大一挡光圈左右，也可调整快门速度(拍儿童时注意速度的控制)。

⑤后期制作

高调照片的印放有别于其它影调制作要求。一般讲，高调照片制作时宜浅不宜深，软硬适中。因为白、浅、灰等是画面上表达形象的主要影调，如果深灰过多则失去了高调味道。有时在印制过程中，适当对照片边缘部位加以遮挡，使周围略浅或虚，看起来更有韵味。

⑥高调照片的标题、落款、笔绘

中国绘画讲究题款。题即题跋，款即落款，而将这种标题落款引入高调照片中，能使照片增加一定的艺术美感。这是因为高调照片将标题落款以书写形式写在照片之上，即与照片紧密相关，突出了主题思想，又与之形成了一定的形式美感。但要注意：一是标题要恰当、明了、不能文不对题；二是书写位置要得当，不可随意插足；三是宜书写体；四是笔体大小要合适。另外，印章也是题款一部分，一般为红色，它题在题款年月姓名之后，由于消色照片有了点点暖色而使画面活跃。笔绘也是为增加高调照片形式美感而常使用的手法。有的作者为取得画面白描之感，常用毛笔或炭素笔对照片进行描绘，有时为加深这种效果，笔绘时故意露出笔痕，在人物的不同部位上(如眼睛、眉毛、鬓角等处)淡淡修整，形成绘画效果。不过这种笔绘要依据照片内容进行。不一定每幅都用此法。笔绘时，应有轻有重，时隐时现，轻重缓急，不能一味用笔直描。

(二)低调

1. 低调的概念：指一幅画面中，由浅灰、中灰、深灰、黑几种调子组成的影调所占比例大，白、浅灰所占比例小，称为低调(如图3.17)。

2. 低调的特点：肃穆稳重、低沉有力。它比较适合于老人、青年小伙或皮肤质感强烈、性格刚毅的人物表现，或塑造人物特定环境气氛时也可使用。

低调照片的拍照方法。

①背景

色彩要暗。可用深灰色或黑色做背景。在拍照时，人物距背景应略远一些，不可过近，否则光线易投射到背景上，造成背景偏浅，影响效果。必要时，需要遮挡。还有的时候，在暗或黑背景上使用

图3.17 低调照片效果

局部装饰光以增加画面气氛，但应注意光影造型和亮度。也可使用过渡光。

②服饰

拍低调照片，人物服饰宜深不宜浅，深则突出人物面部亮光，浅则喧宾夺主，使人物视觉受阻。特殊情况允许穿浅色服饰但仍以远距离为宜，使浅色服饰从面积上弱于暗色画面。如果制作时适当做化身处理或局部淡化处理更好。在使用饰品、饰物时，也应注意不要使用大块刺目的浅色物品，否则会在大面积暗影之中，破坏低调效果。

③光线

低调照片拍摄时一般以侧光、侧逆光为主，反差相对其它影调略大。各个级差变化明显。一般情况下，主光照射面积不宜过大，因为在低调照片中，主光部分恰恰是画面中最富有表现力的地方，也是人们的视觉中心，它以小面积的亮度衬托大面积的暗部，最能表达人物的性格和特征。使用侧光时，主灯确定之后，中间灯应起到调节主光灯与阴辅灯之间衔接的作用，调节反差，使之层次有好的表现。调整人物眼神光也使用此灯。阴辅灯常常通过距离、边缘光等途径调整人物面部反差。一般拍照时，还常常使用逆光装饰人物头发、肩部等处。但应注意装饰光的强弱，根据画面需要进行确定，还要防止照相机镜头"吃光"。使用逆光时，应使人物面部光线略弱，装饰光略强，逆光效果才会明显。一般讲，低调照片光线越少，其调子就越低。光线安排应简洁、朴实，灯具不一定多，甚至有时单支灯拍照，也能取得好效果(如图3.18、图3.19)。

④曝光

低调摄影曝光相对高调讲应略少一些。有时使人感觉低调曝光略欠。低调照片光比较大，有人习惯以亮度为曝光依据，确定组合。如亮部在光圈f/11(室内人工光条件下)快门速度设定为1/10秒时，此时以亮度为准依次排光，则暗部的层次在最黑

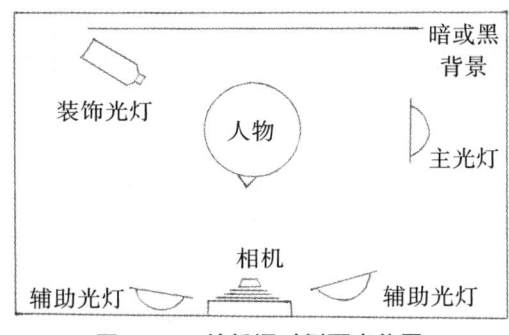
图 3.18　拍低调时侧面光位图

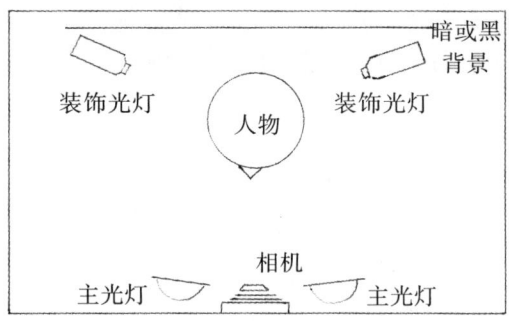
图 3.19　拍低调时逆光光位图

的地方不易表现出来(当然,摄影创作时不一定按照常规进行)。还有人习惯以综合亮度为准测光后,确定一个曝光组合。如亮部在光圈 f/11,快门速度为 1/10 时,再测暗部,假如暗部光圈为 f/4.5 时,则平均曝光设定为 f/8。即在胶片宽容度之内,最亮与最暗部层次不受影响。当照片表现人物亮部线条而不考虑暗部层次时,曝光可依据亮部位确定。

⑤后期制作

低调照片的印放应掌握一个基本原则,即亮中有亮,暗中见层次,宜深不宜浅。亮中有亮,即在人物主光位上存有亮光,暗中见层次即人物暗部位有细微影纹。宜深不宜浅,是由于低调照片大面积为深灰和黑,而浅灰、白只占很少面积,因而亮影调会明显,一旦印放偏浅,会严重影响低调照片效果。但宜深也要有一个尺度,不可曝光过度。

(三)中间调

1. 中间调的概念:指一幅画面中,以灰调为主,由深灰到浅灰的丰富影调在画面中占绝对优势而组成的调子。称为中间调。

2. 中间调的特点:反差适中,层次丰富,色阶均衡。不同年龄,不同性别的人物都可适合此种影调,它可充分地表现被摄对象的立体感、质感和空间感,是最常见的一种影调(如图 3.20)。

3. 中间调照片的拍照方法

①背景

常使用的背景为中灰色或渐变式。一般无投影(特殊创作除外)。中灰色背景可适合人物服饰的不同色彩。运用中应注意:服装颜色深时,背景应深一些,服装颜色浅时,背景也应相应浅一些。渐变式背景效果比较好,即在灰色背景上打一支背景光,形成一定弧度,由人物肩部往上渐渐变深,其效果较之平面背景好,具有空间感和立体效果。但在背景光使用时应松散一些,弧形不要过于集中。

图 3.20　中间调照片效果

除此之外，市场上还有现成的渐变式背景可供挑选使用。在背景处理上，还可利用一定的背景环境，如树影、室内道具、窗影等等，利用环境做中间调背景效果也是比较好的。但应注意，要躲开有大块暗影部位，否则会消弱中间调效果。

②服饰

中间调的人物服饰也同样比较灵活。深灰浅灰，不同色彩的服饰反映在黑白照片中的各级消色都可适用，但仍需要与背景的亮暗结合起来使用，服色深背景暗，反之背景亮一些。

③光线

中间调的布光灵活。可根据被摄对象的特点灵活布光。光线效果既可以是15°左右的顺光；也可以是45°的三角光；也可以是90°左右的侧光，或是平光加逆光等。光比一般掌握在1:1.5~1:3之间。利用闪光灯拍照中间调，其布光一般也可依据人工光的方法。但在拍照前应使用测光表进行测试，因为它不像人工光那样一目了然（见图3.21、图3.22）。

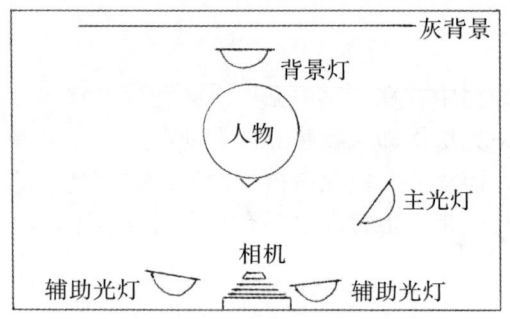

图3.21 拍中间调时三角光光位图

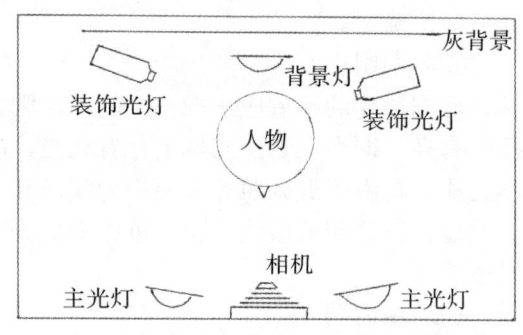

图3.22 拍中间调时平光加逆光光位图

④曝光

中间调的曝光一般依据被摄者面部亮度准确曝光。平光加逆光的曝光应略增加一些。

⑤后期制作

在制作中间调照片时，应依据画面而定。密度反差适中的底片，一般选用中性相纸制作。基本要求是：层次丰富，软硬适中，不晦暗。

人像摄影的影调表现除上述高调，低调，中间调外，还可划分出硬调、软调以及明调、暗调等，它们划分的依据主要是以背景、服饰光线、反差及画面效果等因素考虑的，但又有所侧重。

（四）硬调

指一幅画面中，亮部与暗部级差较大，中间过度急剧、层次较少。称为硬调。它的特点是光线对比强烈，人物性格突出。它比较适合刻画性格刚毅及某种特殊环境下的人物形象（见图3.23）。

（五）软调

指一幅画面中，高光与阴光反差比例较小，整个画面中间层次较多，最大亮块与最大暗影少，但又不同于高中低调，称为软调。它的特点是光线柔和，舒畅。它比较

图 3.23 硬调画面效果

图 3.24 软调画面效果

适合于妇女、儿童的拍摄(见图 3.24)。

硬调和软调主要以人物面部反差大小确定,它们贯穿在不同影调之中,所以在不同影调中,又据此形成硬高调、硬低调;软高调、软低调等形式。

在影调表现形式中,还有两种习惯说法,即明调和暗调。明调是指介于中间调和高调之间的一种影调,给人一种明快、活泼之感。但又与高调、中间调的概念有所不

图 3.25 明调效果

图 3.26 暗调效果

同(见图 3.25)。

暗调是指介于中间调与低调之间的一种影调。给人一种低沉庄重之感。但又与中间调和低调的概念有所不同而在用光上相似(见图 3.26)。

明调和暗调与其它影调的主要区别在背景和服饰上。

明调其背景浅，但服饰较深，缺少高调韵味，因此归于明调一类。而暗调则由于背景有明有暗，服饰有深有浅，整体效果不是低调，因此归于暗调一类。

上述影调的确定和形成，在实际运用中，不应过分追求其表现形式，而应根据人物的性格和外貌特征进行确定。任何影调只要能够较好地表达人物形象，突出人物性格特点，都称其为好作品。

不论何种影调，其冲洗配方，一般选用 D—76，其颗粒细腻，影调柔和。还可根据使用胶片性能适当进行调整，并严格按照冲洗操作程序进行。

第五单元　室内人像的多次曝光

多次（重）曝光是指在同一底片上进行两次或两次以上的拍摄曝光。这种方法多用于夜景、广告及人物的多重影像的拍摄。

用这种方法拍摄人像，可以拍摄同一人物的多重特写、多种姿态等（见图 3.27）。

1. **对照相机的要求**：相机应具备多次曝光的功能。座机或新型中、小型相机大多只有此功能。不具备此功能的相机，曾有人使用按住相机倒片钮来达到不输片而上快门弦的方法，但效果并不理想。

2. **对拍摄背景的要求**：基本上都采用纯黑背景（如反光率最低的黑丝绒等），目的是使每次曝光时，胶片的其它部分不感光，以免影像重叠。

3. **对构图的要求**：为了避免多次曝光的影像在布局上不出现混乱、重叠而造成失效，应按事先画好草图来进行构图取景，并且应在取景器的调焦屏上也画上每次要拍摄的位置，对此步骤要求越精细越好。

图 3.27

4. **对光线的要求**：光位与光型尽量统一。如第一次人物造型光是右前侧光，那么第二次就不应改成左前侧光，或者各种光线混用，以避免出现让观众的视觉产生混乱复杂、不和谐的感觉。

5. **曝光控制**：若每次曝光的人物并不重叠，则每次曝光均按正常进行。如果影像有重叠的部分，其总曝光量应是正确的曝光量。

第四节 婚纱摄影

第一单元 设 备

一、学习目标

掌握婚纱摄影所用各种设备的规格、性能和使用方法。

二、使用工具

场景、道具、服饰、灯具、照相机、三脚架、测光表、效果镜

三、操作步骤

1. 场景设备的设置

外景场景一般选在公园、名胜或有代表意义的场地里进行。其场地特点：摄影师只有对场景的选择权,而无改变它的权力。而室内婚纱摄影的场景是本企业营建的,摄影师可以按照自己的意愿进行设计和改造,现在婚纱摄影的场景种类繁多,风格多样。

场景从地域风格上划分，可以分为中式景、欧式景、日式景等。

欧式场景是以欧式风格的建筑物等为背景，或庄严肃穆的教堂，或富丽堂皇的宫廷建筑、客厅、花园等。

日式场景是以日本式风格的建筑物等为背景，有方格窗居室建筑、有榻榻米的卧室格局,有富士山等名山胜景。

中式场景是以中式的建筑物等为背景，有名胜古迹，有名山秀水，有园林小景，既可以是现代的豪华大厅，又可以是古典风格的宫廷建筑或洞房等格局。

场景从造型效果上可以划分为平面景，立体景，投影景等。

平面景可以用纸为基础材料，也可用纺织品或无纺布等为基础材料，用各种颜料以绘画方法、喷绘方法、丝印方法等进行平面造景，有写实画效果，也有写意效果；有具象图型，也有抽象图型；有清晰图像，也有虚幻图像，总之各平面场景可以是多种多样的。

立体场景是仿制某些真实景物的一部分，有仿豪华大厅，豪华居室的，有仿欧式、日式、中式建筑的，有仿土房、草屋、残墙断壁的，有仿舞厅效果的，有几何图案式积木组合的，还有立体实景与平面绘画相结合使用的。

投影场景是由投影设备和背景幕共同组成的，投影设备又称景像合成机，它可以将幻灯片的影像通过设在照相机镜头前的反光镜投射到背景幕上，更换场景内容极为简单，有多少种正片影像，就可以获得多少种场景效果。

在有些婚纱摄影室内还可以准备一些无任何图案的单色背景纸或背景布做场景，

可以是黑白灰各种色阶的，也可以是红、橙、黄、绿、青、蓝、紫等各种色彩的，可以是不透明的，也可以是半透明或镂空的。

2. 道具的设置

道具，既可以作为人物姿态造型的支撑物，又可作为画面的陪衬和点缀。一把镶金嵌银的欧式坐椅、一尊中国古典式的龙墩、一盆翠绿的芭蕉树、一支朱红的康乃馨、一盏精美典雅的台灯、一把做工精巧的遮阳伞等等。许多物品其实都可以作为道具，它们在画面中或有助于人物的造型、或有利于渲染气氛、或有利于传递感情、或有利于丰富色彩、或有利于美化画面、或有利于揭示主题等。

道具的设置虽有一定的随意性，但要注意与整体场景和人物情感的一致性，不可乱用，也不可喧宾夺主，繁简要得当。

3. 服饰的选择

服饰在婚纱摄影中起着重要的衬托作用。主要有欧式婚纱礼服系列、晚礼服系列、日式和服系列、中式结婚礼服系列等。

欧式婚纱礼服系列是以白色为主，表示纯真和整洁，传入我国虽有式样上的改变，但其基本造型原则仍未改初衷，能把新娘妆扮的美丽动人，是每个新娘必穿的服饰，也是婚纱摄影最主要的服饰。头饰或头纱等也是必不可少的配套用品。新郎的礼服相对简单一些，多为黑色的西装或燕尾服，也少量用一些白色、紫色的礼服，衬衣、领带、领花、腰封等配套用品也要齐全。

晚礼服系列是在欧式礼服基础上的简化产品，款式更多样，变化更随意，颜色也非常丰富。有金色、银色，也有各种暖色色系和冷色色系的晚礼服。

日式和服是日本传统的民族式服装，分为礼服和便服两个大类，礼服的做工考究，色彩鲜艳，式样美观，在婚纱摄影的套系之中，一般都配有几幅日式和服的照片。

中式婚庆服饰系列是指我国传统的婚庆用服饰，有汉族的也有满族的，有些照相馆还准备一些其它少数民族的结婚礼服。中式古典婚庆礼服以大红色系为主，服装上描龙绣凤，新婚头饰为珍珠镶嵌的凤冠并配有大红色的盖头布。新郎十字披，体现出浓郁的传统民俗，旗袍、马褂、官帽、花翎等也越来越受到青年夫妇们的喜爱，成为婚纱摄影的必备品。

4. 灯具的配备

婚纱摄影对灯具设置有以下要求：

①灯光要符合胶片色温的要求，日光型彩色胶片要求光源的色温 5400°K – 5600°K，灯光型彩色胶片要求灯光色温为 3200°K – 3400°K，黑白胶片对灯光的色温没有严格的要求，影室闪光灯的色温一般都在 5000°K – 6000°K 之间，能够符合日光型彩色片对灯光色温的要求。石英灯中也有日光型色温的，也可以用来拍摄彩色日光型胶片。传统的白炽灯色温只能达到 2850°K 左右，拍灯光型彩色胶片的色温也不够，更不能用于拍日光型彩色胶片了。当然，如果为了获得特殊的暖调效果，调节一下婚套系内的气氛，也是可以的。现在大多数婚纱摄影室普遍在使用影室闪光灯。

②灯光要能够产生足够的亮度，婚纱摄影经常需要很柔和的光线效果，这就得要

在闪光灯上加装某些柔光设备。对于同一只灯来讲，光线越柔，达到被摄体的照度越低，为了达到必要的照度，就需要闪光灯有较大的功率。拍婚纱照用的闪光灯 GN 指数不能小于 50，否则，将会给使用带来不便。

③灯具的数量要充足，婚纱摄影拍摄的场景较大，光型变化丰富多样，灯具太少显然无法顾及被摄人物整体及背景光亮度的调节，更无法营造出细腻的光型效果。婚纱摄影最少需要五盏灯以上，如果条件允许，多准备几盏灯是有益无害的。

④闪光灯要配备相应的附件。包括柔光箱、反光罩、遮光板、聚光筒、蜂窝罩、滤光片等等。

5. 照相机及附件的选用

婚纱摄影需要备置照相机、三脚架、快门线、遮光罩、效果镜、测光表等多种设备。

照相机的画幅以中幅为宜，即选用能拍 120 胶卷的照相机，能够更换镜头和能够更换胶卷后背的单反式相机最为实用，取景器为腰平式较为方便。

镜头需要两只。一只是标准镜头，即镜头的焦距约等于所拍底片的对角线，用这只镜头拍摄全身照和上半身照。另一只镜头中焦镜头，这只镜头的焦距大约是标准镜头焦距的 2 倍，用这只镜头拍摄半身照和特写照。如果条件不允许的话，也可以各置一只长于标准镜头焦距 30% 的镜头，兼顾上述两只镜头的功能。

快门线是使用单镜头反光式相机时，必不可少的附件，因为，单镜头反光式相机在曝光的瞬间反光板是被掀起来的，在取景器中是看不到真正曝光瞬间人物的神态的。为此，摄影师必须手执快门线，眼睛直视被摄人物进行拍照。

三脚架是稳固照相机的支撑体，既要求坚固稳定，又要求操作灵活，并备有横向纵向都能进行调节和升降功能，婚纱摄影室内三脚架专用的升降架，架子自重很大，不易倒，底部还装有滑轮，便于移动。

效果镜是为了给婚纱照片增加某些特殊的气氛，其品种极多，最常用的有柔光镜、中空镜、星光镜、彩虹镜、动感镜、渐变镜等等。

四、注意事项

婚纱摄影的设备有两大功能，一是实用功能，二是展示功能。作为一名摄影师不仅要注意它的实用功能，把这些设备在实际拍摄时运用好，而且要注意到它的展示功能，顾客进到摄影室看到专业性很强的齐全设备会增强他拍好照片的信心，也能增加对摄影师的信任感。

婚纱摄影是一种时尚性的摄影，其内容和形式都在不断地变化之中，设备也会随着潮流不断地变化，不能企图摄影室的设备一劳永逸。要不断增添新的，淘汰过时的，不但要跟上潮流，还要有一定的预见性，只有这样才能保证在婚纱摄影的发展中不落伍。

要敢于运用新设备，摄影本来就是科学技术与艺术相结合的产物，科技的发展必然会影响到摄影，婚纱摄影是照相业的重要项目，要敢于在婚纱摄影的设备上投资更新，新型光源和数码摄影等新技术的运用必然会为婚纱摄影带来新的生机，一定要注意关注新技术的发展动向，不失时机地引入到本企业中去。

五、数字摄影发展的简要历程

就在传统摄影蓬勃发展之时，数码摄影机开始了研究试制工作。1981年美国就开始研制可视相机，即第一代数码相机。1984年完成样机研制，到1988年实现数码相机的商品化而进入市场。日本大约在1985年也开始研制数码相机，到1992年实现商品化，目前全世界已经有300多家生产数码相机的公司，除了传统生产照相机的公司外，许多其它行业的公司也纷纷加入了数码相机的开发行列。

数码相机又称数字相机，英文缩写为DSC，数码相机的原理同数字摄像机一样，也是利用CCD电荷耦合器使光信量转变为电信量、记录在存储器或存储卡上，然后再经过A/D模数转换后，把模拟信量变成数字信量，将图像用二进制数码的形式进行存储，在适当的软件支持下，用彩色打印机等输出设备进行输出。

数码相机同样可以应用于婚纱摄影。有了数码相机后，就不再需要胶卷，不再需要冲洗，不再需要现在的修版、修片，一切都会变得简单得多了，我们可以根据顾客的需求，方便快速地生成可供计算机处理的图像，下载到计算机中后，进行编辑处理，制做出创意无限的数字图像（详见本书有关数码相机部分）。

作为一名当代的人像摄影师要密切关注数码相机的发展，待条件成熟后，不失时机地引进这种新设备。

第二单元 姿态与神态

一、学习目标

能够拍摄神态自然、姿态多样，画面美观的婚纱套照。

二、使用工具

照相机、三脚架、快门线、闪光灯及各种道具。

三、操作步骤

根据顾客的工作单据和口述的要求，做好该种婚纱套照的一切准备工作，包括：胶卷的准备，相机及镜头的准备，场景的准备和道具的准备等。

依据化妆师和服装师提供选型的顺序，按套照的规定进行拍摄，在拍摄第一幅照片前，先要与顾客做一些语言上的交流，冲淡一些顾客的陌生感。

请顾客进入拍摄的指定位置，指导顾客作出某种美姿，该美姿可由摄影师先做出示意性的示范，得到顾客的肯定后再由其做出，如果顾客对该姿态有异议或不能做出来，就不要勉强，可另换姿态供顾客选择。

依据姿态调整好灯光。调灯的顺序是：先主光灯后轮廓灯，再后是装饰光灯和发光灯,最后是背景光灯,各盏灯的灯位和发光强度要符合该套系的格调。

调整好照相机的曝光组合,必要时可用测光表测量光值,仔细调焦后,加用本套系应该加用的镜头附件,如柔光镜、遮光器等。

再次审视顾客的姿态、服装、头饰及各个部位,并进行必要的指导和纠正,依据姿态指定其视线的停留点。

手执快门线,对顾客进行亲切的启发和诱导,待顾客表现出最佳神态时按动快门完成拍摄。

做好拍摄记录,卷动胶片,进入下一幅照片的拍摄准备状态。

四、注意事项

摄影师的爱心和工作责任心是拍好婚纱套照的关键因素。摄影师要注意做到第一要像亲友一样接待顾客,在极短的时间内,用简单而有效的办法与顾客相互沟通。第二要使顾客对你有信心,认可你是技术精湛的摄影师,能得到你的服务是最佳的选择。第三就是摄影的拍摄过程是顾客的享受过程,要使顾客沉浸在一种轻柔、和谐、浪漫、温馨的甜蜜幸福之中,因此,摄影师要注意所有的工作都应有条理性,要善于用幽默亲切的谈吐去启发引导被摄对象的配合。

婚纱套照虽然有固定的模式,但不可完全生搬硬套。画面的美观对于每个顾客都是适用的,但是姿态与神态却不可千篇一律,人有高矮胖瘦之分,气质和相貌也各有不同,具体到同一个姿态对于某些人可能很美,对于另外的人可能就不一定适合,勉强的拿姿做态会给人以东施效颦的感觉,不但不美,反而很滑稽。为此,摄影师要善于在大的身体结构状态不变的前提之下做些相应的修改,以适应更广泛的顾客。

神态与姿态不同。婚纱照的姿态离不开摆,而神态是万万摆不得的。神态是人的内心活动在脸部的表现,变化是快的,很难要求顾客把某种神态保留一段时间供我们拍照。神态要抓取,摄影师要手疾眼快,才能捕捉到顾客最美的那一瞬间。

五、相关知识

1. 婚纱摄影的发展简况

婚纱摄影起源于欧洲宫庭及教堂婚礼留念。当时仅被作为新婚的物件证明。在西方国家的婚庆典礼中,白色是纯真的象征,同时与天主教和基督教的教义的圣洁是相一致的,他们的婚礼都在教堂内举行,新娘身穿洁白的婚纱,新郎着黑色礼服,在庄严的宗教仪式下,由神父或牧师为其证婚。欧洲的婚礼照真实地记录了这一神圣和幸福的时刻。20世纪初期传入我国,很快进入了照相馆。先是在上海、广州、宁波、天津等沿海城市出现西洋式婚纱照,而后发展到内陆城市。当时的婚纱人像摄影多以纪念照的形式出现,有些场景大多模仿西方的宫廷方式,其背景、道具、婚纱礼服等也都比较简单。

自80年代中期开始,北京、上海、广州等地先后出现了专门从事婚纱摄影的企业,他们从传统的照像中将婚纱摄影的经营项目分离出来,称之为"影楼"。它的出现，给国内照相馆行业以很大的冲击，它以一种崭新的现代婚纱摄影方法展现在人们面前，吸引了许多消费者，很快就掀起了婚纱摄影的热潮。

90年代全国各地的照相馆或影楼，都瞄准了婚纱摄影这个很有前景的市场，展开了激烈的商业竞争，婚纱摄影在这种竞争中快速的发展和完善。现在，婚纱摄影已经成为了新婚夫妇婚事活动的重要内容，结婚就要拍婚纱照已经成了一种社会习俗。

现代的婚纱摄影技术，包括商业经营管理方式，商业运作模式等等都有了飞跃的发展。各婚纱影楼也表现出各自成熟的拍摄风格，美容造型、姿势神态，场景布置、拍摄手法，以及后期冲印、扩放、整修、装裱等几乎到了无可挑剔的地步。但是，婚纱摄影的发展却不会就此止步，还会向更高的层次发展，还会有更新的经营理念，更新的技术手段，更新的表现手法进入到婚纱摄影之中。

2. 婚纱摄影的一般姿态

姿态即是体态，婚纱摄影中人物的姿态有站姿、坐姿和跪姿三大类。

站姿多为拍全身照或大半身时的姿态，由于脚是站立时的支撑点，所以脚的站位极其重要，不要以为新娘的脚被婚纱所盖就可以忽视，其实脚的站位牵涉到全身的形体表现。脚的站位要避免直对照相机，一般以侧向45°，取小跨步或丁字步站态为宜，身体的重心也不要平均分配给两条腿，而是要区分出重心腿与非重心腿。重心腿一定要站直，否则身体就显得精气不足，非重心腿可以伸直做前点地或后点地，也可以呈弯曲状，需要注意的是弯曲的膝盖只能向重心腿方向靠拢，而不能撇向外侧。站姿可以有依靠，也可以无依靠。当有依靠物时，靠得要轻，否则将会使体形变得难看，双人的站姿不要雷同，可以正身正面，也可以侧身对面，还可以侧身正面，新娘还可以依靠在新郎的身体上。

坐姿是婚纱照运用最多的姿态，被摄者可以坐在椅子上、台阶上，也可以席地而坐，坐姿要保持体形优美。需注意不可坐的太实在，坐的虚一些会使腰挺直，不会显得懒散。取坐姿的人物应向侧一些，不要向后仰身，这样会增加照片的亲切感。拍新娘单人坐姿照片时，可利用桌子等作为手臂的支撑物，虽然在画面中见不到桌子，却有助于人物姿态的平衡，坐姿中的腿也不可忽视，腿对上身也有影响，应使腿的位置舒适协调。

跪姿在其它类人像摄影中并不多见，但在婚纱摄影中却屡见不鲜，特别是在日式和服的拍照中，常用跪姿，在其它风格的婚纱摄影中也有取新郎跪姿状态的。跪姿的关键是要能够看见被曲叠在下面的小腿部分，如果完全看不见小腿和脚的话就会产生肢体不全的错觉，影响照片的美感。

无论是取站姿，坐姿或是跪姿，头部的转动、俯仰、摆动等都很重要，因为脸部总是人像摄影的重点，头部的角度将会影响脸部的形态，不可不认真重视。

手的姿态也是极其重要的环节，越是半身照片手的作用越大，手态是千变万化的，手态优美将会对照片起到画龙点睛的作用。如图3.28、图3.29所示。

图 3.28

图 3.29

第五节 一般性翻拍

"翻拍"就是复制摄影。在我们日常生活和工作中,有时需要将一些有价值的东西如照片、底片、文件、文物等制成复制品图像,就要用到翻拍这项摄影技术。

第一单元 翻拍设备的准备

一、学习目标

通过本单元的学习,你可以了解翻拍作为一项特殊的摄影技术所独有的特点,并能掌握一般翻拍设备的特性和用途。

二、翻拍摄影的特点

1. 要求复制件忠实地反映原件的特征

翻拍摄影属于复制摄影,因此要求复制件要忠实于原件,即要形似,而不是神似,绝对不能走样或变形。因此,在拍摄和后期制作时应严格操作,追求高质量,尽量减少翻拍过程中层次和色彩的损失。

2. 翻拍属于近距离摄影

翻拍原件一般较小,拍摄距离近,因此,必须使用微距镜头或在普通镜头上加用近摄附件。

3. 翻拍时的照明必须均匀

由于翻拍的对象大都是平面原件,因此,原件上的布光要非常均匀,不能有任何阴影和反光。尽量不要使用单灯,否则会出现布光不匀的现象。

4. 翻拍摄影所使用的胶片种类多

翻拍的对象种类繁多,反差各异。如有要求高反差的文字图表原件;有要求层次丰富的照片、图片等。因此，要根据拍摄对象及最终用途选用适当的胶片。

5. 翻拍摄影曝光时间一般较长

翻拍时多使用反差大的低速胶片且使用人工光源，光照较弱，但为了提高成像质量，光圈却使用的较小。因此，曝光时间一般较长，大约在 1/30～4 秒之间。这样的快门速度必须使用三脚架或翻拍台以固定相机，并使用快门线。

6. 翻拍摄影中常用的滤光镜

黑白胶片所使用的滤光镜主要用于提高翻拍原件的反差，消除有色污斑；偏振镜主要用于消除非金属原件上的强反射光斑，如玻璃镜框的反光等。色温校正滤光镜主要用于彩色片翻拍中校正光源色温。

三、一般翻拍设备

1. 照相机和镜头

从大多数翻拍的需要来看，一般业余摄影爱好者所使用的单镜头反光 135 相机或 120 相机就够用了。旁侧式取景相机由于存在视差而不利于翻拍。

使用这些相机翻拍大多数平面原件，只要调焦准确、曝光正确和用光适宜，是能达到比较满意的效果的。但对于翻拍比较小的原件，就需要选用专用相机或附件进行拍摄。

如果是一般业余摄影爱好者并且翻拍机会不多，则只需配备 1～3 只近摄镜即可。标准镜头加用近摄镜可满足大多数原件的近距离翻拍任务，但像质不理想。如果要翻拍 1:1 的画面，也不必购买倒置镜头接环，只需取下标准镜头，将镜头倒置，使镜头前镜片与机身的镜头接环相合，并用左手扶住，便可作原件与影像等大的翻拍。此外，购置一只带微距的变焦镜头，也可满足近距离翻拍的要求，但成像质量也只能达到业余水平。

作为经常从事翻拍摄影的专业摄影工作者，或对翻拍质量要求较高时，比较经济的选择是购置安装于镜头和机身之间的近摄接圈和近摄皮腔或前置微距变焦镜。使用标准镜头加近摄接圈可满足大部分翻拍要求，且成像质量很好，只是使用时经常要更换接圈，不太方便。使用标准镜头加前置微距变焦镜能进行连续变焦，非常方便，但翻拍像质略逊于加用近摄接圈。在经济条件允许的情况下，最佳选择是配备标准微距镜头（135 相机焦距 50 毫米左右），这种镜头虽然较贵，但可拍 1:2～∞ 比例的影像，并且可以连续调焦，使用十分方便且成像质量是最好的。

2. 翻拍台

对翻拍小型平面原件来讲，一个翻拍台是最方便的。如图 3.30 所示，它有一个稳固的平台，以固定相机，还可根据实际拍摄情况调整高度。有一

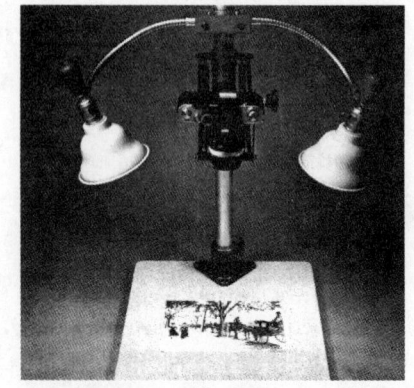

图 3.30　翻拍台

个水平托板以固定原件,一般带有活动臂或活动压框,可把原件压平。还有两个或两个以上的带活动臂的反光灯。一般为12英寸反光灯,均配以100瓦的家用灯泡。如果在室外或室内自然散射光下翻拍,为防止相机震动,应将相机固定在翻拍架或三脚架上,启动快门时应使用快门线。

第二单元 翻拍操作

一、学习目标

1. 能够使用黑白全色片、彩色负片对小幅图表、照片等进行翻拍。
2. 能够达到亮度均匀、影像清晰、影调、色彩、图形不变形、不失真的再现性翻拍效果。

二、操作步骤

1. 将欲翻拍的原件固定在翻拍台上,尽量展平,不能有明显的起伏。
2. 调整相机位置,镜头的中心要正对被摄原件的中心点,并确保镜头的平面(也即胶片的平面和被摄原件的平面保持绝对平行。可前后(上下)移动相机,把被摄原件的尺寸按需要对好。
3. 仔细调焦。
4. 调整灯位,使灯光照射均匀,没有阴影,从取景器中看不出任何反光或炫光。
5. 用测光计测量,找出正确的曝光数据。
6. 拍摄,最好利用快门连线,以避免震动。

三、翻拍的曝光控制

在翻拍工作中,如何正确曝光是一个既简单而又最容易失误的问题。有些摄影师在确定曝光组合时非常认真,每个原件逐一计量,并根据每一画面的不同亮度分别曝光。这种作法既费力又不讨好。例如:被翻拍的原件中有各种深浅不同的影调(亮度),如果采用上述方法,原件中的高调或低调其结果都将变成中间调,失去原件本来的质感和色彩特征。尤其在翻拍国画一类的原件时,常常是有的作品"留白"(多数国画如此),有的作品"泼墨",如果对其逐一测量,订光的结果必然是使作品失去了原有的风格与魅力,导致翻拍工作的失败。

翻拍最基本的要求是使原件得到忠实的再现。所以正确的方法是应该采取以中间灰(18%的景物平均反光率)为基准亮度,据此订光、曝光即可正常的反映原件的亮度关系。(详见基础知识部分有关曝光章节)

但在实际拍摄中,多数人并不具备18%反光率的灰板。那么简单而又实用的方法是摄影师自测手背的亮度。具体操作;把自己的手背置于被翻拍原件的位置,用测光表或相机的测光系统对准手背并充满画面，测出曝光组合后，选择适当的光圈再算出快门时间。然后采用手动曝光模式，对全部要翻拍的原件一律使用同一曝光组合（只要各种条件不发生变化），进行曝光即可。此种方法之所以可行，是因为我们中国人肤色反光率（平均30%）接近景物平均反光率，如果摄影师的手背较白（反光率较高）可适当进行曝光补偿。

四、注意事项

1. 布光均匀

翻拍质量的好坏，关键在于布光是否均匀。因此，布光是翻拍首先要重视的问题。关于翻拍的布光方法下面会讲到。

2. 原件要平整

再均匀的布光也有一定的照射角度，这就要求原件非常平整。如果原件表面不平整（有小凹凸），或翻拍台略有不平就会产生局部阴影，使翻拍画面变形，如果是文稿、照片等不平整，可用平板玻璃压平；如果是字画，应装裱后再翻拍；如果是布质原件，可用熨斗熨平整后再进行翻拍。

3. 一定要使胶片平面与翻拍原件保持绝对平行，原件的中心应与镜头的光轴在同一条直线。

因为翻拍原件大都距相机很近，如果不平行或不在一条线上，翻拍出来的画面就会出现"一边宽、一边窄"的变形现象。

4. 防止照相机震动

翻拍时曝光时间一般相对较长，所以要防止相机震动，保证翻拍复制件的影像清晰度不受影响。为此，相机一定要固定在翻拍台或三脚架上，启动时应使用快门线；在作高倍率放大翻拍时，取好景后，应把反光板锁定再启动快门，这样可消除反光板造成的震动。

5. 防止杂乱光线射入

如果有等于或大于翻拍光源强度的杂乱光线射入翻拍原件，就会造成光照不匀和偏色等现象。因此，原件最好不要有玻璃镜框，它往往造成反射光在翻拍出来的照片上形成白斑，破坏整个画面。若在室内翻拍，应关好门窗，关闭室内灯光。翻拍明亮被摄体、油画以及不平整的原件等，如避免不了反射光，可在镜头前加置偏振滤光片，有时甚至还需要在灯前加置偏振滤光片。

五、相关知识

1. 黑白全色片和彩色负片

黑白全色片是黑白负片的一种，因其感色性能对可见光中的所有色光都能感受而得名。黑白全色片对各种颜色的被摄原件均能以黑、白、灰不同深浅的影调真实地记录在感光片上，印放出来的照片效果接近人眼视觉感受，其影像层次丰富、反差适中、质感好。

彩色负片是彩色感光片的一种，主要用于拍摄，制成底片后，用于印放彩色照片或拷贝幻灯片。彩色负片按照照明条件（色温）可分为日光型、灯光型和通用型三种。日光型彩色负片适合在日光下或色温在 5500°K 左右的闪光灯下拍摄，可保证真实再现景物的色彩。若在灯光下拍摄，应加雷登 80 系列蓝色升色温滤光镜，使色彩能真实还原；灯光型彩色负片对蓝色感受能力较强，而灯光中含橙红色成分多，蓝色成分少，这样互相弥补，取得色彩平衡。灯光型彩色负片可分为 A 型和 B 型：A 型的色温在 3400°K，它适用于在石英碘钨灯光源下拍摄；B 型的色温在 3200°K，用于以普通白炽灯和摄影用聚光灯为光源的拍摄。灯光型彩色负片在日光下拍摄时，应加雷登 85 系列琥珀色滤光镜，以降低光源色温，达到色彩平衡，真实还原景物色彩；通用型彩色片既可在灯光下拍摄，也可在日光下拍摄，对拍摄现场的光源色温不必考虑，也不必加用校正色温滤光镜。对于所摄底片颜色，可在暗室印放照片时予以校正就可以了。

2. 布光方法和滤光镜的使用

翻拍对象大多为平面原件，布光时要求原件平面内的光照要非常均匀，有句行话讲："不怕光线弱，就怕光线不均匀。"此外，还要求朝向镜头方向不能有强反射光斑，这就意味着翻拍时不能用正面光。因此，布置灯光时要做到以下两点：一是光源从原件两侧照射，两侧光源亮度要一致。要达到一致有两种方法可以一试：取得原件四个角的入射光读数，调整灯位，使四角读数完全相同，如图 3.31 所示；在原件中央竖立一只钢笔或铅笔，调整灯位，使两个阴影的浓淡相同，如图 3.32 所示。二是光照方向与原件平面成 45°角，这样布光可避免强射光进入镜头，破坏画面。如图所示。对于一些大型翻拍件，可利用自然光在室外拍摄，自然散射光是一种非常好的翻拍光源，光线均匀，无强反射光，且色温与日光型彩色片平衡。

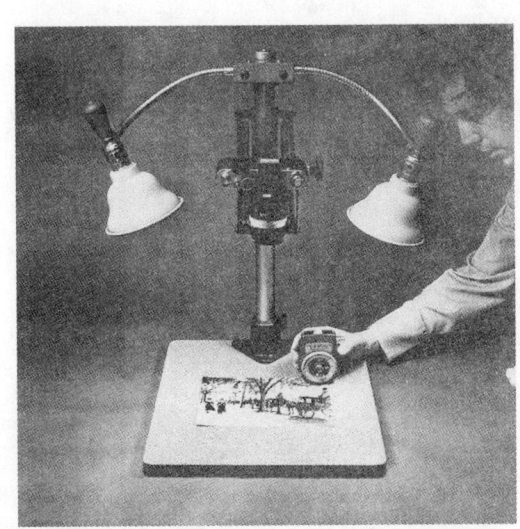

图 3.31 取得原件四角的入射光读数，调整灯位，使四个读数完全相同。

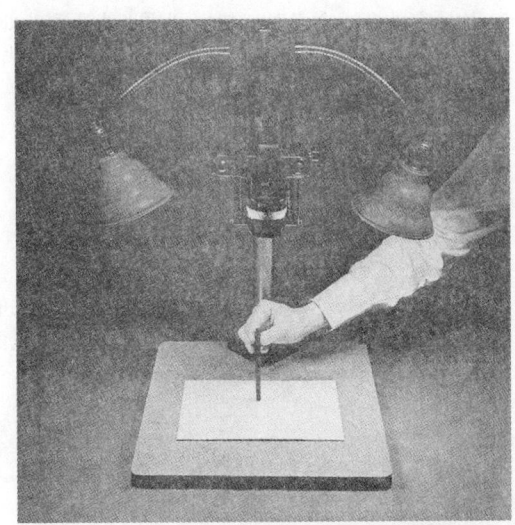

图 3.32 在原件中央竖立一支铅笔或钢笔，调整灯位，使两个阴影的浓淡相同。

翻拍使用的滤光镜可分为黑白和彩色两大类。在黑白翻拍摄影中，使用滤光镜是为了调节翻拍底片的影调和反差。此外，还可使用滤光镜消除文稿上的有色污迹，或有色线条。如：照片上的红或蓝色印章及文稿上有红色或蓝色墨水污迹，可使用红色或蓝色滤光镜进行翻拍，使文稿上的红色或蓝色污迹减弱或消失；在彩色翻拍摄影中，使用滤光镜是为了提高或降低光源的色温，以适合彩色胶片的色温类型，达到色彩正确还原的目的。彩色滤光镜的使用方法可见基础知识部分；此外，翻拍中还常会用到偏振镜，它主要用于消除表面光滑的非金属原件上的强反射光，如翻拍表面有反光的原稿或翻拍玻璃镜框内的图片等。

将使用黑白片翻拍时加用滤光镜及其效果列于表3-3中以做参考：

表 3-3　　　　　　　　黑白片翻拍时滤光镜的应用和效果

被摄原件情况	要求效果	应选用的滤光镜
黑白印刷品、文稿	原样	不用
彩色印刷品、文稿	字迹清楚	深黄、橙、红
各色污迹	清除污迹	与污迹同色的深色滤光镜
影像褪色发黄的照片	清楚	蓝
白纸陈旧或变黄	使纸变白	深黄、橙
墨水褪成黄色或褪色手稿	字迹清楚	深蓝
彩色图画	翻成黑白照片	日光下用黄,灯光下用浅绿

思考与练习题

1. 给婴幼儿拍照，摄影师在逗引过程中应注意什么？
2. 你认为儿童影室的设计应从哪几方面入手？
3. 拍摄室外多人合影时，如何利用光线造型？如何控制曝光？
4. 在婚妙摄影中，有哪些姿势的变化？各有何特点？
5. 简述摄影构图的含义与目的。
6. 什么是"多样统一"规律？
7. 影调在人像摄影中有哪些作用？
8. 拍摄硬调照片应注意哪些问题？
9. 简述高调照片拍摄的技巧与要领。
10. 低调照片有什么特点？
11. 简述彩色摄影增加色彩明度与加深画面颜色的方法。
12. 淡彩构成、重彩构成、冷调构成和暖调构成的特点。
13. 简述色彩的情感特性？

第四部分

高级摄影师

第一章 接待工作

第一节 咨询服务工作

一、学习目标

能够正确解答顾客提出的疑难问题。

二、工作程序

热情接待顾客，对于前来提出问题的顾客要表示出热忱欢迎，不可漠然冷淡。

认真听取顾客的陈述，在接待中，"听"是关键的环节。听得要认真，听得要仔细。"听"对于顾客是一种尊重，对于解决问题亦有极大的帮助。

仔细地看，首先是看照片、看底片，看得要认真、要仔细，有许多影像粗看与细看是大不相同的。顾客本人拿到照片是仔细端详的。我们要从顾客的角度去看照片，其次是看被拍摄者，这种看是在貌似无意之间进行的，切不可盯着看，却要看得仔细。

耐心与顾客解释、解答或处理问题，经过"听"和"看"两个环节后，接待人员依据自己的学识和经验，已经判断出问题的根源和解决的办法，如果是本企业的质量或服务问题，应承担责任、解决问题。如果是顾客的疑问要认真解答，如果是顾客的误解或偏颇，要跟顾客做耐心细致的解释工作。

三、经常遇到的疑难问题

1. 冲洗的胶片被损坏

在为顾客冲洗的胶片中，经常会出现某些胶片已经被损坏了的现象。例如：跑光、划伤、断裂等，如果顾客要求工作人员做出准确的解释，这将是一种很困难的事。遇有这样情况时，工作人员要在足够的光线条件下，细致地观察被损的胶片，认真分析产生该种情况的所有可能性，然后运用排除法，逐个排除这些因素，找到真正的事故原因。

例如：顾客送来冲洗的胶卷被划伤了，就首先要观察划伤的形状，如果是直线形的均度划伤，便可断定为机械性的。如果是不规则的非直线形状态，便可判断为手工操作过程中的擦刮所造成的痕迹。例如：某一胶片被判定为机械性划伤后，应再从以下五个方面去分析，一是胶片厂的划伤；二是胶卷暗盒的划伤；三是照相机的划伤；四是冲卷机的划伤；五是扩印机的划伤。下面是逐个来分析一下各种划伤的具体表现：胶片厂所划伤的胶卷一般是贯穿始终的，片头与片尾都会有划伤，特别是片头粘贴胶片的下面是关键部位。如果此处无伤痕便可排除胶片厂。胶卷暗盒的划伤与照相机的划伤是一种类型，都是非贯穿性的，而且，最突出的表现是在片头作为引带部分的胶卷划痕很轻，甚至无痕迹，而在关闭照相机后盖而卷动的胶卷部分划痕重。暗盒划伤与相机划伤的根本区别在于片尾部分，暗盒的划痕要长于照相机的划痕。因为在拍摄最后一幅画面时，总会有一段胶片已经从暗盒中拉出而尚未接触到相机的输片机构的。冲卷机的划伤，在一个胶卷中的表现是彻头彻尾的，但是粘有胶带的部分是无论如何也不会被划到的。如果是扩印机的压片板有毛刺或沙尘等异物，扩印员在扩印时也有可能在拉动曝光过程中划伤胶片。这种划伤会有很明显的间歇性，这种间距与拉动的距离相等。所有被划伤的胶片一旦被判断出原因后，除感光胶片厂的因素外，最好是经过证实后才向顾客讲明。这样，一方面能找出产生问题的真正原因，另一方面也能找出解决问题的办法了。

2. 冲洗底片的密度不正常

底片是制作照片的基础，底片的密度不正常就无法印制出正常的照片，所以，顾客都很重视被冲洗后底片的密度。特别是当顾客使用自动曝光相机所拍出的胶片密度不正常时，一定会向工作人员提出质询，要求讲清楚造成此项问题的原因。当遇此情况时，先要观察胶片片头露光部分的密度是否足够大，胶片两侧的条码和编号的密度是否正常，以及未曝光的透明部分是否有灰雾。这三个方面都与拍摄时的曝光量无关，只证明冲卷的效果，如果片头露光部分的密度足够大了，而画面的密度很低，只能说明拍照的曝光量不足，而排除了显影不足的原因。如果片边的条码和编号的密度正常且未曝光的空白部分也没有不应出现的灰雾，而画幅内的密度却很大，也只能说明曝光过度，排除了显影过度的原因。相反，当片头露光部分没有达到应该大的密度时，即使是画幅中的密度相差不多，也只能说明冲卷时显影不足而非曝光问题。同样道理，如果条码和编号的密度都很大、且画幅外的空白部分又出现了不应有的灰雾时，其冲卷显影过度也就是明摆着的了。

如果有足够的经验，从被拍摄画面本身也能鉴别是曝光的过错还是显影的过错。因为，在一般的条件下，影像的密度是由曝光和显影共同决定的，而反差的变化只取决于显影的程度。当影像的整体密度很小，反差却正常，且阴影部分又缺少层次时，可以断定是曝光不足而显影正常所至。当影像的整体密度很小，反差也很低，高光部分虽没有达到必要的密度而阴影部分却能呈现出一定的层次时，可以断定是显影不足造成的。当影像的整体密度很大，反差却正常时，说明曝光过度了而不是显影的过错。当影像的整体密度很大，同时反差也很大时，一定是显影过度了，而曝光并不一定是过度的。

假如，某一个胶卷被判断为曝光不正确后，最好能帮助顾客分析一下所产生的原因。下面罗列出形成曝光不足的一些因素，供使用排除法分析问题时做参考。

①胶卷过期或感光度衰退
②相机中设置的感光度高于实际胶卷的感光度
③曝光补偿为负数值
④使用闪光灯时，闪光指数小于标定值
⑤闪光灯应闪而未闪
⑥相机的快门速度失灵
⑦照相机未装电池
⑧非 TTL 测光相机加装了有阻光能力的滤光镜
⑨逆光拍照未加曝光补偿
⑩平均测光相机拍摄大面积明亮背景下的小面积主体
⑪光圈失灵
⑫镜头有污渍

3. 照片质量合格，顾客却极不满意

照相行业有自己的质量标准，一般情况下质量合格的照片基本能达到顾客的满意。但是，在某情况下，也可能出现照片质量完全合格，顾客却极不满意的尴尬局面。在照相行业里出现的争吵、顶撞等服务问题中，许多都是由这种因素引起的，仔细分析一下，不难看出，双方对于质量是否合格存在着看法上的差异。照相馆规定的质量标准是以照片的客观标准来衡量的，例如：神态自然、构图适当、反差适中、密度正常、色彩平衡等等。而顾客的标准多是以主观意识来衡量，比如：姿态是否美丽、脸色是否红润、表情是否好看等等。每一位顾客在拍照之前都有一个期望值。如果所取到的照片与期望值相差太大，这份照片就会遭到顾客的拒绝。为此，在解决这类问题时，了解顾客的期望值是非常重要的。了解的手段是一问二看，所谓问就是通过与顾客的谈话中穿插一些询问，请其讲出对该照片不满意的原因和他所认为该份照片应该达到的标准。许多顾客在与接待人员的交流之中，都会很自然地表达出自己的观点。所谓看，就是运用观察和领会的办法来搞清顾客的真实需求。有些顾客只是一味地对照片表示不满，却提不出具体对哪里不满，也讲不清楚他所要求的照片应该是什么标准，此时，接待人员就要认真观察其相貌、身材、衣着等各种特征或缺陷。因为，人往往都有一个共同的，即"越是自身所不具备的越是想得到"。但是，这种要求很难用语言表达出来，只有靠工作人员仔细地观察才能感觉到。例如：一位顾客的鼻子是歪的，摄影师在拍摄时没有顾及对鼻子的校正，这时，尽管照片的构图、神态、密度、反差、色彩等都很好，顾客也不会满意。因为他最渴望校正的鼻子仍然是歪的，可是他又不便直接说出来。当然，当接待人员观察到原因的真谛后，也不要直接讲出来，只要采用一些技术手段将其鼻子校正过来就能达到顾客的满意了。也有些顾客有某些心理上的禁忌，不愿意表现自己的某个姿态、表情、部位或角度，但在照片上却恰恰出现了他所不期望的内容，这种过错又无法推给摄影师，所以，顾客无法用直接的语言表达出来，接待人员也无法通过观察来发现。这时，就要运用接待人员的"领会"能力，一般是通过请顾客对其它照片的褒贬来判断顾客的好恶，结合其本

人的照片领会出问题所在,如果能够加以解决,不但当时能达到顾客的欢欣,而且很可能使其成为本店的回头常客。

四、消费心理学常识

消费是人类社会一切物质资料和精神资料的出发点和落脚点,是人类赖以生存和发展的社会活动,消费的主体是人。人是一个个具体的、活生生的、有思想意识且生活在复杂多变的社会环境中。因此,研究消费不能脱离对消费活动中人的研究。作为心理学一个分支的消费心理学,它研究的对象是消费者在消费活动中的心理现象及其行为规律。

消费心理学的研究内容包括以下几个方面:
①研究消费者购买行为的心理过程
②研究消费者个性心理特征的形式和发展
③研究消费者心理与企业营销的关系

消费心理学的研究,必须遵循客观性、发展性、联系性和时机性四大原则,经常使用的方法是:观察法、实验法和调查法。

消费者的心理是人类一般心理的一部分,是产生在消费活动中的人的心理现象。

消费者由不知道某种商品到很熟悉它的性能质量,由没有听说过某种消费方式到将这种方式融为自己生活中的一部分,由对某种牌子商品百般依赖到另选品牌,诸如此类的行为,其原因虽是多种多样的。但总的可以说是学习的结果,消费行为大多数是学习得来的,学习不是最终的行为,而是引起新的行为的中间变量。

消费者怎样花钱和应该花多少钱进行某项消费的标准不是统一的,而是由每个人的价值观所决定的,价值观是指一个人对周围客观事物的意义、重要性的总评价和总看法,凡是一个人认为对他最有意义的、最重要的客观事物,就是最有价值的东西。在同一客观条件下,对于同一事物,由于人们的价值观念不同,就会产生不同的行为。价值观的形成与改变,同社会风气、宣传诱导也有很大关系。

消费者从事消费活动要进行决策,这种决策,是在可供选择的范围内决定行动的具体过程,消费者的决策包括:决定买与不买,决定买什么,决定什么时间购买、决定在何处购买、决定如何购买等五个方面。

消费者行为的根本原因是需要。在一定的生活条件下人们对于客观事物的欲求,人们多种多样的需要可以归纳为五大类,即生理需要、安全需要、社交需要、尊重需要及自我实现需要。人总是由低层次的需要向高层次的需要发展,当原有的需要在实践活动中不断得到满足后,又不断产生新的需要,从而把人的实践活动不断推向新的阶段,同时也使心理意识和行为不断发展变化。

消费者需要的心理主要表现为:趋时心理、习俗心理、威望心理、求美心理、新奇心理、便利心理、安全心理、求廉心理、名牌心理和惠顾心理等十个方面。

消费者在商品的海洋中,不是被动地去观察与思考,也不是毫无区别地去认识一切商品而总是对商品抱有某种积极、肯定的或消极、否定的反应倾向。这种反应倾向一旦变得比较稳定、持久，便成为态度。

消费者的购买行为，除了要受主观心理因素的影响外，还要受到社会因素、自然因素、家庭因素和信息传播的影响。

商店在诸多方面影响着消费心理，如：商店名称、位置选择、内外装饰、商品陈列及营业员的仪表、态度、行为、语言等都会影响消费者的心理，各经营单位必须加以重视。

第二节　审美心理学知识

一、学习目标

能够准确地了解顾客的审美心理，并能帮助顾客提高审美水平。

二、工作程序

1. 在接待过程中，通过与顾客的交谈，了解顾客的审美心理。

2. 在向顾客介绍本企业的产品式样和服务项目的同时，根据顾客的反映来了解顾客的审美心理。

3. 当顾客提出咨询时，根据顾客所提问题的类型、角度和语言表达能力等来了解顾客的审美心理。

4. 当顾客对照片不满意，提出意见，甚至要求退款时，通过与顾客的接触了解其审美心理。

5. 得到顾客的表扬或对照片进行称赞时，仔细分析顾客满意的原因，以此来了解顾客的审美心理。

6. 无论在哪种情况下了解到顾客的审美心理后都不可妄加评论，更不允许提出指责和批评。而是要随时地、和蔼地、亲切地宣传正确的审美观点，帮助顾客提高对照片的审美水平。

三、注意事项

1. 注意了解的方法

照像业是一种服务性行业，了解顾客的审美心理是为了更好地为顾客服务，了解工作只能在与顾客的交流之中自然而然地进行，接待人员可以有意识地通过语言铺垫，引导顾客表达审美意识，也可以请顾客发表对照片的看法，但不可直接生硬地发问。须知，顾客到照相馆是来接受服务的，并没有必须谈论审美观点的义务。

2. 注意宣传审美观点时的态度

当顾客表达的审美观点有偏颇之时，接待人员不允许有丝毫的鄙视和讥笑，而是要耐心细致地给予讲解。宣传正确的审美观点时，要因人、因地、因时而异，要通俗易懂、言词亲切，切不可形成咄人的说教。也无需讲解教科书上的理论文章，时刻要牢记，顾客是被服务的对象而不是被教育的对象，只要能对所涉及的那幅照片，取得审美上的共识就足够了。

四、审美心理学常识

每一个人都有审美的需要，这种审美需要是潜在的审美欲求，它表现为对形式、结构、秩序、规律的一种把握与感受的欲望。审美需要不是认知需要，而是一种内在情感的欲求，即与形式进行直接感情交流的欲望。这种欲求不是为了获得实用价值（功利），而是为了获得审美价值，追求审美的自由愉快。审美需要本身也在审美经验过程中不断积累、更新、提高。原初的审美需求满足后，又孕育着新的审美欲望，这正是审美经验不断拓展的常新的动力。

审美心理能力是审美需要和审美观念实现的手段，它受审美需要的驱动、审美意识的调控、其活动便成为审美经验。审美能力作为审美心理结构、审美心理形式力量，是由多种心理要素及其功能关系组合而成的，它们共同合作，保证美感的实现。

审美感知不同于一般的感知，在心理学中并没有感知这个概念，而是按照心理元素分析方法，分别研究感觉和知觉，感知实际是感觉与知觉的统称。美学考虑到感觉与知觉密不可分，才使用审美感知这个概念。

感觉，是对事物个别特性的反映，当我们感觉到某种色彩、声音、线条、质地而产生愉快时，这种愉快就起源于感觉，尽管这种愉快是生理的快感，却是审美经验的起点和基础。

知觉，是对事物个别特性组成的完整形象的反映，是听觉、视觉、味觉、嗅觉等各种感觉的协同活动。在长期的协同活动中，各种感觉经常出现相互联系，彼此沟通的现象，心理学把这种现象称之为"联觉"。我国学者钱钟书称之为"通感"。联觉或通感现象的存在，极大地突破了直接感觉经验的界限，丰富了内容，而这正是审美知觉。

审美知觉提供的形式虽然已是经过选择和抽象了的表象，但是要真正构成审美意象还必须有想象的加工制作。审美想象是一种自由把握和创造形式的审美能力，在审美活动中，遵循接近、类似、对比等联想规律，以表象为基元，融合理解与情感，对表象进行加工制作，从而创造出一个新的意象，一个审美想象世界。审美想象具有创造性和超越性，它突破了审美感知的局限，给予审美理解以感性活力，赋予审美情感以相应形式。

审美理解是指审美经验中的认识因素，是审美中的理性能力，审美理解是一种直觉和领悟，是各种心理机能的自由协调运动中的领悟，它不同于概念认识。

审美情感在审美心理结构中是最活跃的因素，它广泛地渗入其它心理因素之中，使整个审美过程浸染着情感色彩。审美情感不同于日常生活里的情感，它是日常生活情感的形式化、秩序化、组织化，同时，它又与日常生活情感有密切联系。

可以认为，构成审美经验的心理因素基本上是感知、想象、理解和情感，这四种心理机能交融组合而成的一个网络结构，就是审美的心理结构。其中，每一心理要素都有不可取代的功能，却又彼此依赖、相互渗透。

　　审美感知是审美经验的基础和依托。没有审美感知，审美就无从发生，同时审美感知又是审美经验的归宿。想象、理解、情感等因素向感知渗透，最终化为感知。审美想象是审美经验的载体和钮带，没有想象而局限于感知，审美就不会扩展和深化。想象如果不以感知为依托，又没有理解的参与、情的推动，它就会成为幻想。审美理解是审美经验的规范性、制导性、认识性因素，没有理解而局限于感知、想象、情感等感性因素，审美经验就会失去它的深沉意味以及可领悟性质。如果审美理解没有感情的依托、想象的牵引，情感的激动也将失去感性活力而变为一般纯概念性的思维。审美情感是审美经验的动力和中介，又是其价值效应。没有情的推动，单纯的感知、想象、理解、决不会引起审美的愉快和享受。

思考与练习题
1. 应该怎样回答顾客提出的疑难问题？
2. 当工作出现失误后，应如何正确判断产生的原因？
3. 研究顾客消费心理都包括哪些方面的问题？

第二章 拍　　摄

第一节　大型团体照

第一单元　人物的组织安排

一、学习目标

能够把 50 人以上的大型团体恰当地组织到一起，人物主次位置安排合理，排列整齐用光适宜，背景选择适当。

二、使用工具

桌椅、合影架子，皮尺

三、操作步骤

1. 接到拍摄大型团体合影的任务后，首先要做现场的勘察。勘察的内容包括：
① 被摄者的确切人数
② 被摄者之间的关系
③ 拍摄场地的环境是在室内还是在室外
④ 场地面积的大小，可提供的桌椅和合影架子的数量
⑤ 如果是室内要勘察供电能力，如果是室外则要根据正式拍照的时间，观察是否会有建筑物、树木、电线杆等高大物体的投影等

2. 根据现场勘察的情况确定拍摄方案。包括：
①根据能够提供的桌椅和合影架子的数量以及拍摄场地的面积情况来确定人员的排列
②根据人员排列的长度来确定所拍摄底片的规格
③根据底片的规格确定使用何种相机及使用何种焦距的镜头
④根据室内的供电条件，确定使用何种灯具
⑤根据拍摄难度、底片规格、照片数量等多种因素计算出价格

3. 将上述拍摄方案告知被摄者，并征得其完全认同后才可最后确定，如顾客有

异议可以进行反复的磋商,直至完全统一。

4. 在正式拍摄之时要提前进入场现,排列桌椅,架设灯具及各种照相设备,做好拍摄前的各种准备工作。

5. 被摄人员进入拍摄现场后,要分清主次,进入事先规定好的指定位置。为了避免出现错位,在指定位置上要挂有被摄人员的标牌,尤其是在前排就坐的人员,位置排列极为重要,可将每个人的名子贴在其应该入坐的椅子上。因大型合影的排列时间较长,应先行排列普通人员而后请主要人物入坐。

四、注意事项

大型团体合影照的技术难度并不大,但是,由于人员众多,牵涉面广,责任重大,因此,认真、仔细是首要前提。在拍摄前要做详尽的思考和周密的安排,丝毫的马虎都可能酿成大错。

勘察现场时,要考虑到勘察时刻与正式的拍摄时刻太阳位置的差异,当太阳位置变化后,高大物体的投影会随之变化,一定要避免任何物体的投影落在被摄体的任何位置。

遇有地面积水或积雪的情况一定要清除掉,同时要避免在地面十分光洁的深色地板上拍摄大型合影,因为,这些情况下产生的不完整的倒影会破坏画面的美感。

被用来蹬踏的桌椅一定要坚固,拍摄前人员上下桌椅时一定要提醒其小心,年龄较大者应被安排在较低的位置,也不要让女同志站在很高处,防止安全事故的发生。排与排之间也需交叉站位。

五、相关知识

1. 桌子的高度一般为78cm,椅子的高度一般为45cm,成年人的肩宽约50cm。使用桌椅为蹬踏物拍摄合影照时,人物的排列一般定为5排,即第一排坐椅子,第二排站在的地面上,第三排站在椅子上,第四排站在桌子上,第五排将桌椅叠在一起站上去,五排的总高度约4米左右。成年人的肩宽0.5米,肩宽与单排人数的乘积即是排面的总宽度。

排面总宽度÷底片影像长度=缩小倍率

镜头焦距×(缩小倍率+1)=物距

例如:拍摄150人的合影照,排成5排,每排30人,排面总宽度15米。使用玛米亚RB-67相机90mm焦距的镜头拍摄6×7底片,影像的长度为6cm。

90mm×(1500÷60+1)=22590mm=22.59米。

计算出的这段物距是照相机至被拍体之间的距离,再加上被摄5排人物的深度约2.5米,以及照相机后面的工作空间约1.5米,即是拍摄此幅照片所需要场地的总长度。

2. 光线和背景的选择

大型合影照受各种条件的制约,很难选择光线和背景。无论是晴天还是阴天,甚至是小雨或小雪天气里,都应该能够拍好合影。如果有选择的可能,应选在薄云遮日的天气里拍合影为最佳,光源的照射方向要用顺光或前侧光,不可使用侧光,也很少使用侧逆光或逆光。

合影照的背景中较低的部分都会被人物所遮挡住,在照片中是看不到的,能看见的只是高于最上排人物的部分。山景、树景或高大建筑作为背景是比较理想的。但是,应该注意电线杆、发射塔、水塔、烟囱或高压线等窄线条的物体,如果它与人物在透视上重叠在一起,会破坏画面的美感,要尽量避开。现在,有不少建筑的表面都装有反光能力很强的一些饰品,如玻璃墙、镀烙板等,利用它们做背景时要特别注意其反光的角度,既不要使反光直射镜头,也不要使反光照射到被摄人物上,因为,前者会使镜头产生光晕影响成像质量,后者会破坏合影照的光线均匀度。

第二单元　大型团体照的拍摄

一、学习目标

掌握拍摄大型团体照的技能。

二、使用工具

中幅照相机、大型照相机、转机、水平仪、测光表。

三、操作步骤

1. 根据被摄合影排面的长度和场地面积,决定使用何种照相机,何种焦距的镜头及拍摄底片的规格。

2. 在距被摄体相应距离处支好三脚架,稳固地安装好照相机,用水平仪调整好照相机原水平位置,该水平仪应是双向的,既要调整前后,又要调整左右。

3. 仔细地进行调焦,调焦中心要对准第二排人物,特别是要保证左右两侧的边缘部分要同等的清晰,必要时可使用放大镜做为调焦的辅助工具。

4. 如果是使用转机拍摄,要设定好旋转角度并进行试转,观察其拍摄范围和被摄人物处的地平线是否水平。

5. 使用入射式测光表到被摄人物处测量光值。如果是使用人工光源照时,要多点采样测光,一般的测光点不能少于5处,各点的光值最大误差不能超过0.5EV值(半挡光圈)。

6. 根据测光数值决定光圈和快门速度的曝光组合,由于合影照需要较大的景深和很高的清晰度,应在快门速度允许的情况下,尽可能使用该只镜头的最佳分辨力的那一挡光圈。

7. 操纵相机各个机关和控制部分,使其达到曝光的准备状态。

8. 对已经排列好的被摄者再做一次审视,纠正某些不良姿态后,指定给被摄者一个共同的视线。提醒被摄者不要眨眼睛,而后在适当的时机按动快门,进行曝光。

9. 曝光结束后，提醒被摄者有秩序地退场，特别是要提醒站在高处的被摄者依次下阶梯，防止一哄而散，避免安全事故发生。

四、注意事项

室内拍摄大型团体照，需要很强的光线照明，许多照相馆都是使用多支碘钨灯做光源。供电设备的功率一定要足够大，否则将会发生危险。特别要注意电源电压不可用错，最好是请该场地的电工师傅进行功率的审核及驳接线路。

大型团体照要由二位以上的摄影师共同协作完成，分工要明确，责任要具体，做到忙而不乱，配合默契。

在拍摄大型团体合影时，无论有多大的把握，也必需拍摄副底以防不测，并且，尽可能地使用两台照相机拍摄。所拍底片不要同时冲洗，待第一个底片冲完后再冲第二个底片，以保证无论在哪个环节上出现差错都保证有补救的可能性。

五、相关知识

1. 中幅相机

中幅相机是指使用 120 或 220 胶卷的相机，拍摄大型团体照时，底片的最小画幅不要低于 $6\times 7cm$，如果能用 $6\times 8cm$、$6\times 9cm$ 或 $6\times 12cm$、$6\times 17cm$ 的，效果会更好些。这类相机使用起来非常轻便，自动化程度也较高，相对于大型相机来说，这种相机的不足之处是画幅较小，镜头无法移轴，且后背也无法进行俯仰和摇摆的调整，有时会感到不便。

2. 大型照相机

大型照相机又称技术型相机或机背取景式相机，是拍摄单幅页片的，传统的大型相机是木质制品，规格有 6 英寸，8 英寸，10 英寸和 12 英寸等数种，照相馆行业的人称之为外拍机。过去的黑白合影照片多为这种照相机所为。随着彩色合影照的普及，木质照相机的精度不足问题逐渐凸显，其使命逐步为金属制相机所替代。现在，最常用的金属质相机多为 4×5 英寸，这种相机不但精度高，还配有带镜间快门的优质镜头，镜头及后背也可以分别向多方向移动。如果配上胶卷后背，还能拍摄 120 或 220 的胶卷，从拍摄一般大型合影的角度来看，它是很理想的一种相机。

3. 转机

所谓转机是一种在曝光过程中能够旋转的照相机，其拍摄角度不是依靠镜头的视角，而是靠照相机整体旋转的角度，如果照相机旋转一周，其视角就是 360 度，这种相机可以在相对狭小的场地空间之内拍摄众多人员的合影。

传统的转机多为 8 英寸或 10 英寸，即所使用的胶片是 8 英寸或 10 英寸宽的，由于专用胶片的使用量很小，感光胶片厂很少为转机专门制作。故此，一般是使用航空胶片做为替代品，且多数都是黑白片。近年来，不少业内人士用这种转机拍摄彩色页片，效果尚可。但是，由于后期加工设备尚存在各种问题，目前仍难于使所拍照片达到理想的效果。

当前拍摄彩色大型团体照较为流行的是使用220环摄转机,该种相机的设计是使用220胶卷,由于国内很少这种规格,也可以将120胶卷略加改装后代用。无论是120胶卷还是220胶卷都能在普通冲卷机上冲洗,而且,后期的照片加工设备也比较完善。

无论是何种转机,其原理都是一样的。转机的快门在贴近胶片的位置,有一条竖立的狭缝是曝光时光线的通道,启动快门键时快门打开,但只有处于狭缝后的胶片可以曝光。在曝光过程中,相机整体在匀速地转动,胶片在相机内亦做同步地卷动,影像实际上是在做扫描式的曝光,当相机达到预定角度后停止转动,胶片亦停下来,同时快门自动关闭掉,这个曝光过程便结束了。见图4.1。

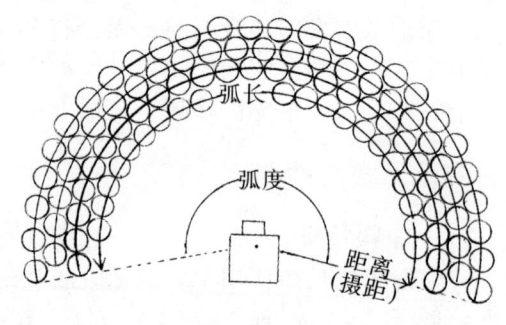

图 4.1

转机与普通相机的区别在于,相机在曝光过程中转动而影像却是清晰的,这种功能的关键在于两点。第一是相机的整体转动必须以镜头的后节点为轴心;第二是胶片与相机运动的同步性。不同的镜头其后节点位置是不同的,更换转机的镜头时,必须要考虑到轴心点的移动。同步性能是转机生产厂的技术关键,传统转机多是齿轮传动,当像距变化后,依靠更换不同规格的齿轮来控制同步性能,新型的转机淘汰了齿轮传动机构,依靠电机的转速来精确地控制同步性。

镜头成像的透视规律是近大远小,转机当然也不能例外,如果被拍人物排成一条正切于镜头主轴延长线的直线,左右两侧人物距相机的距离一定会长于中间人物与相机的距离。同一幅照片上人物的缩小倍率就产生了变化,这种照片给人的视觉感受会很不舒服。为了保证所拍摄人物的高矮比例相同,同一排面的被摄者必须与照相机的距离相等,实际是:以照相机为圆心,在被摄者处画一条弧线,这条弧线的长度要与所拍人物队列的长度相等,将被摄者所坐的椅子沿弧线摆放,后面各排的桌椅式架子依据于该弧排列。无论这条弧线的长短,只要这个线段上的各点与圆心是等距的,所拍影像的缩小倍率一定是相同的。因此,当该弧线画定之后,相机的位置将不能再做移动,否则,所拍人物影像的大小比例将会失调。如果相机非移动不可,那么就要放弃原来所画的弧线,改由以新的相机放置点为圆心,重新画弧线了。

相机旋转的角度是由欲拍摄底片上人物影像的长度和镜头的焦距所决定的。其公式:

$$旋转角度 = \frac{人物影像长度 \times 360}{2倍镜头焦距 \times \pi} + 20$$

旋转角度相机与被摄人物之间的距离(物距),是由规定旋转角度下的弧长所决定的。其公式:

$$间距 = \frac{弧长 \times 360}{(角度 - 20) \times 2\pi}$$

例如:拍一幅300人的合影照,按5排人来排列,每排60人,排面总宽度

30米，使用焦距85mm镜头的转机拍摄,底片中人物影像的长度为18cm,代入上式：

$$旋转角度 = \frac{18 \times 360}{2 \times 8.5 \times \pi} + 20 = 141 度$$

$$物距 = \frac{30 \times 360}{(141-20) \times 2\pi} = 14.2 米$$

通过计算得知，应以照相机为圆心点，用皮尺测量到14.2米的位置，画一条长度为30米的弧线。以此弧线为基准排列人物，将相机的旋转角设定为141度，以被摄人物最右侧一个人为基准再向右转10度为开始点，即可开始拍摄。

拍摄完毕后底片的总长度用下列公式计算：

$$底片长度 = \frac{焦距 \times 2\pi \times 360}{360}$$

代入上式：

$$底片长度 = \frac{8.5 \times 2\pi \times 141}{360} = 21cm$$

这幅底片拍成21cm长，比较适合使用普通卧式彩色放大机制作照片。

第二节 艺 术 人 像

第一单元 影调在艺术人像中的表现

一、学习目标

1. 明确影调与用光、曝光以及显影的关系；
2. 高调、低调和全影调照片的表现意图(拍摄方法祥见第三部分第三节)。

二、操作步骤

1. 软调照片的处理

处理软调（低反差）照片的要领是：用软光（散射光）拍摄，用软性（低反差）显影药液冲洗，并用软性（低反差）相纸制作。

用软光（散射光）拍摄，在室内较易控制，现在一般灯光室都采用电子频闪装置并配有柔光箱，所发出的光十分均匀柔和，是理想的软调照片用光。没有这些先进的设备也不用犯愁，只需在传统的灯具前加上廉价的柔光纸（即硫酸纸，影视器材商店有售）或普通白纸即可获得软光效果。室外拍摄，在晴天的阳光下是不可能得到软光光效的，最好选择阴天或朦胧阳光下（俗称"假阴天"）拍摄，如图4.2。在大晴天拍摄，应选择没有直射光的宽敞阴影区。

使用软光拍摄，即使后期采用标准洗印，也能获得理想的软调照片，这对于大部分无法自己加工的彩色摄影者来说尤其适宜。在黑白摄影中，如果前期拍摄没能完全采用软光照明，那么后期可配制软调显影液进行冲洗，甚至还可以选用软调相纸制作来获得软调效果。

2. 硬调照片的处理

处理硬调（高反差）照片的关键是光比的控制，因为硬调照片的拍摄主要在硬光（直射光）下，此时被摄人物或景物的光比会非常大，而感光胶片的宽容度是有限的（负片为1：128），这样会极容易失去亮部或暗部的层次与细节。除非你有意舍去一部分细节，而求得一种艺术表现上的效果，一般拍摄景物，宜将最亮与最暗部分控制在七级光孔以内。拍摄人物主要是控制面部的光比，一般应

图 4.2

控制在1：4（即两级光孔）以内，也就是说硬调照片的光比控制主要是降低光比。通常在室外拍摄人物，我们可以使用反光板或随机闪光灯来获得降低光比的效果。如图4.3。

3. 高调照片的处理

拍摄高调照片应选择较亮的主体与较亮的背景，处理好高调照片的关键有两点：一是必须用软光（散射光）拍摄；二是曝光量必须增加一些。无论是拍摄自然风光还是人像，都必须牢记这两条规则。用软光拍摄，可以减小光比，获得更自由的曝光调节，在视觉效果上，可以最大限度地降低明暗反差感觉。因为只有用软光拍摄，才能获得柔和悦目的画面影调效果；也只有用软光拍摄，才可以获得较大程度的曝光调节自由，而曝光的增加又带来了影调明度的上升，并且不至于失去画面的层次与细节，尤其是亮部的质感。许多初学者由于分不清

图 4.3

光线的性质，在无意中使用了较硬的光线，致使一增加曝光量便失去了画面的层次与质感。另外，曝光量增加多少，也是有规定的，并不是多多益善。一般增一级至一级半即可，只有个别情况可以增至两级，超过两级就会失去亮部的层次与质感。高调风景是不允许失去亮部层次与质感的，高调人像虽然可以允许丢掉一些亮部的层次，但千万不要连质感也失去。如图4.4。

4. 低调照片的处理

拍摄低调照片除了必须选择暗背景以外，还要注意选择好用光，一般低调照片更

适宜于用硬光。在用光的方向控制上，为了取得锐利与响亮的低调效果，在拍摄静物、广告产品和人物肖像时，常采用逆光与侧逆光拍摄，风光摄影还采取低角度的逆光与侧逆光拍摄。在人像摄影中，常以"伦勃朗光"来完成低调的造型。如图4.5。

5. 全影调照片的处理

全影调照片在照相馆行业中常被习惯性地称为"中调照片"，以区别于"高调"与"低调"照片。事实上，这一说法欠科学，因为在影调中的中调实际上是指特定的中灰调，而所谓的"中调照片"其实画面中往往包含了从最黑到最白的所有影调，至少它不仅仅是中灰调。如图4.6。

图 4.4

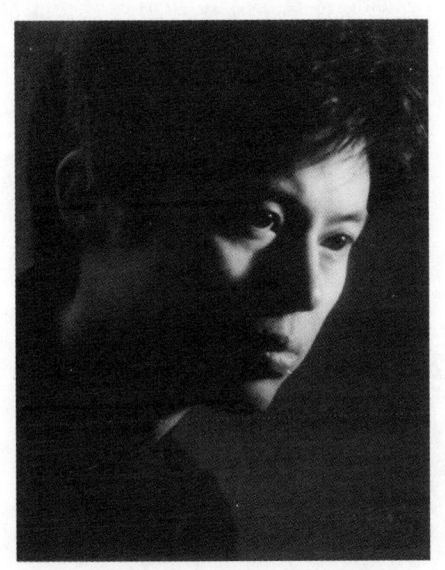

图 4.5

图 4.6

6. 用滤光镜控制影调的技巧

可以说，调整与控制影调绝对少不了滤光镜的帮助，拍摄黑白照片尤其如此，成功的黑白摄影作品大多十分依赖于滤光镜的有效调控。一般说来，拍摄黑白照片，必须掌握滤光镜的使用技巧（推荐参考北京电影学院图片摄影专业教材《摄影滤光镜》一书）。除了我们所熟知的彩色与黑白通用的 UV 镜（滤紫外光镜，可以消除紫外线而令画面尤其是远处的景像更清晰）外，黑白摄影还有一整套专用滤光镜，主要用来调整反差和影调，也称"反差滤光镜"。较常见的有黄镜、橙镜、红镜、蓝镜和黄绿镜等。拍摄风景常以黄镜和橙镜来压暗天空，突出云彩；使用红镜拍摄能使画面影调获得一种戏剧化效果；而一般拍摄绿色植物为区分影调，如想区分出本来在黑白调子上非常接近的红花与绿叶，就得使用一枚黄绿滤镜；黄绿滤镜还常用在黑白人像摄影中，它能令人物皮肤的调子看上去更接近自然。

三、相关知识

1. "破白"：构图学术语，在构图中常以"破"的方法令画面中的某些部分获得成立，常言道：不破不立。要想"立"就得先采取"破"。"破"能打破呆板单调，而获得感觉上的丰富性，达到既多样又统一的效果。在影调处理中，如遇上大面积的黑或大面积的白，就可以采用与之不同或相反的局部影调去"破"一下，而令整块影调获得新的生机。如大块的灰，就可以用小块的黑或白来"破"；大块的黑，可以用小块的白或灰来"破"；而大块的白，则可以用少量的黑或灰来"破"。"破白"指的就是用"破"的方式对画面中大面积白所采取的处理措施。

2. 布白与留空：构图学术语，在平面视觉艺术中，画面的空间感觉表达往往受到极大的限制，为了打破这一局限，古代的中国画家们想到了在有限的画面空间中通过大量的"布白"与"留空"来获得无限的空间感觉，这就是所谓的"画留三分空，生气随处生。"摄影中的影调处理也时常借鉴这一方法来获得含蓄隽永的画面艺术效果。

第二单元　滤光镜的使用

一、学习目标

1. 明确滤光镜的工作原理；
2. 学会常用滤光镜的表现技巧。

二、相关知识

1. 滤光镜常见的功用概括起来说，主要有以下几个方面：
（1）用滤光镜可以调整反差。
（2）用滤光镜可以控制影调。
（3）用滤光镜可以补偿、校正和转换色温，从而有助于色彩的真实还原。
（4）用滤光镜可以创造画面独特的色彩效果，形成与真实情形不一样的情调。
（5）用滤光镜可以柔化影像。
（6）用滤光镜可以取得特殊的影像效果。

2. 黑白摄影滤光镜的工作原理

黑白摄影滤光镜主要为黑白摄影而设计，专门用于黑白摄影，滤光镜为深浅不同的红、橙、黄、绿和蓝等色，它们能不同程度地调整被摄景物的反差，改变画面的影调，故而又被称作"反差滤光镜"。

黑白滤镜针对被摄景物的各种颜色进行有选择性的控制，它们能让与滤镜相同的颜色完全通过，让与滤镜相似或相邻的的颜色大部分通过，而将与滤镜颜色互补的颜色完全阻挡掉，令其它与滤镜成对比色的景物颜色大部分阻挡掉。一般说来，滤镜颜色愈深，通过与阻挡的性能也就愈强烈。这些有颜色的滤镜对被摄物体的黑白灰部分没有影响，它们只是针对有颜色的物体起作用。颜色通过滤镜越多，照片上的相对区域的影调就越浅淡。相反，颜色被阻挡得越多，照片上的相应部分的影调就越深重，甚至变成全黑。如用红镜拍红花，到了黑白照片上就成了白花；而用红镜拍摄蓝天，则天空就变成了黑天。使用滤镜调整反差，改善影调，应当合乎表现的目的。

3. 常用滤光镜种类

　　滤光镜，又称滤色镜、滤镜。常见的滤光镜，如果从实用角度来划分，主要有三大类：黑白摄影滤光镜、彩色摄影滤光镜和黑白彩色通用的滤光镜。黑白摄影滤光镜又称"反差滤镜"。有不同深浅程度的黄、橙、红、绿和蓝镜组成。彩色摄影滤镜又可以分为色温滤镜和特殊色彩效果滤镜。其中色温滤镜有校正色温滤光镜（如天光镜、雷登 81 系列和 82 系列）、色温转换滤光镜（雷登 80 系列和雷登 85 系列）和色温补偿滤光镜（又称 CC 镜系列）三种。彩色摄影用特殊效果滤镜有：彩色偏振镜、渐变色镜、彩虹镜、双色镜和彩色中空镜等。黑白与彩色通用的滤光镜则主要有：UV 镜、中灰密度镜（包括渐变灰镜）、偏振镜和各类无色的效果镜（如柔光镜、星光镜、雾镜、颗粒镜、多影镜、近摄镜、远近镜和能改变人胖瘦的魔幻镜等）。

三、注意事项

1. 使用柔光镜未必需要大光孔

　　柔光镜制造厂家总是向人们推荐，在使用该产品时应尽量开大光圈，才能获得较好的效果。于是，不少人就时时遵从这一训导，不敢越雷池半步。其实，在大多数的情况下，柔光镜所要达到的最佳效果应该是：既能取得消除人物面部瑕疵的功效，又不至于让别人看出你已使用了柔光镜。显然，要达到这一效果，采用大光圈是万万不行的。相反，中等甚至偏小一点的光圈反而更能如愿。再说，柔光镜的种类繁多，有同心圆式的，有颗粒状的，还有中空的，每一种柔光镜的使用方法及所能达到的效果，也不尽相同。使用时应当根据具体的表现需要来作选择，尤其是在使用中空柔光镜时，更应注意到所用镜头焦距与拍摄距离的重大影响。如图 4.7。

2. 加用滤光镜后的曝光补偿

　　由于许多滤镜是带颜色的，大多数又会对光线或多或少的有阻光作用。而传统的测光元件 CdS（硫化镉光敏电阻）更对不同的颜色有着不同程度的感应，如由于它对红光非常敏感，加用红色滤镜后测光判断就会严重失误。为了减少曝光的失误，

图 4.7

聪明的厂家就在滤镜上注明了曝光需要进行补偿的数据——滤镜因数。不少人以为这样一来就可以万无一失了。可事实上，厂家所提供的滤镜因数仍然只是个参考值，因为拍摄环境与拍摄条件是可变的，滤镜因数只是考虑到了滤镜自身的阻光因素。如果采用色光拍摄或拍摄所用的光线成分中有色光的存在，还有拍摄对象如果是某种大块的颜色，还有拍摄所采用的胶片如果是分色片。当然，即使是全色片，片种与品牌的不同，在色彩的感受与表现方面也就不会完全相同。再说，感光胶片对色彩的感受与人眼的色觉是不同的，对于人眼来说，黄与黄绿色是光谱色中最为明亮的颜色，而感光胶片则对蓝紫光表现得最为敏感，认为蓝紫色最亮。以上种种因素都会给正确的曝光补偿带来困难，因此，最好的办法是多作试验，在拍摄时尽可能采用"包围式曝光"的技巧。

3. 色彩学是黑白摄影的基础

过去，很多人都以为黑白摄影是彩色摄影的基础，学摄影先从黑白学起，然后逐渐过渡到彩色摄影。其实，这里除了黑白摄影相对成本较低以外，并没有什么其它的理由。要知道黑白摄影的学问并不在黑白本身，而在于对色彩学知识的掌握程度，如黑白滤镜的使用，就必须以色彩理论为依据，所以说，色彩学才是黑白摄影的基础。

4. 偏振镜的正确使用

偏振镜，也称偏光镜、PL镜。有无色的，也有彩色的；有传统手动对焦相机使用的"线偏振"，也有供自动对焦相机使用的"圆偏振"。偏振镜能消除物体表面的反光（镜面与金属面除外），能加强物体表面的质感，还能提高物体颜色的饱和度，还可以起到中灰阻光滤光镜的作用。使用偏振镜，首先应当考虑到与手中相机的适配，配错了就达不到理想的效果，甚至还会造成曝光与调焦的失误。另外，偏振镜不能在每一个拍摄方向都起作用，它必须与光源方向成一定的角度才会有效果。

第三单元　构图、影调与色彩的处理

一、学习目标

构图、影调与色彩是摄影艺术的基本语言，需要掌握其相关理论并能在实践拍摄中熟练运用。

二、相关知识

（一）构图处理

1. 将被摄者"框"起来，取景·构图

谁都知道，拍摄人像的第一步是将被摄者"框"到一个取景框中，并在框中安排好人物的位置，这便是人像摄影中的"取景"。在选取合适的景别与合适的空间位置中间又包含了另一个重要的概念——构图。

将被摄者"框起来"，这个看似简单的问题，曾令多少初学者不知所措。他们从美术中找借鉴，从构图书中搬经验。然而，最后才发现，世上没有一个现成的百试不爽、十全十美的构图方案。最佳的方案是依据摄影师与被摄者的密切配合，在拍摄过程中随机应变、临场发挥而获得的。

在绝大多数情况下，人像构图是摄影师与被摄者相互合作，协调进行的过程。这种构图方式不同于其他题材类型的摄影创作。除了个别需刻意追求特殊的构图效果外，一般说来，诱导被摄者的情绪与姿态并不失时机地加以捕捉，这往往显得比单纯意义上的构图更加重要。当然，构图本身也是离不开人物的神情动态的，而且神情姿态是构图的主要依据。人像的魅力在很大程度上不是来源于构图如何"经典"，而恰恰是在于人物本身。而检验构图成功还是失败的标准便是：人物的美是得到了强调突出，还是受到了削弱。

2. 眼睛与镜头

研究摄影的构图方法，必须从区分眼睛与镜头开始。在这里，摄影不仅仅只是个"单个视点"的问题，还有由于镜头的特性而形成的一系列独特的"摄影感觉"问题。

①不同的视觉感受

镜头观察记录被摄者的方式、感觉与人眼很不相同，其中只有标准镜头的视觉感受与人眼较为接近，其他镜头的视野与人眼的差别很大。若采用各种不同焦距的镜头去拍摄等大尺寸的人像，其透视感觉、前后景的关系均不相同。另外，人眼也不可能对人物区分出各种景别来观察欣赏，至少不会有明显的边框线限制。而用各种镜头固定机位拍摄的人像就有一个显著的景别大小问题，各种不同的景别依据它们与边框发生的关系来决定自身的构图方式。全身照由于带着较多的环境，动作也应完整，所以宜松散一些；半身照则应依据人物的姿势动态，尤其是以手的姿势来做判断；带肩的头像也必须考虑到手的位置及肩的朝向；大特写的头像则主要考虑眼神的方向，所带环境应减至最低限度，构图宜紧凑些。

总的说来，人像摄影的构图就是为了寻找到一个最为恰当的拍摄方向与最为合适的拍摄角度，以求获得一个最为理想的五官搭配比例与恰到好处的神情动态。因此，在平时的训练中，就应该努力学会用镜头，即用摄影的方法去观察与感受，将人眼的感觉转化成精确的镜头感觉。

②瞬间性

人眼看东西是流动性的，没有时间的限制。而相机的镜头则不然，它记录的是流动过程中的某个瞬间。摄影的这种瞬间性对构图起着决定性的作用。每一个造型都必须在瞬间发现并于瞬间完成。有经验的摄影家往往采取多拍精选的原则，以避免挂一漏万的遗憾，而最精彩的瞬间往往也是从反复比较中产生的。

摄影的这种瞬间性，也有力地证明摄影的构图是极其灵活，甚至是非常随意的。搞美术创作的人就非常羡慕摄影构图的随意性。如果说摄影要有一个大的发展，我想构图的随意性就是一条极好的出路。

瞬间性与镜头感觉一样，是形成地道"摄影感觉"的重要内容，它在随意性构图中经常会体现出来。

3. 对人像摄影构图的正确理解

①"窗说"、"镜说"、"对应论"及"完形"理论

只要说起构图，人们自然就会想起著名的"窗"与"镜"两种学说，这两种学说各有各的道理，但其共同点都是如何将边框中不完整的局部形象在视觉心理上变得完整起来。因为有了边框，你首先必须得将形象"框"起来，不管你是透过这个"框"将其作为窗户去看，还是将"框"变作一面镜子去反映各种形象。在这里形象势必会与边框发生联系。中国的传统理论则将"框"作"对应论"来解释，认为边框上下与天地相对应，左右与东西南北相对应，上下无穷、左右无限，画框里"框"起来的是一个活生生的宇宙，所以中国画，尤其是山水画才有那么大的气势。现在比较时髦的"格式塔"完形心理学，从科学的角度来研究人的视觉心理感受，将形象与边框发生的联系上升到人的认知结构与认知方式的层面上来读解。

然而，以上种种理论均无法真正说清楚摄影构图的确切含义与其独特的运作方式，它们只是停留在传统美术的基础上对构图作种种静态的分析。如果说对摄影能有所启发的话，也只是些"封闭性"构图能够适用；而对于摄影最大的特长——"随意性"或称"开放性"、"不规则"构图来说，则难以适用。如按照中国传统的看法，人物主要关节部位与腰部、颈部等不能被框线截去，否则会有被"断肢"、"腰斩"、"杀头"等不吉祥的感觉。而在今天的艺术人像创作中，这些随意取舍人物局部的人像比比皆是，那种务必留"全身"的做法，反倒会令人觉得愚昧可笑。

②"稳"与"险"

"稳"与"险"也是构图中常常遇到的两种不同的观念。摄影构图秉承了造型艺术的这一传统，在具体的创作中也不时地会出现求"稳"还是求"险"的问题。保守一点的做法就是寻求稳妥，如均衡、完整统一、黄金分割等；激进一点的做法便是求险峻奇特，如动感、不完整性、反规则等。其实，"稳"也好，"险"也罢，都只是个形式的问题，最终还得由内容来说话，也就是说，究竟选择哪一种方案，应视具体内容表现的需要，不可片面地认为哪一个好，哪一个不好。

③关于"看镜头"

在人像摄影史上，有一时期曾围绕着被摄者看不看镜头的问题展开过持久的讨论。很多人认为被摄者不应"看镜头"，否则会受到不严肃庄重、构图不典雅的指责，尤其是在绘画派摄影中，人物是绝对不允许看镜头的。而今天谁要是再持这样的看法，就显得可笑了。在拍摄人像时，被摄者看不看镜头，应视具体的拍摄动机与拍摄效果而定。在传统的封闭性构图中，画面内部本身便能构成一个相呼应的自足体系，人物不再需要与画外发生联系，这样一来便能产生一种审美心理上的距离感，画面能"留"住观众的审美视线，以便作长久的欣赏玩味。而在开放性构图中，人物可直视镜头，在画面中形成较强的视觉冲击力，让人感觉到画面中的人物似乎在与我们说话，其感情交流的效果是可想而知的。画面不自足、不完整，只是在画外的交流中才能被补充完整，这也是开放性构图的最大特征。与封闭性构图相比，二者在情感

表露上的特色是：封闭性构图情感表露内敛、含蓄，故而显得较"冷静"；开放性构图情感直呈袒露，显得异常"热烈"。因而，从这个意义上来分析"看"与"不看"镜头，学问就大了。

④"构图讲究"的"标准"与随意性构图

在评价一幅画或一张摄影作品时，我们常听人说"构图讲究"一词。究竟何谓"构图讲究"呢？"构图讲究"就一定是好事么？一般说来，能严格地按传统的构图规范进行创作的作品便可称得上是构图严谨或"构图讲究"，如严格地按黄金分割比例注意到画面的均衡、呼应以及形象动作姿态与边角的关系，不管采用哪一种边框样式，如长方、正方、圆形或椭圆形，都能获得令人愉悦的较完美的效果。然而构图严谨或"构图讲究"对于摄影来说未必全是好事，有时它很可能就是"构图呆板"、"保守"、"缺少变化"的另一种注解。而相反，"构图随意"，往往反倒说明了构图灵活多变，有创见性。摄影构图最忌讳的就是死板、僵硬、教条、缺少变化。因此，当您的构图被认为是最工整、最严谨的构图时，您就得小心思维的僵化与创造力的枯竭。

⑤构图就是寻找秩序

对于绘画来说，构图是在画面内建立起一个新秩序；对于摄影而言，构图是为了给画面寻找一种秩序。事实证明，早期仿画的做法也绘画实则并无二致，直到现在的静物摄影、广告摄影还秉承着这一基本的传统。从布勒松开始，人们发现了"决定性的瞬间"，即摄影画面于瞬间中所形成的视觉秩序，成了摄影构图的新出发点；人像摄影也从摆拍中吸取了抓拍的特长，其构图也变得充满动感和有生气了。但总的说来，无论持哪一种主张，构图是为了努力建构起画面内的视觉秩序，这一看法是一致的。因此，如何令观众的审美视线"畅顺"，使人物形象看上去显得不憋闭、不压抑，这就成了人们在创作中所要具体研究的课题。一些成功的经验显然是值得借鉴的，例如：保证"兴趣中心"（即视觉中心）留有活动的余地，视线前方或顺着动作方向的前方应留空等。被主体形象所分割的背景形状要能衬托出主体，人物的动作神态及画面的影调、形状、色彩、线条等要能找到一种呼应关系，人物于画面的空间位置与画面的空间分割不应妨碍人物神情动态的传达，而应以突出为宜等等。

总之，构图是一个系统的工程，不能光从各种构图样式中去照搬照套，应根据拍摄人物时的用光手段、服装、造型姿势、神态选择、作品的基调配置、影调、色彩、形状、质感、线条等各造型因素的具体表达需要，来自然地形成最具特色的构图。我们应该做的就是努力从内容的表达需要出发，去寻找能转化这种造型感觉的全新的视觉秩序。

⑥构图应体现个性特色

成功的人像摄影师，不光能为被摄者寻找到一个最为合宜的构图表达方案，而且这个构图方案本身也体现了创作者的个性特色，如构图中往往体现出一种观念或某种见解。从这个意义上来讲，构图是摄影师对各种美感的独到发现与个性化的理解，而构图上的创新，便是建筑在对美的新发现基础上的。反过来说，为了求得内容上的新表达，摄影创作者就必须赋予画面以崭新的形式。因此，大师们都追求表现手法上的特色化与风格化，并于构图的创新中不时地流露出各自的主观倾向与对生活、对被摄者的主观评价。

4. 人像摄影构图处理的一般步骤与方法

①设法充分了解你的拍摄对象

这里有两层含义：一是仔细观察、分析被摄者的外貌特征，如脸型、五官特点、习惯动作与身材特征、服饰等。二是认真了解被摄者的精神世界，如个性特征、文化修养等，因为这些是动作姿态神情的内在依据，也是构图的内在依据。这样，你就会很快找到一个比较合适的拍摄角度与初步的构图方案。可谓是大处着手，小处着眼。

②选取合适的拍摄场景

一般环境中附带着大量的有关该人物的信息，选择最恰当的环境，从人文意义上与视觉效果上都是必不可少的。不管是实景拍摄的人像，还是中性背景下拍摄的人像或摄影室中拍摄的人像，都必须仔细考虑背景因素对构图的直接影响，如应考虑空间的分割、背景的调子、装饰性图案花纹等各种形式感的相对独立性。

③选取适宜的光线、色彩与影调

光线、色彩、影调等与构图的关系也相当密切，如光线处理中的高光区，往往便是画面的"兴趣中心"或者说是人物最有魅力的地方。构图同样必须考虑到色彩配置上的平衡、影调处理上的均衡等。

④诱导情绪，令被摄者流露出自然的神态姿势，然后选取合适的景别进行构图处理

相机一架好，灯光一布置就绪，你就得想方设法令被摄者情绪放松，不断地诱导对方的情绪。为了彻底地清除紧张心理，你可以与他（她）谈些轻松的话题，边交谈边拍摄。慢慢地被摄者的情绪从酝酿到释放，就会与你按动快门的节奏趋于一致。这样，你就可以从中精选出情绪最为饱满的一个镜头，作为你这次工作的成果。

这里需提请注意的是，选取大特写的景别时必须慎重。因为在大特写中，画部细节被暴露无遗。而十全十美的脸是不见的。对于女性来说，为了避免那些细小的缺陷被夸大，一般拍摄特写时均需精心地化妆，并且不能露出太多的化妆痕迹。这时采用柔和的顺光照明或加用一些必要的柔光工具是可取的

（二）影调处理

1. "三位一体"的光、影、调

在人像摄影中，画面的形象是凭着光与影的有机组合来体现的。严格地说，是靠受光照的人物在感光材料上结成的影像来体现的。由于被摄者及其环境、空间、道具、背景等的立体结构，使得其受光的一面与非受光的一面呈现出一定的明暗差异性，这便成了影像中的影调关系。

很显然，影调成了摄影区别于其他艺术的一个重要标志。在造型方面，影调能暗示出画面形象的立体形状、画面的空间深度、画面视觉秩序及其运动感、节奏感和画面情绪气氛等，形成摄影画面独特的视觉冲击力，这是构成画面整体情调（基调）的

主要因素。而从视觉心理的角度看，影调便是情调。所以说影调是形成摄影艺术的独特美感的重要因素之一。

2. 影调"还原"——准确纪录被摄体

影像通过不同程度的明暗（影调差异特性）来准确地刻画被摄体的立体形状，这是影像对现实的一种："复原"。但这是有所选择、有所评价的带有主观表现成分的刻画与还原。为此，影调处理必考虑以下因素的存在，并据此有计划、分步骤地加以控制。

①胶片能按比例地纪录被摄体的亮度范围。

②相纸能够体现出的影调范围及其每一级影调与细部层次的关系（比如如何在处理高调人物时不失去细部层次）。

③曝光量与光比、影像反差及其层次的有效控制。

④体现在画面中的影调的有效观赏范围。

⑤最有表现力的影调范围及其影调质量。

⑥在取景框内审视各部分的亮度，较准确地预见画面影调配置效果，并针对各部分因反光率而造成的亮度差别加以整体上的设计与调整，如对背景、服饰和道具的选择配置以及光线效果的重新调整。

3. 影调的分离与组合——艺术化处理方法

影调是一种重要的造型语言，由于影调在视觉心理上是一种空间、秩序、情绪与力量感的暗示，所以影调的配置处理必须从理想的空间分割、秩序的均衡。节奏的和谐、视觉刺激的强调需要及其美感类型与效果的选择出发，即影调的处理必须是合乎艺术目的处理。准确地区分出被摄物体的影调层次，还只是摄影技术的最起码的要求；而按照艺术表现的要求，则必须对画面的影调作进一步的分离，进行艺术的再组合，创造出鲜明有力的艺术形象来。要艺术化地处理画面的影调，就需要对画面中影调分布规则、作用方式作一番较为系统的分析研究。

①影调的配置原则——"均衡"、"透气"和"活"

影调在构图中的总体要求就是配置上的均衡。一方面，封闭性构图的画面，其上、下、左、右的视觉地位均不相等，上与"天"相对，下与"地"相应，而其左右又受到人们的观赏习惯的制约。因此，影调在画面中的分布将对画面的最终视觉效果产生显著的影响。另一方面，影调本身具有轻重感，浅而淡的影调在视觉上显得轻柔飘逸，有扩张的感觉；深而浓的影调则显得较厚重凝滞，有收缩的感觉。我们在影调的分布配置上，必须充分考虑到这些因素的作用。

一般情况下，浅淡的影调在画面的上部，深暗的影调在画面的下部，会显得比较稳妥。反之则有头重脚轻的不稳定感。这些年，不少"发烧友"喜爱将主体周围的影调"烧"黑，但往往由于天空或画面上半部分被压得太黑而导致影调在整体视觉感受中失去平衡。

其实，大块面的单一影调本身就容易失去均衡感，可以用小块相反的影调去平衡，也可用少许灰调使之"透气"。如大块黑影调可用少量的白去"破"一下；大块白影调也可用小块面的黑去"压"一下。总之,摄影画面中不该出现死黑、死灰或死白的影调布局。影调应当是"活"的,是明中有暗、暗中有明。

②影调的调整

影调除了有轻重的感觉及由此派生的沉寂与飞动的感觉外,还具有相同相似影调间的吸引感与相反相异影调间的排斥感。因此,我们可以根据需要,进一步按照影调的类别来进行调整。如表现相抵触的情绪时,可以用"物以类聚"的力量归类方法来加强这一效果。

由于受视引导线的诱导暗示作用,影调还具有一定程度的方向感,这主要是由于影调的"进退"感造成的,它往往能暗示出影调内部空间的存在。当主体人物的视线转向背景时,我们的审美视线便会不由自主地受其方向的制约,将很大一部分注意力分配到画面的背景处。此时的背景应有可供审美视线停留的对象或延伸的空间存在。这类背景应处理成有变化的,能给人以深远感觉的影调。

③影调的内部细节处理——"详写原则"与"略写原则"

影调的内部细节是决定影调活力的主要因素,但是影调内部细节的增与删、详与略,应视整体需要与最自然而非人为的摄影感觉来决定。其中至少有两种方案可供选择:一是当画面由相近的影调构成时,则务必求得影调内部细节的丰富多样。从简单的影调构成中求得无限丰富的中间层次的表现,使影纹以丰富细腻、变化微妙取胜。我们常见的许多爱好者拍摄的高调照片很不错,只是衣服的细部纹理都被"吃白"吃掉了,表现力自然也就被削弱了许多。二是当画面由相反影调构成时,此时不必苛求影调内部的细节毕现,而应着意于影调关系中的对比意味,以求得简洁、明快、有力的影调构成效果。这种在对比中求表现力的方法,可称之为影调"略写原则"。

④影调价值的评估与强调

影调的审美价值尤其以面积的影响最为突出。这倒并不是说其面积越大,价值就越高,实际情况恰好相反。在明暗交界处,暗画面中的小面积亮调轮廓与亮画面中的小面积暗影调轮廓,在造型上都具有相当重要的视觉地位,称其为影调中的"黄金"也不过分。其实,这都是摄影的差异性原则的具体体现。因为在这里至少存在着两个方面的差异。因此,我们可以利用这一差异性原则,提高画面主体影调的视觉地位,增加其审美价值。根据差异性原则创作出来的画面,其影调具有干净、明快与响亮的美感特点。

⑤关于影调与画面基调及其美感类型的分析

现在,谁也不会怀疑影调与情绪之间的对应关系了。就拿画面的感情基调来说,它主要取决于统领整个画面的主要影调的性质。高调画面给人飘逸柔美的感觉,适宜表现俊俏秀丽的青春女性;低调画面则透露出沉郁威严的感觉,适合表现刚硬沉稳的成熟男性。全影调的画面由于没有明确的情感表达意向,因此它在表达情感方面的特性远不如高调、低调那样明显与外在,它更多地取决于形象本身的情态。

下面我们对影调的各种配置及其所对应的各种美感样式进行一番近似的定量分析。例如我们将影调分为十一级,以"0"至"10"来表示,其中"0"级表示全黑,

"10"级表示全白。那么"5"级便是中灰调，如果画面主要以三个级别的影调来配置，那么面积最大的一块便构成画面的基调，而另外两级影调则与之构成一种对比的模式，如"8"级白占画面的90%，"9"级白占画面的8%，"1"级黑占画面的2%的构成模式，便是一种典型的高调，其中局部的对比能给人以更加明快的感觉。又如"2"级黑占85%，"9"级白占10%，"1"黑占5%，这一模式，是较为典型的低调，大块黑调中的小对比，更能反衬出人物的威严神态。而像"5"级灰占画面的80%，"9"级的占画面的10%，"6"级灰占画面的10%这一模式，大块灰影调中明显地衬托出小块的亮调，则画面能给人以一种高扬的充满希望的感觉。总之，影调与情感的对应关系是能够加以充分研究与充分利用的。

⑥阴影的处理

阴影在影调中占有很大的比重，由于它的形状特征明显且容易控制，因而它在影调处理中往往相当重要。形状轮廓分明，含义明确的阴影能够给主体增添动感与情绪色彩，并能形成新的视觉节奏而活跃画面，反之则给画面带来一种难以捉摸的神秘感。许多摄影大师都有这方面的拍摄经验。例如斯蒂格里茨就曾经对阴影的造型作用作了大量的实验。并在他的作品中巧妙地加以运用。他拍摄的人像一反传统的特点，给人以神秘莫测的感受。美国现代摄影大师佩恩在拍摄毕加索时故意让画家穿着黑风衣、戴着黑礼帽，并让大半个脸躲进竖起的衣领里，再加上帽沿投下的阴影，画面里便只留下了一只炯炯有神的眼睛。

4. 影调处理的内在依据

影调处理的各种方案都有一个内在的合乎逻辑的依据。在这方面，摄影大师们的一些做法给了我们不少的启示。P·哈尔斯曼在拍摄棋圣B·费希尔时，就是从黑白棋盘上得到了启发，找到了影调处理的内在依据，他将棋圣拍成一半白一半黑，这就形成了与棋盘相类似效果的影调。A·纽曼在拍摄著名音乐家斯特拉夫斯基时采用了大胆而鲜明的构图样式，通过人物影调与钢琴影调的相似性处理以及影调面积上的强烈对比来达到异乎寻常的惊人表现力。由此可见，影调的处理不只是一种纯形式的处理，更是一种融贯形式与内容的系统化处理，它必须与作品的表现对象有机地结合起来考察研究。

（三）色彩处理

色彩是宇宙中的可见电磁波通过眼睛作用于大脑的一种刺激反应。到目前为止，人们对于色彩的认识还仅仅是个起步。谁都难以记住一个准确的色彩。而事实上，观赏环境不同、自然光线早晚、强弱不同，色彩也就会发生相应的变化。另外，由于我们每个人的生理、心理的素质与身体状况不同，对于色彩的感受也就很自然地呈现出个性上的差异性。因此，色彩永远是相对的，色彩感受只有在具体的环境中，在相互比较中才能得以稳定与确立。

毫无疑问，用色彩来表达情感，是一种最大众化的方式。可是艺术创作决不能满足于这种色彩的自然的与逼真的再现，艺术创作中必具备抽象的表现性的成分。而色彩的处理又势必受到社会因素与个性因素的制约。

1. 色彩处理中的误区

色彩最能体现一个人的艺术个性，同时也最易反映出艺术处理上的毛病。我们常常能根据一幅照片的色彩感觉来断定这位摄影家的文化层次。彩色摄影关键就在于对色彩的理解与运用，即用心地去控制处理。所谓"用色"，就必须有明确的意图与实施手段，并于最终达到目的。

就目前的情形看，人像摄影用色的误区主要在于以下四个方面：

①用色太杂、不加选择，是导致平庸、缺乏色彩感觉的根本原因。

②为了刻意追求色彩强烈的效果，全用饱和色，结果反而削弱了色彩的表现性，降低了主体色彩的质量与品位。

③缺乏"用色"的内在依据，仅仅是为了"好看"而用色，误认为颜色越丰富越好，结果显得矫情做作。

④不注意曝光对色彩表现的影响及衡量色彩表现程度上的心理化因素，终究得不到令人满意的色彩效果。

2. 色彩处理中的格调与基本要求

古人论画常以品位来区分高下，其实，摄影作品同样存在着格调的问题，这在色彩处理方面体现得尤为突出。因为色彩配置最能反映出一个人的情趣爱好与文化档次，其格调有雅致与俗艳之分，趣味有高尚与低级之别。

对于以刻划人物本身为目的的肖像艺术来说，无疑，形式越单纯，形象就越饱满，其微妙之处也就越能充分显现。任何花哨的形式，都会有碍于形象的准确与深入的刻划。可是，对于商业人像来说，由于人像仅仅是某一种美的符号，人物个性已不是最重要的因素，因此，往往可以拍得更花哨些。当然，这并不等于说商业人像可以不讲究用色，其实商业人像倒是很注重用色上的准确性与鲜明性的。与艺术人像所不同的只是用色的依据不同。

用色最起码的要求是干净。轻柔明快也好，沉重凝炼也罢，干净是最起码的。很显然，用色随意杂乱，色彩就难以干净，画面也就会失去色彩表现的重点与中心。许多人好用种种色光，但真正能处理得恰到好处的却不多。倘若不知道色光会对面部色彩还原与表现造成影响，也不了解用色的依据，那么这色光本身便是做作的、多余的和有害的。花花绿绿、刻意雕琢，只会在视觉上带来低级庸俗的感受。不管头发变成了什么颜色，不是自然的颜色就会让人感到不舒服。关键的是脸部受色光照射后会因夸张失实而给人以轻率浮夸的感觉。而在明暗交界处与暗面将会出现很不干净的复合色。因此，面部最好不用色光。

过分地用色和故意地用色彩来取悦观众，都会有损形象的表达，从而降低色彩的格调。应当想方设法让观者的注意力集中到人物形象上来，而千万不可用过多的色彩来分散观者的注意力，在这里，最基本的要求就是用色要慎重、简洁和有依据。彩色人像摄影究竟是表现色彩本身，还是以色彩来加强形象的表达，个中道道，不言自明。不管怎么说，色彩永远是表达的手段，它必须服务于形象的刻画，形象的刻画才是最终的目的。

第四单元 人物性格的表现

一、学习目标

通过对人物的形态、神态、质感与立体感的认识和把握，掌握其具体的表现方法，来达到真实、形神兼备地塑造人物性格的目的。

二、相关知识

(一) 人物的形态与神态

1. 形与神的关系

"形"一般指人物外在的体形、容貌、动作和表情，也叫形态。

"神"一般指人物内在的气质、性格和情感，也叫神态。

形者，神之宅；神者，形之主。形神二者，互为依托，缺一不可。在艺术创作中，只有"形神兼备"的作品才能算得上是优秀的作品。作为一个人像摄影师，必须首先认真地研究被摄者的气质特征、性格类型、兴趣爱好、所从事的事业及其成就等等。从其脸形、身体、说话时的神情举止中概括其个性印象。看他们的面孔属于哪一种形状，体形属于哪一种类型，适合于哪一种方式去表现，是否还存在某种缺陷。除此之外，你还应看到被摄者是否因为在镜头前太紧张而失去了常态。你应当适当地加以安慰，耐心地启发诱导，令其保持轻松愉快的心情。一般地说，即使是没有任何缺陷的面孔、身材，也不是每一种姿势与神态都适合于他。你得细心地加以选择，直到镜头中的效果满意为止。有时，在充分了解被摄者个性的基础上，你可以尝试用中国传统的审美方法，如用象形会意的设计来展示你对被摄者形神方

2. 形态的选择

一般说来，被摄者的外形条件好，神态也就容易拍得美。这里有两层意思：一是指被摄者本身的自然条件要好；二是指形体的控制要得当。形体控制不得当仍然是不美的。我们所说的被摄者的外形条件要好，也并不是绝对的，许多外形条件并不怎么样的被摄者也同样能被置于人像艺术之林。关键取决于其外貌形态能否恰如其分地反映其内在性格特征，亦即形态要服从于神态。只要神态及其内在的精神动因是美丽的，哪怕外貌有缺陷，也应当算是美的作品。

3. 关于变形

"变形"常被用于各种艺术摄影，有时也被用于人像摄影。变形可以强调创作者对表现对象的某种特定感受，在人像摄影中就是为了突出某种神态，表现人物的个性，传达某种独到的感受。变形与写真，都是为了准确地传达作品中的"神"，而变形则更是对"以形写神"的认同与发挥。如果没有目的、不假思索或纯粹地为了猎奇而滥用变形，那就实在要不得。对于一个真诚的艺术家来说，表现内容的深刻远比表现形式的新奇来得更加重要。在艺术世界里，没有什么比思想的贫困更可怕了。

4. 神态的重要性

绘画最难的事，就是画出精神。没有"神"就不会有生气，画就"立"不起来。人像摄影同样必须注重神态的处理。神态处理得好，画面中的人才能是活生生的、富有个性的具体可感的人。如果说人像摄影只是摆摆姿势，那就容易多了。事实上，人像中最精彩的部分，还在于神态的真实与完美。姿势易摆，神态难抓。过去的艺术人像曾一度为了"思想"而装"神"、找"神"，将人物变成了"时代精神的传声筒"，而在揭示人物真实内心世界的深度与广度上则大受局限。而今某些商业人像中的唯美、唯利所造成的"取貌遗神"的做法，在一定程度上也影响着艺术人像摄影的创作。艺术人像摄影的首要任务是刻划人物的内在气质及神韵，在体现被摄人物个性的同时又要表现出摄影创作者的个人感受和创作特色。一般地说，艺术人像对外貌的要求并不高，不过因为创作的对象是人，且谁都不会反对将自己拍得更美些，所以，商业摄影中的一些美化技巧也常被用于艺术人像摄影，但这些手段的运用只是为了更好地表现其内在的性格，而不能因此"取貌遗神"。

5. 神态的选择

严格地说，任何人物的每一个瞬间都有一个特定的神态，但并不是每一个瞬间的神态都适合你的表现意图。如果你想表现少女含蓄美的神态，那么在图4.8、4.9、4.10中，只有图4.10是最适合的的。神态处理的真正含义就是神态的选择。比方说，在商业人像摄影中"笑"是人们能够普遍接受的一种被认为是较美的神态，但是在生活中就有许许多多的姿势与神态被认为是不雅或不美的。也就是说，人们普遍理解的美，必须建立在人类行为准则的基础上，它要受到来自于传统、道德、风俗习惯、宗教信仰等多方面的制约，因此，摄影者在按快门前必须动动脑筋，作一番选择。

图 4.8　　　　　　　　　图 4.9　　　　　　　　　图 4.10

选择神态，当然是以最能反映人物内心世界，或者说是创作者对人物内心世界某个感触最深的方面为依据。简言之，即个性是神态的依据。成功的人像，必须能突出人物的个性，同时也要能体现创作者的个性特色。可以说，个性是艺术的命脉。人是社会的人，其行为必定会受到诸多约束，因此，一般成人的文饰心理较重，像层层浓雾罩住了庐山真面目。摄影者应当拨开这些雾障，卸去任何伪装，善于从不同的神态中发现最能反映其本质特征的神情动态。选择神态，就是要在立意上体现出一定的深度，而不只是取其表面现象，拍个"假面具"而已。当然，商业人像以商业为目的，重在外形的美与取悦于人的神态，并不存在"假面不假面"的问题。但艺术人像，最好能触及到人物的灵魂深处，能透过形态、神态各异的外表，准确地捕捉到人物的个性，从而传达出一种思想或一种感受来。

6. 神态的处理方法

熟练的技术、灵敏的反应，固然能捕捉到许多精彩的瞬间，但倘若对这些瞬间里的神态缺乏深刻的理解。与即时的领会，那么再有意义的神态也会失去深刻性。工巧的技术能确保神态的生动，可它却不能保证是最高境界的神态传达，只有在各种神态含义方面下功夫，努力去辨别真伪，领会其内在的动因及深广的人文背景，才能更为准确、更为深刻地去处理神态。

①读解人生——"意求"法则

只有"读万卷书，行万里路"，才能做到"世事洞明"、"人情练达"。摄影艺术创作，同样必须努力加强摄影者个人的艺术修养。因为所有的传世杰作都是基于创作者对宇宙人生的读解领悟，基于对生命的尊重与热爱，基于对现实关系的深刻理解与把握，基于对下层普通劳动者的关怀与同情，基于对贡献杰出者的景仰与爱戴。从哈尔斯曼的《爱因斯坦》中，科学家得知原子弹爆炸后表现出的对人类命运的担忧，到前苏联维克多·科诺诺夫的《海魂》中的老水手的憨厚的笑容，到李晓斌的《上访者》的控诉，这些令人难以忘怀的神态，无不被真诚赤热的爱心浸润着，从中我们似乎看到了人道的精神和力量。的确，"爱"是永恒的主题，而检验艺术的总的标准应当是：真、善、美。艺术人像中的神态处理自然也必须以此为原则。

②成功者的经验

拍摄前观察研究、熟悉了解被摄对象，几乎是所有人像大师最为一致的作法。因而他们能够真正领会被摄人物各种神态的准确含义，以及隐藏在这种神态后面的个性、气质等内涵因素。正是由于这样的原因，他们拍出的人像就显得格外的真实自然、亲切感人且富有个性特色。

一般说来，被摄者在轻松自然的时候，或者在毫无戒备的无意识状态中，其神情动态往往最能反映他的内心气质与个性特征，这时候的神态是真性情的透露。而一些著名的人像摄影师也往往采取一些辅佐性的手段来取得成效。其中有的主张将人物放到其活动的具体环境中去，有的则主张完全除去人物以外的包括环境在内的所有因素。不少摄影家在诱导被摄人物神态的心理动因方面有着各自的绝招，有的设定某种特定的动作，有的则设定某种特定心理所发生的环境。如哈尔斯曼曾让人物蹦跳起来拍摄，据说所有的人在这种游戏面前都会自觉地脱去所有的伪装。而欧文·佩恩则将人物推到墙角里拍摄，使人物"无处可逃"而不得不"束手就擒"，向着镜头"投降"。安妮·莱博维茨则挖空心思来设计她的被摄者的行为举止，从而使得人物的心灵得以最大限度的外在化表现。

拍摄名人或人们心目中最亲近的人，相对来说要容易获得成功。卡什、哈尔斯曼所拍摄的几乎都是名人，其中自有些奥妙。仔细分析起来，也不足为怪，因为名人本身便是个兴趣中心，他们的一举一动都会受到人们的普遍关注。而拍摄人们心目中最亲近的人，如母亲、父亲、兄弟姐妹一类的形象，这会促使欣赏者不由自主地联想到自己的亲人，因此也容易产生共鸣。抗美援朝时期，阙文的一幅《我们热爱和平》，曾给多少战士以鼓舞；罗中立的油画《父亲》曾给多少人留下不灭的记忆。肖像油画能达到的深度，其实人像摄影也能达到。只是绘画创作中对人物形象的概念性把握要比摄影来得更自觉些。捕捉各种神态表情，对于摄影来说是轻而易举的事，可是如果要在对人物总体把握的基础上去选取最典型的神态表情，就显得比较困难了。除了分析研究被摄者外，大师们在创作时一般也采取"多拍精选"的方法。从所纪录的各种姿势表情神态中挑出最合适的一张。

当然，我们向大师们学习，向名作学习，应当努力学习他们独特的能发现美的眼光、艺术创作的激情及献身忘我的精神，从中获得某种程度或某个方面的启迪。

③有关捕捉神态的操作

我们在欣赏一幅人像时便会发现，画面中的每一部分、每个细节及每种视觉元素，对于画面的整体感受都在不时地发生着影响。因此，在创作时，一旦确定了作品所要表达的内容与表现的方式，即确定了画面总印象后，便要对构成画面的所有成分进行审核筛选，如背景是否适宜，色彩搭配是否合理，影调是否谐调，视觉引导线是否突出等等。当你对这一系列因素考虑停当后，便要根据画面总体的设计来选择主体的神情动态了。然而这仅仅是个理想的方案，事实上拍摄时情况复杂万变，摄影者必须机智灵活，能随机应变。但不管怎么说，首先充分地研究被摄者，并据此确定画面的整体感与整个实施方案(如构图、布光、用色、背景处理、动作设计等)，是所有人像摄影师最常采用的方法。在这里形神的处理是同时进行的，在形态设计里已包含了神态的处理，并且形态的设计是以神态处理为内在动因的。

此外，在拍摄时，你必须注意到被摄者神态的微妙变化，这个瞬间与那个瞬间往往存在着一定的差异，而大部分相机的快门动作，从触发开启到闭合完成的整个操作时间并非就等于实际快门曝光所需的时间。并且快门本身也有个"有效快门时间"问题。因此拍摄时你必须有意识地给予一个曝光的"提前量"，方可不失时机地捕捉到那个最佳瞬间。给"提前量"的标准应当根据被摄人物动作的快慢、神情的发展状况来确定。每个动作、每个神态，都有起始发生、发展、高潮和尾声这四个阶段。含蓄的动作神态来得迟去得也慢，而奔放的动作神态则来得疾去得也快。在按快门时，必须事先考虑到这些因素的存在，做到心中有数,临场不乱。

(二)摄影师要有发现外在美、内在美和组织美的能力

人类社会里，爱美之心，人皆有之。美又是到处存在的上至天文地理，人伦，下至平凡小事具体事物，精神的、物质的、行为的，美总是以具象和抽象的形式反映出

来。人也是如此，人的形象是天生的，性格气质等是后天形成的，十全十美的人是不存在的。但人可以通过增加美质，创造美姿，给人们带来美的享受。人的真实情感，轩昂的气质，潇洒的动作，堂堂的仪表，和蔼的表情，高雅的举止等等，都反映出一种美的形象。但所有这些美又都是和丑比较而显示的。无丑便无美，正是如此，便有了人类的不同审美标准。作为摄影师，一个塑造人物形象美、行为美的工程师，要掌握和提高审美标准，以正确判断出美与丑的区别，首先就要有一个善于发现美的能力。艺术大师罗丹曾说过：美是到处都有的，对于我们的眼睛，不缺少美，而是缺少发现。摄影师的职业是表现人，研究的对象也是人，那么就要以人为挖掘美的对象。譬如，拍照人物容貌，一个人的容貌不同，一般都有较好的一面和相对不足的一面，那么锻炼摄影师的眼力就是摄影师如何通过个人的观察与选择，将美的一面展示在人们面前，并得到认可。拍人物全身照也如此，人的身材有胖瘦、高矮之分；体形有均称与非均称之分；人的感觉有苗条、健壮、臃肿之分等等，摄影师就要从这些体形中，善于发现美的角度，美的形态，或修饰或掩盖或变换，发挥摄影造型作用，使之再现美。成功的人像作品中，最关键的一点就是摄影师善于发现人物最美的一面。要做到这一点，首先要求摄影师：要不断加强美学知识学习，开拓视野，借鉴其它门类艺术特点，充实创作素材，使个人的艺术鉴赏力得以提高。其次要善于在生活中寻找美的闪光点，如人物的举止、言吐、表情，不同人物性格特点，其人物行业特点，不同年龄人物内在气质变化等。同时还要锻炼摄影师与被摄人物的交往能力，善于交谈，善于启发，善于捕捉人物表情瞬间变化，这是创作中不可缺少的情感配合。可以说，发现美摄影师就有了创作基础。另一方面，摄影师还要有善于组织美的能力。多美的形象和美的闪光点，如果不善于组织，也是表现不出美的。组织美的手段很多，主要有如下几个方面。

一是摄影师自身的创作情感。即通过摄影师的情感调动和引导对方情绪，使双方达到情感交流，易表现人物情绪美。

二是摄影师要有镜头感。即通过镜头的观察决定画面的容纳范围。对人物姿态造型，以镜头的位置和取景视角的感觉体会人物较美的一面，这种感觉是其它方式或位置所体会不到的（除此还有其人物空间感、相机角度的变化）。

三是要掌握光线造型的技巧，即不同光效，不同姿态，配合不同光影，以不同色调、影调表现人物美。

四是要有人物造型技巧。即根据不同人物的性格、气质、安排人物姿态。

五是要善于弥补人物的缺陷。如人物面容、体材等存在的不同缺陷或不美的部位，能通过各种手段，如镜头角度或人物角度的变化，服饰的掩盖，人物的投影，姿态的选择，情绪的变化等加以修饰。

六是要充分运用人像摄影构图的表现形式塑造人物形象美。如利用人物的形状设计图面关系。如人在画面中不同的位置，背景的亮暗变化，面貌的层次质感，立体感，人物的可视变形等。又如利用线条的划分形式和语汇表现人物的稳定感、威严感、活跃感、平静感及人物的信心、力量等情绪感。再如利用摄影构图的基本形式表现人物美。如圆形构图、三角型构图、S型构图、对角线构图等等。其它还可利用趣味中心点的最佳位置，摄影位置(距离、方位、角度)以及节奏感等。

总之，组织人物美的能力表现在多方面。摄影师只有在实际拍摄过程中，不断提高发现美和组织美的能力，才能为成功的表现人物形象美、性格美、气质美、精神风貌美等诸因素来为表现人物的性格创造必要的条件。

(三)摄影师要正确掌握人物形态的表现方法

人物形态主要包括人物的容貌、形体动作和表情。用摄影造型的手段塑造人物形态时，一般从下述方面去表现。

1. 人物容貌

①自然容貌：人物面容不化妆，根据人物面型，调节面向和拍照角度。一般讲，胖人宜稍侧或侧；瘦人宜正或稍侧，重在五官表现，突出人物神态，表现人物双眼最突出。要求是神态自然、面型对称均衡。

②化妆容貌：自然美的妆素，宜淡妆，生活妆，腮红、口红不突出，眉毛略加修饰，粉底不明显，不带假睫毛，整体效果接近自然，不夸张。可适当弥补皮肤上的缺陷，要求是干净柔和，线条较为清晰。较多表现在儿童男性或老人。装饰美的妆素，常指浓妆，粉底明显，口红、腮红突出，眉毛细修，眼影唇线明了，带假睫毛，整体效果夸张，装饰性强。要求是，线条清晰，面容洁净，不走形。较适合年轻人，尤其是少女。但应注意人物不同脸型、年龄和气质性格。能表现人物的造型美，并常常伴以人物发型的设计。同时还要符合拍照要求。

③镜头使用：表现人物容貌。拍照距离较近，多表现人物大半身半身或特写，因此宜用中焦镜头，如焦距50—105毫米以下，人距镜头约1.5米左右。否则过近或焦距过短都可造成人物变形。慎用广角头或长焦头。基本要求是影像清晰，变形小。

④拍照角度：拍照人物容貌，角度不宜过大，一般常用平拍或略俯仰角度。否则变形失真。特殊拍照时，慎重选择大角度拍照。对于人物容貌需做矫形处理时，适当调整角度。一般讲，高角度能产生人物面形上宽下窄的感觉，使人显瘦。低角度能产生人物面形下宽上窄的感觉，使人显"胖"，同时人物五官变化明显，拍照时应注意，无论是平拍或俯仰拍，应是角度灵活运用，选取人物面形最佳角度。

⑤拍照光线：一般情况下，拍照面容，光线常用如前侧光(三角光)、侧光、侧逆光、顺光或加装饰光等，光比在1:1～1:4范围内，灯具角度不过大，不使用怪光。特殊情况下，使用较为复杂光线或单一光线，但应从人物当时拍照气氛或周围环境考虑，表现人物当时的心态，光比可做调整。

⑥后期修饰：对于人物面容的底片、照片要修饰适度，运笔得当。能基本保留原人物肌肤纹理。一般讲，少年儿童的照片可细修饰，突出肤色柔润细洁；中青年的照片略加修饰，突出肤色微红感，健康感；老年人的照片适当修饰，突出人物肤色棕褐感，保留质感、层次感和自然性。基本要求是：区别人物，笔纹入肉，过度柔和，保留质感，自然统一，突出美感。

2. 人物形体动作

共性一般造型，基本要求是：自然协调，不造作。它包括人物的面形、手臂、胸、颈、腰、背、臀、腿、足及人物的面向，体态的协调等。

①利用角度造型：利用人物角度的变化，选择人物较美的一面。它主要包括，正身正面——表现人物庄重、平稳。侧身侧面——表现人物侧面形象的美感和线条性。正面左右侧身——表现人物正面形象和略做变化的姿态。正身左右侧面——表现人物侧面形象和气质。双肩高低平的变化，腰胯变化及俯仰变化——表现人物姿态、线条，突出变化，动态感以及纠正人物形体某些不足。

②利用手势造型：利用手势的变化，配合躯体能增强人物的性格感，协调画面构图。手势包括：单双手支撑头部，双手互握或交叉，握拳、屈指等；手臂包括：双臂的交叉，前后摇臂，上下依托，依靠饰品，手托各种饰品（花、书、烟、杯等），手和手臂所起的作用为：均衡画面，半身、大半身、全身照时，手做为身体一部分，利用手和手臂做造型最为重要。当人物身体的造型出现空白之处，它可以进行弥补；当表达某些语汇时，它可协调点缀；当展示人物特征时，更离不开它的表现。丰富姿态，通过手和手臂的动作，表达人物当时的神情。手拿某种物品，可以说明某些情节。人物的姿态往往借助于手和手臂的动作，掩饰不足。人的面容或脖、胸等处的不足之处，往往借助手和手臂做必要掩挡。表现手和手臂应注意它们的形状，不宜表现出如断、散、勾、直、硬等。一张照片如果忽视它们的作用或形状往往会遗憾的。

③利用距离造型：拍照距离的变化，形成不同的视觉感、空间感，它是协调人物神态表现的主要条件之一。距离能够形成人物的特写照——人物头部或某一部分，突出五官，重在眼睛的刻画；人物半身照——人物胸部以上，重在人物神态的再现，同时注意人物肩、颈的安排，人物大半身照——人物臀部以上，重在人物姿态表现。突出人物面型、肩部、腰部和双臂。宜配合陪体、环境气氛等塑造人物形象。人物全身照——表现人物整体效果，突出人物体态，宜表现人物以线条为主的体态美。拍照时需注意人物的脚姿，如T字型、交叉型、高低型、前后式等，要与身体保持其协调性、自然性，不宜过分夸张。

④利用线条造型：线条是构图的重要条件之一，自然线条、美的线条可以增加画面美感。如胖型宜表现垂直性，宜以暗色线条为主；瘦型宜表现平行性，宜以线条为主的体态表现；体态均称型宜表现起伏性，富于变化。线条的表现常用对等、非对等，起伏性来说明。对等的线条表现为五官、肩膀、手臂等部位以左右对称形式出现，如字母形状的A、O、H等。它给人以平稳、规则、庄重感。非对等的线条表现为人体各部位的高低、错落，左右不对称，如字母形状的L、F、G等，它给人以不规则、活泼、不呆板、有变化感。起伏性线条表现为人体各部位的凸凹不平、屈体变化等方面。如字母形状的S、W、R等，它给人以变化不定、迂回、上下跃起、柔和之感。如人物侧面头像，女性的斜胯、人物的卧姿、斜靠姿态等都属于这一类线条。

⑤利用静感造型：它是由摄影师按照对方的意愿安排人物造型，在静止的情况下拍照，特点是易完成造型目的，摄影师考虑比较周全，往往对方也较容易达到个人的

意愿或想法。静感的体态一般比较端庄、稳定，有依托，但起伏感不大，表情较平静。

⑥利用动感造型：即摄影师在对方连续或不固定的姿态变化过程中按下快门，以取得人物各个不同的体态变化瞬间。它适合具有一定表现才能的人物。它易表达人物个性。通过人物动作的虚实相映，体现一种自然、真实感。它的不足之处是细致部位不易处理，易留遗憾。它要求摄影师要熟悉使用照相器材，善于捕捉人物最佳角度和神态。

⑦利用服饰和色彩造型：服饰和色彩的变化，可反映人物的性格特征，它是人物造型的基本条件之一。一般讲，表现平静宜用素色服饰，表现热烈宜用暖色服饰，表现低沉宜用深色服饰，表现冷峻宜用消色服饰，人物缺陷或不足需用服饰掩饰。服饰的造型还可增加画面美感，还为人物造型增加时代气息。许多人物的职业性也可通过服饰来体现（如工人、学生、军人等），服饰中的领口大小，开口高低，长短、不同的裤式、裙式、紧身衣、不同图案式、条格式等，色彩艳丽的童装，婚纱礼服的洁雅与高贵，西服的气派，便装的随意等等，这些都为人们的体形表现提供了可塑条件。也可以说，只有个性化的服饰，才能烘托人物个性。但应注意，服饰及色彩的选用不应削弱人物形象，它只起到烘托人物形象，突出人物精神面貌的作用。

⑧利用陪体造型：陪体是画面构图的基本因素，也是帮助突出人物形象，完成画面构图的手段之一。陪体是指画面中一切与人物相关的各种物品或道具。使用陪体的目的是为了增加画面环境气氛，形成空间感或反映人物某种特征。如儿童喜欢的小道具，女性手捧一束花，男性的持烟风范，军人的头盔或持枪，背景点缀的床桌椅等。陪体的使用要与人物有直接联系，要自然协调得当。它的安排能够使人物形象更加光辉。而不能喧宾夺主分散注意力，要尽量简洁画面。必要时，忍痛割爱也不失为一种好办法。

⑨利用体态造型：利用体态造型，能增加人物的造型美感，可协调人物表情。一般情况下，胖型人体态以稳为主，站、坐拍照均可。瘦型（不宜暴露过多）可适当有动作。体态均称者，可配合神态选择不同体态。除此，常见的形体造型还有如休息状、看书、学习、交谈、追忆、展望、沉思、舞蹈、弹琴、表演等等。不同人物，不同的体态，要区别选择并结合拍照创意构思进行造型。

⑩利用职业造型：不同的职业其人物体态造型也不相同，要善于利用不同的职业造型表现不同的人物形象。比如表现共性方面有：知识分子学者的平静造型，军人的机警造型，文化名人的潇洒造型，干部的沉着造型，农民的憨厚造型。医生护士的聚精会神的造型等等。共性中的个性又表现为每一职业中个人的不同性格，也可利用职业特点再现对方的姿态造型。

⑪利用年龄造型：人物造型不能千人一面，必须要有针对性拍照，不同年龄的人物，造型不同，只有区别选取，才能做到人物姿态造型自然，不造作。如拍婴幼儿少年儿童可选择活泼动作抓拍，青年人可选择平静、活泼、低沉等多变姿态摄取。而老年人可选择沉稳、开朗、和蔼的形态做安排。这种年龄的不同，使人经历

各个时期个别习惯、思维方式都不同。因此应避免儿童的成人化,年轻人过于老练化等倾向。

⑫利用性格造型:突出人物的性格感,要配以姿态的变化,即不同性格由不同姿态表现。比如,活泼型的,动作姿态偏大,可略作夸张,画面的安排变化也大。平稳型的,动作姿态小,手臂、腰腿动作不夸张、画面造型变化也小。善于表现的人,宜拍动感性,线条性照片;不善于表现的人,宜拍平静的,动感不强的照片。内向性格多带来稳定的姿态,外向性格多带来活泼姿态,这是拍照中常使用的姿态造型手段。

3. 人物表情

人的表情是千变万化的,它主要受人物内心活动的支配。人物受外界条件影响,往往由表情反映它的感受。一般讲,表情与人物心理作用是相吻合的,一张照片,人物表情如何,直接影响照片的人物形象。所以,拍照中一定要把握好人物的表情,使之反映人物内心活动和人物的精神风貌。

人物表情的基本要求是:生动、多样。

①表情生动。表情生动就是说人物表情不呆板、不造作。是一种自然的流露。人的表情始终处于一种变化之中,它常常以人物的喜、怒、哀、乐、悲、欢等情绪反映在人物面貌上。表情实际上是一种人物容貌五官的不同组合形式。生动的表情就是将这种五官的组合在不同人物容貌上找到最佳的位置。譬如,表现女性温柔的表情时,常常表现出她的平静姿态,容貌有一种含而不露的微笑,给人一丝甜意。表现儿童活泼好动的情绪时,常常表现在他的顽皮动作中,有一种天真的活泼的、不受拘束的表情。表现老人安稳姿态,常常体现出一种慈祥之情,具有善意的、仁爱的表情。

要表现人物生动的表情,一般从摄影师的引导和抓取人物表情瞬间变化上入手。

摄影师的引导。一般讲,人物摄影大部分是在室内特定环境中进行的,由于环境变了,人物的情绪或多或少受到影响,此时如果不注意引导,人物表情难于生动。要做好人物情绪的引导。摄影师一是要做到不急不躁有耐心。就是说,摄影师的情绪往往影响对方的情绪。一名优秀摄影师要表现人物的生动表情,自己的表情往往就要很生动。即通过摄影师的情绪感染对方,使对方刚一接触到你,就感到无压力、不拘束、随和。二是摄影师要善于发现对方的某些特征。如人物面貌、体型的优点是什么,不足之处是什么,言谈话语习惯动作的特点等。应当说,摄影师观察人物的第一印象是很重要的。有时对方在接触你时,也往往不经意地流露出某些个性的东西。因此要善于捕捉你认为最可表现的情绪。三是摄影师要善于言谈。即在与对方刚接触时,善于用温和的语言、柔美的语调、准确的词语进行交谈。消除对方紧张感。这是为你拍照时取得理想表情所必须的。很难想象,一个不善于言辞的摄影师能在短时间内拍出生动的人物表情。四是摄影师要善于指导。摄影师指导对方按照一定的程序进行拍照,是室内人物摄影的一贯表现。不过这应是在对方不知如何办时或根本就不了解拍照要求时采取的做法。我们应提倡摄影师的指导在有利于对方情绪流露时采取的做法。适当的指导是必要的，它对于表现人物形象，纠正不足，达到造型目的，完成拍照都是可行的。五是摄影师要学会等待。有的时候，人物生动的表情，短时间内不易形成，要求摄影师要有一定时间等待。可利用等待的时间为拍照准备。有时这种等待有利于对方生动表情的流露。六是摄影师要有熟练的操作动作，如人物造型的安排，布光的快捷，相机的操作等。如果不这样，对方会因为你的生疏而使情绪受到影响，表情也难于生动。

　　学会瞬间的抓取(指抓拍)。人物情绪尽管丰富多样，但客观条件及人物内心活动始终是在频频变化之中，因而表情也会连续地变化。有的表情一闪即过。要体现人物表情的生动，摄影师要学会抓拍。抓拍时应做到：一是摄影师要锻炼眼即观察力。要知道对方什么样的表情最生动，当然这种生动的表情要符合特定环境下不同年龄、不同阶层、不同性格的人物。二是摄影师拍照要熟练。这是抓拍的先决条件，多生动自然的表情，往往因为摄影师不熟练而失掉。所谓熟练就是在对方表情变化的瞬间，你能从容地、有条不紊地快速按下快门。当然可以反复地抓拍，直至满意为止。三是要准确。这是抓拍的主要目的，有时尽管做到了快速，但生动的瞬间错过，拍出的表情不理想，那么再快也是不行的。就是说，熟练中要有准确性，准确性要具备熟练快速的条件，二者互为依托。

　　②表情多样。表情多样是说不同人物的表情受各种环境等因素影响所表现出的不同容貌变化。就个人来讲，表情也在随时变化。拍照时，不能将表情格式化，应以"千姿百态"展示人物的不同表情。要表现人物的表情多样性，摄影师应掌握两个方面。一是要观察人物面貌特征变化，学会以多样的表情再现人物情绪。人物面貌特征主要由眼、嘴、鼻、眉、耳组成，而眼、嘴、眉是最变化无常的。它是表情变化中最有代表性的。如眼睛，客观生理反映出的是大眼、小眼、三角眼、凤眼之分等，表达情绪时反映出的是正视、斜视、上下视、远近视、闭目、圆瞪等。客观生理形成的眼睛，要靠摄影师的安排去表现美的一面，即扬长避短，表现情绪时的眼睛，要因人而异，多样性也即体现在这里。人们表达庄重感，稳健感或发呆时常用正视表现；表达含蓄、害羞、沉思时常用斜视或低视表现；表达向上的心态，高傲、威严时常用上视表现；表达人物的亲切感或胸怀大志、高瞻远瞩气魄时常用近视或远视表现(结合人物的角度与相机距离表现)；表达人物的怀念、伤感或祈求时常用闭目表现；而表达人物的一种警惕、威武、惊吓、愤怒时常用圆目表现等等。利用人物的嘴形协助表情也是必须的。如表现人物的嘴时，常有张嘴、闭嘴、咬嘴、撇嘴等形状。在表现上，沉思、含蓄或严肃状时常为闭嘴；生气、做怪相时常用撇嘴；淘气或爱意时常用咬嘴等等。利用人物的眉型协助表情也同样，如表现人物的秀丽，常用"柳叶眉"，而浓眉大眼易表现人物的威武或某种愤怒情绪，生气情绪用竖眉。现代摄影中又常常通过眉的化妆，突出人物的装饰美。如上所述，通过人物面貌中的眼、嘴、眉的变化可协助人物表情的传达。但这些变化一定不能离开人物的姿态、情节和画面主题。它们之间是整体协调的、不能单独强调某一局部变化。二是要观察人物的特点，学会区别不同职业、年龄、阶层的人所表达的不同表情。如拍

图 4.11

图 4.12

儿童照时，宜为喜欢天真活泼情趣(有时生气、怪相、姿态等也不失为一种天真情趣)；年轻的女性可用甜美、温柔或一种梦幻、沉思、爱意的表情，如图 4.11。男小伙可表现为一种刚毅、健壮或勇敢的气魄等，见图 4.12。而老年人常突出他们的成熟、庄重，沉稳或慈祥等，如图 4.13。在阶层上，农民憨厚朴实，军人目光炯炯，工人的开朗、豁达等是常选择的表情。在突出人物职业时，又常利用职业的某些特点安排人物的表情。所有这些表情要因人而异，同年龄职业而异，千万不可固定化、模式化。

（四）摄影师要正确掌握人物神态的表现方法

图 4.13

人物神态是画面人物刻画的主要方面。一张照片，如果缺少人物神态或人物神态把握不准，都无法增强照片的内在震撼力，要正确把握人物神态，需从三个方面去做。

1. 抓住人物个性进行拍照

一是被摄者是什么类型的人物，是军人、工人、农民还是学生，是男是女，年龄大小等等。二是被摄者性格的表达偏于哪一个方面，是语言上还是行为上。三是被摄者的生活体验如何，能否真实自然地体现出个性特点。上述的三个条件是表现人物个性的基础。

2. 抓住人物共性进行拍照

人物的个性是独有的，而共性是普通的，当个性化的东西聚集时，便产生了相同或相近的这一类的共性。摄影艺术就是在表现人物个性化的同时，找出个性化这类人的共性规律，加以典型化，从而树立这类人的形象。譬如，我们看影展，常看到，军人战士夜幕下的警惕的双眼；少女纯情温柔的身姿；儿童天真烂漫的活泼情趣；老人久经风雨布满皱纹的面容；婚礼中情人双双依偎、含情脉脉的神态等。从这些画面上，我们不仅仅体会到被摄者本人的形象面貌，同时还从他们的神态中感受到了那一类人的性格气质和精神风貌。他们代表了那一类人所共有的形象特征。要抓住人物共性拍照，摄影师就要善于挖掘人物内在的情感、性格特点。运用人物不同姿态表情，配之以不同环境气氛和造型手段，最有效地表现人物神态。

3. 以情感人，引发人物神态的表露

人是有情感的，这种情感蕴藏在画面中会使人有感而发。这种艺术上的感染力，比任何一种力量都强大。情感的表现最集中体现于人物的思想精神和性格之中（见图4.14），图中被摄者为人稳重，言语不多，但初始有些紧张，经过摄影师引导启发，使他很快进入角色完成拍照。通过画面，使人联想到佛教事业的一种神圣感。正像上述所说，摄影师要能够现场调动情绪，沟通想法，使之引发人物神态表露。

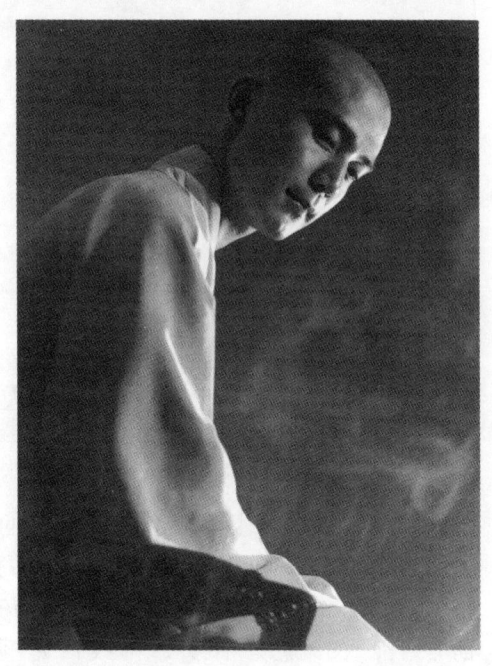

图 4.14

（五）人物立体感

人像摄影中的人物立体感一般指：人物的形象所在空间环境中表现的立体形态。它表现在人物的高、宽、厚三个方面。对拍照的基本要求是：在平面中最大限度地表现人物的三度空间，使人物形象更加生动、真实、自然、可信，富于变化，富于感染力。

表现人物立体感的方法主要有三点。

1. 利用影调的方法

运用影调的表现人物立体感，也就是强调了光线的运用。在光线运用中，由于人物的亮度不同，形成视觉感不同。高调照片，以大面积亮调为主，顺光投射，投影较少，如再加以柔光箱或反射光其影调更加柔和。人物姿态变化不大，往往利用人物边缘暗线显示人物形象，因此人物形态感不强，起伏性不大，立体效果就弱。表现人物的立体感时可不考虑高调方法。低调照片，大面积暗调为主，光线多以侧逆光为主，投影大，反差对比强烈，加之人物姿态变化大，又利用人物亮光塑造人物形象，因而

人物形态感强,起伏性大,立体效果就强。表现人物的立体感时可以考虑使用低调方法。中间调照片,大面积以灰调为主,布光灵活,反差在1:1~1:3左右,适中,高光暗影协调,中间层次丰富,人物姿态也灵活,往往通过亮暗对比,表现人物的起伏性,因而立体效果最明显,表现强立体照片时,最多采用的是中间调的方法。

其它还可通过调节亮度对比,亮暗面积等来表现人物立体感。

实际拍照中,表现人物侧重点不一样,然而利用影调表现人物立体形象则是常使用的方法。但在拍照中应注意,影调是为主体服务的,要有针对性地通过影调的方式表达人物立体形象。

2. 利用角度的方法

人物姿态的角度和相机角度的变化,都可使人物的视觉感发生变化。根据人物角度的变化,由此产生了人物正面、斜侧面、正侧面、后侧面等多种角度,根据相机位置的变化则产生了平拍、仰拍、俯拍等角度。

①人物姿态的角度

正面拍照:表现人物高度、宽度、人物的立体感弱。

斜侧面拍照:表现人物高宽度外,还表现了厚度,有一定纵深感,人物立体感较强。

正侧面拍照:表现人物高度、厚度,但缺少宽度,人物立体感仍不强。

后侧面拍照:表现人物高度、宽度和厚度,人物的立体感较强。

②相机的角度

平拍:展示人物水平面角度,易观察人物的五官及身体正面形象或侧面、斜侧面形象,缺少上下视角变化,立体感较差。

仰拍:展示人物的正面及下部角度或斜侧侧面角度,易表现人物下巴、脖颈、胸部等,立体效果较强。但角度过大易使人物变形(上窄下宽)。

俯拍:展示人物正面及顶部或斜侧、侧面角度,易表现人物的发式、装饰、肩部等,立体感较强。但角度过大也易使人物变形(上宽下窄)。

3. 利用透视对比的方法

透视感表现为:近大远小,近重远浅,近实远虚,近粗远细等等。空间感强易形成较强的立体效果。

①利用大小对比。人物形象占空间面积大,用较小陪体安排在人物的前景或背景上,形成大小对比,以突出人物形象,易产生空间感。

②利用明暗对比。人物或亮或暗,背景或暗或亮,形成有明有暗,明暗相交的效果;或人物本身利用明暗对比,或背景利用明暗对比等等,都可产生空间效果。

③利用虚实对比。正面中人物或陪体或虚或实,以虚托实,虚实搭配,人物突出,易形成空间感。

④利用冷暖对比。冷色具有收缩、后退之感,暖色具有前进、扩张之感,通过一冷一暖,增加空间效果。或通过面积大小比例,或通过消色中黑白灰的比例来表现一定的空间感。

⑤利用粗细对比。粗的感觉近，细的感觉远，一远一近，增大空间感。同一组线条，近的感觉越来越大，远的感觉越来越小，直至消失，即纵深感扩大，体现出强烈的空间感。

⑥利用高低对比。高的比较低的而存在，一高一低错落有致，上下变化，产生一种距离上的变化，也使人有一种空间感。

上述的空间感中，体现出了一种立体感。还有许多方法能够增加人物的立体感，比如人物的组合排列，画面中人物的节奏感，人物的变形等等。拍照中要善于运用各种条件表现人物立体形象，使之画面中人物形富于表现力。

（六）利用质感来表现人物的性格

质感即指物体的表面结构。如玻璃的光滑感，树木的折皱感，布料的粗糙感等。人像摄影中的质感是指人物的不同肌肤感觉。表现人物质感的好坏，也影响着作品的成功与否。要拍好一幅人像照片，一方面要理解它的意义，另一方面还要掌握一定的拍照方法。

1. 表现质感的意义

正确表现人物质感，能够产生人物形象美，如表现少女细腻洁白的皮肤，使人联想起温和、柔软、细小，有一种回味感。如表现老人干枯脸容时，那纹理纵横交错，使人体味人生风雨伴随百折不挠感。而老人那润红色面腔又表现为一种富态感，一种生活幸福感。表现儿童胖胖的脸蛋和圆圆的小手臂时，又使人联想起金色童年的甜美感等等。所有这些感觉，都体会到味中美的享受，同时它还包含了一种人物内在的风貌美。因此，在人物质感的理解上，我们要不断提高认识，通过人物质感的表现，增强人像摄影的魅力和艺术美感。

2. 表现质感的方法

①人物细腻肌肤的表现。它比较适合表现婴幼儿、少年，少女或特定职业中的人物。在表现人物的细腻肌肤时。先熟悉被摄者的皮肤深浅和粗糙性，确定人物的拍照方位角度。然后决定用光条件。一般使用平光均匀照射，如使用散射光，反射光，使用反光板，柔光箱体等。由于光线是在顺光下照亮人物的肌肤，其肌肤纹理所形成投影少，光线达到肌肤上时反射角度也小。直线回射，易产生亮度感，相近的亮度感表现出一种光滑性、细腻性、起伏小，再加上弱光照明或使用柔光，使这种亮度非常柔和，更能产生一种滑润感。同等条件下亮度稍弱，投影就弱，肌肤就愈细腻（曝光条件也要调整）。同时应注意，画面中出现人物头发时，应使用发光，提高头发亮度，使之表现它的丝状，与肌肤的细腻感相协调。在表现人物半身、大半身时，除有着人物肌肤细腻感外，还表现在人物服饰上，因此要求光线的照射要面积大，均匀，亮度一致，尽量减少投影。在拍摄人物全身照时，由于人物肌肤表露面就小，相对服饰面积较大，因此服饰的纹理应引起注意，必要时适当使用脚光照明，提高人物下半身体的亮度。一般讲，人物的肌肤感主要表现为人物的特写、半身或大半身以上。人物细腻的肌肤感往往还可以利用人物的化妆美容来表现粗糙的面容，经过正确的美容化妆是可以表现细腻的。

②人物粗糙肌肤的表现。它比较适合男性或老年人中的男性（有时也可表现为老年女性）或特定职业中的人物（见图4.15）。在表现人物粗糙肌肤时，一般采用侧光、侧逆光。由于老人或男性及特殊行业的人物如炼钢工人、农民、部队战士等，他们长期的生活环境，易形成粗糙的皮肤纹理，因此在表现这种肌肤感时，一般使用侧或侧逆光。因为，侧光逆光投射到人物肌肤上，产生了细小的明暗变化，使每一条细致的肌肤纹理或某些凸出的肌肉表现为一明一暗，整体肌肤感就很强。这种质感的表现更有效地突出了人物某种气质和精神面貌。

③控制曝光和冲洗。表现人物的质感，一方面通过调整光线，另一方面还要控制曝光和冲洗。曝光过，则肌肤处的高光会因过亮而发白。缺少纹理表达，也就没有质的感觉。反之，曝光欠，则肌肤的暗部一片死黑，同样没有纹理，缺少质感。在拍照中，尤其是表现细腻的质感时，最好使用测光表进行检测，不要忽视画面中出现的某些细小部分，然后确定合理的曝光组合。

图4.15

冲洗的配方常常选用胶片或胶卷厂家提供的显影配方，如国内常用的D—76配方或进口柯达、富士厂家的显影配方，它们有较好的反差对比。但有时，由于冲洗环境、条件等的不同，其冲洗配方可做适当改进。正确的冲洗配方和冲洗方法，能正确还原人物的肌肤亮度，较好保留人物肌肤质感。在放大印相时的配纸也应注意，一般讲，反差略大、肌肤又细腻时，宜用1号纸（不可产生灰雾）。反差略小，肌肤粗糙时宜用2号或3号纸。以调节反差和光比，使之肌肤纹理明显，达到增加质感目的。

以上分析介绍了人物形神感、立体感、质感的表现方法，实际拍照中，仍还有一些其它表现方法。这里不再介绍。总之，要表现人物形象，就要按照摄影的造型规律和表现安排人物。深刻理解人物的神情、姿态的意义，以最佳的人物角度的姿态，最佳的立体效果和最佳的质感为自然美的准则，创造出高品位、高格调的人像摄影作品来。

第三节 翻拍技术

第一单元 不同感光材料在翻拍中的选择与使用

一、学习目标

了解感光材料的基本分类和性能以及在翻拍实践中的应用,并能对大幅图表、照片进行翻拍。

二、基本概念

感光材料有黑白感光材料和彩色感光材料。黑白感光材料按用途可分为负片、正片、中间片和反转片。负片一般用于拍摄,冲洗后就成为一张可用于放制照片的底片;正片一般用于印制幻灯片或电影放映拷贝片;中间片一般用于复制底片;反转片一般用于拍摄,冲洗后直接得到正像的幻灯片。彩色感光材料按用途可分为彩色正片、彩色负片和彩色反转片。彩色正片主要用于拷贝,制成彩色幻灯片或电影放映拷贝片;彩色负片用于拍摄,制成底片后用于印放照片或拷贝幻灯片;彩色反转片也用于拍摄,冲洗后可直接得到色彩鲜艳的彩色正像,用于制版、放映幻灯片等。

下面主要介绍用于拍摄的黑白负片。负片因感色性的不同,其用途也不同。根据负片感色性差异,分为色盲片、分色片和全色片。

1. **色盲片**:色盲片只能感受蓝、紫光,对其他色光不能感受。由于色盲片感色范围窄,所以用它来拍摄五彩缤纷的景物时,其明暗影调关系失真,层次很少,反差强,虽然分辨率高,但也极少使用。它很适合于翻拍黑白线条画、图表、文件及拷贝印刷幻灯片等。其效果黑白分明,影纹清晰。冲洗胶卷时可在红色或黄绿色安全灯下进行。

2. **分色片**:分色片可感受除红色光以外的所有可见光,又称正色片。用这种感光片拍摄景物所得明暗反差接近实际,但是,它对红色缺乏辨别力,鲜艳的红色在照片中均成为深色或黑色。分色片适于拍摄风景、人像和用于黑白文件、图案的翻拍及印刷制版中彩色稿的分色。分色片只可在红色安全灯下显影。

3. **全色片**:全色片对可见光中的所有色光成分都能感受,因而对各种颜色的被摄体均能以黑、白、灰不同深浅的影调真实地记录在感光片上,印放出来的照片效果接近人眼视觉感受,其影像层次丰富,反差适中,质感好。因而,全色片是现今使用最普遍的黑白感光材料,适用于各种题材的拍摄。全色片对绿光敏感程度低,暗室冲洗时可在暗弱绿色光源下观察显影。但距离光源不能太近,观察时间不宜过长。

4. **反转片**:反转片在拍摄曝光后经过反转冲洗法,可直接得到与原景物明暗、反差和色彩一致的正像,有黑白和彩色两种。影调层次丰富,影像清晰度高,具有较高的最大密度。一般用于印刷制版或放映幻灯,也可直接观赏。如果使用反转相纸印放，则可直接制成照片。

三、翻拍文字图表

翻拍文字图表等原件，要求反差鲜明，线条清晰，白底部分没有灰雾。此外，图表不能有变形，线条不能出现过粗或中断的现象。由于文字图表的翻拍要求很高的反差，所以，翻拍这类原件一定要选用高反差的黑白胶片，色盲片很适用于文字资料的翻拍。在翻拍彩色文稿图表时，宜选用ISO12的全色缩微片，因为缩微片既能感受彩色文字线条，又有很高的反差。因翻拍时多是近距离拍摄，故应选用标准微距镜头或近摄镜、近摄接圈等。并宜选用中级光圈（如F5.6、F8等），它既可避免使用大光圈产生的像差，又可防止小光圈产生的衍射现象，从而得到最佳像质。

翻拍时文字图表原件一定要平整，布光也才会均匀。原件与镜头的光轴垂直，以避免画面变形。单面印刷的原件如纸质较薄，可在原件下衬一层白纸；双面印刷的原件可在下面垫一层黑纸，并压实，以使背面的字迹不会透过来。

翻拍图文原件多使用低感光度胶片，曝光时间较长，拍摄时为防止相机震动，应使用三脚架和快门线。

四、翻拍照片

照片与文字图表一样，都是平面原件，尺寸一般都较小，因此，布光和拍摄方法都较相似。只是照片层次丰富，反差适中，选用的感光胶片不同，一般选用中速黑白全色片或中速彩色片。

旧照片经翻底复制制成照片后，一般复制照片的反差比原件有所降低，层次和色彩有一定损失，颗粒也会变粗。为了克服这些缺点，翻拍时一定要用高解像力的镜头，曝光一定要准确，后期冲洗要标准化。下面介绍几种有代表性的照片的翻拍方法：

1. 黑白大光照片

这种照片层次较丰富，翻拍效果好。但这种照片表面光滑，容易反光，因此翻拍时光照方向一定要与原件成45°角，并采用柔光照明。

被翻拍照片要平整，如原件凹凸不平，可投入水中浸泡后重新上光，并用玻璃板压平，再进行翻拍。

2. 绒面照片

这种照片表面呈现许多凹凸不平的纹络和斑点，粗糙难看，影纹层次也有较大损失。因此，翻拍前可先将绒面照片用水浸湿，再把照片的影像面贴在玻璃板上，并排除气泡，照片两侧再配以45°角照射的柔和光线。这样处理后，照片表面凹凸纹络或颗粒各面都受到均匀照明，翻拍效果好。此方法中用甘油代替水，效果会更好。

3. 陈旧照片

年代已久或水洗不充分的黑白照片，多半会变成黄褐色，且反差低弱。翻拍这类照片应在镜头前加用蓝色滤光镜以提高翻拍底片的反差。

4. 彩色照片

彩色照片也有大光片、绸纹面，翻拍方法与黑白照片类似，只是应注意光源色温与彩色胶片色温类型要保持一致，否则会出现偏色。如果不一致，则要加用色温校正滤光镜。

翻拍复制出来的彩色照片与原照片相比，一般反差降低，层次有所减少，色彩也不如原片饱和。提高彩色照片翻拍质量的唯一方法就是准确曝光和标准扩印技术的完美结合。

第二单元　近摄翻拍与曝光量的计算

一、学习目标

掌握使用近摄皮腔等附件和大型相机翻拍时的曝光测定方法及微型原件的翻拍法。

二、操作方法及注意事项

近距离拍摄，距离近，成像比例大，景深范围小，因此在拍摄时一定要：

1. 保持相机稳固

在近距离拍摄中，由于拍摄距离近，稍有震动都会影响被摄对象的清晰度。因此，最好的办法是使用牢固的三脚架，并使用快门线或自拍机。使用单镜头反光照相机拍摄静止的物体时可把反光镜锁住，以减少机械震动。

2. 调焦要准确

近距离摄影对清晰度要求很高，但照相机与被摄物体很近时，景深很小，同时，由于近摄时像距延长，使有效口径变小，取景屏光线较暗，不利于准确调焦，因此，应特别注意仔细调焦。

由于拍摄距离近，景深小，调焦时首先要开足光圈，把焦点对在物体最重要的部位上。如果要拍摄有一定深度或有前后层次的被摄体，可以把焦点对在被摄体的前三分之一处，因为后景深永远大于前景深。当近摄细小物体或一个局部时，影像接近原物大小，这时如果仍采用一般调焦方法，就会发现无论怎样调节照相机调焦环，影像清晰度变化不大。但如果把照相机整体前后移动一下，影像的清晰度变化就相当明显了。因此作等倍拍摄时，镜头调焦已作用不大，应移动照相机拍摄距离来调焦，镜头调焦环可用于大体调焦清晰后的精确调焦。

3. 控制景深

在近距离拍摄中，控制景深十分重要。因为拍摄距离近，景深范围很小，如果光圈使用的较大，就无法将整个物体表现清楚。由于近距离摄影多需要表现被摄物体的质感、立体感及鲜艳色彩等，因此，多使用较小的光圈，以扩大景深范围。当然，有时为了突出被摄物某一局部特征，或为了表现空间感以及修饰缺陷等，也可用中级光圈以虚化被摄物不重要的部位和背景等。

4. 使用小型相机翻拍时应避免使用大口径镜头

小型相机用于近摄要尽量使用厂家指定的镜头，避免使用大口径镜头。即使是优质大口径镜头，在近摄时也要缩至工作光圈，仔细审视。如若影像四角、四边发虚，则不宜于近摄。

三、相关知识

1. 近距离拍摄时曝光测定方法

近距离摄影的方法很多，有些方法不需要额外增加曝光量，如镜头前加用近摄镜或使用微距镜头等。而有些方法则需要额外增加曝光量，如镜头之间加用增距镜、近摄接圈、近摄皮腔或使用大型相机等。这是因为镜头与机身之间的距离拉长，光线到达焦平面的亮度降低，实际等于镜头口径变小，通光量减少，因此必须对曝光量进行补偿。

加用近摄附件后补偿曝光的倍数可用下列公式求得：

$$补偿曝光的倍数 = \frac{(原镜头焦距 + 接圈长度)^2}{原镜头焦距^2}$$

例如：皮腔延长为100毫米，镜头焦距为50毫米，代入上式得：

$$应增加的曝光倍数 50 = \frac{(50+100)^2}{50^2} = 9(倍)$$

即：若机外测光，快门速度为1秒，加上延长100毫米的皮腔后，曝光时间应延长为9秒。

此外，也可根据以下经验公式推算出应增加的曝光量：

焦距延长一倍，增加二级曝光量；

焦距延长二倍，增加三级曝光量；

焦距延长三倍，增加四级曝光量。

使用以上经验公式时，应注意："增加三级曝光量"与上面公式计算出的曝光倍数"9倍"是不同的概念。"增加三级曝光量"是指开大三级光圈或减慢三级快门速度，相当于增加8倍曝光量或约等于增加了9倍曝光量。因此，"焦距延长二倍，增加三级曝光量"实际上就约等于增加9倍曝光量。反之，公式求得应增加9倍曝光量，换算成光圈或快门就是应开大三级光圈或放慢三挡快门速度。

以上是在近距离拍摄中使用没有内测光装置的照相机时，曝光补偿的计算方法。现在许多单镜头反光照相机大都装有内测光（TTL）系统，只要按照内测光的指示调整曝光，便可准确曝光，不必进行计算。但是，如果照相机装上近摄接圈或皮腔后，有些近摄装置没有收缩光圈的杠杆，光圈自动调节装置就会失去作用。这时，应开大光圈对焦，然后将光圈缩小到使用的光圈系数，按内测光值曝光或使用自动挡曝光。

2. 怎样翻拍微型平面原件

小照片的局部、邮票、印章等平面原件面积都很小，用近距离翻拍或等倍翻拍，影像都采用放大倍率翻拍（即底片成像比例大于原件）影像才能充满底片，取得理想的印放效果。放大倍率翻拍对象是小于底片面积的微平面原件，要将微型平面原件在底片上放大，就必须延长像距，使像距大于镜头焦距，因此，拍摄时有一些特殊的技法：

延长像距的方法：延长像距的方法一般是在镜头与机身之间加接圈或近摄皮腔。在放大倍率翻拍中，由于像距延长较长，所以宜选用具有无级变化的近摄皮腔或使用大型相机作为延长像距的手段。大型相机由于机体稳固，轨道和蛇腹可以延长，镜头可以更换，前后座可以摆动，可为近摄提供明显的方便和可调整的拍摄倍率及在可能的范围内对影像清晰度的控制，因此非常适用于近距离拍摄。

镜头的选择：放大倍率翻拍可使用标准镜头或广角镜头，而不宜使用长焦镜头。因为延长同样长度的像距，焦距短的镜头放大倍率大于焦距长的镜头，因此，用广角镜作为放大翻拍，其放大倍率比标准镜头大。选用镜头时，一般以选择焦距与原件对角线大致相等的镜头较好，这样选择的镜头不仅放大倍率满意，且影像清晰度也高。对大型相机来说，对称结构的镜头适合近摄，如果是消色差的短焦距镜头则更佳。有的厂家也生产专门用于近摄和翻拍的广角及短焦距镜头。对大型相机而言，当近摄比例放大到1∶1以后，除在拍摄时可以延长轨道以外，还可将广角及标准镜头调到无限远，再采用倒转接环把镜头侧向装入前座，便可获得连续改变的放大倍率。通常镜头在正常位置时，近摄应将光圈缩小至F16以下；而倒装后，用F8以下就可得到相应的解像力。

曝光控制：在放大倍率翻拍中，由于像距的延长而改变了光圈F值，所以，原镜头上所标明的光圈系数的意义也随之发生变化。在使用内测光单反相机时，不管像距与光圈F值如何变化，机内测光装置均能准确测出变化了的光值。因此，使用内测光单反相机的自动挡或手动挡均可做到准确曝光。如果是机外测光或估计曝光，则必须用专门的数学公式计算应增加的曝光倍数或用经验公式推算，方法见上。

拍摄技法：

①照明：放大倍率翻拍照片与一般翻拍用光相同。在原件两侧以45°角照射原件，使用短焦距镜头时，由于拍摄距离近，要注意镜头是否挡住了照射在翻拍原件上的光线。

②防止震动：高倍率放大翻拍时，照相机离被摄体很近，任何微弱震动都可能导致影像模糊，因此要使用三脚架或翻拍架，并使用快门线，拍摄时最好把反光板锁定，以减少震动。

③调焦：一般先根据放大倍率将皮腔延长至适当长度，然后移动整个皮腔与照相机，通过取景窗观察，找准目标，再小心调整相机位置，找准焦点。找准目标后，可用调节镜头调焦环的方法来精调焦距。

④光圈：光圈宜选用中级光圈，F5.6或F8，其成像质量最佳。

第四节 婚纱摄影

第一单元 现代婚纱摄影

一、学习目标

能够组织和引导顾客，拍出动作、表情都自然大方的合格婚纱照。

二、使用工具

照相机、闪光灯、三脚架、测光表、反光板、快门线、各种适用的道具等。

三、工作程序

1. 抛弃套系婚纱照的固定模式与被摄对象进行直接的接触和交流，了解顾客的性格、职业、爱好和对于婚纱照片的具体要求。

2. 仔细观察被摄对象的气质、相貌、身材特征及言谈举止的种种表现，结合顾客要求进行创作构思。

3. 摄影师将自己的构思向顾客作以阐述，征求意见、交换看法，待双方的意见认同之后，便可做拍摄的准备工作。

4. 依据商定好的构思布置场景和道具，被摄者更换好相应的服装和做好发型即可进入拍摄状态。

5. 对于顾客作出的非程式化动作和体态，要进行认真的端详并通过照相机的取景器进行仔细的观察。必要时，请顾客多转几次角度和多做几种姿态，进行比较，直至找出最具代表性的、最美的姿态来。

6. 依据姿态和造型的要求，摆好灯光。光质必须服从构思，可以用软光，也可以用硬光，还可以软硬光配合使用。光型机和位效也都必须服务于主题。

7. 一切都安排妥当后，摄影师要对被摄顾客的姿态表示肯定和称赞，请顾客从内心开始酝酿与画面形式相适应的感情，并要求其把这种感情外在地表现出来。如果顾客一时做不好，可请其多做几次。当摄影师发现其最佳表情时立即按动快门。

四、注意事项

现代婚纱摄影没有规定的程式，完全靠摄影师根据顾客的实际情况进行现场创作。这就需要摄影师有丰富的拍摄经验和丰厚的艺术底蕴。平时要多观察多积累，厚积薄发才能拍摄好这类作品。

顾客的身材、相貌不同，然而爱美之心都是一样的。热恋中的情人都会觉得对方是非常美丽的。他们对照片的某些要求可能会超越其自身的实际条件，这是完全可以理解的。摄影师绝不可对此冷嘲热讽,要用亲切婉转的语言引导其做出切实可行的姿态来。

虽然每一幅照片都是新的尝试和创作,摄影师却不能显得犹豫和慌乱,任何工作都要有条不紊地进行,否则将会动摇顾客对摄影师的信任。

现代婚纱摄影也可以走出摄影室,到公园明胜之地,宫殿教堂、街头巷尾,田园风光外景地等各种环境下去拍照。外出时,必须选择好天气,携带好各种工具设备和生活用品。要准备好新娘化妆和更换衣服的条件,宁可多带一些东西备而不用,也不可到现场后因缺少必要的物品而无法拍摄。

由于现代婚纱摄影是对特定拍摄对象的摄影创作,不可能对每幅照片都有百分之百的成功把握,要多拍一些副底,免得万一技术上失手或顾客的姿态及神态不到位时而追悔不及。

现代婚纱摄影的创作是集体完成的,既包括摄影师又包括被摄者,同时不能忽略了化妆师和造型师的作用,最好是能够请他们一起到摄影现场,以便发现问题和及时纠正。照片的后期加工也是重要环节,摄影师要把自己的创作意图和制片要求通知后期制作人员,只有各方通力协作,照片才能达到预期目标。

五、关于体态语言

人像摄影的姿态和神态其实都是体态。一些心理学家研究表明,从人们获取信息的渠道来看,11%的信息是通过听觉获得的,83%是通过视觉获得的,而人们精妙地表达一个信息应该是7%的语言+38%的音调+55%的表情和动作,这种说法虽不一定完全准确,却可见体态语言的重要性。

所谓体态语言,就是人的内在情感的外部显现。它通过眼神,面部肌肉运动,躯干的姿态,手势等诸多无声的体态语言,将有声的语言形象化、生动化,以达到表明意图,耐人寻味的效果。

人的体态语言并不神秘,日常生活中有许多体态语言是我们熟悉的。例如:从五官上表达的语言有:眉毛上扬表示询问和质疑;眼睛张大表示惊疑、欣喜或恐惧;鼻翼微微掀动可能是心情激动的反应;微笑是肯定的象征。从躯干上表达的语言有:呼吸急促,胸部和腹部起伏不停,这是极度的兴奋、激动或愤怒时的表现;肩部微微耸动也可能是抑制激动、悲伤或愤怒的流露;挺胸叠肚是满不在乎的表示;哈腰弓背是畏缩退让的表示。四肢上表达出的体态语言更丰富、更细腻。当然,体态语言远远不止这些。

虽然体态语言是一种人人都能懂的最大众化的一种语言形式,却由于民族习惯和生活环境差异的原因,体态语言的表达往往因地、因时、因人而异。由于体态语言有约定俗成的特点,因此,要放在具体的环境中去理解。

初学体态语言容易犯机械认识的错误,也就是将人的各种体态机械地对号入座,只观其一点而不及其余。人体语言同其它语言一样,单个发音很难说清楚其实际意思,只有在句子里,特别是在特定的语言环境中才能准确判断其意义。

作为一名人像摄影师，在为顾客设计姿式时，实际上是在为顾客设计体态语言。设计每一个动作时先要考虑是为了表达什么，确定了表达的内容后再考虑如何表达的问题，也就是说，要先确定主题，再寻找表现的形式。静态的人像也要有体态语言所表达的情节内容，这是需要人像摄影工作者认真学习和研究的重点课题。

第二单元　婚纱摄影的拍摄技法

一、学习目标

能够运用技术技法拍摄出单色调、偏色调、淡彩、重彩、仿旧、仿拟等超常的影像效果。

二、使用工具

照相机、闪光灯、白炽灯、滤光片、效果镜、背景道具等。

三、工作程序

1. 单色调的拍摄

单色调是从黑白摄影演变而来的，原来的黑白照片可以通过调棕、调红、调蓝、调绿等手段获得的色彩效果。现在单色照片的取得多是使用黑白底片拍摄，用彩色相纸印放的方法来取得。拍摄时只需在相机中装上黑白胶片，一切按照黑白照片的办法处理，冲洗也按冲黑白卷的药液和工艺进行，只是在扩印或放大照片时在彩扩机或放大机上使用滤光片校色罢了。由于加用滤光片的数值不同，单色照片可以表现出任意色相来。

目前还有一些染料型的黑白胶卷在市场上出售，它们的拍摄方法虽与普通黑白胶卷相同，但冲洗却需要使用 C－41 工艺。染料型黑白胶卷经拍摄后放入彩色底片冲卷机中进行加工。经过显影、漂白、定影后得到黑白影像。这种方法对于有彩扩设备的企业来说，可能更方便些，只是成本略高些。

2. 偏色调的拍摄

偏色调照片就是为了追求一种非常规色温光源下的效果，借以烘托特定的气氛。既可以用低色温的光线表现新婚人物的浪漫与温馨，也可以用高色温的光线表现新娘的冰清玉洁或梦境、神化般的幸福。具体作法有三种，一种是改变光源的色温。例如可用白炽灯或闪光灯的造型光源来拍摄日光型彩色胶片；也可在灯具的前方加用升色温或降色温的透光纸或滤光镜。第三种办法是错用色温平衡胶卷的类型，可在日光色温条件下使用灯光型胶卷；也可在灯光色温条件下使用日光型胶卷。

无论哪种方法，获得的彩色底片的色彩都是不平衡的。要特别关照后期加工人员，千万不要把这种人为偏色校正掉，否则就达不到创意的效果。

3. 淡彩效果的拍摄

婚纱摄影中的新娘身穿白色婚纱，本身就具备了拍摄淡彩效果的基础，如果再配以浅颜色的场景，很容易使淡彩效果的拍摄成功。淡彩效果对于化妆有些特殊的要求，就是要把顾客的眼线、唇线、眉毛、眼影、鼻侧影等画得重些，立体感要强些。头饰的色彩不能太饱和，免得喧宾夺主。淡彩效果的用光要用软光，柔光箱的规格要大些，灯与人的距离要尽可能近些，光位以顺光为主，可以采用包围式曝光。只要不遮挡镜头的拍摄视角，灯位尽可能靠近摄影镜头主轴的延长线，主要目的是为了消除所有的投影和生硬的光斑，确定曝光组合要以低亮度部分为准，相对于平均光来说，曝光会过度2级左右。

4. 重彩效果的拍摄

重彩是我国人民在婚庆时的特定习惯，拍摄重彩效果的婚纱照就是反映人们的这种心理。场景的布置有很重要的烘托作用，道具也避免用消色物体，一切都要浓重的大色块，用接近饱和的色彩去刺激观赏者的视神经，当然也可以用酱紫、暗红、甚至黑色作背景来拍摄。被摄人物的服装和饰品是重彩效果的关键，我国的民族或婚庆服装恰恰具备了这种效果，如果再能配上红蜡烛、红盖头、红灯笼或大红喜字等作些点缀，将会收到极好的效果。

曝光一定要准确、曝光过度和曝光不足都会影响色彩的鲜艳程度和色彩的平衡，为了强调气氛可以用些硬光照明，还可以用色光打些有装饰效果的光型来。

现在有一种很流行的拍摄方法是反转片负冲法，在相机内装用本来应用E-6工艺冲洗的反转片，经拍照后却将其放入彩色负片冲卷机内用C-41工艺冲洗，由于反转片的r值比负片高出许多，因此，这种方法制出的底片比普通底片的反差高，色彩浓度大，色彩也非正常还原，所做的照片色彩就自然饱和得多。当然，这种照片的中间层次少，且色彩平衡也有些差异，但总体效果却是很新颖，很受消费者的欢迎。

5. 仿旧效果的拍摄

结婚是人的终生大事，谁都希望婚姻能天长地久、相伴终生。珍藏泛黄、发旧的结婚照片是幸福婚姻的见证，仿旧照片也就形成了时尚。拍仿旧照片首先要创造一个旧的氛围：第一是被摄者的装束要旧，一般是穿着二、三十年代的衣服，新娘穿旗袍或格格服；新郎穿长袍马褂或中山装，头发的式样也要做成当年的状态。

第二是被摄者的姿态要庄重，神情要端庄，旧时的新婚夫妇是没有过于亲昵的动作和开放的表情的，新娘要有大家闺秀的仪态为佳。

第三是场景要有时代的特色，如洞房的场景，闺房的场景，轿子的场景，百子图帷帐的场景等等。

其次，仿旧照片最好用黑白胶片拍摄，用彩色相纸洗成棕黄色调，类似于旧黑白照片中的银被硫化了的效果，所以照片也不要留黑白边，否则会感觉不协调。

6. 仿拟效果的拍摄

摄影是比绘画年轻得多的一个平面视觉艺术门类，必然会从绘画中吸取和借鉴某些表现手法。仿拟效果的照片就是将照片以某种绘画的形式表现出来的一种方法。例如：仿油画效果、仿绢画效果、仿白描效果、仿版画效果等等，拍摄这类照片时，首先要抓住所仿拟对象的形式特点，其次是要能够自己动手，制作一些仿拟用的工具，最后也要告知后期制作部门进行相应的照片制作形式。

例如：拍摄油画效果的照片，就应在画面中组织一些带有明显色块的内容；拍摄白描效果就应组织一些淡雅的内容；拍摄版画效果的照片就要多考虑线条的搭配等等。因为这些，正是所仿拟对象的表现特点。需要自己动手制造的工具多为各类模片，例如：可以用特硬性的黑白胶片以极大量的曝光去拍摄一幅素色的油画布，经反转冲洗后得到一张密度很低的画布底纹影像。拍摄仿油画效果的照片时，只需用相适合的方法将模片紧贴在胶片前曝光即可。仿拟照片还可以通过两次曝光的方法获得，即在正常的拍摄之后再对选定的底纹或图案素材再作一次曝光，使两个影像先后两次曝光于同一底片上。这种方法比较简单易行，素材的形式也可以多样化，不但能仿拟绘画效果，还可以仿拟挂历、贺卡、明信片、海报等多种印刷品或仿拟许多景像合成效果，甚至电脑制作的某些效果。

四、注意事项

技法是为拍摄主题服务的，不可故意卖弄，只有当技法与主题完美结合时，照片才会为人们所欢迎。在一套婚纱照片里，技法作品不可过多，更不可过乱，否则会损害整套照片完整性的美感。

某一种效果的照片都可以从多种方法来获得，要结合本人的实际工作环境和条件，选择其中最简单易行的一种，免得增加工作的难度或成本的支出。

绝大部分特殊效果的照片都不是摄影师能够独立完成的，它需要上下多道工序的通力协作和密切配合。而摄影师是该作品的主创者，这就需要摄影师与有关部门和人员加强沟通，只有参与者都理解了，照片才能做好，某一道工序的相背而行，都会使整幅照片面目全非。

摄影师要善于了解新的技法手段，不必拘泥于传统的作法。当前，新技术和新手段层出不穷，多一些了解和尝试是会有益的。

五、相关知识

1. 现代婚纱摄影的趋向

所谓现代婚纱摄影是相对于已往的婚纱摄影而言的。婚纱摄影虽源于西方，但却不同于西方。我们的婚纱摄影溶进了东方人的思想内涵，是一种本地化了的舶来品。婚纱照自传入中国以后就从来也没有停止过改造和变化，近十年来发展变化只是更快些罢了。由于婚纱照历史不长，又是在不断演变的过程之中，很难说有什么传统。如果相对而言把以往的结婚纪念照比做传统也勉强可以。港台婚纱影楼进军内地，把婚纱摄影从照相馆中分离出来，形成了一个独立的商业门类是一大贡献。最近一两年，新的一代又打出现代婚纱摄影的标志进行着商业的炒作。如今是港式、台式、欧式、日式及现代派式同时在市场中经营，各自都有消费群体。展望未来，这种多元化的格局还会延续相当长的一段时间，我国有广阔的地域和众多的人口，经济和文化差异都很大，短时间之内不可能提高到同一个水平之上。婚纱摄影的多种需求必然会形成其多级和多元的特点。

　　从中心城市来看，婚纱摄影已经走过了模仿和唯美的阶段，正在向着个性化和情节化的方向发展，人们已不再满足去模仿某位名人或明星的姿态，也对千人一面的俊男倩女缺乏了激情，对设计的无可挑剔的完美画面显得麻木了，对浓妆艳抹也产生了厌烦情绪，表现自我成了婚纱摄影追逐的新目标。这种表现个性化的婚纱摄影照片并不是不要化妆，并不是不要修饰而只是不要过分罢了。这类照片中人物的动作看似随意，其实是经过仔细观察，表现的是最能代表被摄人物内心世界和外在特征的最佳美姿。现代婚纱的场景、用光、色彩及表现形式都会因人而异，因内容而异，照片所表现出来的情节也会丰富多样起来。现代婚纱摄影不再会有所谓的套系，也不再需要什么规定的程式，留给摄影师的只是：开动脑筋、调动一切艺术的和技术的手段，为顾客拍摄出一套符合其自身审美需求的，反映其自身特点的婚纱艺术照片来。

　　再向更远的趋势展望一下，影楼的婚纱照形式可能会有根本的转变。现在的婚纱摄影是独立于真正的婚庆活动而进行的。婚纱照所记录的时间、地点、环境和心理状态都与真正的婚庆活动是错位的。影楼婚纱摄影中包含着极大的表演成份，当人们的务实思想进一步发展之后，可能不再会热衷于这种表演，真正的婚礼摄影可能会成为时尚。人们所要留下的、珍藏的是婚礼现场的真实记录，是婚庆活动中新郎、新娘内心情感的外在表现。那时的婚纱人像摄影师将会走出摄影室，到更广阔的空间里去发挥自己的聪明才智，去拍摄那种人生中最幸福、最激动、最美妙的瞬间。

2. 画面调子的营造

　　照片属视觉艺术的范畴，本来没有什么调子，所谓调子是从听觉艺术的门类里转借过来的。从密度的角度上来划分，照片可分为高调、低调、全调、软调和硬调五个大类。从色系的角度上来划分：照片可划分为暖调、冷调和中间调。从色彩浓度上来分类又把用色极其淡雅的称为淡彩，把用色饱和浓重的称为重彩，当然，由于地域或群体的不同对调子的称谓和内涵也有所不同。总之，调子是画面气氛的一种综合感觉。

　　摄影师要善于营造这种被称之为调子的东西，营造的手段不外乎以下几种。

　　一是选装，人像摄影所拍摄的主体是人，人的服装便是第一位重要的因素，服装一定要与所定的调子相吻合。

　　二是造景，景包括前景和背景，它们都是营造气氛的关键。很难设想在淡雅的场景中如何能拍摄到一幅重彩构成的画面来。

　　三是择卷，不同的胶卷有不同的感光特性，在相同的光线条件下会表现出不同的色彩倾象，选择好的感光材料是不可忽视的环节。

　　四是用光，摄影本来就是用光来作画，光源的光质、强度、角度、光效等都是营造气氛的关键。

　　五是滤镜，多种多样的滤光镜是摄影师的有效工具。正确、灵活地运用滤光镜，常会收到事半功倍的效果。

六是曝光，准确的曝光只是相对而言，被摄物体有明有暗，测量的位置不同，所得的数值就不同。对于善于营造照片气氛的摄影师来说，他所确定的曝光组合可能会高于或低于测光表所测的数值。

七是制作，就是请后期所有的加工制作人员共同参加营造照片调子的共同工作。以上七项做好了，照片画幅调子的营造也就成功了。

第五节　产　品　照

第一单元　产品照的拍摄

一、学习目标

能够利用影室灯光、道具或现场的自然条件拍摄产品照。

二、操作步骤

1. 构思

摄影师在拍摄前首先要弄清产品照要表现什么，如何布局，如何通过特定环境将产品的质量、特性表现出来。虽然产品照拍摄的是无生命的东西，但这决不意味着最终的影像就是枯燥乏味或呆滞死板的。好的产品照看上去应令人振奋，构图充满活力，最终效果富于人情味，在普通的物品中发掘出平时难以发现的不同一般的内在美。

2. 用光

产品照的用光主要是给产品造型和表现产品的质感。因此很少用直射光，而多用有利于质感表现的散射光。产品照的造型光都用前侧光、顶光和逆光。

产品种类繁多，质料各异，要表现它们的不同质感，需使用不同的光线，如：木器和石料表面比较粗糙，宜用侧光；金属、瓷器反光强，宜用柔和的前侧光；花果、蔬菜质均柔润，充满水分，宜用柔和的顶光。此外，拍摄产品照辅助光不宜过多，因为那样会使画面光影显得杂乱无序。应尽可能使用反光板来调整阴影部位的光比。产品照的曝光一定要准确，否则也会影响产品的层次和质感的表现。

3. 大型相机的操作

将相机对准所拍物体，初步确定取景范围。根据所需构图决定直拍还是横拍。再调整前、后座的距离，进行粗略对焦。最后再转动微调旋钮进行精确调焦。在精确调焦时，应使用双眼放大镜或双眼反光镜，并用黑布将机背罩住，挡住多余的光，使调焦屏看起来更清楚。大型相机在调焦时，通常先要利用它的摆动性校正影像变形和控制清晰度，或用位移调整光轴位置来改变像场，而后再作精确调焦。

4. 曝光

当完成了各项调整，并精确调焦后，按下列步骤进行曝光：

① 将快门关闭；
② 设定工作光圈；
③ 设定快门速度，并上好快门；
④ 按动快门线按钮，作一次快门开启试验，准确无误后，重新上好快门；
⑤ 将片盒插入机背；
⑥ 把片盒的遮光插板拉出；
⑦ 待相机稳定后，作正式曝光。
⑧ 将片盒的遮光插板插入片盒。

（注意：有的片盒、遮光板有正有反，以示区别此面散页片是否曝光过。）

三、产品照背景的处理

产品照片的背景可分为两类：一类是有特定的环境，一类是无特定的环境。

有特定环境的背景是使被摄体处在一个特定的环境中，表现出环境的特点，而这个环境是为产品服务的，其目的是为了丰富画面的想象空间。

而大多数产品照的背景是无特定环境的。这类背景要求简练，可以用一张能弯曲的背景纸从水平面铺至垂直面，这样能消除台面与背景的接缝，使画面显得简洁。拍黑白照片可以用白色和灰色的背景纸，要使产品的影调与背景影调有所区别。拍彩色片可选用彩色背景纸，但背景纸色彩不宜太鲜艳，以免喧宾夺主，并要与产品本身色彩和谐。

不论采用哪一种背景，都要注意控制背景的清晰度，使它与被摄主体形成适当的虚实对比。背景太实，容易削弱空间感，不利于突出主体；背景太虚，则难以表现背景的意境。因此，要熟练掌握背景的虚实程度。

四、按草图拍摄

一般来讲产品照的拍摄不需太大的摄影室，有照相机和镜头，三脚架，一些灯光和反光板，布或纸制的背景，一张稳固的桌子或拍摄台用于摆放产品即可。

在拍摄之前，摄影师应根据产品照的要求，按照客户意图，绘制相应的草图，包括物品怎样摆放，文字部分加在什么地方，如何表现等等。

这样，摄影师就可以按照草图进行拍摄。把草图贴在照相机的毛玻璃上，在贴的时候应该上下颠倒，还是左右颠倒，要取决于相机的成像特点。相机的位置固定后，你可以移动物体，使其大小、位置完全和贴在毛玻璃上的草图一致。

如果草图的大小或形状与底片的矩形不一致，这就需要在保持原图比例的前提下，进行缩放，使之恰好充满底片。使用机背取景照相机就非常容易了，只要把镜头对准草图，也就是把草图描到贴在取景器的毛玻璃上的纸上就行了。

按草图拍摄主要是决定产品的摆放位置，及这种摆放要表现产品的某种特性。拍摄过程中还要从用光、背景等多种因素考虑，目的只有一个：充分表现产品的质感、特性等，达到产品的推销、展示目的。

第二单元 产品的表面结构、形态、颜色和质感的表现

一、学习目标

学会利用各种摄影技术、技巧来表现不同产品的突出特征。

二、典型质感分类

不同被摄体的质感是通过其表面或介质对光的吸收，反射和传导的千差万别的程度，引起视觉上的不同感受而达到的。产品照的重要目的之一就是要在胶片上真实地表现这种千差万别。为了便于掌握这些不同质感的表现，根据特性进行分类，归纳出若干典型质感的特征。

一般来说，将被摄体表面质感分为吸收型、反射型和传导型。而这三类不同质感的物体又可能分别组合成多类复合性传感的被摄体。我们用一张表格说明典型质感分类及布光的要求，如表4-1所示：

三、不同产品不同的表现手法：

千千万万种商品就有千千万万种拍摄方法，即使是同一件产品，也可以有若干种，甚至数十种拍摄法。但无论如何表现、如何拍摄，产品照的先决条件（即目的）首先是被摄体的质感表现。质感再现得不佳、失真，纵有造型、色彩的真实也会功亏一篑。例如不锈钢器皿失去光泽或斑驳的影纹，丝绸表现不出纹理和轻柔，都是失败的产品照。下面就特殊的产品照的特殊表现手法举例说明。

1. 拍摄玻璃器皿

拍摄玻璃器皿关键是要表现出透明体的玲珑剔透的质感和刻画出它们的俏丽优美的造型及纹样。

透明体的质感表现的关键在于：投射光的入射角越小，反射的光越多，它的反光产生耀斑越明显；光在穿透不同透明介质时会改变方向，产生折射；以切向光照射弯曲表面、边缘部分是不透明的，会呈现黑色或深暗色的轮廓线。

玻璃体在表现时，通常有暗线条、亮线条及本体三种表现方法。

暗线条表现：暗线条表现的重要特征是将玻璃器皿的轮廓线刻画为深暗的线条。这样布光的先决条件是一定要将背景处理成明亮色调。布光时，被摄体与背景之间要留足距离，另外主光几乎不作直接照明。背景材质如果为半透明，多从背景后面用反光灯或聚光灯照明，经背景将光散射后再照射被摄体；背景材质如果为不透明，多用直射光从前面首先照射背景，然后利用背景反光来照射被摄体，这两种照明法都可以在被摄体的边缘形成深暗线条。线条的粗细取决于被摄体的壁厚。在使用基本照明方

表 4-1

表面质感		特 征	主 光 光 性	主 光 光 位	主光灯具及备注
吸收型	粗糙型	表面粗糙,纹理结构清楚。吸收入射光的性能相对较强	强调质感表现用光可较硬,方向性应明显。	应使用与纹理方向呈侧光、侧逆光。垂直光位宜低。忌顺其纹理用光	泛光灯、加蜂巢的泛光灯
	平滑型	结构平滑,纹理细腻。吸收性低于前者,反射性高于前者。	光性适中,宜软不宜硬,方向性应明显。间接照明,扩散光为好	前侧光、侧光、后光。垂直光位可适当提高	泛光灯前加扩散片,使用散光棚间接照明,柔光箱、伞灯、雾灯
反射型	全反射型	光洁度极高,可接近全反射。能清晰映照物像。易生耀斑。	应软、散、均,发光面积宜大。最好使用封闭式半透明隔离罩,或间接照明	在隔离罩外多灯环形布光。被摄体的反差应利用各灯的明暗控制。使用散光棚也要尽量封闭	隔离罩、散光棚外使用泛光灯照明。无上述器材可用雾灯、柔光罩。但要隔离环境,避免映像和杂光。可根据造型需要使用黑、白反光物造成黑白相间的影像以加强质感。要控制耀斑数量与位置
	半反射型	光洁度比前者低,但仍能形成不十分明亮或清晰的映像。耀斑也不如前者明亮。	与上同,应软、散、均、大。间接照明为佳。	光位可据造型及质感特点灵活掌握。垂直光位可高于中位光。	伞灯、柔光罩、雾灯,大型散光棚,应隔离被摄体与环境,防止映像和杂光
传导型	全传导型	全透明介质,入射光可透射。不同厚度、不同角度的面或棱边可形成不同透明度的线条、块面、耀斑。	多为间接光照明,也可使用直射光。光性可稍硬,使之有一定的穿透力。	暗线条表现使用亮背景,用低光照明。亮线条表现使用暗背景,用顶光或高位光、逆光照明。	泛光灯、加扩散屏的泛光灯,有时也可使用柔光罩、雾灯从顶光高光位照明
	半传导型	半透明介质中,入射光部分传导,部分扩散,可形成光感。	为强调造型和光感,多用直射光照明,光性应透当的硬。	为强调光感,多以后侧光、轮廓光、逆光以及垂直光位的中位光相结合	泛光灯、加蜂巢或锥形聚光罩的泛光灯、聚光灯,有时也可用柔光罩
复合型	表面质感相似型	复合性被摄体由质感相近的材料组成	使用与材料质感相应的光性照明	根据造型和质感表现而定	依据所需光性决定
	表面质感差大型	复合体的多种质感反差极大,且趋于两极,甚至导致明暗反差也极大。	尽量使光性对不同的质感有兼容性。但有时会在一定程度上对某种质感表现有所不周	既要兼顾不同质感表现的光位,又要有重点地反复调整。尽可能保证重点质感的准确表现	使用兼顾不同质感表现的灯具,但又保证重点

式时，如果感到被摄体正面需要补光，可使用反光板或扩散后的软光。当感到被摄体两侧轮廓不够深暗时，补救的办法是用黑纸设置在背景垂直部分的两侧，用来将黑调映在器皿边缘，调节、强化层次。如图4.16所示。

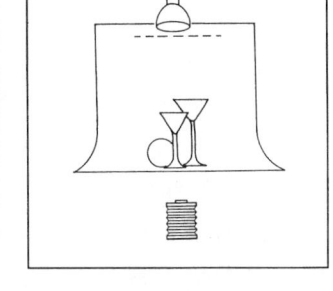

图4.16　暗线条表现的高脚杯

亮线条表现：背景一定要深暗，乃至全黑，方可托显出器皿明亮的线条。在玻璃器皿的侧上方用雾灯、柔光罩或其他扩散照明被摄体，可造成玻璃器皿的两侧外轮廓及顶面出现明亮的线条。或在深暗的背景前，玻璃器皿的两侧后方各置一块白色反光板，然后再用定向的直射光源，利用反光板反射出的散射光照亮被摄体的两侧，形成明亮的线条。亮线条的宽窄决定于光位，即光位越向逆后越窄，越向前侧越宽。要注意，反光板应在镜头视角以外。投向反光板的光要限光，不要干扰对玻璃器皿的表现。如图4.17所示。

本体表现：背景如为半透明，主光从背景后方投射，用散射光照明被摄体，背景若是彩色不透光物，将投射光投向背景，再利用背景的反射光照明被摄体，但此时一定要在灯光上加置蜂巢导光罩或遮光挡板，勿使光投到被摄体上，本体表现可以在背景上大作文章，强调背景的影调效果。

拍摄透明体宜使用散射光、

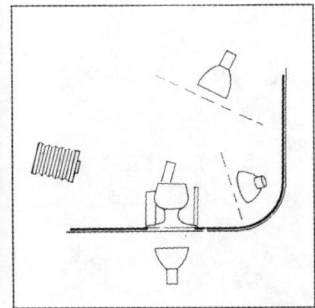

图4.17　亮线条表现的酒杯

反射光,而不宜用直射硬光。被摄体的反差,既决定于背景的明暗,又决定于投射光的强弱。无论是哪种表现,对背景的投光控制也十分关键。稍一忽视,背景会发灰,使之与被摄体的对比减弱,就会使玻璃体失去清晰、晶莹之美。(如图4.18所示)

曝光测定对透明体来讲变得格外复杂,无论暗线条还是亮线条表现,事实上都只能对背景进行测光。采用反射光测光,对暗线条表现应将测定值增加1/2格左右EV值的曝光量,对亮线条表现的曝光补偿与前者相反。实际上,前者是高调,忌背景发暗,线条变淡;后者为低调,忌背景浅淡,线条变暗。

图 4.18

2. 不同纺织品的拍摄

不同的织品会有粗糙、柔挺、轻重、薄厚的质感。一般而言,主光主要表现织物的纹理,辅助光多用作强调暗部的层次和轻柔、薄透的性质。例如表现纱的质感,一要用相对暗的背景(指浅色的纱而言);二要纱本身有皱折起伏;三要从纱的后方或侧方布光;四要使用软光,才能充分展示纱的轻薄和柔细。粗糙厚实纹路清晰的织品,主光可稍硬,光位要低、侧,辅助光要软、散。

光亮的面料主光一定要软、散且弱。面料皱折处的反光是加强质感不可缺少的因

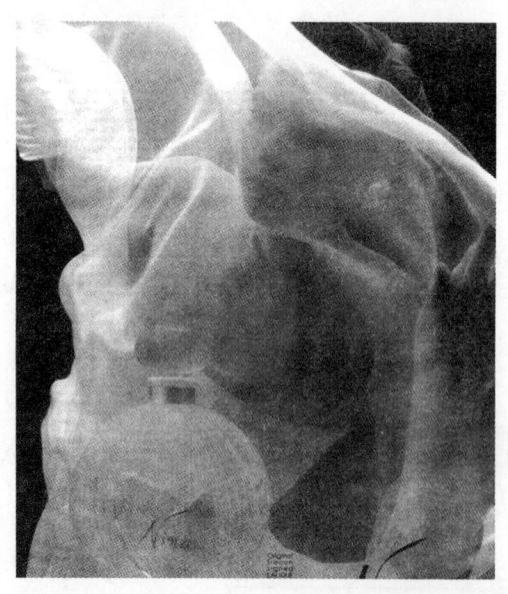

图 4.19

图 4.20

素。若主光表现不出，应加辅助光塑造，但反光面积不宜过大，且要走向流畅，不可造成耀斑。纱类织品的半透明主要靠逆光来表现（如图4.19、4.20所示）。

思考与练习题

1. 拍摄大型团体照，应如何根据现场勘察而确定拍摄方案？
2. 谈谈大型团体照的人物排列的要点。
3. 使用"转机"拍摄时，旋转角度与底片中影像的长度、镜头的焦距之间的关系如何计算。
4. 简述人像摄影艺术的表现方法。
5. 简述常用滤光镜的种类和功用。
6. 简述黑白滤光镜的工作原理。
7. 如何采用滤光镜来调整反差与控制影调？
8. 使用滤镜后在曝光方面应注意哪些问题？
9. 简述偏振镜的正确使用方法。
10. 人像摄影构图、影调、色彩、神态处理的原则与方法。
11. 近距离翻拍时的曝光应如何控制？
12. 现代婚纱摄影中的单色调、偏色调的具体表现方法。
13. 现代婚纱摄影的发展趋向。
14. 怎样拍摄玻璃制品？

第三章 培 训

作为高级摄影师应具有传授技艺的能力，其中包括：具备职业教学的基本知识，并能分析艺术作品的内容与形式的关系；能够讲授与初、中级摄影师工作内容相关的专业知识，能够比较系统地示范，指导证件照、纪念照、合影照、艺术照、翻拍、婚纱照的用光、用色、构图、拍摄等实际操作的技术技巧。

第一节 理论指导

第一单元 职业教学的专业知识

一、教学环节

教学的基本环节包括教学大纲的拟定、讲授、示范、作业的布置、作业的讲评等主要内容。

1. 教学大纲的拟定

教学大纲的拟定应当规范化。按章、节、单元等合理划分，并应做到条理清楚、循序渐进、全面系统。

2. 讲授

讲授的重点是基本概念的解释。在对基本概念进行讲授时，应做到字句清楚、条理清晰、逻辑分析严密。并把概念的由来、注释等知识加以介绍，还要把与概念相关的知识讲清楚，讲法宜通俗易懂。

摄影的讲授有其特殊性，可以结合具体的操作示范或样品、样片具体加以解释。解释过程中应把相关的知识点，逐条理清。

例如：在讲光圈这一概念时，应拿相机来操作示范，讲清光圈的位置、作用、操作控制的方法，并把光圈除控制通光量以外的作用交待清楚，光圈还具有控制景深的作用。

3. 示范

摄影的操作示范和样片的效果展示都是示范的内容。强烈的可操作性应是职业教育的特点。操作示范要顺序清楚、规范化，还要把操作不当的情形及危害加以解释。用样片来展示规范操作的效果，直观明确，便于理解和掌握，是行之有效的示范方法。

4. 作业安排

作业安排要有针对性，有助于学生对所讲概念及操作方法的理解，作业要求要明确、具体、重点突出。

5. 作业讲评

作业讲评要采用作品与概念相对照，不同作品相对照的方法，帮助学生弄清概念，加深对概念的理解，并反思正确操作的重要性。对概念不清，操作不当的危害尤其加以强调，以加深印象。

二、教学手段

教学手段应多样化。既采用实物示范，又采用幻灯示范；既亲自加以示范、手把手地教，又建议学生多看相关的教材、案例、各种报刊书籍。了解新技术、新技巧，借鉴他人的经验。应多备一些作品集、画册、专业书刊，供学员自学。

三、注意事项

教学活动中，除了注重一般的共同的知识和技能的传授外，还应对学员的知识结构、个性等加以具体了解，针对不同学员，制订不同的教学方案，采用不同的教学方法和不同的教学进度，以增强教学效果。

第二单元　艺术作品的内容与形式

一、内容决定形式

任何一个视觉艺术作品中，都既有内容，又有形式，摄影艺术作品也不例外。谈论艺术作品，离不开内容与形式。内容决定形式，形式表现内容。人们通过照片来反映社会生活，传达思想感情，表现审美情趣，但必须选择合理的有效的形式。

照片的内容是指画面形象的各种因素的内在联系与组合，包括瞬间、情节、气氛以及人物的性格、情感等；照片的形式则是指照片形象所借以传达的物质媒介的组成方式，即线条、形体、影调、色调、空间、结构的组合方式，各组合方式也称为"构图"、"造型"。

任何艺术作品的内容不仅包括作品所表现的社会生活，而且包含了艺术家的主观思想感情，不存在绝对脱离内容的艺术形式。人像摄影更注重内容与形式的高度统一，形式的变化应依据表现内容的需要。

二、形式的相对独立性及其对内容的反作用

艺术作品的内容决定形式，但形式也不是完全消极的，形式具有相对的独立性，同时还对内容有反作用。

艺术形式的相对独立性表现在它有自身的特点、要求，这些特点、要求的存在，

一般不受内容的制约。当艺术家所要表现的内容无法采用某一种艺术形式时,他可以采用另一种形式而不为某一种形式所困;但是,当他一旦确定采用某一种艺术形式时,他就必须遵循这种艺术形式的基本要求。摄影既应遵循视觉艺术的共同规律,也应遵循摄影这种手段的特殊造型法则,相同或相似的内容采用不同的艺术形式时,则应采用不同的方法来表现。

形式的相对独立性还表现在:虽然艺术形式也随着社会生活和艺术表现的内容的发展而发展,但艺术形式的发展变化是缓慢的、渐变的,具有相对稳定性和历史继承性。当新内容、新形式出现之后,熟悉旧形式的艺术家仍然可以用旧形式表现新内容。人像摄影的仿古、仿旧就是很好的例证。

艺术形式对艺术内容的反作用表现在:首先,形式如果与内容相适应,内容就能得以充分的表现。所有严肃认真而有成就感的艺术家,为了表现内容的丰富性、深刻性,无不苦心经营形式。画家常常对构图落笔不满而揉掉画稿,甚至将已完成的不完美的作品付之一炬;摄影家则常常为了拍好某一景物不辞辛劳,数度往返重拍。其次,有缺陷的形式,或虽无缺陷但不适应表现某一内容的形式,均会直接有碍内容的表现。

三、内容与形式的统一

任何一件艺术作品都有内容和形式,作为视觉艺术品的摄影艺术作品更加追求有意义的思想内容与完美的艺术形式的统一。

然而,摄影艺术作品的内容与形式并不总能达到统一。内容较好,但艺术形式较差或很差的作品缺乏的是艺术感染力,也同样缺乏生命力;艺术形式相对完美而内容不健康的作品,如淫秽黄色的人体摄影作品具有一定的吸引力和感染力,但会毒害欣赏者的心灵。前一类作品的改进办法是作者应认识到艺术形式的重要作用,认真学习,不断总结经验,磨练技巧,增强表达内容的能力,努力实现内容与形式的统一。应禁止拍摄、制作后一类作品,更应禁止其流传。

艺术家应认真学习文化知识,提高认识水平,加强艺术修养,才能使自己的作品达到内容与形式的完美统一。

第二节 传授经验

一、用光的示范、指导

对各种布光方法加以示范、比较。证件照、纪念照、合影照、艺术照、翻拍和婚纱照的用光各有特点和要求,应逐一加以讲解、示范、指导。

示范应具体,注重操作细节,还应做到规范化、系统化。

布光的方法应从简入繁,在熟练运用的基础上求新、求变。

要鼓励学员在掌握基础知识和基本方法的基础上,积极尝试新的布光方法的探索并力求完美。

示范、指导应有理有据，循循善诱。对学员一时弄不清的操作方法，应反复加以演示，以便加记忆。

除了具体改变灯光和主体位置以演示光线效果外，还应结合摄影作品，加以具体的、详细的说明讲解。

二、用色的示范指导

首先应讲解光和色的基本知识，并重温彩色摄影的其他基本知识和原理，例如感光材料的基本知识、拍摄的知识（光源、曝光控制、光线运用等）、色彩表现的基本知识（色彩的特性、色彩的生理学、心理学知识、色彩搭配等）。

示范指导时，应将上述基本知识的讲解贯穿其中，并做具体的案例分析。

示范的重点是拍摄的方法和色彩表现的具体操作。如在拍摄方法上，应重点演示如何获得正确曝光，包括如何使用测光表及各种测光方法的演示，影像反差的控制，滤光镜的运用，布光方法对色彩表现的影响等。在色彩表现上，应具体演示如何通过背景与主体的色彩统一、对比、合理配置来实现基调的统一，色彩的和谐和色彩的照应等。示范的案例应多样化，让学员通过多种效果的比较来加深理解。当然也应结合摄影图片来展示具体拍摄效果，以加深印象。

三、构图的示范指导

结合布光、机位设置、对被摄者的引导做具体示范。

构图的示范宜从简入繁，从一个人拍起，讲解一个人的构图要领；然后从拍证件照的简单操作过渡到纪念照、合影照、艺术照、婚纱照的拍摄示范。随着被摄对象的复杂化，构图的要素也不断增加。例如，拍证件照时，只拍人的面部，构图要素只有人的脸和眼、耳、鼻、嘴、眉和发的分布。但在纪念照中，被摄者可能拍全身或增加了上肢，或手持物件，这样，构图时应考虑的因素就增加了。如何正确处理，应逐一加以示范。合影照更涉及两个以上人之间的搭配，从着装、色彩和配置到人物表情、情绪的配合也更为复杂。艺术照涉及的因素已远远超过被摄体自然的本身，还包括化妆、道具、背景等诸要素，构图因素更加复杂，示范时更应细致，有条理。

在进行构图示范时，可对同一被摄对象采用不同的布局结构、背景设置加以对比演示。结合具体事例讲解、分析利弊。要同应聘请来的模特或顾客打好招呼，以便得到配合，便于示范的操作。

拍摄完毕，制成照片后，应结合照片的拍摄效果来分析、评价成功之处及不足之处，以便在下次拍摄时加以借鉴。

四、拍摄的示范

在进行拍摄示范前，应先讲清所使用相机及配件、灯光道具、背景设置的特点及其对拍摄的要求，操作的技术要领等知识。

拍摄时应重点示范瞬间的抓取、人物情绪的调动等如何具体操作。虽然人像摄影大多数情况下以"导演摆布"为主，但具体拍摄时，仍然是摆中有抓，

对瞬间的认识、理解、把握均应体现在操作示范的过程中；对人物情绪的调动手法应根据被摄对象的不同采用不同的手法。如对儿童与对成人、老人的调动方法各有不同，对不同性格、职业等背景不同的人，调动其情绪的方法也应有差别。在做拍摄操作尝试时，应做到多样化、差别化，让学员通过观察、学习和体验来深入理解和体会。

思考与练习题
1. 教师应如何制定各个教学环节？
2. 为增强教学效果，应采用哪些教学手段？
3. 简述摄影艺术作品的内容与形式的关系。
4. 在教学中应如何加强对学生的示范指导？

第四章 影室设计

第一节 环境设计

第一单元 影室环境装饰与风格

一、学习目标

能够做到设计影室的风格符合企业定位和当地的审美情趣与拍摄风格统一 装饰新颖简洁、美观大方、空间利用率高。

二、使用工具

笔、纸、尺子、圆规等绘图工具

三、操作步骤

1. 审视被设计房屋的建筑图纸或实际测量该房屋的长度、宽度和高度,分清承重墙与非承重墙,找到电源进户处的位置,墙的暗线的位置等。

2. 根据企业经营项目与拍摄风格的定位,摄影室进行分类或分区,例如:本企业有三间摄影室拟办成品种较全的照像馆,可以将其中最大的一间辟为婚纱影室,最小的一间辟为证件照像室,另外一间开展儿童摄影,如果欲单独拍摄婚纱照,可以将三间摄影室分别搞成三种不同风格的影室。

3. 影室的设计风格要符合当地的审美情趣。例如在大城市可设计成田园风格的影室,因为城市人想往回归大自然。而在城镇里的照像馆却需要设计豪华的建筑风格,设计成民族式或外国风格的影室,但同样要考虑当地顾客的情感因素。

4. 请建筑结构方面的内行人士探讨所设计的影室方案,审查在建筑物的结构方面是否可行,放弃任何有结构方面问题的方案,保证影室的安全。

5. 画出设计示意图和写出设计说明,并请专业设计人员、施工人员到达现场,向其进行讲解和说明,必要时,还可以一起到类似或有借鉴价值的地方进行观摩。

6. 在听取了设计和施工人员的意见后,经过综合考虑,形成最后的方案,而后进行实施。如图4.21所示。

四、注意事项

1. 摄影师虽然能够提出很详尽的使用要求，但对建筑物的力学结构、施工难度、使用材料等诸多专业问题很难精通，设计影室时必须要征求专业人士的意见，免得作出不切实际的设计。

2. 设计要新颖，不可照搬照抄，特别是不能照搬同一城市或地区其它企业的同样建筑，更不要搬用饭店、宾馆、歌厅行业的典型风格，免得给人不伦不类的感觉。

3. 装饰不可太繁杂，简洁、大方为好，过多的装饰品不但显得杂乱，还会占用较多的空间，每一个影室都要拍摄多种形式的照片，空间是极其宝贵的，要尽量扩大空间，方便摄影时使用。

4. 要杜绝安全隐患，特别是对于一室多用影室的设计，这种影室装饰物多、结构复杂、空间狭小，除注意所有物体的坚固性外还要认真考虑防火问题。

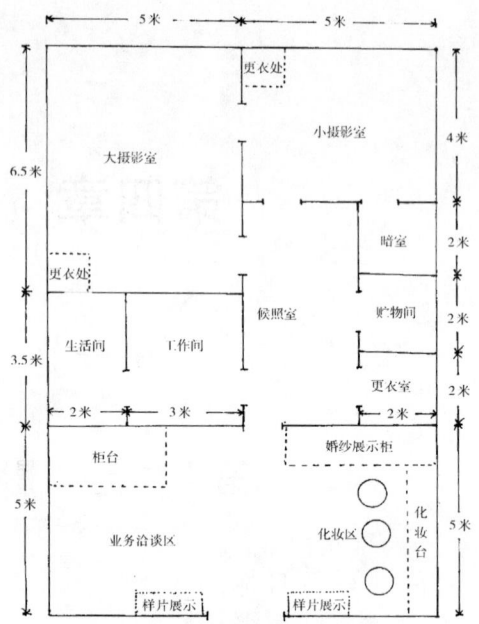

图 4.21 影室示意图

第二单元　影室照明

一、学习目标

能够做到设计的环境照明亮暗适宜。

二、使用工具

计算器等计算工具和纸、笔等绘图工具。

三、操作步骤

1. 计算室内空间，设计基础照明亮度一般是将照相机处布置的亮些，以便于操作，将被拍摄者的位置布置的暗些，以便于观察摄影时的布光效果。

2. 依据室内的总体设计风格选择适当的照明灯具，如日光灯、吊灯、壁灯、工艺灯等，除形态的选择之外，还要考虑光源的色温及安装的位置。

3. 选择局部照明的位置，强调某个部分。如对化妆台前的照明，对服装柜的照明、对陈列品或样片的照明等。

4. 设计各照明灯的开关方案，一般是将除照机机处的照明灯以外的所有灯光的电源与摄影用灯的电源，做一个倒头电路，即照明灯点燃时摄影灯处于断电状态，当打开摄影灯时，照明灯便熄灭了，这样做，一则是为了便于摄影师观察光线的造型效果，其二也是为了被摄者的精力能够集中，不会被周围的环境所干扰。

5. 对于大型的摄影室，特别是对于使用高强度、大功率摄影照明的企业，必须设计配电柜或配电箱以控制电源，照明灯的电源应从该控制系统引出，不得闸外用电。

四、注意事项

1. 摄影室照明光线不可太亮，要比营业室、接待室、候照室都暗一些，较暗的光线会给人以神密感，有助于增强顾客对于企业的信任，当然也不能太暗，昏暗的环境光会使人觉得死气沉沉，缺乏生机，一般应控制在3EV值左右，可用测光表式照相机的测光系统进行测量。

2. 儿童摄影室的照明要有趣味性，可以用串灯、彩灯、变光灯、旋转灯等进行照明，其基础照明光的设计也要比其它类影室亮些，这样不但有助于吸引儿童的注意力，也有助于安全方面的考虑。

3. 局部照明是为了塑造效果光，强调气氛，一般可选用射灯，特别是注意对服装柜或饰品柜的照明，一定要有足够的亮并，有时，可将灯具安装在柜子内部，以强调服装或饰品的品位和档次。

4. 设计照明用光时，还要注意到更换灯泡或灯管时的方便性，这些消耗性的用品是有使用寿命的，如果更换不便，将会为日常工作带来不必要的麻烦，同时，也要考虑到维修和清洁时的方便程度。

5. 所有的灯光功率都不能超过负荷的供电能力，一定要请专业的电工进行审核后才能正式完成这项设计，也一定要由专业人员进行施工，绝不允许包括自己在内的所有非电工专业人员的设计、施工与操作。

第二节 灯 光 设 计

第一单元 灯具种类的选择

一、学习目标

能够根据拍摄内容选择灯具的规格、品牌、附件及反光板等。

二、使用工具

计算器等计算工具和纸、笔等绘画及书写工具。

三、操作步骤

1. 首先确定光源的类型。目前可供选择的类型有：普通照像白炽灯、碘钨灯、影室闪光灯、小型电子闪光灯、石英灯具等等，各种类型的灯具都有各自的优点和不足之处，要根据本影室的实际需要和条件，选用最恰当的光源类型，当前一般摄影室，选择影室闪光灯的比例最大。

2. 确定灯光的发光强度。不同类型的灯使用不同类型的表示方法，白炽灯一般是用瓦数（W）来表示的，闪光灯则较多的用闪光指数（GN）来表示，对于灯的功率选择应以实用为标准，功率太大不但会形成财力、资源的浪费，还会因灯具的巨大和笨重而使工作带来不便；功率过小又会带来曝光技术上的一些问题。计算功率时，要考虑到加用挡灯纸、柔光箱、蜂窝罩等附件后的实际发光强度，免得功率不足造成使用附件的限制。

3. 灯具规格的选择是以拍摄内容为前提的，如拍合影就要选择能将灯头升到足够高的灯具，拍儿童，最好是选用悬臂灯具或吊挂灯具。

4. 配套选择：一个摄影室要用若干盏灯具。拍摄时，各盏灯的作用不同，这就要求不同类型的灯具，如：主光灯、辅光灯、背景灯、脚光灯、发光灯、轮廓灯等等，各种灯具要配备齐全，使用起来才能得心应手。

5. 选择品牌：摄影灯具是实用工具，应以实际性能和质量为选择原则，不必非要追求名牌，要像选购所有的商品一样考虑性能价格比，经反复比较后，筛选出适合本摄影室灯具来。

四、注意事项

1. 灯具是摄影师使用的重要工具之一，在设计影室用灯之前要注意做大量的调查研究工作，例如可多走几家照像馆，看看人家在使用什么灯，怎样使用，效果如何。还可以走访灯具的生产厂家或经销商，听他们介绍产品的性能、质量及使用方法，把多种灯具进行比较而后再作决定。

2. 设计多种灯具的配合时要注意到色温的条件，不同色温的光源混合使用会对彩色照片的色彩表现产生影响。

3. 多盏闪光灯的连闪同步一般是采用光控的方法，设计时要考虑到接受器的灵敏程度，特别是对被道具遮挡的闪光灯，应将其接受器引出灯体之外，置于光照较强之处，免得拍摄时出现漏闪问题。

4. 所有灯的发光强度都要考虑功率控制问题，可控范围越精细，使用起来越方便。如：半光（1/2）、1/4光、1/8光、1/16光……。

5. 供灯光使用的电源位置要注意布置的合理。电源距灯具越近越好，在人员经常走动的必经之处最好不要设计为电源之处，最好不要有电线阻碍人员通行。

第二单元　灯位的合理布局

一、学习目标

能合理设计灯位，便于使用。

二、使用工具

计算器等计算工具和纸、笔等绘画书写工具。

三、工作程序

1. 根据影室的用途将光源分解为固定光源和可移动光源两类。

2. 确定固定光源的安装位置、角度、数量、排列方法和控制方法，固定光源一般是安装在被摄者右前方或正前的墙壁上，形成柔和的散射光源。

3. 确定可移动光源的移动范围，移动光源可以使用地灯，也可以使用悬壁灯或天花板路轨的吊灯，在该范围的相应处安装电源插座或配电箱。

4. 分别确定固定光源和可移动光源的总开关，以使这两种光源能够分别使用。

5. 必须设计该影室的总电源开关，便于工作完毕后，切断全室的一切电源，使安全得到保证。

四、注意事项

1. 固定光源的照射角度要注意涵盖到该室拍摄的最大角度和纵深，一般应从距后墙 2 米处做一个剖面，分别进行测量，要求该剖面任何位置的光照度不能相差 0.5EV 值（半级光圈），只有这样，才能保证拍摄大型合影照片时的均匀度。

2. 在被拍摄的中心位置测量,其固定光源的照度,应达到到 10EV 值以上（相当于 F5.6 1/30 秒的曝光组合），否则难以保证拍摄时的景深范围和适当的快门速度。

3. 注意固定光源的柔和程度，一般应以不产生明显的物体投影为宜.

4. 如果因某种条件的限制，固定光源不能达到照度或均匀度的要求时，可以移动光源加以补充，并要把进行补充的移动光源的发光强度、距离、高度等记录下来，通知该影室的工作人员，以便实际工作中使用。

5. 注意整个影室光源的总功率和天花板轨的电机用电及背景的升降机用电等一切用电的总和，特别是当使用升降机用电等，一切用电的总和，特别是当使用白炽灯或碘钨灯等常明光源时，一个影室的总耗电量是很大的，为了保证安全，切不可做超负额的设计与使用。

6. 设计使用悬臂灯或天花路板轨吊灯时，要仔细计算其活动范围，特别是要注意当被摄者处于所有景点的被摄位置时，都不能出现光源照射不到的死角光区。

第三节 背景、道具设计

一、学习目标

能够做到设计的背景、道具大小适宜，色彩配置和谐统一，位置安排合理，新颖、美观，与拍摄内容相符，符合当地的审美情趣。

二、操作步骤

1. 首先确定该摄影室的拍摄内容，例如：该摄影室是拍摄婚纱照还是艺术照，是拍证件照还是合影照，是拍成人的还是拍儿童的。

2. 依据所确定的拍摄内容，设计背景道具的风格，例如：当确定所设计的全是拍摄婚纱使用的，便可考虑是搞欧陆风情的还是搞美洲情调的；是搞中式的还是搞日式的；是搞古典的还是搞现代的。

3. 依据所确定的风格来确定表现形式，例如：是用立体形式表现还是用平面形式表现，是写实的还是写意的，是具象的还是抽象的。

4. 确定形式后再确定所使用的材料，如铁制、木制、塑料制、布制、纸制等。

5. 以上形式和内容及材料全部定妥后，便要进行实地的测量，计算出背景、道具的尺寸规格。

6. 画出被设计的背景或道具的拍摄效果示意图，观察其构图、色彩和透视关系等视觉效果，经反复修正后将方案确定下来。

三、注意事项

1. 背景、道具是照片中烘托气氛、揭示主题，交待环境、美化画面的重要元素。因此，不可千人一面，也不可使用同一背景。给同一个人拍摄若干张照片，这就要求设计者在有限的空间里，尽可能多地安置多个场景。平面背景所占空间很小，是小型影室的首选。但是，其视觉效果却往往不尽人意，立体场景的视觉效果最佳，但所占空间很大，设计者应注意将二者有机地结合使用，以发挥各种场景形式的最大作用。

2. 背景、道具的设计要注意一景多用，一物多用，同一景物的不同区域都要独立成景，拓展其利用的空间。

3. 设计背景道具时，要注意人眼睛的视野与镜头视角的差异。摄影室内极少使用广角镜头，所用镜头的视角全都小于人眼睛的视野范围。置景是为了拍照用的，凡是不能进入画面的场景一律可以舍去，免得浪费财力和空间。

4. 要特别注意背景、道具与被摄人物的成像比例关系，包括平面背景中所画景物的高度和规格的大小，不能造成画面不协调。

5. 背景和道具都是为了被拍摄的对象来服务的，要注意不能喧宾夺主，不可将陪衬物设置得过多。要牢记"简洁"永远是人像摄影构图的基本原则之一。

思考与练习题

1. 在影室设计中须注意哪些事项？
2. 谈谈对影室中的灯具选择。
3. 影室中被摄中心位置的照度应达到多少为宜？

第五部分

摄影技师

第一章 接待工作

第一节 对顾客审美趋向的探询

一、学习目标

能够主动探询顾客的审美趋向。

二、使用工具

调查表、意见本等

三、工作程序

1. 确定需要了解和研究的审美课题。
2. 确立被探询顾客的范围和类别。
3. 根据被探询的对象和内容,设计调查表格的项目和格式。
4. 直接参与营业室的接待或取像付件工作,听取顾客的意见。
5. 仔细观察顾客对各种类型照片的反映,并作记录。
6. 把调查表、意见本上及自己亲自站柜台听取到的意见和观察到的反映等,进行科学的分类,加以研究,总结出本店顾客的审美趋向。

四、注意事项

1. 探询顾客的审美趋向是为了使本企业所拍摄和制作的照片更能符合广大人民群众的审美需求,是为了更好地为顾客服务,在工作中的各个环节都要贯穿这个指导思想。
2. 探询的过程实际是个调查了解的过程,在这个过程中,不能带有丝毫的先见性。不能把自己的观点和意见带到被调查范围之中,更不能把自己的看法强加于被调查的对象。
3. 在柜台或营业室内探询顾客意见时,要注意方式方法,最好是用语言作铺垫后,使顾客自然而然地表达出他的意见或看法,这种工作最好是在貌似不经意之中进行,避免生硬的发问而引起顾客的反感。
4. 调查表格是供顾客填写的,形式可多种多样,内容要简单明了。配合所调查的内容要附以典型的照片。例如，可以摆放一组照片，请顾客填写他认为最好的是哪幅，认为好在哪里，并可以请顾客在一组照片里选择哪张化妆最好，哪张姿态最好，哪张色彩最好等等。

5. 对于调查到的第一手资料分析和归类是一项需要非常认真仔细的工作，被调查的对象不同，调查的环境不同，表达的语气不同都能得出不同甚至完全相反的调查结果。要去伪存真，进行由此及彼、由表及里的分析和研究，力争真正探询到不同类型顾客的不同审美趋向和现阶段顾客审美趋向的一般规律。

五、相关知识

摄影作品欣赏的简单过程

摄影艺术具有广泛的群众性，欣赏者几乎遍及社会的各个层面，作为摄影艺术作品的创作者，对摄影作品的欣赏者加以分析是十分必要的。

欣赏者由于兴趣、爱好、专业、艺术素养、视觉敏感程度不同、生活阅历、思想深度等差异，对同一摄影作品在理解和欣赏上不可避免地要产生差异，但是，从欣赏的本质和进程来看还是基本一致的。

摄影欣赏的第一印象至关重要，它既是欣赏的开始，也是欣赏的高潮。一张照片，它的全部信息同时作用于欣赏者的感官，视觉接受的是整体的艺术形象，它诉诸人的直觉和潜意识，能最大限度地调动人的美感经验，因此，第一印象是极为重要的。

对欣赏者第一印象发生影响的主观因素主要有：直觉与潜意识的作用、主观意象的作用和艺术想象的作用。

直觉和潜意识都是可以不经过人的思维而直接对对象做出的反应，可以导致欣赏者对照片的直接领悟，这种领悟可能没有什么理性的分析，甚至难以用语言作明晰的表达，但这种感性的东西是非常重要的。人的潜意识是与本人的生活阅历相联系的，摄影作品一旦与脑中的潜意识所碰撞，就立即会发生强大的作用。

直觉是一种特殊的直观把握能力，一个人欣赏艺术作品的时候，不可能离开艺术的直觉，直觉的作用尤其是体现在对摄影作品的寓意、象征及格调的感知等方面。

意象是指人的感官接受事物表象后经主观改造后在内心形成的一个主观化的表象，欣赏者从艺术形象中如果能够再次得到活跃而丰满的意象，并把自己的主观因素加入其中，形成一个更加丰满活跃的新形象，就会得到极大的满足，这是欣赏的核心。

摄影艺术是视觉艺术的一种，是靠视觉感官来感知的，但是，对摄影作品的欣赏却常常会获得视觉以外的感受，"通感"就是一种常见的心理现象。如果一个欣赏者能够打开感官之间的隔绝，就可以从一幅优秀的摄影作品之中得到全观感的感受，从而极大地丰富欣赏的感受内容。联想可以分成接近联想、类似联想、对比联想、关系联想等多种类型，通过联想可以极大地丰富和扩展摄影作品的内涵。

第一印象的过程是复杂的，但形成第一印象的时间是短暂的，它决定了欣赏者与作品之间的感情。

摄影作品的最重要职能是传达感情，对作品的欣赏也不可避免地伴随着感情活动。欣赏者的感情来源于三个方面，一是被摄对象感情的直接感染；二是拍摄者主观感情的传达；三是欣赏者本身的感情经验。

另外，欣赏者对于摄影作品常常进行理性的分，这包括对作品的创新程度、认识价值、历史价值等，虽然理性分析也可以扩展到对感性认识的进程中去，使感受更有条理、更成熟稳定。但并不是每个欣赏摄影作品的人都必须经过的环节。

第二节 指导摄影消费

一、学习目标

能够诱导健康的审美情趣

二、使用工具

照片及样本，VCD及播放设备

三、工作程序

1. 选择或拍摄一些内容健康、神情自然、形式感美、表现手法好的照片摆放到橱窗中或陈列在店堂内，供广大顾客观看及选择，通过这种宣传，展示、引导顾客的消费。

2. 将分门别类的宣传样片及拍摄过程编制成录相带或VCD光盘，在店堂里反复进行播放，这种形式汇集的照片多，亦是有声音的活动画面，加之能够配乐和三维动画等特技效果，很受顾客欢迎。

3. 在直接接待顾客的过程中向顾客宣传审美情趣健康的好照片，讲解成功佳作的表现主题和表现手法。

4. 对于顾客要求拍摄的内容和表现形式，要善于发表自己的看法，对于好的要加以肯定，并努力将照片拍好。对于某些低级趣味的内容和表现手段要敢于发表自己的见解，诱导顾客向健康的审美情趣方向演变。

四、注意事项

1. 顾客是各个阶层和各个层面一个大群体，有不同的审美心理，照相业的橱窗及店堂宣传要适应广大顾客的需求就必须多样化，单一的内容或形式既不利于审美方面的宣传，也不利于经营业务的宣传。

2. 人的审美活动是一个复杂的心理过程，人们的阅历不同，社会地位不同，文化修养不同，对于美的趋向也就自然会不同，要充分认识到这种差异，在引导消费时应注意，不必要、也不可把所有的顾客都统一到某一种美感的模式上来。

3. 诱导工作需注意态度，特别是对于涉世不深的年青人，更要讲究方式方法。年青人的思想活跃，猎奇思想较重，爱追时髦，好模仿，这些人又是摄影行业的主要顾客群。对于他们的某些不够健康的审美趋向既不可迁就，也不可生硬地回绝，要以真诚的态度，理性的分析和美的表现形式，诱导他们树立起对摄影作品健康的审美情趣。

五、相关知识

摄影艺术的审美特性

有关摄影艺术审美特性的问题是摄影理论最基本的问题之一，它直接决定着摄影艺术的创作、欣赏和评论，摄影艺术从属于艺术的大范畴，所谓艺术就是："使人的完整的心灵、思想和感情在世界上确立下来的形式。"这个形式的物化形态就是艺术作品。

首先，艺术形象不可能也没必要再现客观自然的原貌，它是一种渗透着心灵，有思想感情的内容和富于表现力，有美学意义的形式的统一。

其次，照像看起来是一种"写实媒介"，其实，它同其它艺术形式一样带有假定性。匈牙利美学家卢卡契指出："现实的照相真实的复制品是一种高度发展的非拟人化技术的产物，与日常生活中现实的直接感情视觉毫不相干，更不用说它能够构成现实的基础和出发点了"。艺术作品的假定性就是由艺术形象的假定性和艺术媒介的假定性形成的，它产生了艺术表现环境的假定性，也就带来了艺术欣赏的假定性，那就是欣赏者的审美再造的前提条件。当摄影师用光线、色彩、线条、景深等各种手进行创造时，已经脱离了被摄物的现实真实，也创造出一幅比实物更有刺激性、更高于魅力的图像来。如果摄影作品仅仅是复制被摄物，那么便不能称其为艺术，这样的作品也不是摄影艺术品。

摄影艺术作品具有瞬间性的特点，但是，摄影艺术作品的创作决不是在快门开启的那一个瞬间就能完成的。特别是人像摄影作品，一般都要经过一段相当长时间的构思过程，相机快门开动的瞬间只不过是整个创作过程的一个阶段而已。

客观生活和生活在客观生活中的人物，在摄影艺术家多种心理能力的作用下，构成了审美意象，但是，这种审美意象只有借助于物化手段才能将艺术形象显现出来。意象的物态化是一个复杂、细致又具体的创造性活动，这一活动的内容包容着相机、感光材料等工具手段的运用，以及画面外部形式的艺术处理，如光影、色彩、形状等诸多因素的结构，都要遵循美的规律，最后完成形象的创造，使作品达到形式与内容的完美统一。

所谓形式美，是指构成事物外部形式的物质材料的自然属性及其在空间、时间的排列组合规律所显示的审美特性、形式有两种，即内形式与外形式，内形式是事物内容诸要素的内部组织结构，外形式是指事物内容的外部表现形态，内容与形式构成事物内外统一的整体。没有形式，内容就无从表现；没有内容，形式就成为一个没有灵魂的外壳。二者是相互依存、相互作用、相辅相成的。

摄影艺术的造型样式是丰富多彩的，从广泛的意义上讲，不外乎是社会与自然，也就是人物与周围的环境。人是社会的主体，同时又具有自然与社会两种属性，作为自然人的形体美与作为社会人的性格美是不可忽略的同等重要的内涵，人是一个整体，从审美上要求应该是内外和谐美的统一。

人类历来都注重于自身形体美的创造的，而形体美并不是空泛的概念，其核心要义是以造就人的身心健壮为宗旨的，美与健壮是辩证的统一，形体美既是时代进步文明的标志，又是社会生产、斗争的实际需要。自照相机发明以来，人物摄影便是揭开摄影史序幕的前锋，它的艺术生命力经久不衰。

一般来讲，形体美包括了人体结构与人体姿态两个方面，人体美有普遍的共性，但不同的民族，地区又有各自的标准，由于美的类型式样和等级序列内涵极为丰富，我们只能以不同民族、不同地域、不同文化习俗的审美经验为起点，从匀称和谐，共性与个性统一的整体观上去审视和创造美。

所谓人体的姿态美，是泛指人体空间活动样式中呈现的美点，美不仅来自人体结构造型，同时取决于人在言行举止中呈现的典雅娴美的姿态，人的言行姿态被看作是美的精华。其原因，除了姿态美的某些形式因素外，其核心在于姿态美披露了人的文化素养、精神个性和心灵，从而体现了内外美的和谐统一。人的姿态美总是特定历史时代精神的反映，是随着社会历史的发展而发展的，不会停止在一个水平上。

人的性格美是内在因素，只有通过具体的言行举止才能表现出来，其表现形态，既是多种多样的，又是细腻微妙的。内心稍有变化，常常会通过面部肌肉收缩、震颤与眼神的微妙变化披露出来。

思考与练习题：
1. 欣赏摄影作品为什么说"第一印象"是至关重要的？
2. 简述摄影艺术的审美特性。
3. 如何指导不同消费者群体的不同消费活动？

第二章 拍 摄

第一节 广 告 摄 影

摄影艺术之所以广泛地步入广告领域，是由于它的特殊创作手段，使它能准确、真实地再现商品和被摄物的外部结构、质感、色彩，并可轻易地进行宏观、微观或并列地包括某些特定状态下的瞬间或长久状态的再现。这种形象具有强烈的直观性和可信性。因此，广告摄影应运而迅速发展起来。

第一单元 广告摄影的设计

一、学习目标

了解什么是广告摄影，广告摄影的特点，广告摄影在拍摄前的设计准备及广告摄影的表现手法。

二、基本概念

1. 广告摄影

虽然摄影属于艺术的范畴，但广告摄影却是商业活动。用作广告的照片，必须能够激起人们的购买欲。一张照片，无论艺术性多强，也不管技术上多么精湛，只要缺乏"推销"的力量，就失去了广告照片的作用，它就是失败的。广告的目的，就是要让预期的买主产生购物欲望，而广告照片的目的就是以最佳的方式把产品展示出来，使这种欲望更加强烈。

因此，广告摄影师一定要在掌握了广告摄影技术、技巧的同时，还要了解或知晓商品营销等方面的知识，才能在每幅广告作品中，以符合和体现商品营销战略、广告策略、商品定位、目标市场的画面，协助客户用广告打动消费者的心，并促使他们去实现购买行为。

2. 广告摄影的特点

广告摄影，它既不同于新闻、人像、风光、体育等专业摄影，也不同于供艺术欣赏的静物摄影，广告摄影主要有以下三个特点：一是服务性。广告摄影一般是接受生产或经营单位（客户）的委托，根据他们的特定要求和意图去设计制作的。广告摄影师只能在客户"出题目"的前提下，充分发挥自己的创造性，运用各种技术、技巧来完成他的第二次创作，而不能以个人的意愿随心所欲地去处理画面。也就是说，违背了客户的要求，或达不到促销的目的，即使广告摄影师拍得最美、最好的画面也是失败的广告作品。因此，广告摄影要求广告摄影师对每一个广告的意图、对象、效果都要进行细致地研究和深透的理解，并要具有社会学、商品学和心理学的渊博知识，有丰富的生活经验和娴熟的摄影技术，这样才能创作出成功的广告摄影作品。二是拍摄对象广泛而复杂。如：商业、工业、人物、风光、科技、文化等等，而且常常是在一个广告画面中既有模特又有商品甚至还要有风景作背景。所以，广告摄影师必须是摄影的"杂家"，不仅要掌握不同拍摄对象的特殊拍摄技巧和加工方法，还要有丰富的业务知识和实践经验。一个称职的广告摄影师应能熟练而灵巧地使用自己的摄影器材，借助于摄影语言来组词、造句，把创意或思想通过塑造形象表现出来。摄影的基本语言不外乎线条、影调、色彩等。而这些简单的语言的不同组合使用，又使摄影师仁者见仁，智者见智，可千变万化的。这极像音乐，五根横线和一些蝌蚪形的符号就创作出了无穷无尽而又美妙的世界。俗话说："戏法人人会变，各有巧妙不同"。广告画面要想不同凡响，摄影师就必须有能力表现出巧妙与不同。高超的技术、技巧往往可以使常见的商品或主题表现得耳目一新，这就是摄影师的过人之处。三是美术设计与摄影艺术的结合。广告摄影是美术设计与摄影艺术相结合的平面造型艺术。广告摄影离不开构思与设计。从主题的确立，表现形式的选择，意境和情趣的创造，直到摄影技巧的运用，后期美化加工等，在正式开拍之前都要落实，并绘出设计草图和写清实施方案。这个"蓝图"是设计师的丰富想象力和创造力的结晶，也是广告摄影成败的关键。广告摄影不同于其他摄影，任何偶然的侥幸成功是不存在的，只有建立在深厚的生活体验和广泛的艺术修养基础之上，运用大胆、浪漫、独特的丰富的艺术想象力，才能创造出优秀的广告摄影作品。

三、广告摄影的设计及其表现手法：

1. 广告摄影的设计

首先，我们了解一下广告制作工序。广告公司先要就准备做广告的产品或服务与客户磋商，以便在大体上达成共识：买吧！质优价廉；买吧！有益健康；买吧！更加妩媚动人；买吧！最新最美……这就是要反复强调的主题。然后下一步由撰稿人拟出文字部分，设计师绘出初步草图和布局。这样，一组富有创意的广告草案就出来了。广告公司将最佳设计草案交给客户征求意见，征得客户同意，广告公司做最后定稿，请摄影师依此拍出照片。最后，图片配上文字，把清样交给客户最后过目，通过后就可以制版印刷，一幅广告作品就诞生了。

从上述广告制作工序中我们不难得出这样的结论，也就是说在拍摄广告摄影作品之前必须弄清情况，即一定要准确理解客户的愿望。广告摄影师在整个广告活动中是要完整、准确、生动地表现"创意"。严格地讲，这是第二次创作，也就是摄影师在对创意心领神会理解的基础上，再富有激情地去做创作性的艺术表现。而不是机械地照搬。创意只是尽可能地提供一个尽量精细的大的创作框架,摄影师则应积极、充分地调动一切摄影语言、手段、工具去富有个性地进行表现即再创作。我们可以在下面的示意图(图 5.1)中看到一个正规的广告活动的主要工序及广告摄影在整个广告活动中所处的地位:

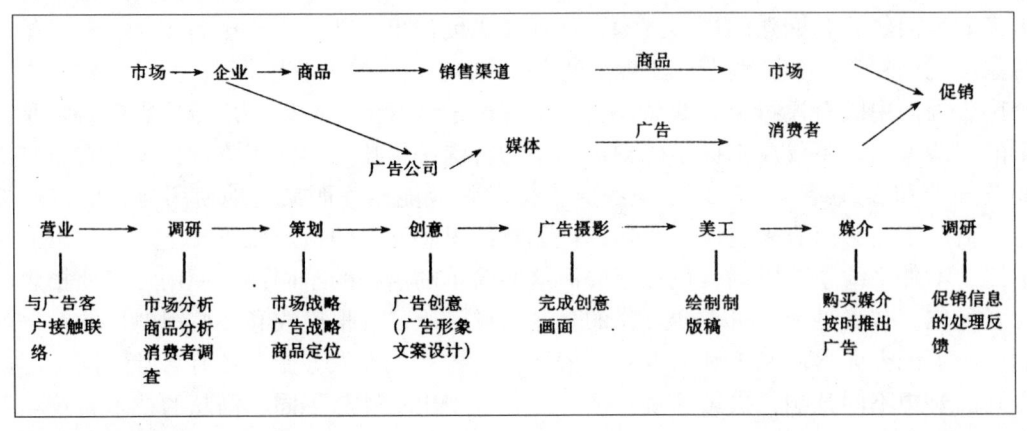

图 5.1

2. 广告摄影的表现手法

广告摄影不同于新闻摄影和艺术摄影,后两者的随意性相当大,如新闻摄影一切围绕着事件来拍,而事件的发展、突变,有时是摄影记者无法预料的。而再严谨的艺术摄影,不论事前作了多少观察和准备,也难完全把握天时、地利、人和的一致性。而广告摄影是名副其实的设计摄影,画面中一切主要内容与形式因素都在创意中有具体构思与要求。对这些只允许广告摄影师进行忠实地表现,或从形式上更加完美化。因此,广告摄影师的高下之分主要看他理解创意和塑造形象的能力和悟性。

一般情况下,在商品的开创期,广告都采用"写实性画面"即用商品形象来告示消费者,通过对商品的直接描写,可让消费者尽可能多地了解商品,并据此与同类商品进行比较,帮助消费者拿主意,推销意识很强。在创作上主要从商品本身打主意、想点子,在充分展现商品的形貌、质感和独特的优点的前提下,尽量拍得标新立异,独树一帜。而这些都需要摄影师从光影构成、色彩、影调、线条的选择与提炼,以及对背景、陪体的和谐与对比使用来达到。这样,这种写实性已不是商品在一般条件下的纯客观的再现,它已渗透了创意人员的审美要求和摄影师的风格特征。

而在商品成长期和成熟期作宣传时,写实性的广告已不能满足客户促销目的,需要用更能引起消费者兴趣的画面来加强记忆,把商品的宣传目的较为含蓄地包含在画面形象中,巧妙地、间接地向消费者推荐商品的优点、承诺。使消费者通过自身的经验来联想和丰富商品的魅力和占有的快感,这就是写意性的广告画面。写意性的广告画面中商品往往不占主要的内容,因此,创意发挥的余地大,可表现的内容、形式更加广泛、多样。以下为常用的表现手法:

比喻:它是用物来打比方,也就是用喻体来比喻本体。它的特点是可以使抽象的事物具体化，可用具体的常见的事物来表现难以说明的商品或劳务的性能、用途、特点，并能打破那些千篇一律的商品性画面。在广告画面中比喻要得当，要恰如其分。使用比喻的手法忌牵强和晦涩。前者缺乏必然联系，后者使人难以明意。

夸张：夸张是借助想象，抓住被描写对象的某些特点，从性质、状态、数量、程度上加以明显夸大的艺术手法。它可以鲜明地突出事物的本质特征。内容的夸张主要是强调质的表现，把平淡无奇的内容描绘得惊心动魄，形式夸张更强调量的夸大。夸张要合理，否则难为人们所接受。

变形：通过前期或后期处理，有意识地使被摄体在影像中有相当程度上的改变。它是以畸变来强调、突出特点，并用此来吸引人们的兴趣。变形处理后的形象，总是企图使它具有不同常态下的表现力，使之具有视觉上的超现实的冲击力。但在使用中要斟酌得失，勿只图惊异而失之庄重。

渲染：通过对环境、对人或对物的心理、行为作多方面的铺张来形容、衬托、突出商品主体，从而加强画面的艺术效果和感情气氛。渲染性画面有暗示性和联想性，容易调动人们的潜意识。

情节：即故事性画面。商品与生活的天然联系可构成丰富多彩的画卷，再通过想象把它表现在特定的生活情景和冲突中来构成情节。情节性画面有亲切感和渗透力，引人入胜。它的最大特点是可以虚构，因而可以创意出新奇、独特、令人意想不到的场面或情景。

第二单元　广告摄影的拍摄

一、学习目的

了解广告摄影常用的拍摄设备，影室要求，掌握广告摄影的布光方法及典型的广告摄影的拍摄技巧。

二、广告摄影的拍摄

1. 大型相机的操作

当你步入广告摄影这一领域，即使你已有得心应手地使用小型相机的经验，也会手足无措。这恰如使惯了轻武器后，立即让你去摆弄大炮一样，因此，要熟练地掌握大型相机并充分发挥它的特点，这是从事广告摄影应具备的最基本的技能。下面就是在操作大型相机时应注意的事项。

在操作大型相机时一定要养成一种程序式的操作方法，尽量使每一个动作环节一成不变，并极为精确，否则，往往在忙中出错。如未关闭快门，致使胶片漏光；未拉插板而未曝光或一底多次曝光等。对非机身快门的大型相机，其操作步骤可规范如下：

①确定机位。包括相机距被摄体的距离及镜头焦距的长短。

②取景。校正被摄体的位置及整体构图,观察透视比例。

③对焦。

④检查涵盖力。审视涵盖力是否足够,并查看有无光晕现象。

⑤矫正变形。如需矫正变形,可通过位移和摆动进行调整。

⑥重新取景。将经过位移或摆动后移动的画面重新调正。

⑦校准和控制清晰度及分配。

⑧检查曝光是否需要补偿。

⑨设定快门、工作光圈。

⑩曝光。

当相机一切均检查、设定准确完毕后,并需要对同一主题拍摄多幅照片,严格遵守下列程序将会保证不犯重复曝光或未曝光的错误。

①关闭快门。

②设定工作光圈、快门速度,并上好快门。

③试一次曝光无误后(使用闪光灯照明时确认闪光灯同步闪光),重新再上好快门。

④将片盒插入机背。

⑤将片盒的遮光插板拉出。

⑥待相机稳定后,按下快门曝光。

⑦将遮光插板标明已曝光的一面朝外,插入片盒,然后从机背取下片盒。

⑧使用120卷片片盒时一定要在曝光完毕立即过片(此习惯可避免多次曝光或记不清此张是否曝光了)。

以上程序必须养成潜意识的行为,即完成一个动作后,立即准确地进行下个步骤。否则,往往会因小错误而浪费胶片或功亏一篑。

2. 布光

①布光准备:是指在实施布光前,对画面创意的掌握,使进一步的布光中的一切都有据可依,有明确的目的,以达到预期效果。广告摄影画面的创作大体可分为两种类型:一类是完整的广告,也就是说它具有广告的全部要素,即有摄影画面、标题和其他文字成分,以及商标、厂名、地址等固定成分。这类广告的创意画稿中,对各要素都有具体位置和规定。对这些广告,摄影师不但要一丝不苟地去表现,还要创造性地去完成。如果某一局部空间缩小,就有可能是创意稿中规定的部分为此安排不下。所以广告摄影师往往把创意稿的主要部分按比例缩小在一张透明的塑料片上,然后夹在相机的对焦屏上,严格按构图摆放布置画面。另一类,不属于完整的广告,它们大多数用于宣传样本、商品说明书等。一般在画面中不包括文字或其他成分,若有,也只是说明性的。这种广告摄影画面,就需要摄影师根据要求综合商品特性,进行较为简单的创意,画个草图或打个腹稿,并在具体布光中调整。掌握创意与设计好画面后,就要确定机位,所有布光都是从机位来审视其造型光效的。然后确定主调,确定了广告画面的基调,分步布光才有依据。

②分步布光：是对主光光位进行调整和定位，而后再对辅助光、背景光、轮廓光进行调度和定位的一个反复进行的工作。布光过程中，任何一个灯位的移动都会影响到整体的光效。各个灯位的调动过程中，光与影的变化还可能要求被摄体与背景、陪体三者之间的位置关系随之也要有局部的改变。因此，布光过程也是将这些诸多因素反反复复协调，使之趋于完美的过程。主要有确定主光光位；加置辅助光；设置背景

图 5.2　一组简单的分步布光灯位图示首先确定模特的基本姿态

图 5.4　在左前侧略高于中低位光的稍远处布出辅助光

图 5.3　然后进行分步布光此幅为从右前侧中位光给出主光

图 5.5　从后侧中位光处以较强的泛光投射出轮廓光

图 5.6 最后在位于右后侧用广角柔光型泛光灯对背景辅加宽泛的照明

光；添加轮廓光；附加装饰光等等。如图 5.2～5.6。

③全面审视：当系统布光就绪后，先不要急于拍摄，而应当先从机位方向、镜头高度，对整个画面进行仔细而认真的诸项审视。包括：

布光有没有明显的缺欠或不自然、不合理的地方。

被摄体的明暗反差是否符合创意要求。

被摄体与背景的反差是否适度，且有无明度区域相溶的现象。

被摄体、陪体、背景主要线条走向是否有序，应当突出的线、形是否明显、突出。

整体色调的主调倾向是否鲜明。

画面中各色块在大小、明度上是否均衡。

投影的位置与浓淡有无问题，尤其是多光照明时。

耀斑是否杂乱、分散注意力，影响影像的整体感的完美。

各光源的照明是否出现干扰。

最后再全面观察一次画面与创意要求是否符合，有无差异需要进一步弥补。

3. 不同典型的广告拍摄

①时装广告摄影

摄影棚要足够大，能有充分的布光空间和使用中、长焦距镜头拍摄的距离。并保证当模特必须与背景保持适当远时，在高度上背景不会"穿帮"。

要准备多种色彩的连底背景纸，对时装摄影一般来讲，白色、浅灰色是必备的，深暗的纯原色使用机会较少。前背景幻灯投影系统对时装摄影很方便，经济上也合算。不同景观、地域的幻灯片使摄影师和模特不出摄影棚就可以跑遍世界。但背景宜虚勿实。

在摄影棚内使用电子闪光灯拍摄时装，最大的优点是可以清晰地凝固时装与模特的动态与神态。有经验的摄影师所以富有创造性，是在调动光源时富有思想。并把思想通过调动光源来实现，利用光源的软硬、强弱，反差的和谐、对比、色温的变化、倾向，描绘出各种真实、新颖、特殊、以及怀旧的情调和风格。

时装摄影的主光必须软、弱，并保证足够的亮度和发光面积。柔光才能较好的表现织品的质感和色的饱和度。主光光位要根据模特的时装造型并结合面料质地来选择，如无把握，可以模特为中心，将灯从正面光向偏正光至前侧光反复移动比较，直到找出理想的位置。主光高度一般都应高于模特，否则视感不佳。如图 5.7。

辅助光既要对暗部补光，加强此面的质感，又要强化对造型立体感的刻画。

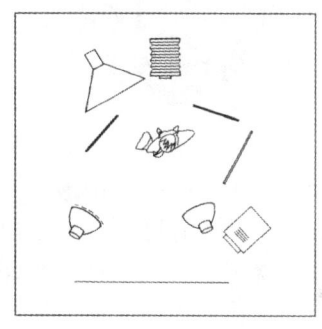

图 5.7

  主光和辅助光使用雾灯、柔光罩、竖立组合柔光箱、伞灯，效果皆可。也有些时装摄影师不但使用反光板作辅助光，还常用大面积反光板作主光。

  轮廓光要根据造型特点来使用。在中灰和较深暗的背景中，它会使模特"跳出来"但在高调摄影中千万慎用。在布光中，还要小心勿使轮廓光干扰主光和辅助光，因此，要备好遮光挡板。

  使用光源的数量要吝啬，原则是尽量以最少的光源来取得最佳光效。全身像要注意，切勿形成多个投影。半身像又要勿失眼神光。

  背景单独布光，易于控制亮度，并避免用主光照明被摄体与背景不好兼顾之弊。

  拍摄时装最好使用中焦距镜头。它的透视感自然，并易于布光。要注意的是时装一般在影像中不允许有虚处，也就是要全景深，但背景可虚化。

  在室外拍摄时装比在摄影棚内困难要多。主要受天时、地利、气候等因素影响。尤其是无法控制随时在改变的光的方向和角度，而最佳的一早一晚的太阳低角度光照时间较短，中午前后的光又都不利拍摄。电子闪光灯和大型反光板是室外时装摄影必不可少的辅助光源。在逆光下，它们可作主光；在顺光下可用反光板修饰暗部，或用闪光灯来勾勒轮廓。

时装摄影关键要把握时装的风格，选择与它气质相貌、形体相同的模特，简洁、统一或雅致的环境与背景，合理的光性与光位。时装摄影最动人的应体现在款式而非模特，是美的时装的风格，决定美的模特的气质。因此，在拍摄中对设计思想、款式、面料、工艺、色彩的信息传达得越细腻，越准确，越能吸引人。如图5.8。

有人断论，如果摄影师将一件几十元的时装，拍得看起来值上百元甚至上千元，那他就成功了。此话不无道理。

②皮革制品的拍摄

以皮革为主题的广告画面大都是制成品，又集中于衣、鞋、箱、包。它们均属日用品，在画面构图中要尽量合乎日常习俗和自然形态。如提包提手最好向上，摆鞋则要顺。但构图中的夸张有节，也会有新奇之感。

图5.8　　　　皮革制品往往也像艺术品一样，加工时精雕细刻，丝丝入扣。因此，拍摄时一定要表现出剪裁讲究、缝线精致、造型美观、质感真实。某些制品还有可能要显示出内外结构，这样不但在拍摄前的摆设时，要用填充物把被摄体支撑充实，而且在布光中要将内外不同的纹理、色泽表现得淋漓尽致。

皮革制品就其表现结构来讲，可分为毛面和磨光面两类。

毛面

这类制品俗称翻毛皮革，但这不是说表层有毛，而是指其表面粗糙，未曾经过磨光处理而呈绒面。拍这类制品前，首先应用细刷子把绒毛表面仔细刷一刷，使绒毛都有序地倒向一面，以免在光照下呈现出不均匀的斑块。这是不可忽略的一步，因为大多数初学者对这种皮革没有"绒毛"意识，也就是说，它不像毛皮或裘皮那样明显，往往使人视而不见。

主光应不宜过硬，应适当的软化。用软光、泛光灯加扩散片或柔光罩也皆适用，轮廓光也要相应地散。被摄体光比不宜大，轮廓光不宜强，否则会使质感失真。

亮面

亮面皮革制品的表面都经过磨光处理，表面光亮，有人称之为漆皮革。

亮面皮革又分两种：一种是表面自然生成或压制有清晰、明显的纹理。如鳄鱼皮，表面光亮，并有不规则的条纹。它经反光后生成的耀斑不但很美，还能投出暗部的阴影效果。这类皮革，天生或后生丽质，美就美在纹样上。因此，刻画出的鲜明质感在视觉上也要有生动的触感才佳。主光应该是散射的软光。辅助光也要软、散，用作暗部补光和控制影调。轮廓光的使用多为表现皮革的光亮质感，为刻画纹样肌理而特意营造的细小的耀斑。它可以使用低侧的加扩散片的泛光照明，但须有一定的方向性。如图5.9。

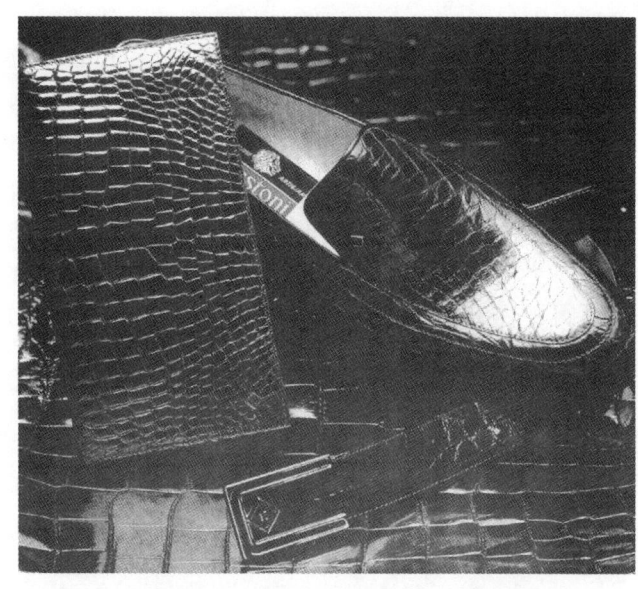 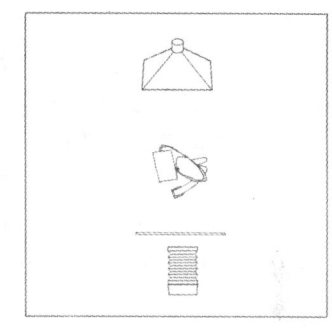

图 5.9

不论何种皮革制品，毛面还是亮面，有无纹理，主光均应使用适当的散射光照明。

对亮面被摄体适当的弯曲和棱角部位营造高光是强化质感不可缺少的。这种辅助光有时可使用直射的泛光，但不宜过亮。需要时应加蜂巢导光罩以控制方向和范围，加扩散屏以适当软化光性和降低亮度。

质感表现的难点是不同的革制品，又由于用料、加工方法的不同，其软中有硬、柔中有挺是各异的，这些在布光中都要加以区别。再者，布光时要注意曲面及棱角或坚挺或圆滑的变化及刻画，对亮面皮革制品，除一两处可处理成高光外，其它亮面或轮廓光均要保留一定的质感层次，切不可形成较大面积的耀斑。

皮革制品中，深、黑色质的占有相当比例。由于被摄体的亮度低，布光中常常会引起判断的失误，而拼命加强主光的亮度，其结果反而会导致反差提高，失去层次。对越是深暗的被摄体，越宜使用散射的、适当弱一些的、较大面积的软光照明，并在曝光中进行补偿。即不论使用入射式还是反射式测光法测光，曝光时都要酌减曝光量。

③银器与电镀制品的拍摄

广告中的这类制品多为贵重的装饰品和高档日用品。表面光洁度高，为镜面或接近镜面，反射光的性能与映照物像的性能均强。与金属机件不同的是：装饰品的曲面、棱角变化多，造型复杂，或有纹样。日用品也是在实用的前提下，充分注重审美性。因此，拍摄这类被摄体时，既要充分表现质感，又要完美刻画造型。

被摄体的镜面性质决定其影像的各部分的明度，实际是发光体和环境的映照。

据以上特点在布光中，既要控制发光体的面积，要足够涵盖从视点处审视被摄体的全部明部与灰调，又要控制周围环境在其表面上的映照。

这种镜面的反光特征，实际上可以利用不同的影调和色调的发光体或反光板的映照，将被摄体的主调拍成不同明度的亮白色、灰色或暗调，甚至于不同色调。为加强艺术性、美感和质感，白可尽量白，黑则尽量黑，并辅以灰面过渡强调立体感。

对有主要平面的被摄体，如银币、银盘之类，虽反光很强，但它有一定面积会作定向反光，因之布光较易。可用一只泛光灯从侧光照明，勾勒出侧明正暗的浮雕效果。必要时，再在正面用白色反光板适当补光，或用灰、黑反光板映照，即可取得良好质感。

对有曲面变化的制品，或多曲面组成的器皿，布光难点是它会在相当宽泛的角度内映入周围环境，甚至光源、机位。这样会产生杂乱无章的明暗反差的块面和线条，并会使被摄体的形状趋于模糊。强烈不当的耀斑又会淹没银器上的纹样。

这样，对这类被摄体的布光就不得不仔细而慎重了。首先，为避免过度的光比，必须使用软而散的光源照明。

其次，为避免过多的耀斑和保留必须的高光，要尽量减少光源，并协调好被摄体、光源二者之间的方位和角度。

再次是隔离拍摄环境，以控制被摄体的整体基调和形态。

对银器和电镀制品的布光，主要有半隔离和全隔离法两种。

半隔离布光

在连底背景上，用雾灯、柔光罩或使用泛光灯透过扩散棚作主光照明。如若在视点可见的被摄体的明部出现明显的环境中的映像，则辅以宽广的反光物消除映像并统一色调。

使用以上布光，往往仍需除主光外加置一个至几个必要的反光物，对主光照射不到的部分和块面进行补光，调整各面的明暗反差和影调层次。对大面补光，除平面反光板可进行均匀补光外，白色、灰色和黑色的圆柱形反光柱可反射出白、灰、黑渐变层次的反光。

全隔离布光

全隔离布光也称围帐法布光。此种布光的最大特点，是可以最大限度地消除银器和不锈钢制品的耀斑。

所谓全隔离法是用半透明的无缝白纸或白布做成一个帐篷，将被摄体围在里面。这个围帐的四周及顶面都要封住，仅在相机的镜头部位开洞，使镜头刚刚能伸入即可。布光时用闪光灯从围帐外对内照明。这样使整个围帐成为一个柔和、散射、均匀的光源。它不仅可以有效地消除被摄体的反光，并且可以解决环境对被摄映像的问题。

银器、电镀制品在影像上，被摄体的主调大都要求为亮白色。因此，布光时一般都不用色光处理，否则色偏差会引起对金属材质的误解。当然，有时广告摄影师为标新立异，有意把不锈钢器皿拍成深暗色。

有时拍摄银器这类的被摄体时为了就简，也可使用摄影专用的无光蜡喷剂喷在表面上，以减轻反光效果。但在必须保留的高光点上应少喷一点，以提高其明度。另一法是用油灰均匀地粘涂银器的表面，使反光率减小。但以上两法，均会减弱原被摄体固有的金属光泽。

这两种布光都要均匀。所谓均匀是指发光的面可以是整体均匀的，也可以在亮度上是渐变均匀的。发光面的亮度变化对被摄体影像的三度空间的明度起着控制作用。

银器和不锈钢制品的布光为强调器具的艺术性，往往有意识地使用明部和暗部拉向两极，使其富有装饰美。当需要强化暗部或制造黑色、灰色条纹时，可在对应被摄体的部位设置黑色或灰色的纸条，并使之映照在表面上。如图5.10。

学会使用圆柱形的黑、灰、白色光柱，使被摄体映入的条纹有一定明度上的渐变。

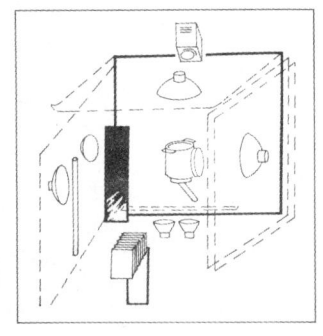

图 5.10

三、相关知识

1. 广告摄影所需设备

大型相机：广告摄影需用多种类型的照相机。对于印刷幅度不大的动体摄影，使用135或120单镜头反光照相机去抓拍往往较简便、快捷。但大多数的广告摄影，以上两类相机都难以胜任或无法尽善尽美地完成。简而言之，它们无法解决透视变形的问题，不能全面控制影像的清晰度，或因胶片尺寸小而达不到商业制版印刷的要求。因此，大型专业相机是广告摄影的首选。

大型相机：是指那些能拍摄4英寸×5英寸（9cm×12cm）、5英寸×7英寸（13cm×18cm）和8英寸×10英寸（18cm×24cm）胶片的相机。典型的大型相机品牌有：日本的星座（TOYO）（如图5.11），豪斯迈（HORSEMAN）（如图5.12），德国的林哈夫（5.13），荷兰的凯宝（CAMBO），瑞士的仙娜（SINAR）（如图5.14）、阿卡（ARCA）等。

图 5.11　星座 ROBOS 单轨相机

图 5.12 豪斯迈 45FA 双轨相机

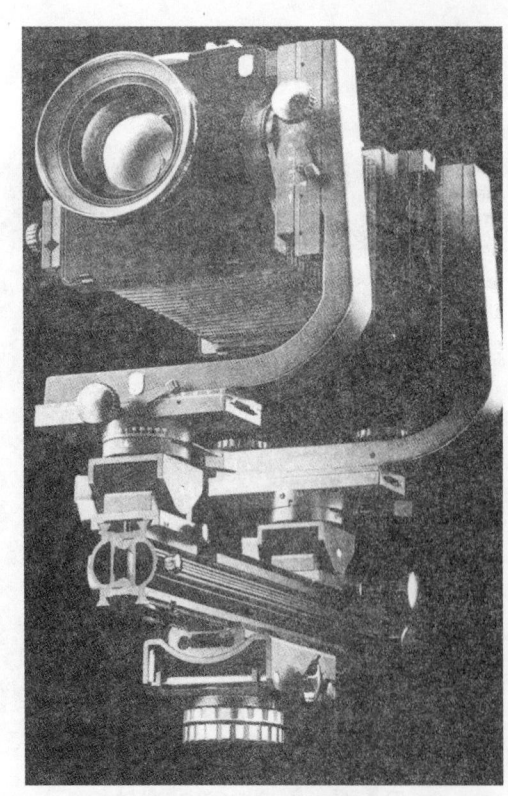

图 5.13 林哈夫相机

图 5.14 仙娜 P2 型相机

镜头：镜头是大型相机的重要组件。大型相机的镜头光学性能必须是高质量，否则会严重影响影像效果。另一个因素是镜头必须有足够宽广的涵盖力，否则将会限制相机前后座的摆动和位移，也就是无法发挥大型相机最有创造性的性能。大型相机镜头的涵盖力决定于以下几个方面：一是镜头本身的有效视角要大于胶片的对角线尺寸，一般应大于15%～30%的余地。二是随镜头光圈的缩小，涵盖力会适当增大。三是使用加长焦距镜头拍摄时，涵盖力会有很大的增加。在选择镜头时还要注意尽量使用同一系列的镜头。

摄影附件：广告摄影要求像质高，辅助器材应比较齐备。如：测光表、色温

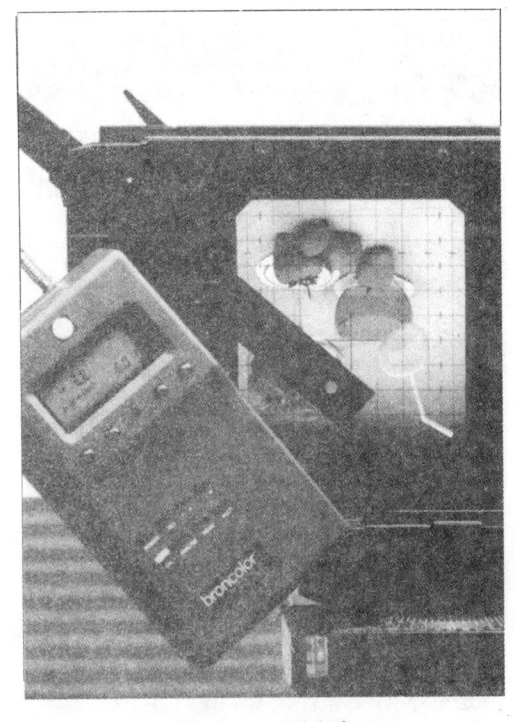

图 5.15　测光表

计、三脚架、快门线、遮光罩、各种功能的滤光片等等。

2. 影室（摄影棚）要求

作为一个摄影棚必须至少拥有以下器材和设备。

一架可做各种摆动的 4 英寸×5 英寸大型相机，至少要有三个镜头：90mm 广角，130～150mm 标准，210～240mm 望远以及各种附件。

一个精确的闪光灯测光表或焦点平面点测光表。（如图 5.15 所示）

一个大型三脚架，当然最好是摄影棚专用脚架。（如图 5.16 所示）

拍摄台架是商品摄影不可缺少的设备。（如图 5.17 所示）。

一套大型闪光灯，最少应有三个可独立工作的灯头，并要有充足的附件。如不同角度的反光罩、蜂巢导光罩、活动遮光挡板、扩散片、锥形聚光罩，其中至少应有一个柔

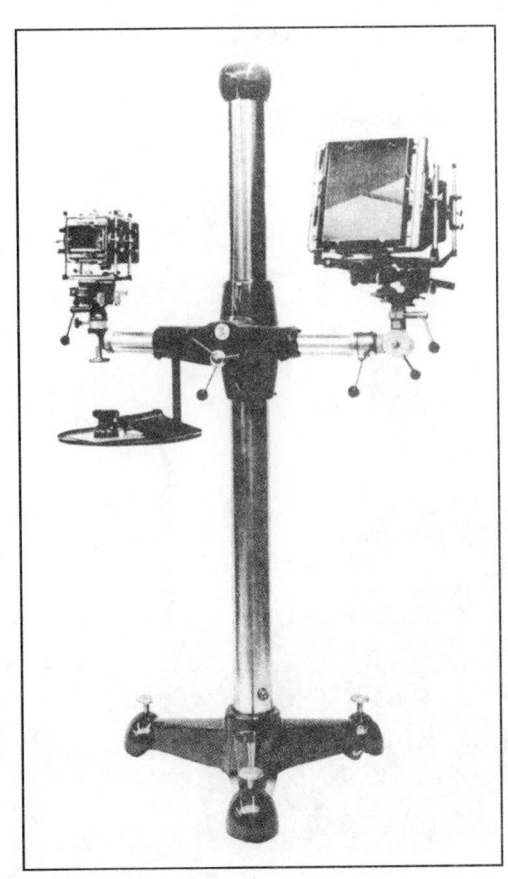

图 5.16　三脚架

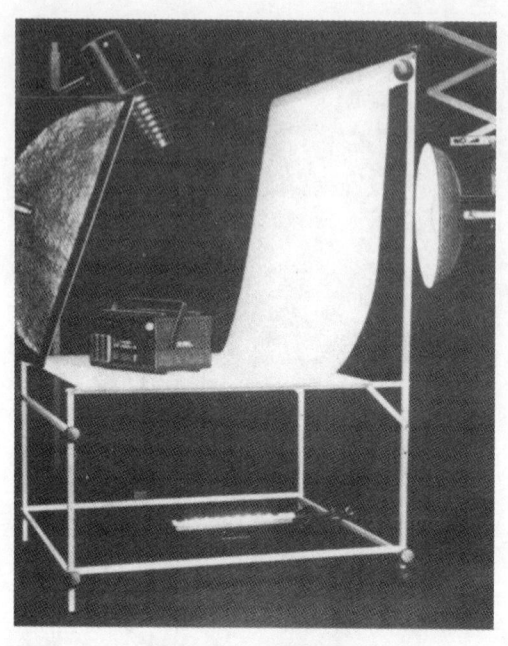

图 5.17　拍摄台架

光罩，一个反光伞。三脚架中最好有一具钓杆。条件允许的话该系统可以扩展，如再添置雾灯、聚光灯及其他附件（如图 5.18 所示）。

多种连底背景纸及支架。

大型可变角度的反光板或其他类型的反光板。在商品摄影中，最常用的反光板是聚苯乙烯泡沫板、纸板及铝箔等。

标准灰板、各色、各种滤光片。

3. 最后的检查工序十分重要

细心而有序地全面对拍摄现场进行审视检查，会发现不足并避免失误。检查的项目主要分布光、相机和现场三方面。

①布光：被摄体在画面中的位置是否最能表现出特征和个性。

系统布光后的整体影调是否明确，线条是否有序，感情色彩或气氛是否鲜明。

各光位光源光性是否恰当，相互间有无干扰，主光效是否明显。

被摄主体的明暗对比是否符合要求。

图 5.18　大型闪光灯

主体与背景的光比是否和谐并有对比。耀斑位置与数量是否合适。
光域是否均匀，有无合并的现象。
摄影棚是否漏光，或其他发光、反光物映入被摄体表面。
测光是否准确。曝光是否需要进行补偿。
②相机：使用镜头的焦距是否符合要求。
对焦是否准确。
清晰度是否需要通过相机前、后的摆动和进行全面控制。
焦点是否准确，景深是否达到预计要求。
必须校正的变形是否得到调整。
镜头是否已加遮光罩。
三脚架是否牢固和锁定。
相机轨道、各摆动、平移部位是否锁定。
拍摄前是否关闭快门。光圈、快门速度是否在工作位置。
闪光灯连闪装置是否接通，有无故障。
胶片与光源色温是否平衡。胶片装入片盒是否妥善无误并进行编号。
③现场：最后一遍全面审视被摄体与陪体、背景的关系是否有破绽。
替代布光的物体是否已换成原被摄体。
易变质的被摄体是否有老化、变形的现象。
拍摄时，应尽量避免人员走动。
避免拍摄失误的最好办法是在一切就绪后，使用波拉胶片（一次成像）试拍。

第二节 摄影艺术的表现方法

一、学习目标

1. 明确摄影的本质特性；
2. 能较熟练地运用各种摄影语言，掌握多种摄影艺术的表现方法。

二、相关知识

（一）美化处理
1. 关于"美"
①对"美"的正确理解
爱美之心，人皆有之。但我们每个人所能欣赏的、接受的美，却大不相同，即各人的审美标准总是存在着一定的差异性。美与丑也是相对的，时常会相互转化。虽然如此，其中有一点却可以肯定，即：人一定是按照美的规律来建造自己。美有其存在的客观性，也就有一定的衡量标准。美的尺度是实实在在存在的。尽管它是可以变化的，但它总有相对稳定的时候。

另一方面，美的含义也是多方面的，美的类型也是丰富多彩的。美不仅仅局限于漂亮，因为艺术美要比寻常所说的漂亮更宽泛、更深刻些，除了大众普遍接受的欢愉的美以外，还有宁静之美、庄严之美、沉思之美、感物伤怀的悲苦美、感于时世的忧伤美与愤恨美等等，难于一一列举。

②美化处理的目的

艺术摄影更强调人物的内在美。它要求能透过被摄人物的种种外在形貌特征，捕捉到更深层次的能透露时代与心灵印记的美的神态。其目的不再是刻划形貌本身，而是表现在形貌中所寓含的种种内在含义。这些含义需要我们去进行联想和想象加以补充完善。因此，艺术人像摄影美化处理的目的，就是要充分发挥摄影所具备的独特的造型手段，将画面中的每一个成份都再现为审美的成份，从而引导观者向着美的方面去想象与联想。因此，美化处理对于艺术人像创作来说，决不是增加一些美的装点，而必须从根本上解决对于各种不同类型美的取舍，把握所表现的分寸。

2. 从技术到艺术

①精确与模糊

曾经有不少人感叹摄影艺术发展给摄影艺术创作带来了许多负面效应，如影像太清晰、色彩太真实。认为对现实生活精确的还原，反而使得艺术气氛荡然无存，甚至有些人开始留恋起旧技术来了。的确，艺术贵在含蓄，将人物拍得朦胧一些，影调上、色彩上、清晰度上与现实生活间离一些，会使作品显得更有气氛。画面中的抽象化成分越多，便越能生发出各种超越具象的含义来。如果画面成分越具体，越真切，其含义也就越具体，越受局限。从这个意义上说，技术上越精确，表现上也就越机械。然而，艺术本身并不在于清晰还是模糊，而主要取决于艺术表现的生命力，即作品中的艺术性成分。在艺术创作中对美的理解、领悟与发现，是创作成功的关键。要使这种美的感觉表达得恰如其分，真正到位，没有精确的技术是不可能实现的。因此，应当说，先进的技术为艺术化的表现需要提供了精确控制的手段及其实现艺术美的保障。在画面效果上，有了清晰的前提，要为营造某种艺术气氛而求得模糊也就轻而易举了，并且所达到的模糊程度也可以从技术上加以精确控制。只不过技术上的先进与精确减少了以往不重视技术也能取得"成功"的可能性，它使技术显得更加重要，从而进一步证明了摄影艺术创作是个自觉的过程，美是可以控制的。

②设计与随意

美的控制必须讲究分寸感。在人像摄影创作中，大致存在着两种倾向：一种是设计的，一种是随意的。这两种创作路数形成两种不同感觉的美。前者为创意性的，画面中的每一个成分都是经过精心设计的。有的是对画面意境、气氛情调等进行设计，更多情况下，是神情动态的设计与诱导。创作者将人物置于规定的情境中，然后不断加以启发引导，从中选择到种种合乎表现目的具有特定神情动态的瞬间。

设计能突出地表现创作者的意图，但其中人为的痕迹也是显而易见的。因此，不少摄影师追求返朴归真、自然而然的随意性效果，不设计、不修饰、不雕琢，画面所摄取的人物的表现是自然的流露，动人也是随意的。但这种随意决不是纯自然主义的创作，这种"随意"是经过精心选择的，是另一种更深层次的自觉设计。只不过这种设计要求更高，不能露出痕迹而已。从现实生活中抓取来的性格丰满的人像大都属于此类。

3. 研究"人"

①内在探索

大千世界人最复杂，差异相当大。可见，在照相中要选择出一个特定的合乎目的性的神情动态是何等的困难。因此，深刻地理解各种神情动态与各个瞬间的情态变化后面所蕴藏着的人生百味，具有十分敏捷的瞬间反应能力，是每个人像摄影创作者必须具备的素质。

②外表分析

人眼与镜头是不相同的，镜头中的五官比例与寻常人眼看到的不同，五官分明，轮廓清晰的人易"上照"，反之，就不易"上照"。但这可以通过化妆来弥补，并且在镜头里每个人都有一个相对最佳的五官比例搭配与脸形轮廓的角度，我们完全可以通过调整相机的高度与拍摄方向，来改变被摄者的脸围形状与五官比例，以使脸围轮廓线更美，五官更俊俏。

分析被摄人物的外表，应当以镜头的感觉来进行，不同的景别，处理的方法也不相同。以线条的提炼为例，特写头像主要选取在各种角度中的最美的脸围轮廓线与鼻梁、额头、嘴部与下颏所形成的最佳侧面轮廓线；头发修长秀美的年轻女性，还可选取一小缕长发划过脸面，形成一种变化的很是抒情的节奏。带肩的头像必须将肩部的线条朝向考虑进去，而半身的、出现手部姿势的人像，其画面的审美主线则应转变为从眼神、脸部到手臂、手指的整个变化过程，此时手的动作必须完整。全身照片的主线提炼主要从人物的体型姿态中加以提炼概括。此时身体的姿态是造型的关键。说的简单一点：特写头像照片主要靠眼睛与脸说话，半身照片主要靠眼睛与手说话，而全身照片则主要靠身体说话。

4. 各种不同题材的表现方法

在目前国内人像摄影的题材中，要数美女摄影最多了，可惜表现手法难于突破，重复太多。表现老人的照片在很长一段时间里很受欢迎，但拍摄老人总是冠以深沉的内涵，时间一久便有贴标签的感觉，深沉也就失去了份量。以表现思想家为例，毫无疑问，思想家最美的、最值得表现的是他的思想，可是思想是看不见的，用摄影的视觉语言去表现，只有在人物所处的特定的时间与空间的流程中，从所呈现出来的各种特定的神情动态里面去选择捕捉。从视觉的表达效果来看，思想家本人在思考时最有魅力，构成的画面也最为稳重。当然，也有个别例外的情形出现。当思想家面对一些激发他灵感的人与事物时，如活泼的儿童、美丽的风景或颓败的老屋子等，我们同样能从中选择到一些很耐人寻味的具有各种含义的神情动态。

拍摄儿童，最常见的是表现天真活泼。儿童在玩耍、甚至在恶作剧中往往体现得较为明显。孩子一般都爱模仿成人的举动，而当他们所模仿的这些举动本身是美好的时候，便能一下子勾起了我们美好的回忆，并促使我们重新认识到生活中普遍存在的美，这样的作品能让人想得很多很远。反过来，假如这些举动本身是成人的不良习惯，像对抽烟、喝酒、不讲卫生以及暴力行为的模仿，若摄影师怀着深切的忧虑的目光去看的话，那么作品就会非常深刻。

（二）氛围处理

1. 氛围——一项不容忽视的造型要素

我们不难发现这样一个事实，成功的艺术作品似乎总是被一种神秘的气息笼罩着，而这种气息一方面使得作品更显生气，另一方面又牢牢地抓住我们的注意力，吸引着我们向作品的深处探索。这种气息或令人惊诧不已、难以捉摸，或令人心醉神迷、魂牵梦萦。这种能引导观众进行审美注意的神秘力量，便是作品中的艺术氛围。人像摄影造型同样必须十分讲究艺术氛围的处理，因为它能形成某种艺术上的悬念，烘云托月般地将主体衬托的更美。它有暗示、象征、隐喻等方面的作用，能引发出许多具象外的更为深广的人之内涵；它能使影像变得更具戏剧性，更抽象、更超然。

2. 应事先"看"到气氛的存在，让形象"立"起来

从表面上看，氛围似乎只是个虚空的抽象概念，它之所以容易被人忽视，也许正是由于这个原因。但不管怎样，我们毕竟能切切实实地感受到它的存在，它的力量。只要我们细加分析，就能弄明白"氛围"里的具体内容。首先是为什么"镜中花""水中月"更能令人流连忘返？因为这里有个审美心理的问题，在视觉欣赏上，人们同样需要留有想象发挥的余地。一览之余，就会有美中不足之憾。因此，目前许多女性照人像也要求朦胧一些，含蓄一些，其实也就是要求心理化程度深一些，感性色彩一些。要知道艺术就是在艺术想象中形成的。

其次，我们常听人说起诸如现代气息、都市气息、乡土气息、山野气息、浪漫气息等，其实这便是一种确实可信的可以见得到的信息量。除浪漫气息以外，它们所体现的主要是一种环境上的氛围，当然也包括人物在服装、道具及化妆，甚至是姿势神态方面所呈露的信息。

因此，"氛围"至少存在着两方面的内容：一种是欣赏者心理上产生者，另一种则是摄影者对客观存在的抽象与概括。二者并存于一个画面中，难以分开。"氛"就是气氛与情调；"围"就是周围特定的环境、场合。从字面上来理解也正好体现了这两方面的内容。

作为一个专业摄影师，不管是拍摄人像还是景物，都必须事先在脑子里有"氛围"这个概念，并于实际拍摄中预料、发现直至抓住它。既事先必须能"看"到氛围的存在，然后才能在作品中有意识地表现出来，而且表现得合乎分寸。

古人论书法绘画之最高境界为"立于纸上"，也就是说作品中的艺术形象有了自身的生命，能吐纳、行走、腾挪，像真的活了一样。而人像摄影要能"活"、能"立"起来，其中自然少不了氛围的参与和引导。离开了赖以生存的氛围，人像也就无从"立"起来了。

3. 氛围的经营处理

①材料与氛围

严格地说，作为艺术的载体，每一种不同的特质材料，都会使作品在某种程度上形成一定的氛围。如摄影自身便能形成与绘画截然不同的氛围——一种由镜头、快门及感光材料等摄影技术技巧方面因素所构成的"摄影味"。无疑，改变一下物质材料及其特性，便能获得一种不同寻常的氛围。过去人们曾尝试用各种材料来放制照片，而时下较为流行的做法是将过期的彩色反转片当做彩色负片使用。过期反转片反差已降低。正好适用于负片常规放大所需的反差。且过期片的色彩还原本已失去平衡，作为彩色负片使用更能令色彩感觉产生特异的效果，从而能达到使用滤光镜所达不到的新异的艺术氛围。

反常规的拍摄冲印方法，能使最终的色彩关系、影调关系、层次关系、颗粒性、反差特性等发生根本性的改变，从而形成一种新的秩序感，产生一定的情调与气氛。事实上，任何感光材料的反常规使用，都能获得一种全新的感觉，造成与众不同的艺术氛围。除了反转片作负片使用外，彩色反转照相纸作彩色负纸使用，彩色负纸作彩色反转放大，黑白片用彩色负纸放大，还有暗房制作中的中途曝光，照片冲洗中的强制显影所形成的精颗粒效果，反复拷贝放大所产生的影调压缩及影调分离等，甚至在放制好的照片上用刀尖或针头刮膜（可整张刮，也可只刮背景）也都能一一如愿（利用特殊网纹蒙片叠放也可）。

②氛围的一般营造方法

在具体的拍摄过程中，就氛围而言，被摄者与陪体及背景往往会或多或少地透露出一些气息来。当然这需要我们去细加分析，才能不断发现。可是，有些氛围是拍摄现场就具备的，而又有些本该具备的气氛（即情理上需要），现场却偏偏不具备。遇上这种情况，摄影师应想方设法去制造出一种令人满意的氛围来。既然你可以有意识地改变人们对于各种照相材料的主观感受，那么你自然也可以在具体的拍摄过程中，通过对技术技巧的发挥来达到经营气氛的目的。

1)合理的选择背景，是人像摄影中营造氛围的最简便易行的方法。

背景是人像赖以成立的空间，是充满各种气息与信息的环境，用环境来烘托气氛是各种艺术创作一贯争取的方法。与其他艺术不同，人像摄影所带的环境成分要受到严格的限制，一切有碍于主体表现的东西都得除去，同时适用人像的环境必须够得上美的标准，而这个美的标准是视觉审美意义上的，主要用镜头来说话，也就是说能"上镜"。很显然，极大限度地虚化前景，或透过花丛、树叶等带色彩或装饰意味的前景，肯定会取得令人满意的效果。被彻底虚化的花朵树叶，只剩下斑驳的抽象化的色块，能增添许多的主观感情色彩。

拍摄户外的人像，宜选择在影调色彩上能衬托出主体又具有真正环境意味的（指自然环境与人文环境）背景。影室人像的拍摄，大多数采用背景布或背景纸，由于它们本身就是个抽象的写意化的背景，因此极容易产生出一定的氛围。为了强化这种主观的抽象化的效果，我们常常会打背景光的方式来取得。

阴影与投影往往是烘托气氛的最为理想的背景，它不仅能交代被摄人像所处的环境，而且还能暗示出人物此时此刻的心境，从而能很巧妙地形成一种很特别的给人以深刻印象的情调与气氛。若有意识的将背景上的投影换到被摄人物的脸上，那就会产生出一种更为奇特诡谲的氛围。

重复曝光与暗房合成的好处是能将任何一种背景"搬"到人物所处的环境中来，形成一种个性鲜明独特的艺术氛围。

2）主体影像的重复出现能令人产生一种超现实的有时是近乎梦幻般的感受，并可从中引发出许多深层次的内涵来。这类作品的心理化效果极为显著，这种做法是许多人像摄影师所偏爱的控制画面主观情绪的有力手段。影像的重复可以通过重复曝光或其它方法来实现。

3）影调上的控制往往是那种钟爱黑白人像的摄影师所惯用的手法，抽去中间的层次来强调黑白两极的尖锐对立，能极大地加强黑白摄影的抽象特性。

4）使用标准镜头或微距镜头拍摄头像，能使作品产生一种特别的主观激情。人物在最近距离内向着镜头不得不如实地流露出属于他个性方面的情绪特征来。

除此之外，借助于滤光镜、柔焦设备、能取得特殊效果的服装、道具及化妆，或借助于奇特的用光、慢门拍摄或慢门配合闪光拍摄、暗房制作中的加网纹叠放及各种各样的装裱，借助于自然界的风将人物的长发及衣裙吹起，借助于自然界的电、雨、雾、云彩、日出、日落等各种景观来衬托人物的心境，都能取得各自满意的效果。如人们拍摄雨中送别，常透过带有水珠的玻璃来拍摄，其用意也就不言而喻了。

③氛围处理的实质

氛围处理，其实质是一种抽象化与情绪化的处理。众所周知，艺术形象主要靠鲜明生动的感性形象来打动人，而决不是模式化的理念的图解。因此，气氛的营造渲染决不能模式化，应视具体创作表现的需要来加以创造性的发挥。而氛围处理的本意也就是为了使人像作品更具感性魅力，更能吸引人、打动人。由于柔化、戏剧化、梦幻化等超现实的处理手法能造成与现实的距离感，因而可以此来暗示出人物与创作者的某些心灵化的东西。也正是由于这种抽象化的超现实的处理，能引发人的想象与联想，能经得起反复的咀嚼，因此才使得作品更具有艺术性。

④氛围处理最终的依据

被摄人物的神态、气质、姿势特征以及创作者的主观表现意图与个性风格特色，往往成为氛围处理的依据。但是氛围处理的最终极的依据却不止于此。应当说，在氛围处理中，起最终决定作用的，是我们所处的社会环境、文化传统、风俗习惯、宗教信仰、民族特色等更为深广的人文方面的因素。在人像作品氛围的背后是一个无限广阔的人文背景。不管你采用哪一种氛围处理，都要受到这个大背景的制约。评价一幅人像作品氛围处理得高明与拙劣的标准，也正基于此处。

（三）姿势处理

学本领必须得要领，学习人像摄影也同样如此。只有充分掌握技术技巧及造型中的一系列要领，才有可能逐步地精熟这门技艺，并且才可能突破框框，进行创新。

1. 姿势在人像摄影中的地位

摆姿势决不是单纯为了好看，为了取悦于人。它更是摄影者与被摄者的艺术素质、文化层次的最客观、最直接的反映。它不仅能美化画面，美化被摄者，更有利于交代被摄人物的身份、职业，突出人物的个性、情绪乃至心境，再现其气质与修养，并能渲染画面的气氛，交代画面中的某些情节，传达出某种特定的时代气息，以及反映被摄对象所属的文化传统等。姿势能使画面更具装饰趣味，它能在形式上形成各种充满动感与张力的视觉节奏，使画面更富于激情与魅力。反过来说，取何种姿势，也能反映出摄影者的审美眼光与审美水准。

2. 姿势与表情

姿势作为一种特定的身体形态，是带感情的行为模式。与面部表情一样，它也是一种特定的身体表情。通常情况下，姿势从面部表情那里得到确认，而面部表情又从姿势那里得到强化，二者相互作用，共同形成了最具昭示性与大众化的"姿态语言"（或称"体态语言"），这在人像摄影中往往呈现最丰富、最生动和最鲜明的感性色彩。

据心理学家分析，单独的眼部表情、整个面部表情与全身体态表情含义的判断准确率为50%，当其中二者相加时，就会达到100%的准确。特写头像与半身的带肩头像，可以根据其眼神并结合面部表情来作判断，而包括手姿势在内的半身人像及全身人像，则主要依据其面部表情与身体的姿势来作分析，由此可见，姿势在人像摄影中的作用是非常重要的。艺术家们常说："手是第二张脸，"以刻划手来揭示人物的命运与内心世界，也常常是众多艺术家孜孜以求的。手的地位仅次于脸，它能在欣赏中不自觉地引导观众的审美视线，因此，手的位置在画面中也是很关键的。

3. 有关姿势的几个误区

①该从哪儿"看"姿势

我们选取被摄者的姿势，是以画面效果来作衡量标准的，也就是说是从相机镜头中所观察到的效果作为衡量标准。这属于一种镜头感觉，而不是你站在相机旁用肉眼所观察到的效果。

②被摄者必须"漂亮"吗

不要以为被摄者长得漂亮、身材好，就一定能拍出多么成功的人像。被摄者的本身条件好，固然能起到相当大的作用。谁不愿意对一个美人多看几眼？哪个摄影师不愿选个好模特？但实际上往往由于摄影者引导不当，拍摄时机没找准，姿势没取好，角度没选好，而导致失败。相反，只要你对被摄对象多加分析，仔细观察，认真发掘其长处，寻找好合适的姿势、角度与光效，就不难拍摄出美妙的人像来。从这个意义上来说，起决定作用的仍是摄影者本身的素质。

③复杂还是简单

初学人像摄影的人，往往会片面追求姿势的复杂化，误以为姿势愈复杂，拍摄难度大，就愈能引人注目。其实，简洁才是艺术的总体法则。无论怎样，从"质"上求完美，总要比"以量取胜"高明得多。若无个别特殊的要求，取繁复的姿势，仅仅是为了哗众取宠，那就万万不得了。还是"归真返璞"，简单自然为好。

④夸张还是平实

假如你的拍摄对象不是演员，也不具备什么表演天赋，更没有受过任何专门的形体方面的训练，一般情况下，他不会"装"，也不想"装"，那你千万不要勉为其难，致使其手足无措。你应该顺其自然，努力使他变得像平时那样轻松自在。这样才有可能拍出亲切自然的人像。否则，做作太甚，"牺牲了表情"不算，还让人出足了"洋相"。姿势是一种充满感情色彩的姿势语言，自然也有一个格调的问题。我们应力求人像呈现出健康、高雅的格调，尽量避免低级、媚俗的成分，而对于被摄者而言，就是要找到一个真正适合于他自己的姿势。在一般情况下，观者会对过分夸张、扭捏作态的姿势持反感态度；而那些平平常常、朴实无华的姿势，他们则更容易接受。

4. 选取姿势的基本要领

①"正常比例"

其实，"人人心中都有一杆秤"，当你看到别人拍的人像与你心目中原有的正常比例不相符时，你就会感到十分别扭与不顺眼（可惜人们很少用它来衡量自己的作用）。这"一杆秤"就是人们审美经验中的"正常的比例关系"（或是美的规范的普通衡量标准）。如果你没有什么特殊的理由，你就该遵循它、服从它。最佳的人像，应当是无懈可击的，即能达到那种"合乎规范的美"。画面中任何一处的分割搭配比例都应当是最佳的比例。

②"导演"的形体意识

摄影师在被摄者面前，正如导演面对着演员，你要告诉他身体的哪个部分需要控制，哪个部分需要放松，要不断地启发诱导，方能从中选取出最佳的姿势来。问题是绝大多数被摄者都不是演员，都没有受过专业的形体训练。但作为摄影师，则必须具备某种程度上的形体意识，应当十分清楚脸、颈、肩、手、胸、腹、前、臀、腿、脚的最佳比例及其动作姿势的协调处理。如正面、侧面的全身与半身人像中，身段线条便是画面的主宰，取柔取刚，必须作出明确的选择。一般来说，身体正才能显精神，即脊背要挺拔，肩要稍微后仰，收腹挺胸。而颈部、腰部与手脚则必须保持灵活自然，不可僵硬。缩颈、垂肩、驼背、哈腰，四肢僵直。这些都是病态的表现，应当力求避免。人像摄影师对被摄者形体姿势的要求，应尽可能地完美。哪怕只有某个细微处的不足，也不应该将就。姿势要美，就得注意形体的适当变化，如视线方向与面孔朝向及身体朝向，最好不要取同一个方向，这个古希腊雕塑创作中的原则是很有道理的。

③尊重被摄者

在人像摄影中，摄影者在选择姿势上必须尊重被摄者，因为他们不仅仅是创作对象，在某种程度上也是创作者。大多数成功的人像作品都是在被摄者的密切配合下完成的。因此，你最好以其身份及所从事的职业、动作行为习惯方式为依据；即使是不处在被摄者所生活工作的环境中，也要能让被摄者获得充分的自由，启发他们按照自己的习惯方式去进行表演，尽可能做到姿势的自然形成。

④姿势处理的基本步骤

1) 找出最佳处

任何一个被摄者，即使是其貌不扬的人，也总有一两处比较可取的地方，

而对于一般的被摄者，只要你仔细留意观察，就不难发现其最美的部分。人像摄影总的目的是要将人拍得更美些，那么，造型的第一步，就是找出最佳处，并努力表现它。根据表现的具体效果，来确定究竟是取站姿、坐势、蹲势还是卧势。

2）总体设计

至于取哪种角度，哪种姿势与哪种光效，才最适合于被摄者，你必须在抓住最佳处的基础上进行通盘的考虑，从总体上进行全面设计，尽可能地扬长避短。作为一位优秀的人像摄影师，既要有一眼便能发现被摄者最佳处的眼力，又要具备不放过进入画面的每一个细节的本领。因为照片很可能就是由于某一细微处的不足，而导致失败的。尽善尽美、无懈可击，应是每一位专业人像摄影师所追求的目标。

但是，生活中的人却不可能是十全十美的，有些人脸蛋漂亮，但身材欠缺些；有些人身材较好，而脸则一般；完全合乎最佳比例的脸蛋与身体几乎是没有的。那么，你就必须学会用姿势去呈现最美的部分，同时将不美或不够美的地方掩盖起来。

毫无疑问，姿势能反映出人像作品的艺术档次，手法高低、品质优劣，是雅是俗，一目了然。那么，如何才能趋雅避俗，创作出高品位的人像作品来呢？显然，光是了解以上的知识还不行，最关键的问题是摄影创作者必须努力加强自身的文化艺术修养，提高自己的审美水准。在平时应多看些名作，细心揣摩，常以此为借鉴。训练自己对于姿势的审美眼光，努力把握好姿势表情达意的分寸感。

艺术没有统一的配方，姿势也不可能具备统一的格式，更无法进行人为的规定，姿势必须因人而异、因事而异、因地制宜，必须与生活内容结合起来，以现实生活为依据，结合其具体的身份、年龄、性格、环境与心情等因素，这样才有可能创作出具有最和谐、最美妙的姿势的人像作品来。

（四）动静处理

1．"动""静"的含义

与虚实感觉一样，动静感觉也是人像摄影中的一个很重要的因素，它与姿势、神态等构成人像摄影画面的有机整体，在营造气氛、增加视觉冲击力方面起着相当明显的作用。

①关于"动"

画面中的"动"，并是不真正意义上的动，而且一种动的感觉。这是由于人的视觉经验及其心理反应造成的。人像摄影主要是依靠截取某个动作的瞬间，即以某个动作点来体现这一动作过程的，它依靠观者的生活经验与想象的补充来实现静止画面中的"动"。在人像摄影实践中，人们常常通过画面的虚实对比，不稳定的构图来营造动势与动态。

在人像摄影中，处理"动"的最高准则是要将人拍"活"，拍得神气毕现，活灵活现。要达到这一目标，就必须首先深入地研究人像摄影中的动感特点及其适当的表现方法。

总的说来，人物的动作都是由于思想的交流与情绪的反应引起的，因而动作本身

也蕴含了各种思想与情绪的特征。其中，交流可以体现为被摄人物在画面内的交流，也可以体现为被摄人物与画面外的交流。在交流中自然可以激发起人物的情绪反应，摄影者便可从容地选择最适合于表现的神态，并以此达到刻画人物性格、反映人物内心活动的目的。在通常情况下，人物的情绪反应可以通过适当的提示与引导来实现。你可以给你的拍摄对象灌输进一些暗示性的信息，也可以直接用语言提醒，如"请看一下你的左手"，"用左手撩一下右边的头发"，"请想象一下有个朋友从您后面赶上来，您转过头与他打招呼……"。这些假定情景的提示往往很奏效。如果你拍摄一位牙齿稍不齐整的少女，不妨跟她开玩笑说："瞧！您的牙真有意思"，她便会笑着将嘴捂起来，这便是你预料中的想要得到的动作点。这样拍下的人像，既恰到好处地掩饰了有欠缺的部分，又极自然地再现了少女朴实、羞涩、可爱的个性。

只要我们仔细观察，便不难发现，任何一个动作都可以分解成四个阶段，即：起始——发展——高潮——尾声。这四个阶段有各自不同的特点。一般起始阶段为短暂，较难以觉察。发展阶段则依据情绪反应的强弱来定，情绪反应剧烈，则发展快，反之则较慢。高潮阶段一般都有一个较为短暂的停顿，而此时情绪反应为最高峰期，于高潮时期拍摄的人像一般情绪都是最饱满的，有一种奔放的激情与活力。尾声是情绪消落时期，一般不适合表现人物的情绪特征。当然，并不是所有的人像作品都必须选择高潮期的动态。因为高潮期的动态，只是一种奔放的美，而要体现人物的含蓄美，则更多地依赖于其他三个阶段的动态捕捉。总的来说，应对人物动作性质，诸如快慢缓急、起落变化、动作曲线及其节奏等事先有个较为全面深入的了解。也就是说，通过与被摄人物的交谈仔细观察其言行举止，并把握其特点，这样你便有了一个人物动作流程及几种拍摄方案的设计，然后再不失时机地抓取适合于人物表现的最佳动作点。

②关于"静"

世界上没有绝对的静，摄影画面中的静，也不是纯粹意义的静。它只不过是动的一种特殊形式，可以说是"另一种动态"，其实，在人像摄影中存在两种不同性质的"动"，一种是外在的"动"，而心里在动，灵魂在动。这便是"静"的含义。人物外部形态上的"静"，正好暗示出了内心的"动"。我们通常所说的安详、躁动、哗变、震颤等词，也大都是针对心灵世界而言的。"动"中求"静"与"静"中求"动"，都是人像摄影艺术中常采用的手法。

2. 动静处理

①动静处理的基本要领

必须明白，处理人物动静程度及动静样式的内在依据是被摄人物的性格，处理动静的前提是对体现在特定被摄人物身上的动静含义的深入了解与即兴把握。动静处理所要求的动态与静态的选择，必须合乎拍摄表现意图，合乎被摄人物的个性与身份，千万不能做作矫情。应尽量做到自然流畅、恰到好处。

动静处理的主要误区在于，不少人以为只要拍出动感就算成功了，以至于片面追求人物的动感，忽视了静态的表现力，而导致作品的浮夸失实。

另外，不少人由于对"静"缺乏正确的理解，在拍摄静态人像时，往往会将人物拍得过于僵硬死板，缺乏活力。殊不如，"静"的目的，是为了展示不静的灵魂，"静"是有内在依据与动因的。

②营造动感的一般方法

1）姿势、神态上的选择

在诱导被摄者情绪的同时，应当不断注意对人物姿势的安排与神态的启发，注意人物的眼神朝向与脸、肩、胸、腰及手的摆放保持相辅相成的趋向。即在保证神态姿势协调的基础上，对人物的动态进行有意识的设计与选择。

2）构图上的巧妙安排

作为平面视觉艺术的摄影艺术，它还可以借助于形式的意味来体现动感。

如不稳定的构图样式能暗示出某种程度的动感，而稳定的构图则表示着静止、安宁。如果将被摄人物安排成对角线形式的构图，人物的动感显然会得到加强，另外构成画面中的主线，如人物的外围轮廓线的走向也能暗示出某种程度的动感，就是影调上的强烈对比也具有相同的效果。

3）前期拍摄与后期暗房的特技处理

影像的虚实往往就象征着动静的变化。用慢门加上闪光拍摄运动中的人物，甚至其中还可以加上变焦镜头的推拉拍摄，这样便能营造出一种奇特的动态效果。用叠放或多次曝光拍摄还能取得另一种动态感觉。

③动与静的分寸把握

动静处理成功的关键是对其分寸感的把握，因此动静程度与动静样式必须得到严格的控制，以下这些方法是行之有效的：

1）以不同的快门来选择动静的程度与样式。

选取哪一种应根据具体的表现意图来实，但可以肯定，高速快门能凝固住人物的动态，而慢门只能以影像的虚移来表示另一种类型的动态感觉。

2）在动作达到高潮点之前一瞬按下快门。

高潮点之前的动态能明显地暗示动作在向着更激烈的方向发展，而已处于高潮点的动态则会暗示动作的收敛与结束。另外，抓拍人物的动态，就相机而言，它也需要一个"提前量"，方能不失去最佳的瞬间。

3）控制好情绪

在拍摄过程中必须注意控制好人物情绪，情绪太过或太泄都不宜如实地表现人物。一般情况下，要尽量使被摄者保持良好的心境与饱满的热情，并通过思想交流与情绪反应来把握他的动作规律与节奏特点。

④动态暗示的方法

表现人物内在的"动"感，可以用具象暗示与抽象暗示的方法来实现。如用香烟的烟雾来暗示人物复杂的内心活动。

3. 名家的经验

在人像摄影的动静处理上，国内外的摄影名家们都有各自的一套经验。如吴印咸善于在光线较暗的环境中捕捉人物的动态。斯泰钦则将连续拍摄的人头像放到一张相纸上，形成有节奏的动感。他在拍摄著名舞蹈家邓肯时，用风力将舞裙吹得飞扬起来，形成火苗的意象。P·哈尔斯曼最善于诱导人物的动作，他的所有作品都充满着强烈的动感，他的《蹦跳集》更是传世佳作。阿诺德·纽曼则善在形式上以创意的手法来营造动感的效果。这许许多多名家的经验启发我们在人像摄影的动静处理上，去想方设法寻找表现的新思路、新途径——一种完全属于个人禀赋与气质的处理方案。

（五）背景处理

学习摄影的人，对于人像摄影的背景处理，大致会经历三个阶段：第一阶段，主要是一般初学者，拍摄时只见主体，不见背景；第二阶段，学了一阵以后，就会逐渐意识到背景的存在，并想方设法去简化背景；第三阶段是达到了一定的层次后，能有意识、有创见地选择利用背景，为自己的表达意图服务。

但是，要创造出什么效果的背景，选取什么样式的背景，选择什么作背景，这决不是随意处之、信手拈来的，而是经过摄影师反复权衡比较后才作出的选择，简单说来，它既要有利于画面总体上的谐调，给人以视觉上的美感，又必须合乎被摄人物的个性、身份、职业及服饰上的搭配需求。总之，背景处理的任务就是要让观众从背景中获取足够的可供了解该人物的信息量，并同时获得视觉感知上的审美愉悦。

1. 背景在人像摄影中的地位与作用

背景在人像摄影中的地位仅次于主体，有时甚至背景也是主体的一部分，优秀的摄影作品都能将背景化作主体的一个有机部分。具体说来，背景能够交代人物所处的历史与人文的环境；能交代人物的性格、爱好、气质及其所从事的职业等；能暗示人物的心理活动，刻划人物的心灵世界。在构图上，背景是画面内部的一个极其重要的方面，它对于景别选择、画面分割、空间处理、影调配置和色彩配置等许多画面构成因素起着非常重要的作用。可以说，背景是一种比较特别的造型语言，它可以通过种种暗示或暗示的手段，最大限度地突出主体及深化作品内涵。

2. 背景的种类

人像背景的种类根据区分标准的不同，可以归结出不同类型的背景。从背景处于画面中的前后位置来分，可以分为前景类背景、中景类背景和后景类背景。从背景所属的性质上分，可以分为自然环境类背景和生活环境类背景。从背景所具备的视觉特征上来划分，可分为具象黑"或中间的"灰"。这些"假定的"抽象背景，一般在影室人像中用的最为普遍。

3. 处理背景的三点提示

①应看到背景的存在

作为一个人像摄影师，你必须首先看到背景的存在，才能进而有意识地去选择、调整背景。可是，初学摄影的人常常会忽略这一点，因为它们的注意力容易集中在主体人物身上，往往要到照片放制出来，才会发现背景的不足，如背景太"抢眼"、与人物的不良重叠等。因此，对于初学者来说，要尽量保持清醒的头脑，看到背景的存在，并对此作出分析判断，尽可能克服顾此失彼的毛病。

②该从什么地方看"背景"？

在现实中，空间呈现为立体形态，且无景深与虚实的变化。因此，看"背景"必须是以摄影的感觉去"看"，即将现实的空间转化为摄影的"空间"来对待眼前的"背景"。因此，最好的观察位置与角度应当是相机的位置，也就是说最好从取景框或相机后背毛玻璃上进行观察。在观察中还要考虑到光圈收小后背景所发生的不同程度的虚实变化。当然有景深预测装置的相机就方便多了。

③果真是越简洁越好吗？

初学摄影时，你一定会得到这样的训示："请尽量将背景拍得简洁些。"当然，对于一个初学者来说，这是很有必要的。但事实上，不少人将它当成了不变的教条定规，以为背景只能是越简越好。殊不知，该繁的时候还得"繁"。这要视主体的表达需要来定，决不能搞"一刀切"。

4. 背景处理的具体方法

①衬托法

处理背景的主要目的是为了突出主体人物，因此背景的作用也就在于衬托出主体。衬托法是背景处理最常采用的方法。有正衬和反衬两种。

正衬法，就是选取与主体共通的视觉要素，在具象处理上，主要以人物所处的生活环境或自然景物来衬托人物主体，并且其中的生活环境或自然景物必须与人物性格、情绪、身份等内涵因素保持一致，从而达到和谐美的境界。正衬法在抽象背景处理上，主要以简化、淡化或虚化的方式来进行，并与主体的色调、影调保持高度的一致性，达到一种几乎是浑然一体的和谐感。

反衬法，就是通过背景中与主体有较大差异或相反的视觉要素来突出主体人物。主体与背景正好处于差异中的两极，决没有相类似之处。原则上，它是以亮衬暗，以暗衬亮，以繁衬简，以混乱衬秩序，以抽象衬具体。在色彩配置上，以对比色为主；在影调处理上，也以对比的影调来进行。反衬法也是造型艺术中最常采用的方法之一。

②特征化法则

特征化，其实也就是典型化。主要是选取最具特征性的具象的或抽象的视觉要素要安排调整背景。如人物所处的最具特定含义的工作与生活环境或自然环境，可作为主体人物最有说服力的背景材料。为画面提供许多说明性的信息。如纽曼的许多人像大都采用此法。这也就是我们通常所说的"环境肖像"。除了有具体的环境作背景外，一些抽象的因素，如人物的影子、虚化的影调等也可以用来作为暗示环境的特征化背景。当然，画面中的影子可以是主体人物自身的投影，也可以是来自画外人物的投影，并且它在画面中还可以构成被虚化的陪体。在新闻与纪实摄影中，拍摄人像则大都从具体的事件中来抓取，这样，人像中的背景就会具备最具特征性的人文环境因素。

③简化原则

以小见大、以少胜多，是艺术的总体法则。人像摄影当然也少不了采用集中、分离和抽象等简化方法。简化的目的，就是为了削弱乃至彻底消除画面中的一切有害于准确表意的信息。但要注意的是，简化并不等于简单化，简化是为了达到表意的纯粹与明确。因此，应对同类特征的有利于交代主体的因素进行集中概括，而对于非同类特征的不利于凸现主体的因素加以削弱或消除，并让主体从中分离出来。对于杂乱无序的具象采用摄影虚化的手法来进行抽象化的处理，并可于同时保留住背景中的特有气氛。

④将背景"化"作主体的一部分

简化并不是人像背景处理的终极，在众多的处理方案中，如何将背景"化"作主体人物的一个有机部分，这才是摄影家们所孜孜以求的最高目标。在完善的人像艺术品中，主体与背景总是和谐地交融在一起的，背景便是主体不可分割的有机部分，唯独这样的背景与这样的主体，才能构成完善的作品。在这里，主体与背景已经构成了一个完整的有机的整体，以至于背景的每一处都充满着主体人物的生命活力。自然，"化"是技艺的最高境界，是艺术家智慧与灵感的产物，而其中许多成功的经验是值得我们去借鉴的。可见将背景当作主体人物的心灵印迹去对待与描绘，便是"化"的关键。正是由于这个原因，不少摄影家干脆就将背景与主体人物叠在一起，进行有特定寓意的描绘，如叠上背景的影像、景物的肌理或特定的形状，甚至干脆叠上抽象的图案、光迹或影斑，只要能产生心理化暗示效果的都可以采用。这方面的例子是很多的。因此有人称之为具有心理时空的"心理肖像"。还有些摄影家故意地将人物藏到背景的后面，令画面更具戏剧性与故事性，西方人称之为"故事肖像"。

⑤取得画面的装饰性效果与风格化情调

有时，巧妙地安排画面中的视觉形象，在画面的形式感上求得有创意的装饰性效果。除了使用各种拍摄技巧处，有时直接选取现实生活中的某些具有装饰趣味的图案，或隐含有类似图案特征的景物，如建筑（甚至是它的局部）、有图案的墙面、地面、窗户、门洞、走廊、招贴画、机械装置、仪器设备等等，都可以构成具有装饰趣味的人像背景，只要选择得当，便能取得良好的效果。

恰当地选择与主体人物着装相配的景致作背景，能在画面中形成某种风格化的情调。你只要时时注意到人物的装束与背景的有机结合，便不难取得这样的效果。

总之，对背景的有意识的选择、安排和调整，要与主体的经营统筹起来考虑，要做到持之有理、持之有据，也就是说要与画面的立意保持高度的一致性，只有这样，才能在具体的处理过程中把握住分寸。

（六）服装、道具、化妆的处理

服装、道具、化妆在人像摄影中的作用也相当突出，尤其是拍摄商业人像，必须对被摄者的服装进行精心的选择，对道具进行合理的设计，化妆更需一丝不苟。这样，才能在摄影造型中扬长避短、化丑为美。

1. 服装选择

①服装在人像摄影造型中的审美地位

穿着可以清楚地表明文化和传统，显示出人的社会地位、所从事的职业、生活的环境以及所接受的教育等。服装与人的精神面貌、内心世界、气质修养有着极其微妙的内在联系。在摄影中，衣服的颜色和款式都在很大程度上决定该肖像的调子，并影响着构图的均衡。因此，在人像摄影的创作中，服装应当作为作品中的一个重要的审美成分来细加考虑，而奇特的服装往往便是刻划人物的最为有效的审美成分。

②人像摄影服装选择的依据

1）要能适合于被摄者的年龄、身份、体形与气质。

2）从人像摄影的视觉造型效果看，能美化人物形象。

一般说来，应选择那些适合于摄影的服装，简洁淡雅者最为合宜，过于花哨艳丽的服装反而会妨碍人物主体的刻划。除时装摄影外，服装都不应比被摄者面部更引人注目，即不可太"抢戏"。选择服装很重要的一条原则，就是看能否使人物主体更加突出。在某些商业摄影中，摄影者为了更加充分展示模特皮肤、体形身段的魅力，往往以一条床单或一块素色的布来替代服装，这样可将服装所带来的一些不利因素降到最低限度。当然，这是极端的例子，但它说明对于服装的处理必须以突出人物形象为前提，否则便会"以词害意"。

3）从景别上考虑

人像摄影选用的服装，是为了照片的效果。因此，衣着打扮应当从摄影的最终效果上去分析。如全身照片要考虑服装对于人物的整体造型效果，而特写头像或半身照片就不用考虑下半身穿什么了。因此，服装选择与景别大小有着密切的关系。

特写是指头像或胸像，服装在画面上只占极少的一部分，主要是衣领、肩与袖口处，尤其是领口的形状将会非常地醒目。从某种意义上说，特写人像的服装选择便是对衣领的选择，所以特写画面最需要考虑的是衣领在脖、颈与后背处的具体位置。要看其形状、色彩、影调和质感等，能否与脸围形状以及脖、颈、背裸露处的形状在整体上形成一个极富情趣的完善的造型设计。

圆而低的领口能分割出与脸型相似又相呼应的图形，从而使得整个画面看起来显得生动优雅。这种领口较适宜于女性。通常在人们眼里，女性脖颈颀长会显得更美些，短而粗的脖子则应想方设法让人看起来不那么显眼，那么穿低领口的服装就会令人满意多了。除了低圆领外，"V"字形领也是一个很不错的选择。根据被摄者的脸型与脖子情况的不同，还可选择高领、尖领、大荷叶花边领及小荷叶花边领等。

全景即全身照。这时的服装选择，主要从两方面加以考虑：一是要得体，即服装符不符合被摄者的年龄、身份、性格及气质，能否使身材显得更美；二是看与环境（如背景色调）是否谐调。

服装选择的得体，其实也是对被摄者的一种尊重，有时甚至可以说是对人体尊严的维护与捍卫。众所周知，拍摄一个光屁股的小孩会招人喜欢，而拍摄一个光屁股的成人便会遭人唾骂（严肃的人体摄影创作除外）。穿着不得体，尽管比光屁股好些，但仍然是对被摄者人格的一种歪曲或不尊重。因此，如何让被摄者穿得得体，这便成了人像摄影中的一大学问。如暴露得多与少，因为涉及到性感问题，因而这也就成了社会普遍关注的问题。过去人们对紧身性感服装、暴露太多的服装非常反感，现在随着时代的发展变化，人们已能逐步适应，并能对健康与色情加以区分对待了。

全身照片中的服装选择还应考虑到与环境相协调的问题，这主要体现在服装的色调、影调的选配应当与环境形成一定的对比或完全的相融。另外，服装的垂感与动感也是一个颇值得重视的因素，飘动的服装能强调出人的体形美，并能形成画面构成上的张力。

2. 道具的安排

①道具的作用

很大一部分人像作品需要道具来作支持或陪衬。没有道具，这些作品也就很难成立。具体说来，道具的功用主要体现在以下五个方面：

1）更有利于刻划人物。如交代人物身份、职业与性格特征等。拍摄音乐演奏家便少不了乐器，拍摄书法家便少不了笔墨纸砚或书法作品。

2）便于画面的整体造型。

3）某些道具还能为人物的神情动态提供依据。如拍摄玩布娃娃的儿童，布娃娃便是儿童专注神情的依据。

4）使用道具，还可大大缓解被摄者的紧张心理。当其注意力集中在道具上时，还可进行一些成功的抓拍。

5）巧妙地使用某些小道具，如别针、夹子、手帕、纱巾等，可掩盖被摄者的一些缺陷。如遇上乱蓬蓬的头发，只要用纱巾一扎便可解决问题。

②道具使用的基本准则

尽管道具有许多种功能，但也决不可滥用，道具的使用也是有条件、有限制的。这主要看：

1）能否更加突出人物，不然就干脆取消掉。

2）视觉效果如何。道具应成为极具审美价值的形式意味极浓的画面的有机部分，是画面意义不可分割的一部分。

3. 化妆处理

①化妆的目的与作用

化妆的目的是为了更好地造型。检验化妆效果的标准便是"上镜性"，故此，应想方设法使你的被摄者更上镜，拍出来的照片比本人更美。化妆可掩饰许多长相上的缺陷，并能在最大程度上突出人物较美的一面，可以说，化妆是一种主要的化丑为美、使美更美的手法。

若无特殊需要，男子一般不用化妆。男性的雄健美应尽量与女性的娇柔美区分开来。如男子脸形的轮廓分明的"骨感"，肌肤的粗糙甚至是疤痕，反倒更能突出男子独特的阳刚美。

②浓妆还是淡妆

女性的化妆究竟浓妆好还是淡妆好？究竟哪一种化妆更适合于摄影造型？在人像摄影中，很多人都倾向于淡妆，因为淡妆的感觉更加真实、自然、健康、清新；而浓妆则往往显得比较俗艳，脂粉气太浓。然而，淡妆于浓妆孰是孰非，也不可一概而论，首先人们的审美趣味是不断变化的；其次，"青菜萝卜，各有所爱"，各有各的审美趣味，大可不必等同划一。而且有些人确实适合于浓妆，而有些人浓淡皆宜。还有一些人天然条件好,皮肤细腻白净,不用化妆也行。

　　正常曝光的全影调照片,要求突出皮肤的质感,因此拍这类照片需要对被摄者化淡妆,掩盖一下皮肤的缺陷,而又不能太过。拍摄正常调的反转片及低调类的易突出脸部皮肤质感的照片,也应以淡妆为宜。拍摄那些需要削弱质感,主要突出人物整体感觉的照片如高调照片,化上浓妆也不为过。凡是遇上化妆露出痕迹的情况,只要采用顺光或高调处理便可得到弥补,正常曝光又采用侧光照明,则容易显露化妆痕迹。

思考与练习题:

1. 简述广告摄影的特点。
2. 广告摄影的创意与设计应遵循哪些原则?
3. 谈谈广告摄影在整个广告活动中的地位与内容。
4. 广告摄影都有哪些表现手法?并予以说明。
5. 简述广告摄影的布光原则。
6. 详述时装广告摄影的注意事项。
7. 详述拍摄反光物体的操作方法。
8. 详述拍摄皮度革制品的操作方法。
9. 怎样理解"美"的含义及美化处理的目的。
10. 简述商业人像摄影的创作手法及目的。
11. 为什么说氛围的处理是人像摄影中不可忽视的造型要素?
12. 应怎样理解人物的姿势处理在人像摄影中的地位?
13. 如何处理"动"与"静"的关系。

第三章 数 字 摄 影

二十世纪八十年代后，对人类社会发展产生着越来越重要影响的数字技术，发展迅速，最突出的表现是数字新品层出不穷，数字录音机、数字照相机、数字摄像机、数字投影机和各种数字光盘设备相继问世，将人们带进了数字世界的崭新天地，而数字摄影带给人们的是无穷的乐趣和非凡的图像创意力。

数字摄影又称数码摄影，是以用数字照相机拍摄或用扫描仪扫描采集得到数字图像文件，并用计算机对数字化图像处理为主要特征的一种摄影方式。

第一节　数字摄影组成与特点

一、数字摄影系统组成

数字摄影系统由输入、处理、输出三大部分组成。输入部分的作用，是将自然界的景物拍摄或通过其它方式转化为可用计算机加以处理的数字化图像文件。处理部分为装有图像处理软件的计算机。输出部分的作用，是将计算机处理得到的数字化图像转化为照片或其它形态的图片。

数字摄影历史不长，却呈现出多元化的趋势，数字摄影系统的全方位构成如图5.19所示。

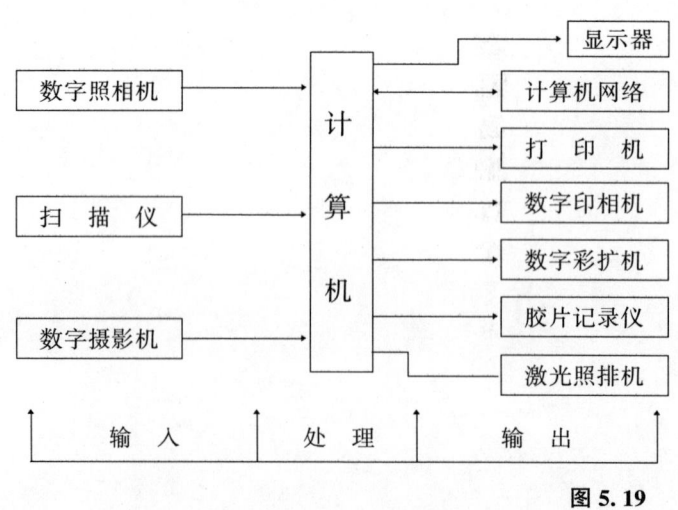

图 5.19

二、数字摄影的特点

数字摄影与采用胶卷拍摄的传统摄影形式相比,具有许多特点,其主要特点为:

1. 无需暗环境

数字照相机拍摄不用胶卷,而是用 CCD 芯片(也有数字照相机用 CMOS 芯片)将镜头成像的光信号变为电信号,然后再进行模/数转换后记录于存储媒体上,储存在存储媒体上的数字影像文件可随时调入计算机进行处理,而从拍摄、加工、处理直至得到照片的整个过程,都无需在暗处进行,不仅不需要暗室,操作过程中连简单的遮遮掩掩都没有必要,因而数字摄影既可使摄影者免受在暗环境下加工照片之苦,更不必像处理胶卷、相纸那样谨小慎微、小心翼翼。

2. 不对环境造成污染

最常见的数字摄影过程,是将数字照相机所拍摄或扫描仪扫描得到的数字影像文件,通过计算机处理后利用各类打印设备打印出照片,在这由拍摄到得到照片的整个过程中,无需化学冲洗,除了利用喷墨打印机打印照片需用液体的墨水外,在其余过程中都不用任何药液,是名副其实的干法操作,且整个加工处理中不释放对环境造成污染的化学物质,在给人类带来欢乐的同时,不对人类赖以生存的环境造成污染,是真正意义上的"绿色摄影"。

3. 处理快捷多样精确无耗

数字摄影是利用计算机对数字影像文件进行处理、加工,这种处理加工与传统的照片加工处理方式相比,具有快捷、多样、精确、无耗的特点。

"快捷"体现在可在非常短的时间内,用计算机完成非常复杂的加工处理,省时省事,只要敲敲键盘、动动鼠标就可进行任何处理,在传统照片加工方式中要花几小时甚至几十小时才能完成的加工,在计算机上可瞬间完成,有时真是弹指一挥间。

"多样"体现在有若干加工技法,可对图像进行任意处理加工,可得到多种多样的特殊效果,既可模拟传统暗房技法中具有的加工特技,更可进行许多独有的巧夺天工的特殊加工。

"精确"体现在计算机对数字图像处理加工时,可对单个象素的数值进行增与减的改变、调整,是量化的处理,处理精度相当高,是传统暗房加工技法所望尘莫及的。

"无耗"体现在任何处理都几乎无需耗费任何材料,如处理效果不理想或发生误操作,都可方便地退出或重新处理,直至得到满意的结果为止,而在传统照片加工方式中,每一处理都是以消耗感光材料、药液换取的。

4. 复制的高保真性和保存的永久性

数字摄影的影像主要以数字文件形式存在,因而无论如何复制,也无论复制多少代,都可做到无衰减、无畸变、无失真。保存在一些光盘媒体上的数字影像文件,通常不存在普通底片、照片那样的霉变和影像衰退等情况。

5. 方便地将图文有机结合

运用传统照片加工技法,要在照片上添加字相当麻烦,如要在彩色照片上加上多彩的字，更是十分艰难，甚至于近乎不可能，然而数字摄影则不同，无论要在照片画面上加什么颜色的字，加多大的字，加何种字体何种艺术形式的字，在什么部位加字，实现起来都轻而易举，极便于图文的有机结合，而且可方便地将所摄图像处理为多媒体的一部分。

6. 高质量的快速远距离传输

数字影像文件的传送方式与通常照片的邮寄方式相比，可以说是别开生面，所摄或所处理得到的数字影像可方便地利用 Internet 传送，其传输具有即时性、高保真性，此优点使新闻摄影犹如长了翅膀一样。

7. 多呈现方式

拍摄得到的数字影像文件不仅可像常规摄影一样得到照片，还可通过计算机显示屏显示观看，具有视频输出插口的数字照相机，还可将所摄通过电视机显示观看，数字照相机本身带有彩色液晶显示器，可及时呈现所摄影像。

8. 照片的易得性

数字摄影最直接的得到照片的形式是用各类打印设备打印得到照片，用数字照相机拍摄后就可利用打印设备直接打印出照片，可在足不出户的情况下在极短的时间内得到照片。

数字摄影的所长是明显的，但高价格也不同程度地制约着它的发展。

数字摄影高价格，反映在数字照相机的高价格、存储媒体的高价格以及打印照片的高花费等三方面。

数字摄影虽然有省下购胶卷费用的优点，但替代胶卷存储影像的各类存储媒体的价格高昂，不过，存储卡可重复使用。

目前打印机打印照片都有着成本高的缺憾，虽然喷墨打印机本身有价格低的优势，但打印墨水的高价格以及照相级喷墨打印纸的高价格，导致所打印照片的成本要比彩扩同样大小照片的成本高出许多。

数字摄影高价格的不足，将随着时间的推移而逐渐弱化，终有一天数字摄影方式的花费会降低到传统摄影方式的水平上，甚至于更低。

第二节　数字照相机及数字拍摄技术

一、数字照相机的结构

数字照相机又称数码照相机，它与传统的 35mm 照相机相比，在结构组成上有减有增。数字照相机拍摄时不用胶卷，因而在组成上比 35mm 照相机减少了卷片机构，然而新增了若干部分，比如通常就增加有影像传感器（俗称成像芯片）、光学低通滤光器、模/数转换机构、影像处理机构、读写机构、存储媒体、输出输入接口、白平衡调整机构、彩色液晶显示器等，有些数字照相机还内置有话筒和扬声器。

1. 成像芯片

数字照相机用成像芯片代替了传统摄影中的胶卷，是靠成像芯片将镜头成像的光信号转化为电荷输出。

2. 模/数转换机构

数字照相机名称中"数字"—digital 的含义，是指拍摄得到的影像模拟电信号被转换为"数字"电信号，即拍摄得到的是数字化的影像文件，因而它上面的模/数转换机构，扮演了一个很重要的角色，没有它，数字照相机就无"数字"可言，就降格为二十世纪八十年代昙花一现的电子照相机。

3. 读写及存储机构

用传统照相机拍摄后，影像信息以潜影的形式存放在胶卷上，即在传统摄影的拍摄阶段，胶卷既起感光作用，又是影像信息的存储媒体，在数字照相机的拍摄方面，CCD 或 CMOS 只起相当于胶卷的"感光"作用，只是将光信号转为相应的电荷输出，而存储信息必须另外使用存储媒体，而且不同数字照相机所使用的存储媒体，种类不尽相同。

名目繁多的数字照相机，按使用存储媒体的不同可分为两大类，一是数字照相机中本身可装置存储媒体，另一是数字照相机中没有让数字影像安营扎寨的存储媒体，拍摄后只能将信息存入计算机中，后一种形式的数字照相机，叫联机型数字照相机，即只有与计算机联手才能拍摄。

4. 白平衡调整机构

数字照相机中白平衡调整机构的作用，是使拍摄输出的红、绿、蓝电信号与该物体在白光照射下红、绿、蓝三色的比例相匹配，以保证所摄景物颜色的不失真记录。

5. 影像处理机构

在将拍摄影像存储之前，数字照相机要对所摄影像进行处理，其处理通常包含以下几项：

①将单色像元信息处理为多色象素

②对 CCD 感光平衡性进行补偿

③改善反差

增强图像边界的锐度，以增强影像的反差。

④图像压缩

数字影像文件本身很大，拍摄得到的数字影像文件在存储前，数字照相机可对其进行压缩处理，具体的压缩方式、压缩比例，可由拍摄者选择确定。

6. 输出输入接口

数字照相机上都具有数字接口，普及型数字照相机上还有视频输出插口，利用数字接口可将数字影像文件传输给计算机，利用视频输出插口可将拍摄影像通过电视机显示。部分数字照相机上还有音频输出插口。

7. 话筒、扬声器

除了可摄取图像之外，许多数字照相机还可以记录声音。

8. 彩色液晶显示器

数字照相机上装置彩色液晶显示器，具有多方面的作用。

彩色液晶显示器的存在，使数字照相机具有即显性。拍摄后，可随时通过彩色液晶显示器的显示，观看已拍摄存储在数字照相机中的影像，可满足人们先睹为快的心理要求。

彩色液晶显示器在数字照相机上的出现，还使数字照相机具有光学取景和液晶显示取景两种取景方式。

二、数字照相机的种类

数字照相机有着广阔的发展前景和巨大的潜在市场，吸引了众多的全球性大公司投巨资于它的开发研制，相应导致其新品辈出，类型繁多。通常是按所用影像芯片的种类和数字照相机的结构，对数字照相机进行分类。

1. 面 CCD 型和线 CCD 型数字照相机

按照 CCD 芯片不同，数字照相机分为面 CCD 型和线 CCD 型两大类，两类数字照相机分别采用线 CCD 芯片和面 CCD 芯片。

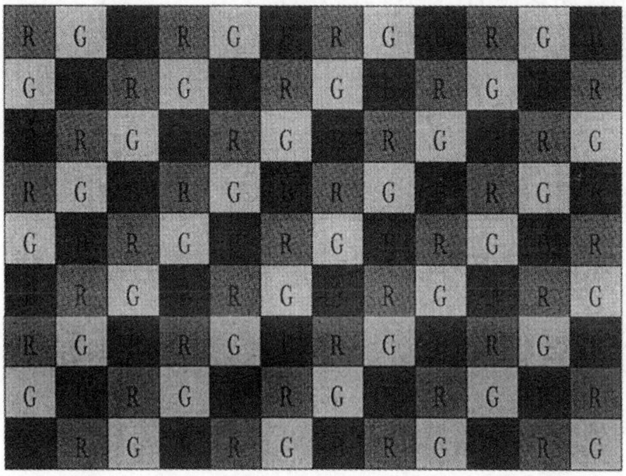

面 CCD 型数字照相机俘获影像时，可以像胶卷一样通过瞬间曝光记录全幅影像，具有拍摄速度快的特点，对拍摄活动景物和用普通闪光灯闪光照明拍摄等无任何特殊的要求。

采用线 CCD 芯片的数字照相机分辨率很高，但由于存在扫描过程，分辨率越高，需要的曝光时间越长，导致这类数字照相机不适用于拍摄活动景物，也不能进行闪光摄影，如要用人造光照明拍摄，只能使用无闪烁的灯具。

图 5.20

2. 单反型、轻便型和机背型数字照相机

按结构的不同，数字照相机可分为单镜头反光数字照相机、轻便数字照相机和数字机背等三类。

单镜头反光数字照相机简称单反数字照相机，是采用单镜头反光取景器取景的数字照相机，多数单反数字照相机是对已有的 35mm 单反照相机的机身加以改造，并加上面 CCD 芯片、数字处理部分以及存储机构、彩色液晶显示器、输出接口等相关部分组成一个整体构成。单反数字照相机不仅保留了相应 35mm 单反照相机上绝大多数的功能（如各种曝光、聚焦、测光方式），而且曝光、聚焦等相应操作也基本相同，35mm 单反照相机的镜头在这些数字照相机上依然可用。高档单反数字照相机具有镜头可卸可换、功能多、手动与自动控制兼有等所长。

轻便数字照相机是采用平视光学取景器取景，或仅能通过彩色液晶显示器显示取景的数字照相机，是数字照相机中的小型化的机种，具有结构紧凑、小巧轻便、便于携带、价格相对较低等特点，由于所用CCD芯片尺寸小，给机型设计以较大的灵活性，因而是外形各异。轻便数字照相机有"傻瓜型"准专业型之分。

数字机背是有CCD芯片和数字处理等部分，而没有镜头、取景机构和聚焦机构，只有加附于传统照相机机身上才能拍摄使用的装置，是加用于中型照相机和大型照相机上，使中型照相机或大型照相机可进行数字化拍摄的装置。数字机背主要用在要求苛刻的广告摄影方面，因为可获得极高的分辨率——有的象素水平达1亿以上，所摄可打印出幅面非常大的高质量照片。数字机背中象素水平非常高的，都采用线CCD芯片。

三、数字照相机的性能指标

衡量数字照相机的性能好坏、档次高低，既有着与衡量传统照相机相同的性能指标（如曝光方式、测光方式、测光元件种类、测光范围、快门时间范围、曝光补偿方式、曝光补偿范围、取景器种类、聚焦方式、光圈调节范围、自拍形式、自拍延时时间、镜头焦距、内置闪光灯功能等），又有着特殊的衡量指标，正确理解和认识数字照相机的特有性能指标，对于数字照相机的选择与使用意义重大。

1. 分辨率

数字照相机的分辨率，是数字照相机拍摄记录景物细节能力的度量，它决定了所拍摄数字影像文件最终所能打印出高质量画面的大小，是数字照相机最重要的性能指标之一。

就同类数字照相机而言，芯片的分辨率越高，象素越多，数字照相机档次越高。因为只有分辨率高，才能充分记录被摄景物的细节，使所记录画面包含更多的信息，象素水平低，意味着数字照相机只能极为粗糙地表现被摄体，不能将被摄体鲜明的轮廓以及细微末节充分展现。新开发轻便数字照相机的总体趋势是象素水平不断提高，1996年~2000年新推出的轻便数字照相机的最高象素水平见表5.1。

表 5-1

年　　份	轻便数字照相机最高象素水平
1996 年	81 万
1997 年	110 万
1998 年	160 万
1999 年	220 万
2000 年	330 万

人们对画面的高清晰度追求是无止境的，当然希望数字照相机有着高的分辨率，然而高分辨率数字照相机拍摄生成的影像文件很大，对加工、处理的计算机的速度、内存、硬盘的容量以及计算机显示器的尺寸、显示卡的性能都有更高的要求。

2. CCD 芯片尺寸

数字照相机所用 CCD 芯片的尺寸大小，对成像质量有很大的影响，具体是：在象素水平一定的前提下，尺寸越大，芯片质量越高，芯片加工成本也越高；高象素小尺寸 CCD 芯片，对镜头的分辨率提出了更高的要求，例如芯片尺寸为 6.4mm×4.8mm、象素水平为 1280×960 的数字照相机，就要求镜头的分辨率达到 200 线/mm，由于镜头的中间分辨率与边缘分辨率相差较大，要整体分辨率达到 200 线/mm，镜头中间的分辨率就要达到 300 线/mm。

单反数字照相机用 CCD 芯片，成像区一般较大，有的与 35mm 胶卷成像画幅非常接近。

3. 色彩位数

色彩位数又称彩色深度，用于表示数字照相机的色彩分辨能力，色彩位数的增加，意味着可捕捉的细节数量的增加。不同色彩位数下可表现的最多颜色数见表5-2。

表 5-2

每种原色色彩位数	总色彩位数	最多可表现颜色数
8 位	24 位	1670 万种
10 位	30 位	10.7 亿种
12 位	36 位	687 亿种

通常拍摄有 24 位色彩位数的数字照相机即可，广告等专业拍摄应使用有更高色彩位数的数字照相机，不过不要追求过高色彩位数的数字照相机，因为象素水平相同的数字照相机，色彩位数越高，所拍摄影像文件越大（拍摄得到的影像文件字节数≈总象素水平×总的色彩位数×压缩比例÷8），将由此大大增加图像加工处理和存储的负担。

轻便数字照相机总的色彩位数多数为 24 位，高档单反数字照相机以及数字机背的总色彩位数，通常为 30、36 或 42。

4. 镜头焦距的延长和相当 35mm 照相机镜头焦距值

单反数字照相机用 CCD 芯片的实际成像面积，比镜头的成像区域要小，就相当于镜头在这些单反数字照相机上使用，与在普通 35mm 单反照相机上使用相比，"焦距延长"了，而且镜头"焦距延长"的倍数在不同的数字照相机上是不同的（请注意，这里焦距延长只是一形象性的说法，并不科学，因为对一指定定焦距镜头而言，实际焦距是一定的，并不会因为在它后面的承影物小了而焦距延长）。CCD 芯片的实际成像面积比 35mm 胶卷的标准画幅尺寸小得越多，镜头"焦距延长"倍数就越大。镜头"焦距延长"后带来的好处是可将焦距较短的镜头当作远摄镜头使用。

轻便数字照相机中所用面 CCD 芯片尺寸，比 35mm 胶卷的标准画幅小很多，这就使得轻便数字照相机中与 35mm 照相机上具有同视角的镜头，焦距比 35mm 照相机上镜头焦距小得多，而且 CCD 芯片的成像面积越小，这种差别越大。

5. 可移动式存储媒体种类及存储能力

数字照相机所用可移动存储媒体，主要有 SmartMedia 卡、CompactFlash 卡、Ⅲ型 PC 硬盘、Memory Stick、软盘、CD – R 盘、MicroDrive 硬盘等几类。

SmartMedia 卡是所有数字照相机用可移动式存储媒体中最薄、最轻的，SmartMedia 卡的最大特点是存储在它上面的数字影像文件，读出的方式多。

Compact Flash 卡简称 CF 卡，是在数数字照相机上得到最广泛应用的存储媒体，但要比 SmartMedia 卡厚得多（尺寸为 42mm×36mm×3mm），容量大得多，而且对电压无特殊要求，在不同的数字照相机上具有通用性（当然只局限于可使用 CF 卡的数字照相机）。

Ⅲ型 PC 硬盘它最大特点是读写速度快和容量大，高档单反数字照相机采用它作存储媒体的占多数，缺点是体积较大、较重，太娇气，耗电量较大，怕震怕摔。

MemoryStick 俗称记忆棒，信息的读写速度比较快，采用记忆棒作存储媒体的数字照相机很少。

极少部分数字照相机采用计算机用 3.5 英寸软磁盘存储数字影像文件。拍摄后可方便地将软盘直接插入有软驱的计算机下载信息，但由于该种软盘体积大而容量小，只适用于象素水平低的数字照相机。

6. 压缩方式及压缩比例

数字照相机用存储媒体的价格相当高，人们希望在存储容量一定的存储媒体上能存储更多的影像文件，以使每一画幅的存储费用降低，多数数字照相机采用了有多种不同压缩比例可供选择的压缩存储方式。但压缩方式是削足适履式的，尤其是过高比例的压缩，将使最终解压恢复图像的质量劣化。

7. 相当感光度

由于数字照相机包含了用于接受光线信号的 CCD 或 CMOS 芯片，对曝光多少也就有相应要求，也就有感光灵敏度高低的问题，因而与胶卷一样具有感光度的指标。相当感光度的表示方法，与胶卷感光度的表示方法相同。

8. 信号输出形式

数字照相机拍摄的信号输出，主要通过数字接口和视频输出插口。

不同的数字照相机，数字接口的形式可能不同，常见的接口形式有 RS – 232C、IrDA1.0、IrDA1.1、SCSI、SCSI – 2、USB、IEEE1394 等多种。

①早期的轻便数字照相机都用 RS – 232C 接口。

② IrDA1.0 和 IrDA1.1 接口是红外接口，是将信号以红外线的形式发送传输的接口，是不用电缆就可传输的接口形式。

③ SCSI、SCSI – 2 接口出现于早期的单反数字照相机，是早期传输速度最快的接口形式，但采用该接口的数字照相机与计算机相连，要求计算机中装有 SCSI 卡，并要进行 ID 设定，使用不便。

④ USB 接口有着传输信息速率较高（最高 12Mbps）、允许若干设备同时相连、支持热拔插和即插即用的特点，是高象素轻便数字照相机的理想接口形式。

⑤ IEEE – 1394 接口又称火线接口（FireWire），具有 USB 接口的全部特点，而

且信息传输速度更高（高达100Mbps～400Mbps），是高档专业数字照相机的理想接口形式。

⑥视频输出插口与普通录象机、VCD、SVCD、DVD后的视频输出插口的功能相似，可将数字照相机转换得到的视频信号输出给电视机、录象机。通过视频输出而显示于电视机上的影像的清晰度，往往远远高于家用录象机、VCD、SVCD所播出画面的清晰度，而与DVD所播出画面的清晰度相当。

⑦在具有声音记录功能的部分数字照相机上，还有音频输出插口。

四、数字照相机的特殊功能

数字照相机的特殊功能，是指数字照相机具有而传统照相机没有的功能，主要有摄像功能、信息下载功能、影像回存功能、影像压缩功能、数字变焦功能、白平衡调整功能、镜头机身间可相对旋转功能、镜头机身分离拍摄功能、相册功能、定向感应功能、负像拍摄功能、声音记录功能、视频输出功能、直接打印功能、影像复制功能、浮动水印设定功能、即显功能、影像删除功能、分辨率选择功能等。

1. 影像回存功能

影像回存功能是将数字照相机拍摄得到的数字影像文件下载给计算机处理后，再回输给数字照相机，而存储在数字照相机用存储卡上，从而可将数字照相机当作计算机的活动式驱动器使用。

2. 数字变焦功能

数字变焦是将CCD芯片中间区域所成的影像插值放大，给人们以用更长焦距镜头拍摄的效果。无论从理论上讲还是从实际效果看，数字变焦都不理想，过高倍率的数字变焦只会使影像变得十分粗劣，很显然，数字变焦无法替代变焦镜头的光学变焦。

3. 相册功能

这里的"相册"类似于Windows中的"文件夹"和DOS下的"目录"，相册功能是指数字照相机可将拍摄得到的影像文件，根据需要存储在不同的目录下（文件夹下），相当于传统的照片被放置于不同的相册中。

4. 镜头机身间可相对旋转功能

相对旋转功能是指数字照相机的镜头，可在机身上旋转，这一功能给使用数字照相机拍摄带来更大的灵活性。

5. 镜头机身分离拍摄功能

分离拍摄是指可将镜头远离机身拍摄，是将镜头与机身脱开，而用专门的连接线在镜头与机身间传递信息拍摄。

有分离拍摄功能的数字照相机，分离式镜头与一般照相机的镜头不同，在它内部装置了CCD芯片，即该类数字照相机CCD芯片不是装在机身中，而是装在可从机身上分离开的镜头里。

6. 直接打印功能

直接打印功能是指数字照相机上具有与打印机相连的接口，可将数字照相机中的影像文件直接输给打印机打印为照片。

7. 影像复制功能

数字照相机上的影像复制功能，分为用两架数字照相机进行复制和单一数字照相机复制两类方式。用两架数字照相机进行的影像复制，是通过红外接口进行。

五、数字照相机使用

不同数字照相机的使用方法有所不同，但以下几方面的使用操作基本上是共性的（不包括与传统照相机相同的使用共性）：

1. 装取存储卡及存储卡的处理

①装存储卡

向数字照相机中装入存储卡的操作是简单的，就象往普通照相机中装电池一样方便，只是要规范操作，具体要注意以下几点：

1）在数字照相机处于闭机状态下装载存储卡。

2）只能将存储卡按指定方位装入。存储卡上都有相应标记供人们在装入时识别。

3）装存储卡要推装到位，如装入部分存储卡时，要将它们插入至数字照相机上存储卡释放钮弹出为止。

4）数字照相机存储卡仓外有一仓盖，无论是在存储卡仓内装了存储卡还是未装存储卡，都要将仓盖盖好，以免灰尘侵入影响数字照相机在存储卡上写入或读出信息。数字照相机正在对存储卡施行读、写操作时，不得将仓盖打开。

②取出存储卡

装在数字照相机中的可移动式存储卡，可方便地从数字照相机中取出，只是不同的存储卡，从数字照相机中取出的操作方式可能相同，有的是在仓盖打开后，将其直接拔出，有的是在打开数字照相机上存储仓盖后，按下数字照相机上的存储卡释放钮将其排出。

不能在数字照相机向存储卡写入信息或从存储卡上读出信息的情况下取出存储卡，否则将会导致存储卡上的信息受损失，甚至于损坏存储卡或数字照相机存储机构。

③删除影像

拍摄存储在存储卡上的信息，可随时删除，使用数字照相机时要充分利用这一功能，及时删除质量不符合要求的影像，及时删除已失去应用价值的影像，以使存储卡既昂贵又有限的存储空间得到最有效的利用。

④存储卡的格式化处理

数字照相机用各种存储卡，只有进行过格式化处理才能用于存储数字化影像。在存储卡格式化处理方面，必须注意以下几点：

1）格式化处理将清除存储卡上所有已存储的影像文件和声音文件，而且清除后的文件无法再恢复，因而对是否进行格式化处理要慎重，要在确证存储卡上没有有用的数字文件后再进行格式化处理，否则将会造成无法挽回的损失。

2)格式化处理时，不得打开数字照相机上的存储卡仓的仓盖，也不允许关闭数字照相机。

3)格式化在数字照相机上用 FORMAT 或 INITIALIZE 表示。

4)对出厂时已进行过格式化处理的存储卡，不必再格式化处理。

5)要删除存储卡上所有影像，既可以用数字照相机的"全部删除"功能，也可利用格式化处理的方法。

使用数字照相机，对存储卡的维护必须给以足够的注意，尤其要注意不要将已存储有影像文件的存储卡处于强磁场、强静电的环境和电子干扰下，运输或存储时，应采用防静电包装，尽量不在非常潮湿、炎热或腐蚀性很强的环境中使用、存放存储卡，也不要触摸存储卡的插口以及一些存储卡上面的电触点区。

2. 功能模式选择

与传统照相机只有拍摄功能不同，数字照相机上有拍摄、显示、删除、影像下载输出等多种功能，无论使用什么数字照相机，都要根据需要进行功能模式的选择。

3. 拍摄质量选择

拍摄时要进行拍摄质量选择，不是数字照相机所长，而是数字照相机用存储卡价格高、容量低和图像处理速度慢特定历史时期的过渡性措施。

拍摄质量选择主要是进行拍摄分辨率的选择和存储压缩比的选择。

①分辨率选择

对于 CCD 芯片或 CMOS 芯片象素水平一定的数字照相机，除了可以接近该数字照相机的 CCD 芯片或 CMOS 芯片的最高象素水平拍摄外，一般还可以比 CCD 芯片或 CMOS 芯片象素水平低得多的分辨率拍摄。

将同一数字照相机设计有多种不同的拍摄分辨率可选，是因为并非对每次拍摄都有高分辨率要求。

拍摄时究竟选用什么分辨率，取决于对画面的质量要求以及最终影像呈现的方式，一般按以下几种情况区别对待：

1)拍摄后要用打印机打印照片或利用数字化电子印相设备输出为照片，应该将数字照相机处于最高分辨率拍摄。

2)拍摄只供计算机显示屏显示的画面，又希望满屏幕显示，要力求使拍摄画面的分辨率与计算机显示器分辨率相吻合。

3)供制作网页图像而拍摄，拍摄分辨率不宜超过 800×600。

4)如拍摄的影像文件是用于书刊中作插图，则应根据印刷的分辨率和图像将在书刊中的大小，确定拍摄应选用的分辨率，以求所摄影像加以利用时，既不要插值处理，又不要减少象素，求得最佳匹配。

5)拍摄的影像不仅当时使用，而且还要留着将来使用，应该使用最高分辨率拍摄。拍摄的影像有多种用途，则应以对分辨率最高要求的用途来选择确定拍摄分辨率。

②压缩比选择

绝大多数数字照相机有多种影像存储压缩比例，可供拍摄者根据需要加以选择。

选择压缩比的总的原则是：对影像质量要求越高，应该选择越小的压缩比，甚至于选择不压缩；对影像质量要求越低，就可选择越高的压缩比。

4. 白平衡调整

数字照相机上的白平衡调整，通常用 WhiteBalance、WB 或 W.BAL 表示，分为自动调整和手动调整两类。绝大多数数字照相机上默认的白平衡调整方式为自动白平衡调整，即数字照相机根据拍摄的光照条件自行调整，而不需要拍摄者作任何调节。

5. 利用彩色液晶显示器

实际拍摄中，要充分利用彩色液晶显示器显示拍摄存储的影像，以据此判别拍摄影像质量如何，有效保证拍摄的成功率。

彩色液晶显示器显示时耗电较多，长时间用数字照相机上的彩色液晶显示器呈现影像，应该用交流电源供电。所有数字照相机都配有交流适配器。

彩色液晶显示器上一般具有亮度调节机构，有些还具有角度可改变功能，以让拍摄者在观看、取景时有较佳的观看角度。

6. 影像下载

将数字照相机存储卡上的影像下载给计算机，常用两类方法，一是通过数字接口下载，另一是将存储卡通过存储卡适配器或读取器下载。对于软盘、Ⅱ型 PC 卡、Ⅲ型 PC 硬盘等，还可直接插到相应计算机的软驱和 PC 卡插口直接下载信息。

7. 利用电视机呈现拍摄影像与直接打印

将数字照相机与电视机相连播放数字照相机已拍摄影像，必须具备两个条件，即数字照相机有视频输出插口（Video OUT），电视机有视频输入插口（Video IN）。

将数字照相机通过匹配的接口与打印机相连后，就可将数字照相机中的信息传输给打印机打印照片。

8. 声音记录

记录声音是在将数字照相机处于声音记录方式下，对着数字照相机内的话筒解说、讲话进行。

数字照相机所记录的声音，在没有扬声器的数字照相机上无法播放，要播放一般要将声音文件下载给计算机，通过多媒体计算机进行。

思考与练习题：

1. 简述数字摄影的组成与特点。
2. 了解数字照相机的结构。
3. 数字相机有哪些特殊功能？

第四章 培 训

根据国家职业标准《摄影师》的规定,技师应能够讲授高级以下(含高级)摄影师工作内容相关的专业知识;能够从艺术角度评价摄影作品,指导艺术创作;培养学生的创作能力。

第一节 专业知识的讲授

一、专业知识讲授的要点

在技师讲授专业知识方面,与前述第四部第三章有关部分有共同的要求。

首先,在概念的讲解方面,应做到表达准确、条理清楚、逻辑性强,并注意讲清具体概念的由来、发展、变化,与概念相关的知识,也应讲清、讲全。要善于把概念和术语用通俗易懂的语言表达清楚。

第二、要注意多采用形象教学手段来加深学员对概念的理解,包括采用实物展示、图片展示、操作演示等多种手段来把概念讲清、讲透。

第三、要把专业知识讲授同拍摄操作示范结合起来加以融会贯通。

第四、要把相关概念之间的关系讲清讲明,讲求概念之间理解上的贯通性和一致性,避免相互割裂和前后矛盾。

二、摄影师的职责和素质

(一)**摄影师的职责**

摄影师的职责按由低到高的层次划分,应包括以下几个方面:

首先,能根据客户和被摄对象的要求,拍摄出令其满意的、制作效果良好的摄影图片;

第二、能在满足顾客愿望的基础上,充分发挥摄影手法的潜力,使所拍照片从摄影技术品质上达到较高水准;

第三、能充分发挥摄影手段的功能,拍摄出具有鲜明个性和完美艺术形式的具有审美价值的艺术作品。

从大的方面讲,摄影师第一要向顾客负责;第二要向社会负责。

(二)**摄影师的素质**

为了能够承担起上述职责，摄影师应具备以下的素质：

1. 熟练的摄影技术

首先，应掌握摄影的原理：相机结构、拍摄和冲洗放大，要努力钻研摄影技术技法，重视基本功训练。

第二、应了解与摄影相关的其他专业知识，如色彩学知识，电脑制作的基本知识等。

第三、应了解造型艺术的相关知识。

第四、应能熟练操作各种摄影器材、设备。

第五、应能掌握多种题材的摄影技术技法。

2. 审美判断能力

既要有一般的审美能力，又要有独特的摄影审美判断能力。要认真，系统地学习造型艺术的知识和美学知识，不仅向书本学习，还应向作品学习，并把所学知识运用到拍摄实践中去，要在实践中不断总结、升华。

3. 高水平的文化素养

摄影师的文化素养要不断提高，是今天人们的普遍共识。摄影决不是简单的手艺和体力的劳动，没有良好文化素养的摄影师很难拍出具有较高艺术水准和审美价值的摄影作品。文化素养包括文化知识，历史知识，哲学知识；各种自然科学知识和综合的社会科学知识等，还包括比较前沿的文化、科技、理论知识等。这些知识都是拍出好照片的"诗外"功夫，应不断加强学习，不断提高自身的综合素质。走向国际的摄影师还应学习外国的语言、文化、历史知识。随着国际交往的不断增多，外国人也会找上门来要求服务，新一代的摄影师不懂外语也是不能胜任的。再说摄影术诞生于西方，我国摄影的总体水平还没有赶上国外先进水平，懂外语便于学习他国的先进技术和经验。

总而言之，在"知识经济"的时代，没有知识就要被历史和社会所淘汰。只有不断加强学习，全方位地丰富自己的知识结构，不断更新知识，才能适应社会发展的需要，成为合格的新时代的摄影师。

第二节　如何评价艺术作品

对摄影艺术作品的评价涉及艺术鉴赏和艺术批评两个方面。

一、艺术鉴赏

艺术鉴赏是欣赏艺术作品时的一种审美再创造的活动。

人的审美活动有三种：一是直接从大自然中感受美；二是社会生活美；三是艺术美。对摄影艺术作品的审美是艺术美的范畴。从总体上看，艺术鉴赏具有以下特点：一是自由的，愉悦的，不追求功利目的的精神活动。从审美的内容来看，人们希望通过欣赏文艺作品，求得对自我的关照和对自身创造精神的肯定，并通过欣赏活动来激励自己的进取精神；从形式上看，人们喜爱的是情节生动、结构完美、形象富于感染力的艺术作品，摄影家应当采用摄影造型的技术和手法，创造出典型、生动、视觉效果突出的具有艺术性的摄影作品。二是在鉴赏活动中。鉴赏者对艺术形象进行了再创造。艺术形象是艺术家创造的产物，作为精神享受的消费对象，摄影艺术作品的价值是在消费中才得已实现的。一方面艺术形象给了鉴赏者再创造的可能性，另一方面艺术审美的愉悦性也要求鉴赏者必须发挥自己的想象力，运用人生的知识和经验来进行再创造，注入自己的生活感受、思想感情和审美情趣，在原有艺术形象的基础上再创造出具有新意的形象。

艺术鉴赏的再创造体现在两个方面：

第一，是鉴赏者对艺术形象进行补充、丰富和改造。补充表现在对作品中空白之处的联想与想象；鉴赏者还会从自己的人生经验和感触出发去改造原创的艺术形象，表现出自己与艺术家对原创形象的不同理解和态度。不同的艺术留给鉴赏者再创造的余地不同，同是摄影艺术的不同类的摄影的再创造余地也不同，不同风格流派的摄影艺术作品的再创造余地不同。一般来讲非纪实类的摄影作品相对于纪实类的摄影作品而言可供再创造的余地更大，前者的不确定性，多义性和模糊性意味着再创造空间的多样和巨大。

第二，艺术鉴赏者还可对艺术品进行深层意味的再创造。这里指的再创造是指对艺术家在形象创造时并未认识到而是被鉴赏者发现出新的意味。

由于人们的生活经历、文化背景、性格特点、感情态度、世界观和美学观的不同，同一艺术形象通过不同人的再创造，它的形象意义也会千差万别。艺术鉴赏的意趣也正在这一点上魅力无限。

人们在欣赏摄影艺术作品时，首先从摄影作品形象的视觉感受开始，眼睛在看到摄影艺术作品时，便产生了各种感觉，在感觉的基础上，欣赏者在脑海中形成对分布在照片画面各部分的不同视觉要素的综合知觉。受到知觉形象的刺激，欣赏者的感情会产生波动，联想、想象等思维活动也被激活，于是，反映在鉴赏者脑海中的艺术形象就会鲜明、生动、真切起来。在人们欣赏摄影艺术作品的过程中，人们获得精神上的愉悦不是抽象的推理与冷静的思考，而是被直观的艺术形象所打动。这便是艺术鉴赏的感性阶段，此时，鉴赏者可以感受到艺术品是否赏心悦目，这是人们深入鉴赏艺术品精华的必然阶段。此后才进入到从感性认识到理性认识的过渡阶段。而对许多优秀的意味深长的作品的欣赏，往往又经历感性到理性，又由理性到感性的多次反复的过程。在理性阶段，鉴赏者则加入了个人的概念、判断、推理等理性成份，透过艺术品的形式来领悟其深刻的思想内容和丰富的情感内容。尤其对那些采用隐喻、暗示等手法表现的，具有象征意味的艺术品更需运用理性思维探求艺术形式背后的深刻内涵。尽管在艺术鉴赏过程中，感性认识与理性认识这两个阶段有先后之分，但二者也不是割裂开来的，二者常常是相互交织在一起，难解难分。在艺术鉴赏的过程中，只有将感性认识与分析、综合、判断、推理等理性活动紧密结合，才能在欣赏的过程中获得美感愉悦，精神愉悦，求得对自我的关照和肯定。

在艺术鉴赏的过程中，联想和想象发挥着重要作用。摄影艺术家在捕捉形象时不能没有联想与想象，如果欣赏者在欣赏时不能充分运用联想和想象，就不能体味摄影艺术作品的内在精神。只有注入自身的生活经验、感情经历和审美理想，对照片中的艺术形象加以想象和联想，才能丰富照片中艺术形象的内涵。艺术鉴赏的过程虽然符合一般的认识过程，但从本质上看，它又具有鲜明的情感特点，是一种审美活动。优秀的摄影艺术作品不仅能使欣赏者为之震撼、动容，而且能激起欣赏者心底强烈的共鸣。艺术鉴赏中共鸣的产生有两个必备的条件，一是作品本身必须充满真情，艺术形象具有鲜明性、典型性，而且有意境和韵味；二是欣赏者能够从艺术作品中感受到作品的艺术魅力。由于欣赏者的文化背景、认识方式、所处时代及个性特征等方面的差异，对有些人能产生强烈共鸣的作品，对其他人则只能产生一点点情感的涟漪，甚至有些人会强烈反对，深恶痛绝。另外，也有一些表现人们普遍的共同的情绪感受、人生哲理和生活经验的作品并加以比较的表现形式，能在不同时代、不同地域、不同文化背景的欣赏者中产生感情上的共鸣。摄影画面的语言被称为"世界通用的视觉语汇"，具有独特的传播能力和魅力，摄影图片拍摄得好，能引起不同民族、不同国家的不同阶层的人们的共鸣。

值得注意的是，一些不健康的、品味不高的"摄影艺术品"也会在一些意识不健康、认识水平低下、鉴赏力不高的"欣赏者"中引起"共鸣"。为了消除消极、落后的"艺术作品"的不良影响，既应加强艺术鉴赏的指导，又应加强艺术批评，还应提高全社会的审美能力的程度，培养健康的思想情操。艺术创作者们更应创作出尽可能多的各种各样内容和多种形式的艺术精品，以满足日益增长的文化、精神生活的需要。

二、艺术批评

艺术批评又叫艺术评论。艺术批评与艺术鉴赏既有共同点，又有不同之处。

二者的共同之处在于：一是对象相同，均为艺术形象；二是审视过程相同，均包括感受、体验、分析、鉴别等基本过程；三是在审视过程中艺术鉴赏者和艺术批评者均受到立场、个人情感、生活经验、文化背景、艺术修养等主客观因素的限制和制订。鉴赏中有评论，评论建立在艺术鉴赏的基础之上，二者是互通的。

艺术批评与艺术鉴赏的不同之处在于：一方面艺术鉴赏强调主观趣味；鉴赏者可从个人爱好与兴趣出发；虽是情理交融的活动，但侧重于获得情感的愉悦；而艺术批评则强调客观标准，批评者应摒弃个人的主观趣味和艺术兴趣，客观公正地进行评论；在情理交融的活动中，偏重于理性的分析评判。另一方面，艺术鉴赏的对象是艺术作品本身，而艺术批评的对象除艺术作品本身外，还有艺术思潮、艺术流派、艺术思想、艺术运动以及艺术批评自身。艺术鉴赏一般是指对孤立的、个别作品的鉴别和欣赏，而艺术批评则建立在对各类艺术现象的全面、深入的了解的基础之上以及对艺术理论的正确、熟练的把握的基础之上。艺术评论者不只是敏于感受的艺术鉴赏者，更是思想成熟的理论工作者。艺术批评既可帮助鉴赏者提高欣赏水平，又可帮助创作者提高创作水平，从而在总体上促进艺术的健康发展和不断进步。

艺术批评是运用艺术理论对艺术实践和艺术作品进行分析、综合、判断和评价的一种理性认识活动。文艺批评具有倾向性和现实的针对性。艺术评论者的社会思想、艺术见解、价值观体系等方面的不同，会致使他们对同一艺术作品的评价各不相同。艺术批评又总是紧紧围绕着现实的艺术创作进行评论活动，在涉及古代与别国的文艺现象时，也总是本着"古为今用"、"洋为中用"的原则，把有关的理论与现实创作活动联系起来加以比较分析，从而达到促进当代艺术创作不断提高和发展的目的。

艺术批评的标准指的是判断、评价文艺作品的思想内容与价值和艺术价值的尺度。艺术批评的标准包括：

第一、艺术形象是否栩栩如生、典型生动、感人至深？就摄影艺术而言，应做到情景生动感人，瞬间典型。

第二、艺术形象中有没有流露出艺术家的真情实感？这种真情实感的流露是否藉艺术形象完美地表达？艺术形象对欣赏者有没有情感或情绪上的吸引力、感染力，程度如何？

第三、在艺术语言、表现方法和布局结构上有无创新？有没有新的艺术探索和创造？

第四、艺术语言，技巧的运用是否精巧、娴熟？

当然上述标准既不是相互孤立的，也不是在评价每一幅艺术作品时都要"求全责备"的。具备了一、两条标准的艺术作品，也是好作品。

艺术批评应坚持历史唯物主义的观点。艺术作品是现实世界和社会生活在艺术家头脑中引起反映的产物，对艺术作品的价值评判，应以它是否真实地反映生活，是否对社会发展进步起推动作用，是否对艺术的发展革新起推动作用来进行综合判断。还应把艺术作品放到一定历史时代的经济、政治制度和社会发展，政治思想状况等背景中加以审视和考察。

在对艺术作品的内容进行评价时，既要分析其历史价值，又要分析其现实价值；既应重视其历史价值，又要重视其现实价值。

文艺批评的历史观要求评论者在评价作品的艺术成就时，也应采取历史唯物主义的态度，抛弃绝对不变的具体、抽象的标准。

文艺批评的美学观和历史观之间的关系是：二者是相互联系的，不得截然加以割裂。在对艺术作品进行美学评价时，必须对艺术作品的内容与形式都采取历史唯物主义的态度；在对艺术作品进行历史唯物主义的分析与评价时，又要牢记艺术作品的特性，艺术作品不是历史和思想的图解，而是艺术形象，其内容是靠形象来显示的。当然美学标准和历史标准也不相等同。对艺术作品进行评价的高标准是：优秀的艺术作品应是进步的社会内容与尽可能完美的艺术形式的统一体。

美学观点的标准和历史观点的标准是艺术批评的基本标准。具体在进行艺术批评时，应联系不同门类，不同艺术的具体形态，考虑各种不同艺术形式的独特性，还要兼顾各种艺术在不同历史发展阶段的不同形态加以综合分析评价。

进行艺术批评的目的，主要是为了提高人们的鉴赏能力，推广优秀作品，培育新人，丰富艺术理论的宝库。此外还有批评、消除不良作品影响的作用。

为了正确开展艺术批评，首先要正确认识社会。由于艺术本身是社会生活在艺术家头脑中的反映，无论从主观方面看，还是从客观方面看，艺术都具有社会内容，因此，艺术批评包含社会批评的成份，评论艺术就不能不评论社会。开展艺术批评应持实事求是的态度。艺术批评的主要对象是艺术作品，但对艺术作品价值的正确认识与公正评价，不是轻易可以做到的，有些艺术作品的价值在数年、乃至数十年数百年后才能得到后人的确认，如著名法国摄影家、纪实摄影大师尤金·阿切特(1857-1927年)在其去世前的三十年间所拍摄的巴黎都市景观和表现巴黎人民日常生活状态的作品是在后来由美国摄影家阿波特加以收集，收藏并出版才得以产生广泛影响的，其价值被确认是在摄影家去世之后。

实事求是的态度首先要求艺术评论者排除个人好恶，采取冷静客观的分析态度。当然这不是说艺术批评者没有立场，而只是说立场的确立不应建立在个人好恶，恩怨的基础之上。在进行艺术批评时，还应记住艺术批评的对象是艺术作品，艺术的特点是形象。不抓住艺术反映社会生活，作用于社会生活的特点，就不能对艺术作品做出正确评价。开展艺术批评还应采取专家批评与群众批评相结合的方式，既应尊重专家意见，又要倾听群众心声。专家意见与群众意见相结合才能提高艺术批评的质量。分析艺术作品还应做到知人论世，全面分析。评价艺术作品应从艺术家的经历入手，全面兼顾其全部作品，而不能"断章取义"，还应顾及艺术家所处的社会状态。全面分析的态度还要求评论家在认识、评价作品时采取一分为二的科学态度去评论艺术作品在思想内容和表现形式上的成败得失，帮助艺术家克服缺点和不足，发扬优点。

艺术批评也不应求全责备。没有尽善尽美的艺术品。当然随着全社会的艺术创作水平的不断提高，艺术批评的标准也应随之提高。艺术批评的正确方法应是运用科学的文艺理论，从具体分析艺术形象中得出结论，坚持按艺术反映社会生活和作用于社会生活的特点进行艺术评论。

艺术批评的方法有考证诠释法、社会历史批评法、审美批评法、心理分析批评法等多种。

考证诠释法是考查作品的原始出处及原始面貌，弄清真伪，并力求客观、准确、评尽地阐述艺术作品的原意。对早期的摄影作品的研究常常采用这样的方法。

社会历史批评法强调艺术源于特定历史和特定的社会生活，又对社会生活具有反作用。采用这种方法时，应注意兼顾艺术作品的自身性质即审美特性，以免造成单一的社会历史批评造成的审美价值的失落。

审美批评法主要从艺术自身的转让及艺术形式上进行分析和评价，并侧重艺术作品的形式价值，如艺术语言的运用、结构形式及艺术技巧的运用等。值得注意的是审美批评不能走向唯美论和唯形式论。

心理分析批评法是从艺术家的创作动机、创作过程的心理活动及作品中人物的心理论动，形象的社会意义等方面来进行艺术批评。弗洛伊德的精神分析方法和荣格的神话——原型批评方法是心理分析批评法的两大流派。弗洛伊德认为艺术创作的动力是性本能，艺术创作的目的是将生活中受到压抑的本能通过艺术作品得到情感的宣泄，创作活动的过程是受压抑的潜意识升华为艺术形象。弗洛伊德的理论把人的精神活动由显意识引向潜意识，是有益的深化，但把一切潜意识均归结为性意识，置一切作品的社会意义于不顾，将作品中丰富的情感表现全然抹煞，单纯从性意识出发去探讨作品的意义，不免有失偏颇。荣格认为，制约人的行为包括创作活动的主要心理因素是"集体无意识"，而不是个人的心理。集体无意识包括历史文化的积淀和由遗传而形成的人的心理结构，把无意识的形成与社会历史和文化传统相联系是合乎事实的，但不能将集体无意识提高到至高无上的位置上。把集体无意识与由遗传而形成的心理结构相联系，有助于通过具体的心理分析研究艺术家的创作动机，创作过程及创作的特点。

将心理分析批评与其他方法联系起来加以综合运用，有助于批评的全面和深刻。

此外，艺术批评的方法还有印象式批评、比较批评、点评式批评、接受美学批评方法等多种。

值得注意的是，任何一种方法都不是艺术批评的唯一方法，在艺术批评中应采取多种方法综合运用，才能搞好艺术评价。

三、培养创造性的方法

创造就是将已知的材料重新组合或把已知的经验重新结合，产生出具有新价值的事物或思想。

"创造性，就是有新价值的特性；创造力，就是产生形成新思想观点的能力；具有这种能力的人的品质就叫做有创造性的品质。"[①]

对于摄影艺术的创作而言，直观和想象力的作用非常重要，摄影艺术需要灵感和飞跃。

与创造性相关的内容有："活力（精力、魄力、冲动性、行为性）、扩力（发展行为和思考的力）、结力（把现有的东西加以重新组合的力）（灵感、感觉性、综合性、联想力、构成力）以及个性（专门性）等"。[②]四者之间的关系是：通过活力使扩力发挥作用，扩力扩散出来的东西又依靠活力来结合；个性则处于控制活力、扩力和结力的位置。另外，遗传、环境与创作性的关系也很重要。

创造性可以通过教育和学习得以提高和发展。

摄影的创造力的培养和教育应以创造的表现力为重点，但创造性的思考方法是一切创造力培养的前提。

对大脑的科学研究证明，人的左、右大脑是有分工的。人的左脑主要用于理性思维，右脑主要用于形象思维和直观思维，具体比较见表5-3：

---

① [日]恩田彰等《创造性心理学》第2页，陆祖昆译，河北人民出版社，1987年11月第1版。
② 同上书，第13页。

表 5-3

左 脑	右 脑
与意识有联系	与意识没有联系
语言的	非语言的,形象的
分析的	综合的
逻辑的	直观的
线性的信息处理	非线性的信息处理
形成概念的	图形的感觉
数学运算的	几何学的
闭合的思考	开放的思考
固景的	非固景的
理性的认识	感性的认识
数理的联想	类推的联想

从上述比较中可以看出着重于右脑功能的开发，对摄影而言是更为重要的。当然，在开发右脑创作性的同时，还应使两个脑半球的作用统一起来加以综合开发。

独创性对创造性的开发至关重要。独创性具有新颖性、意外性、独特性和惊异性四个基本特征。新颖性是指新的、没有先例的意思；意外性是迄今的经验中设想不到的意思；独特性是没有可与之相比的意思；惊异性是指伴有新的价值发现。

创造性开发的另一个重要因素是好奇心。强烈的好奇心和对新事物、未知领域的探索精神是构成创造力的重要内涵。

感情性是摄影创作的创造性的一个重要特征。摄影者在运用联想等思考方法进行创作的构思和表现时，是否有感情上的冲动，感情的倾向性是引起创作欲望和影响创作力发挥的重要因素。

此外，直观能力、思维方式的开发性、多样性、灵活性及由摄影瞬间性特点所带来的对瞬间思维能力的要求，均是影响创造力发挥的重要因素，应在平时思考问题和拍摄创作的实践中，加强这些方面能力的培养。

思考与练习题：
1. 简述作为一名人像摄影师的职责与素养。
2. 谈谈如何评价艺术作品。
3. 怎样进行艺术批评？有哪些批评方法？
4. 应如何培养学生的创造性能力？

第五章 经营管理

第一节 技术人员的管理

第一单元 合理分工发挥特长

一、学习目标

能够根据企业技术人员的技术特点和技能水平，合理分配工作岗位。

二、工作程序

仔细阅读所管辖的所有技术人员的技术档案，包括：所学专业、学习成绩、历次技术考核的成绩、职称、晋级年限、参加技术比赛或摄影展所获的奖项，平时的工作业绩等。

深入实际工作环境了解其日常工作的表现，听取周围同事对该技术人员的反映。

亲自观看其产品，定期检查与随机抽查相结合，要查看尽可能多的产品。

听取顾客对技术人员的反映，包括口头反映、书面反映或实际的销售反映，例如察看其服务对象的回头率和退款率等。

征求主管领导和上下道工序相关同事的意见和看法。

征求被管理的技术人员本人的意见和看法。

经过对文档资料、实际观察结果和各方面的意见和看法，合理分配给每个技术人员适当的工作岗位。

对每个被分配岗位的技术人员的工作业绩和思想情况及时了解，发现不能胜任或埋没人才的现象后立即纠正。

三、注意事项

技术人员的岗位分配是以才能为依据，以能够胜任为原则，绝不任人为亲，亲人不见得是能人，听话的人也并不一定能胜任你所分配给他的岗位。人才的浪费是极大的浪费，人尽其才是每一个管理者的管理目标，技术工作是来不得半点虚伪的，在关键的技术岗位，用对一个人就会使事业兴旺，错用一个人就可能使企业的经营萧条，甚至倒闭，例如：营业主管，主摄影师，主化妆师，质量检查员等岗位，都担当着这样重要的角色。

岗位是管理者根据实际需要设定的，要因事设岗，因岗找人，可以一人多岗，也可以一岗多人，这取决于该岗位的工作量，如果是一岗多人时，要明确指派岗位负责人，明确同岗位人员之间的关系，免得相互推诿。

四、相关知识

照相企业不同于商品销售企业，照相业的工种复杂，工序很多，各工序对人才的要求各不相同。有的要求干练，有的要求稳重，有的要求活跃，有的要求严谨，绝不能拿一个统一的标准来要求所有的人，人才的准备要角色齐全，各司其职，如果一个照相馆里全都是摄影技师，这个店肯定搞不好，因为好摄影师未必是好业务员，也未必是好的生产制作人员，各工种之间对人才要求的差异是显而易见的。

例如：对业务人员的基本要求是

第一、诚实和坦率是业务人员的首要条件，马马虎虎和有欺骗行为的人是不能担任业务工作的。这种人无论怎样热情，头脑怎样灵敏，怎样巧言善辩，也不能委以重任。因为业务人员整天与财物打交道。用人不当会增加不必要的麻烦。不善言谈的人也不适合做业务员，这样会使前来照像的的顾客失去信心。

第二、稳重而热情。稳重的业务员能在顾客心目中树立起良好的企业形象，使顾客有一种信任感。愿意在贵店消费。热情也是很重要的，它能很快地缩短人与人之间的情感距离，使顾客有宾至如归的感觉，谁也不愿意和态度冷淡、行为傲慢的人打交道。

第三、业务能力强。因为照相馆的业务技术比较复杂，要求业务员要对工序的流程，各道工序的质量标准，以及化妆、摄影和摄影师的拍摄风格等都有一定的了解，并要熟知本企业的所有业务，包括经营范围、服务项目和各项业务的价格等，算帐准确无误，票据书写清晰工整，业务员还要有妥善处理问题的能力，使企业在温馨的气氛中进行工作。

再如，对于摄影师的要求基本如下：

第一、要有敬业精神，摄影师是企业的主力，拍照是决定照片质量的关键，摄影师的技术水平决定着企业的整体水平。敬业是摄影师必备的首要条件，是提高服务质量的前提，是钻研摄影技术的动力，玩世不恭或对商业人像摄影没有热情的人，不适合做人像摄影师。

第二、摄影师不是领导、不是统帅，只是从事摄影的服务人员。但是，在摄影时，他必须在完全理解顾客的要求后担负起指挥的角色。摄影室内的一切，包括被摄者、助理、道具等，都是被领导的对象，要胸有成竹地导演各种画面。顾客是千差万别的，但是对于没有驾驭能力的摄影师都同样没有信任感，这样，被摄者就很难被调动。

第三、有虚心好学的精神，摄影是一门艺术与科学技术相结合的边缘科学，艺术修养要不断地提高。创作灵感是在大量的社会实践活动或参加艺术活动中产生的。这就需要摄影师博采众长，补充自己。虚心学习，学以致用，才能使自己的照片常拍常新、不落俗套。

第二单元　加强培训、组织技术交流活动

一、学习目标

能够根据本企业发展需要，合理安排技术人员参加培训、比赛和技术交流活动。

二、工作程序

首先明确企业的发展方向。各企业的具体条件不同，发展的目标也不相同，为了保证目标得以实现，必须先把目标和实施计划搞清楚。

根据企业发展的需要，把现有技术人员进行分类排队，分析哪些人能适应哪种工作，哪些人需要加强哪些方面技能的培训和提高，哪些人不能适应企业的发展。

制定出近期和中长期的培训计划，并对近期计划组织实施，对参加培训的人员要进行详细记录并载入技术档案。

定期组织技术人员参加本单位的技术比赛和交流活动，可以是整个企业的全体行动，也可以单独组织某一项工种单独进行，还可以有针对性地组织各种类型的技术比赛或技术交流活动。

积极组织本企业技术人员参加本地区、本行业或省、市，乃至全国或国际技术比赛或技术交流活动。开扩眼界，增长知识，为企业争光。

三、注意事项

技术人员的培训要从实际需要出发，培训的内容要有实用性，切忌脱离工作实践的培训。否则会造成不必要的浪费。

组织技术比赛的目地是促进职工钻研技术的积极性和工作热情，并提高职工的业务水平。比赛的内容要难易相当，比赛结果的评比要客观公正，避免因各种不正常的因素而带来的副作用。

组织技术交流活动要注重实效，交流不是走过场，不能徒有虚名。交流可以在企业内部之间的人员中进行，也可请外界的人员来企业讲课或座谈及表演。交流的内容要切合工作的实际，最好能在交流后的某一段时间内，组织一次技术比赛活动，以检查交流活动的实际效果。

组织本企业技术人员参加外界的培训、比赛或技术交流活动时，要有所选择。作为一个以经营为目的的企业，参加外界的非盈利活动要适度。首先是不能自我封闭，该参加的活动一定要参加，否则企业和技术人员必将落伍。其次是不能毫无节制，过

多的外界活动会占去大量的人力物力。第三是不要追逐虚名。办企业是件扎扎实实的工作，只有把本企业的事做好了，只有得到顾客认可，这个企业才能生存和发展。

第二节　产品质量的管理

第一单元　影响产品质量的原因及解决方法

一、学习目标

能够准确分析影响产品质量的原因，并制定有效的解决办法。

二、使用工具

测光表、密度计、放大镜、对焦器、尺子等。

三、操作步骤

经常检查企业的产品，包括对产品的检查和产成品的检查，必要时可在业务部抽查顾客待取件的产品，从而切实了解各工序的生产质量和照片的最终质量水平。

无论从何种渠道发现产品有质量问题，都要立即进行分析判断，这种判断可以凭自己丰富的实践经验，也可以通过密度计、放大镜等工具来进行。

判断产生质量问题出在哪个环节后，要会同该工序的生产工人和技术人员共同进行研究，找出产生问题的根源。

针对产生问题的原因，制定出解决的办法。如是原材料问题可通知进货人员解决；如是设备问题要通知维修人员立即进行修理；如是操作失误要对工作人员进行批评并令其改正；如是技术水平问题要对技术人员进行调换。

四、注意事项

照片的质量是一个综合问题，判断其真正的原因需要较为丰富的经验，作为一名管理者，平时要多注意学习和观察，只有经验积累到一定程度后，才会具有判断照片质量问题的能力。

各工序的每个生产操作人员都要有其专用的工号或代码，经手人一定要在规定的位置上加盖这些印迹，否则，一旦出现质量或差错问题时，无法查找责任人和真实原因。

找出质量问题的原因和责任人等一切活动，其目的都是为了找出解决问题的办法，处理问题时要对事不对人，要反复教育所有的从业人员，以优质高效为最终目的。

检查照片的质量不仅是为了找出质量方面存在的问题，还应以提高企业产品的整体水平为目的。奖励先进，鼓励后进，树立榜样，激励全体员工共同努力。

五、相关知识

质量管理是照相企业每天的必修课。从一定意义上来说，质量就是企业的生命，粗制滥造无异于慢性自杀。也由于这个原因，照相企业的经理一般都是业内人士，不少都是照相业各工种技术的高手，如果经理是单纯的管理人员，那么在业务上也必须有一位专业人士来管理。

一个企业应从以下方面做好产品质量管理工作：

第一企业要有一个质量权威机构，由企业各部门具有较高业务能力和技术水平的人员组成，他们代表企业的最高业务水平和风格。负责质量管理标准的制定和监督工作。

第二各工序要有本工序的质量把关人员。一个工序往往有若干名技术工人，他们技术水平可能会参差不齐，其中，较高水平者应成为该工序的质量把关员。其他人员的业务水平应向他们看齐。

第三照片生产的全过程必须进行质量控制管理。照片的生产过程，是一个多工序、多环节的连续过程，每一道工序都应做到责任自负，逐级把关。无论是哪位员工，发现不合格的产品都要交给把关员来确认，以免继续生产造成更大的损失。

全过程管理是指从照相原材料的采购过程，到照片制作成功交到柜台之前的整个过程的各个环节都进行质量管理。现在，照片生产采用了许多机械设备，把这些设备的管理也要纳入质量管理的过程之中，以保证产品的高合格率，减少因质量问题而造成的人力、物力等方面的浪费。

每个企业都应建立和健全质量管理体系，发挥集体的智慧和才能，改进和提高企业的质量管理水平。

第二单元　照相产品质量标准和管理制度

一、学习目标

能够制定和执行本企业的照相产品质量标准和管理制度。

二、工作程序

1. 制定本企业的照相产品质量标准需要经过如下步骤：

①学习和理解产品质量等国家对产品质量的有关法规，并将指导思想贯彻于本企业的照相产品质量标准之中。

②学习和理解各有关部门对于照相业质量标准的有关规定，以保证所制定的企业标准中没有违反各部门有关规定的条款。

③参考同行业中其它照相企业质量标准的有关规定，特别是要参考质量信誉好、技术水平高的先进企业的标准，以有利于制定本企业标准的科学性和严谨性。

④依据本企业的实际技术水平来制定质量标准，不能把超越自身实际能力的标准定为质量标准，也不能把标准订得低于企业的实际水平，这两种倾向都无助于企业的产品向质量标准看齐，无法充分发挥标准所应发挥的作用。

⑤顾客是照片的消费者，广大顾客对照片的要求是制定质量标准的最根本出发点，背离这个标准就会犯方向性的错误。

⑥标准要经反复论证和推敲后定稿，但一经确定后，就要维护其严肃性和权威性，所有的照片都要用这个统一的标准去衡量，不可任意修改和废弃。

2. 制定本企业的管理制度包括如下方面：

①岗位责任制度，首先是定岗定编，两定之后应作到人人有岗，岗岗有人，杜绝企业中有事无人干或有人无事干的不合理现象。其次是定岗定责，把每一个岗位应该做什么工作，由谁来做，负什么责任都规定的清清楚楚。实践证明，岗位责任制是一项行之有效的制度。

②操作规程制度，就是把工作中的先后顺序用文字的形式规定下来，所有上岗的人都必须按照操作规程操作，不能各行其事，这对于提高工作效率，减少差错事故和保证照片质量大有益处。

③产品质量检查制度，检查对于生产者来说是一种监督，检查者与被检查者之间常会发生某些冲突和矛盾，如果仅凭检查员的责任心来开展工作，是很难持久的，必须要用制度来保证。制度要详细地规定检查的范围、时间、办法、及对不合格产品及责任人的处理方法，制度同时还要规定对检查人员的要求，做到制度的严密性和合理性。

④安全生产制度，即规定一些必须的防火制度，防盗制度，财务安全制度，治安保卫制度等等。

企业还要结合自己的实际需要制定各种规章制度，诸如考勤制度，领料制度，交换班制度等等，作到以制度管人，在制度面前人人平等，建立一套现代化的企业管理制度，使企业纳入科学管理的轨道。

三、注意事项

各项制度都是管理人的行为，因此各项制度都必须得到员工们的认同，只有员工们把遵守制度变成自己的自觉行动，企业制度才算发挥了真正的作用。

订制度是为了执行制度，不能制定那些不切实际的制度条款，更不能把制度束之高阁，形同虚设的制度将无益于企业的管理。

制度的确立是企业中的一件大事，不可草率，要反复征求各方面的意见后才可付诸实施。

要经常检查制度的执行情况，并检查制度本身的科学性和可操作性，发现后要及时修改和补充。

四、相关知识

1. 中华人民共和国行业标准

照相业开业的专业条件和技术要求(见相关文件)
2. 北京市地方标准
照相业质量标准(见相关文件)

第三节 设备管理

第一单元 器材的保养

一、学习目标

能够对摄影器材进行正确的保养

二、使用工具

清洁剂、除湿剂、毛刷、麂皮、气吹等

三、操作步骤

1. 把使用过的摄影器材进行彻底的清洁,如:把使用过的照相机的机身擦干净,用气吹吹掉镜头上的尘土,用麂皮或镜头纸将镜头由中心向四周轻轻擦拭干净。

再如:把使用过的冲卷机关掉电源,放出水洗槽中的水,将内外都擦洗干净,特别是把轴架等关键部位擦洗干净。

2. 要取出设备内可能会变质的东西,例如:取出欲存入库房照相机中的胶卷,取出闪光灯中的电池,放出停止使用的冲卷机、洗纸机中的药水等等。

3. 切断所有设备的电源和水源等,才能进行保存,如照相机中的测光电池电源,机械设备的供电电源等。

4. 对于机械传动部分要定期的加油,使之润滑,例如对三脚架的角轮,放大机的升降杆,扩印机的切入滤光片轴等。

5. 对于怕潮湿设备的保存环境要定期进行干燥处理,如保存镜头或相机的库房、箱柜等。

6. 所有设备都要进行防尘处理,如给放大机加罩,对扩印室的静化等。

7. 任何设备的使用都必须遵守轻拿轻放的原则,禁止野蛮操作。

8. 发现设备有小故障时要及时修理和排除,不允许设备带病作业,以免造成更大的损失。

四、注意事项

照相业的设备多样、性能不一,使用的环境和保养的方法都不一样,保养工作要区别进行,切不可统一模式,否则将会使某些设备遭受损失。

有些照相设备属精密仪器，未经许可任何人也不要轻易拆卸，鲁莽从事是设备保管中的大忌。

长期闲置的设备要定期进行运转，长期置之不理，会发霉或损坏。

某些设备有专门的保养要求、如：扩印机、冲卷机、洗纸机等，一定要严格遵守操作规程，否则会影响产品质量和设备使用寿命。

第二单元　设备管理措施

一、学习目标

能够针对企业的设备状况，制定设备管理措施。

二、工作程序

1. 全面了解设备的状况，其中包括：
①设备的出厂日期及购进日期
②设备购置金额及现在价值
③设备的产地、经销商及维修部地址
④设备的科技含量及先进程度
⑤设备的使用情况及给修记录
⑥设备在企业生产中的地位和作用
⑦设备的现实运转情况等

2. 了解使用设备的人员情况
①使用该设备人员的专业技术水平
②使用该设备人员的文化及综合素质
③使用该设备的年限及熟练程度

3. 根据设备的价值和在企业生产中的重要程度两大因素，排列出设备管理的重点，对重点管理的设备，优先制定出切实可行的管理措施。

4. 设备管理措施包括：
①哪些人能够操作该设备，谁是该设备的使用负责人，谁是该设备的保管人负责人，其它人员一律不得擅自动用该设备。
②使用该设备的操作程序，不得违章操作。
③该设备的实际生产能力或最大负荷，未经特殊批准，不准超负荷运转。
④规定该设备保养和维修的负责人，并附以保养和维修制度。
⑤规定可移动设备的保存地点，未经许可不准私自变更。

5. 定期检查设备管理措施的执行情况，对爱护设备，设备完好率高的部门及责任人要给予表扬和鼓励；差的就要批评；对违规操作、设备损坏严重的人和事要提出批评并及时处理，做到奖惩分明。

三、注意事项

照相企业的设备很多，大小不一，价值不等，对设备的管理要分清轻重缓急，可用 ABC 分析法，将所有设备进行排队比较，在贵重设备和关键设备的管理上多下功夫，带动低值和非关键设备的管理。

管理好设备的目的是为了发挥设备的生产能力，工作中既不能拼设备，也不能吝惜使用，要计算投入产出比值，只要能取得最大化的比值，就是设备管理的成功。

要善于引进新设备，先进设备，淘汰旧设备或落伍的设备，设备是有价值的物品；作为企业更看中的是它的使用价值，如果使用价值达不到企业的要求，就要果断地更新。先进设备的使用价值永远大于落后设备，在设备问题上不可抱残守缺，也不要怀旧惜古。要经过科学的计算，任何时候，都要选择能给本企业创造最大利润的设备。

思考与练习题：
1. 对技术人员的管理应从哪几方面着手？
2. 对业务人员的基本要求是什么？
3. 如何进行产品质量的管理？
4. 谈谈对照相设备及器材的管理要点。

第六章 艺术人像的综合处理

在艺术之林中，人像艺术作为一个完整而独立的体系，存在了数千年，尽管人像摄影的历史才一百几十年。然而，从肖像画到人像摄影，中间的跨度却已是几千年。几千年的积淀与升华，造就了现今意义上的肖像艺术，而摄影艺术在诞生之时，肖像艺术早已步入硕果累累的成熟期了，因此摄影甚至都无须开花便结出了坚实的果子，但渐渐人们发现摄影毕竟不再是传统的绘画，它以自己顽强的生命力向世人证实，摄影有摄影自身的表现方式，人像决不能用传统绘画的观照与创作方法来对待，摄影的魅力就在于所使用的是摄影手法，作为一种日渐成熟的新艺术门类，人像摄影的内部自然也有一个极其复杂的系统工程。

一、人像摄影——一个系统工程

摄影是传统艺术的现代化延伸，是不断发展着的现代科学技术与正在发展着的艺术两者之间的高度融合，在这门现代化的艺术中融入了机械工程学、光学、化学、电子学、仿生学和人体工程学，甚至是某些心理学和社会经济学之类的现代自然科学与社会人文科学的众多成就，摄影工具或手段本身便是人类的一件了不起的杰作，而摄影艺术作品便是杰作的杰作，其中汇聚了人们多少的智慧与灵感！而其实，我们今天所研究的只是其中极其微小的一个部分——摄影手段的操作运用技巧，而且只是局限于拍摄艺术人像方面的操作运用技巧，可恰恰就是这一个小小的方面，就足够我们去应付的了。

(一)用光，曝光和冲洗印放是一个有机的整机

"摄影是用光的艺术"、"摄影是瞬间的造型"、"摄影在于角度"、"摄影在于曝光"、"摄影的成功首先取决于能获得一张完美的底片"、"摄影创作的一半在于暗房"、"三分拍、七分裱"……这些话语对于每一个从事摄影创作的人来说，都再熟悉不过的了，虽然它们谈的都是对摄影的理解，表明看起来观点有些不同，但事实上所论及的只是一个问题，那就是摄影，只不过是从不同的方面来看待摄影这个问题罢了，不同的只是各人所站的看问题的角度。由此可见，摄影这个奇特的表现手法，是多么经得起人们琢磨咀嚼的。的确，摄影创作方法本身便是一个环环相扣的有机整体，对于真正热爱摄影的人来说，这里的每一环节都又是那样的扣人心弦。可以说每一个环节都是一门学问。

(二)每一个步骤都应心中有数

有人说，摄影乐趣，不言而喻，"不言"指的就是摄影的可操作性。又有人说，摄影的乐趣在于摄影最终效果的不可预见性，在这里老有意外的惊喜等着你。其实这两种人中的前者可谓是专业人士，而后者则是"发烧"期的影友，当然也可以理解成是同一类人的两种不同时期的主观感受。不管怎么说，总寄希望于偶然性因素来获得成功是长久不了的，不是说你的经济实力承受不了，而是你的好奇心与求知欲不会让你就此罢休，你总想查出个所以然来，渐渐地于不知不觉间，你也就在各个关节点上找准了你所认为的最好的感觉，而摄影创作自然也就进入了最佳状态。

其实，摄影的学问就是控制的学问，你必须做到每一个步骤都应心中有数。

(三)注重细节的美

摄影艺术与其他艺术的不同之处就在于摄影能传达比其他艺术多得多的最富有表现力的细节，我们甚至可以这么说，细节表现是摄影艺术的一个独特的魅力。没有摄影的细节美，恐怕也不会有摄影艺术的样式存在。的确，写真纪实是摄影的本质特性，展现细节的真实感觉是摄影所最擅长的。当初，人们不承认摄影可以成为艺术，原因就在于摄影的这种超级写实功能，摄影复制自然太容易了，几乎已经不需要任何技巧性的思索，更谈不上有什么思想了，但随着科技的发展，人们艺术观念的转变，逐渐地反对者们发现摄影不仅仅是一种物证，而往往也可以是一种情绪与感觉的证明，也就是说，它完全可以成为艺术，而且将是一种用别的方式方法所无法替代的艺术。因为在摄影的极其真切的细节中传达给人们一种难以名状的强烈感觉，而且这里的细节不是一种简单的机械复制式的再现，而是一种表现，它有选择性，而且这种选择性是摄影师严肃审慎的包括逻辑的与非逻辑在内的一种艺术审美感觉上的追求。因而画面中的细节也就愈来愈成为人们所关注的"摄影焦点"。基于这种考虑，拍摄人像时，对于细节的选取控制（指有选择性的强调与削弱）就绝非是一件可有可无的事了，不但要重视每一处被强调或被削弱的细节，而且还得将每一步的控制严格做到位，决不能有任何含糊。

(四)全面控制——从技术到艺术

摄影涉及科技与艺术的方方面面，因此，我们可以完全这么认为，摄影是一门全面控制的学问。一幅优秀的人像艺术作品之所以能获得成功，是因为它经历过了一层又一层严峻的考验。摄影师通过对层层技术的与艺术的把关，最终完成了艺术人像的创作任务。从驾驭照相机、驾驭光线、驾驭构图，到熟悉被摄人物，并与之沟通交流，了解其内心世界，再到发现与捕捉最能传达其精神状态的最佳瞬间，直至最后的制作装裱，凡所涉及的方方面面、枝枝节节，都不能有所疏忽，都要考虑到每一个环节对最终艺术效果的影响，从大处着眼，而从小处着手，这才是最关键的。

二、创造性地使用相机

照相机为艺术人像创作提供了一个技术性的手段或多种艺术表现的方法，它是人像创作的一种途径与必备的工具，但是，我们必须知道，照相机决非只提供一种或几种创作的可能性，它肯定有多种多样的使用法，有了常规的用法，肯定还有更多的非常规用法，人的创造力决不能受到相机的局限，摄影师绝对不可以沦落为机器的奴隶，成为真正的"傻瓜"。创造性地使用你手中的相机，可以确保拍摄效果的非同寻常，人像照片的艺术感受力也就更为丰富多彩。

相机是无生命无思想的，但握着照相机的人就不同了，摄影师充满激情，充满艺术表现和各种想法，他要努力将这些激情与想法用相机去表达出来，而表达的技巧就在于他如何使用相机了。有经验的摄影师说："刚开始我跟着相机走，到后来相机便跟我走。"只有当你控制了相机，驾驭了相机，创作才能真正渐入佳境。而控制相机、驾驭相机的方法也是因人而异的，"玩转了，就会玩出花儿来。"这里显然有个熟能生巧的问题，不要去套用别人总结出来的小技巧，要以自己的细心体验与大胆想象发挥为出发点，来开发你相机的潜能。我们知道很多相机都设有多次曝光功能，很多人便根据厂家推荐的方法去做，所得到的结果总是很一般化的，没有任何新奇感，除非画面有较强烈的创意性成分。现在我们改用别的方法试试看：用慢门对着暗背景前的被摄人物进行闪光拍摄，然后迅速将相机镜头移向另一个事先选好的人或景，直等到曝光结束为止，这样所得到的照片就比较有意思了。另外，同样用慢门拍摄运动中的人，开启快门时闪一次光，合上快门前再闪一次光，这样就会得到运动过程中，起始与终止两个点的人脸竟在一个流动的时空内被先后固定在同一张照片上的奇特效果，进而可生发出些许弦外之意来。

三、发展个人的眼光

各人自有各人的眼光，但眼光有高有低，有好有坏。当然，眼光也是可以改变的，可以通过学习来加以提高。首先，在观念方面，某些偏差得及时加以纠正，然后通过学习，结合自身的具体情况，找准一条最适合于自己的道路，最后进行自我的突破与超越，令创作进入一个全新的高层次的领域。

（一）如何看待摄影的特性

写真纪实，是摄影的本质特性。这也是摄影的一大强项，是其它艺术样式所无法相比拟的，正因为这一点，人们才会较一致地认为，用画笔画出来的人像是假的，而用照相机拍出来的人像才是"真实的"自己。一百多年以来，人像摄影以它势不可挡的力量几乎扫荡了所有传统的写实性的肖像画，并完全取代了肖像画的地位。可以说摄影的这种写真纪实的本领，已使图像达到了极致的真实感，一方面，这确实对于摄影以前的传统绘画艺术来说，是一种极大的超越，并因此奠定了摄影自身的根基；另一方面，摄影的超级写实性又反过来限制和压缩了其它表现性方式的正常发挥，从这个意义上来说，摄影的超级写实功能（或称机械式的复制性）又是艺术化创作的一个最根本性的顽敌。这也正好印证了一句名言：最大的敌人是自己。摄影师从事摄影艺术创作，必须要时时超越自己，而要做到这一点，则首先要让摄影从根本上超越摄影本身。让摄影开放起来，摄影感觉就会丰富多彩，表现手法也就能灵活多变而不受局限，创作空间就会更理想、更自由。

打破纪实的方法是极其容易、极其多样的,只要你想得到,只要够胆大!

(二)机械复制与个性化表现

乍看起来,纪实与表现,即机械复制方式与个性化的艺术表现手段之间,似乎是隔着一条不可逾越的鸿沟,永远也无法统一到一块儿去。其实,事实情况并非如此,世界并不象我们想象的那么单一,任何事物都是一个矛盾体,对立统一是事物存在的方式与发展的动因。摄影艺术就是在这两者之间寻找一种平衡与契机。如何在纪实中充分有效地融入个人的情感、审美理想与人生的追求,即应当采取哪些具体的行之有效的表现手段,也正是艺术人像所面临的最大的任务。

我们不妨尝试着从纪实的一方中打个探索的缺口。我们细细分析便会发现,摄影的所谓写真性、客观性与纪实性,其实都只是一种摄影外在所给世人带来的总的印象,摄影过程中的许多地方都大量地存在着主观性的因素。以选景为例,你可以这么选,也可以那么找,各人自有各人的道理,完全听凭主观意志行事。我们说摄影是一门全面控制的学问,但究竟如何根据具体的表达需要去控制,是不确定的,也就是说,控制方式本身也是多样化的。摄影的这种纪实方式本身就已充分证明了摄影自身具有各种各样的可选择性因素,以及每一种选择的背后都隐含了有倾向性的表意成份。人们普遍认为,标准镜头由于其视角较接近于人眼,因而用标准镜头所拍摄的画面显得"客观真实",因为它看上去似乎与人眼所见到的"一样"(殊不知,用标头拍摄,在画面的经营、选择与构思上仍是主观的,画面感觉之所以会与真实的"一样",是因为镜头与被摄者隔了一段距离,如果离得非常近,到了0.45米的极限距离,我们再来看一看这时的人脸几乎充满了整个画面,其变形与虚化的程度就会证明:这是一种主观主义的影像)(图5.21)。与标头不同,广角镜头具有较主观性的一面,用广角镜头拍摄人像特写,则尤其显得其视角冲击咄咄逼人;而长焦距镜头拍特写,尽管较不易变形,但选哪一个角度的局部,拍成怎样的特写,这本身也纯属摄影师个人选择的自由,但这种选择一旦被确定下来变成了画面上的影像,则对于欣赏者来说便是一种无选择余地的不自由,也就是说,甭管你爱不爱看,不爱看也得看,是被一种来自于镜头与景别感觉的无形的力量强制着看。如果确实是值得一看,那么画面的表现就成功了,如果你能从中端详

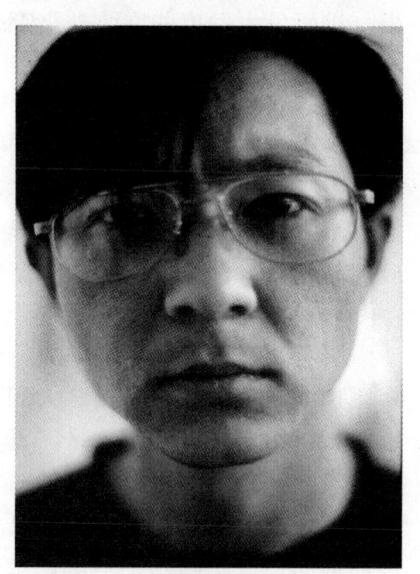

图5.21 用标准镜头和最大光孔拍摄的特写

出某些你不曾见过的东西,琢磨出你不曾想过的问题,那么就证明,这幅人像画面的表现到位了。而反过来,画面本身就不值得一看,那么观者势必会反感,产生拒斥心理,那么有关画面中的种种表现想法也就无法得以实现了。值得看,其实就是指画面中有吸引人的新鲜东西,你总得让观赏者有所发现,有所受益,有所满足,也就是

说，画面的表现必须有独到之处，要富有创作个性。

如何突破平庸的机械复制式的影像所给人们带来的视觉上的单调寡味的刺激，是获得个性化表现成功的关键问题所在。

(三)打破常规

文似看山不喜平。艺术人像的创作与欣赏也是如此。常规化的操作，只能是获得一种最普通与最基本的技术保证，而在视觉传达上，只能得到一种极为平庸的感受。要让画面效果不同一般，非比寻常，你就得别出心裁，独辟蹊径，在常规以外寻求各种方式，尝试各类效果。有时候，非标准化拍摄，非标准化冲洗，非标准化制作，反倒更容易出效果。这一系列非标准化的操作控制，其目的就是为了打破常规，找到全新的感觉。然而，我们必须明白，打破常规的非标准化操作，是以科学严谨的标准化操作为变化前提与依据的，并不是什么随意乱来。

(四)关于创新

人像艺术发展到今天已经好几千年了，而摄影才一百多年，人像艺术在摄影产生前就早已成形与成熟了。作为一种独立的成熟的艺术表现样式，几千年里的变化与发展，客观地说并不象我们所想象的那么迅捷多变，而是极其的缓慢，可以说，在众多艺术之中，肖像艺术算是最保守与最古板的了。这好几千年积淀下来的固定格式，当然有它存在的道理，但一下子要翻出个新花样来，确实很不容易。就是在努力探索新路子，准备进行肖像艺术革命的同时，也得小心谨慎、瞻前顾后。不少人常常弄得个"四不象"出来，又不得不放弃，最后还是灰溜溜地回到了原地。

作为写实的摄影，继承和发展了写真性肖像艺术的传统，并且结合自己的优势，将写实感觉推向了极致。就在人们为此欢呼的时候，另一种更固定更机械的方式悄悄蔓延开了，它使人像摄影又成了另一种刻板化的操作模式。摄影产生了一百几十年，全世界有多少人在拍人像，估计难以计数，但又有多少人能自觉地而且是成功地突破这种固定框架的枷锁，而得到公众的认可呢？

可见，创新是极其艰难的，而人像摄影的创新则尤为艰巨，几千年的肖像传统象一只硕大无比的胃，正在消化着你刚刚捕获的星星灵感。在困难与压力面前，我们决不能妥协，毕竟创新是历史发展的总趋向，毕竟还有大批大批的欣赏者在期待着新肖像艺术作品的不断出现。

四、艺术人像的风格

尽管人像艺术的历史源远流长，表现方法也多姿多彩，但它是有明显的发展脉络贯通下来的，写实是它的传统，无论东方还是西方，无论古代，还是现代，无论表现形式的差异有多大，画面给人的感觉有多奇特，人像艺术就其风格来说，不外乎两大类：写实类人像与表现类人像。

(一)写实类人像

严格说来，任何人像艺术作品都必须有写真纪实的特点，中国古代就将画肖像称作"写真"（而现今的日本却将摄影称之为"写真"），否则，人像将失去"像"的特点，肖像肖像就是指"极象之像"，或谓"逼真之像"。在人像的历史中，人们曾一度以追求"像之逼真"为己任，若画得不象或不太象，不够象，就会招来非议。正因为这个缘故，以写实为己任的肖像画，到了十九世纪中叶时，便渐渐将位置让给了最善于写实的摄影。肖像画再也无法在写实中求得生存，而只得另谋他路了，离开了对形象表面真实感的描摹，人像艺术便开始进入了另一个更加自由的表现天地——表现性人像开始兴盛起来了。但与此同时，布光考究，构图严谨，神态或亲切或庄重的传统形式的写实类人像（如图 5.22），在摄影手段的出色发挥下，更显得光彩出众，熠熠生辉。

（二）表现类人像

图 5.22　写实类人像

应当承认，写实本身便是一种强而有效的表现方式，传统肖像艺术最大的特点便是通过最充分的写实来达到最充分的表现的。但一旦当写真的表现变得有选择性或被有意识淡化与弱化时，另外一种感觉的肖像艺术便应运而生了，那就是有别于专以写实来作为唯一表现途经的传统写实性人像的，其表现方式更为灵活自由，表现效果更为变化多样的表现性人像。也许是因为人们对生活中的真面孔看腻了，而对传统肖像艺术中的极象真面孔的"写真"也看够了，很多人希望能看到自己的另外一幅面孔，或另外一种视觉效果的面孔，因为，毕竟人是最复杂的，人最善变，不只是情绪心态兴趣性格，而求真求美的审美追求也在不断发生着变化，人们时常埋怨在物质文明高度发达的今天，人却不知道该如何去美了！美的标准在变，道德的尺度在变，各人可以有各人的追求，人人都有选择的自由与权力。这些观念反映到人像摄影中来，便造就了今天的这种"有人欢喜有人忧"的"千娇百媚"与"千奇百怪"相互交织的共生共存的局面。想象力、创造力是表现性艺术人像的最大优点。但想象与创造究竟是该建立在什么样的基础之上，该往什么方向去发挥想象与创造，这恐怕在艺术人像摄影的实践中，还得有一个正确的引导。如图 5.23。

思考与练习题：
1. 如何理解机械复制与个性化表现的区别？
2. 艺术人像的表现风格有哪些？

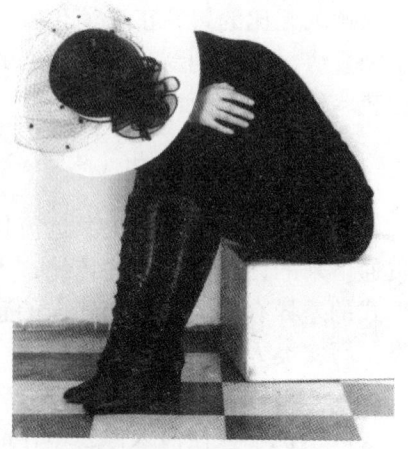

图 5.23　表现类人像

第六部分

摄影高级技师

第六章

科技與言語篇

第一章 数字摄影

第一节 扫描仪及扫描技术

一、扫描仪的种类

扫描仪是将底片、照片、幻灯片上的图像光信号转变成模拟电信号，进而转换为可供计算机处理的数字信号的设备。扫描仪中最关键的部件，是将光信号转为电信号的光电转换器件。

扫描仪各式各样，照相行业应该采用光电转换器件为CCD的扫描仪。

按扫描光线是从待扫材料上反射后还是透射后到达CCD分类，扫描仪分为反射式扫描仪和透射式扫描仪两类，两类扫描仪结构上的区别，在于扫描光源和CCD是位于待扫材料的同一侧，还是分置两侧。

反射式扫描仪主要用于普通的印刷材料和照片的扫描，透射式扫描仪主要用于底片、幻灯片等透明片上影像的扫描，应用得多的为反射式扫描仪。反射式扫描仪的常见形式为平板扫描仪。平板扫描仪通过安装透射板（又称透明胶片适配附件）也能对底片、幻灯片进行扫描，还有将透射、反射集于一体的双平台扫描仪。需要将底片、幻灯片上的高清晰度影像信息尽可能全面地输入计算机，宜用透射式扫描仪。透射式扫描仪的分辨率极高，但价格昂贵。

二、扫描仪的性能指标

扫描仪的性能指标，主要有分辨率、扫描速度、成像面积、色彩位数、动态范围、配套软件等几项。

1. 分辨率

分辨率是扫描仪的最重要的性能指标，它的高低决定了扫描仪的扫描精度，用PPI（PPI为英文Pixel Per Inch的缩写）或DPI为单位表示。

选购扫描仪关注的应是光学分辨率，而软件插值分辨率的高低对数字摄影没有实际意义。数字摄影用于扫描照片的平板扫描仪的光学分辨率应达到600ppi，用于扫描35mm底片、幻灯片的透射式扫描仪的光学分辨率，至少要达到2700ppi，用于扫描大幅面底片、幻灯片的透射式扫描仪的光学分辨率，至少达到2000ppi。

2. 色彩位数

与数字照相机中色彩位数的含义及要求相同。

3. 动态范围

动态范围又称密度范围，表示扫描仪能正确探测最大密度（dmax）和最小密度之间的差值，用于描述设备再现色调细微变化的能力。扫描仪的动态范围越宽，可以捕捉的可视细节就越多。

4. 扫描接口

扫描接口是指扫描仪与计算机之间连接接口，扫描仪常见接口有 SCSI 接口、EPP 接口和 USB 接口。

SCSI 接口多见于早期的扫描仪，具有数据传输率高、能同时接入多种 SCSI 外设的优势，但与计算机的连接复杂，而且无法与没有扩展插槽的计算机（如笔记本电脑）连接使用。

EPP 接口可使扫描仪直接使用 PC 机上的并口，使扫描仪与 PC 计算机的连接像打印机与计算机的连接一样简单，减化了设备连接手续，并且两个设备之间独立工作，互不干扰。

USB 接口信息传输速率在 1.5Mbps～12Mbps 之间，采用 USB 接口的扫描仪可即插即用和可进行热拔插，具有好的通用性。

5. 配套软件

扫描仪在销售时都有多种配套的软件，其中至少包含扫描仪的驱动软件、图像扫描处理软件和字符识别软件。

扫描仪的配套软件，已成为使用扫描仪不可缺的部分，很大程度上决定了扫描仪使用的方便性和可靠性。

三、扫描操作

绝大多数扫描仪只有与计算机相连才能工作，而且扫描中的许多操作、选择是在计算机上进行的，因此扫描者必须首先熟悉计算机的使用。

扫描操作主要有以下几项：

1. 安装扫描驱动程序

与扫描仪相连的计算机上只有装上了相应扫描仪的驱动程序，才能自如地控制扫描仪工作。

2. 将扫描仪与计算机相连

3. 置入待扫件

4. 确定正确的扫描分辨率

要根据最终所需要图像大小以及对图像的质量要求，确定应该选用的扫描分辨率。

尽管高分辨率的图像具有它的实用价值，但并非每次都要用高分辨率扫描，多数情况下用高分辨率扫描没有必要或得不偿失，如果在扫描时使用过高的分辨率，则所扫描文件大小就有可能大大超过所使用计算机内存的许可，处理过大的影像文件不仅太费时间，而且也增加计算机的负担。

当所扫描的图像最终通过打印机打印照片时，要根据打印的分辨率及打印尺寸，反推扫描应该使用的分辨率。

5. 启用扫描程序

6. 预扫描及扫描参数设定

启动扫描程序后，就可根据计算机显示器上呈现的扫描操作窗口进行相应设定，然而更多的设定是在预扫描后进行。只要用鼠标点选操作窗口的预扫描钮，显示屏上就会呈现预扫描的图像，此时就可根据具体显示图像的情况，有的放矢地进行扫描区的选择和参数设置。

借助于扫描操作窗口进行的设置、调整主要有：确定图像类型，确定正式扫描的区域，确定扫描图输出尺寸，调整亮度、反差、扫描分辨率、色彩平衡，进行正像负像互转、镜像转换、路径等选择，放大预扫描图作仔细检查等，使用高档专业扫描仪还要进行黑场与白场的设定。

扫描前设置要反复进行调整，直至能得到理想结果后正式扫描，并将扫描结果存储。扫描的文件可以多种文件格式存储，但一定要选择后续处理软件可以接受的文件格式。

CCD扫描仪工作时，光线从光源发出后直至到达CCD，中间要经过玻璃、多个反射镜和镜头，其中所经之道上任何一部分落上灰尘或有其它微小杂质，都会改变反射光线的强弱，进而影响扫描图像的效果，因此工作环境的清洁是确保扫描图像质量的前提。扫描应在灰尘尽可能少的地方进行。

第二节　数字图像的加工处理

数字摄影的最大优势在于计算机对数字图像文件加工处理能力的无限性。数字照相机所拍摄得到的以及扫描仪扫描生成的数字图像文件，通常在打印前要利用计算机对它们加工处理，以求完美再现。

传统的照片特技处理是在暗房进行，数字摄影是通过计算机对摄影图像进行加工处理，在数字摄影中计算机替代了传统暗房的职能，用于数字摄影图像处理的计算机就成了"电子暗房"。

处理数字摄影图像，既要有计算机，又要有相应的图像处理软件。

一、计算机的配置

照相业处理数字图像多用小型计算机。小型计算机是由灵活的可合可分的几大块组成，主要包括主板、CPU、内存、硬盘、软驱、光驱、显示器等部分，用于数字摄影图像处理的计算机对以上各部分都有特殊要求。

1. CPU

CPU是计算机的心脏，它的档次反映了计算机的档次。专门用于数字影像处理的计算机，CPU 频率最好在 633MHz 以上。

2. 内存

图像处理用计算机的内存容量要大。对于专业图像处理，内存最好达到 128MB。

3. 硬盘

用于数字图像处理计算机的硬盘的容量要大。容量最好在 20GB 以上，甚至于配备多只硬盘。

4. 软驱

在图像处理用计算机上，软驱的作用不大，如有可能可配可读取大容量软盘的软驱。

软盘有大容量的，如 Zip 盘、LS－120 盘、HiFD 盘等存储容量都在 100MB 以上。这些软盘要用相应的专用驱动器读写，专业数字图像处理部门可配这样的软驱，以便接收顾客存于相应软盘上的图像，或将处理后的图像送交有相应驱动器的后期输出部门打印。

5. 光盘驱动器

数字图像处理本身并不直接需要光盘驱动器，但是许多软件都是以光盘形式出售的，没有光盘驱动器就很难在计算机中安装这些软件，此外，在数字图像处理时，经常要欣赏他人的佳作以及调用光盘上的图像作创作素材，有光盘驱动器就可及时下载、调用光盘上的图像。

光盘驱动器有 CD－ROM、CD－R、CD－RW、DVD－ROM、DVD－R 等多种类型，专门用于数字影像处理的计算机，最好配制可进行光盘刻录的 CD－R、CD－RW 或 DVD－R 刻录机。

6. 显示器

数字图像处理用计算机所配的显示器，档次要高，否则无法通过它的显现来鉴别加工处理质量。数字图像处理应尽可能选择分辨率高、点距小、显示色彩丰富、刷新频率高的大尺寸完全平面型显示器。

显示器的分辨率指在一定条件下可在显示屏上显示出来的水平象素和垂直象素的数目，与计算机显示卡的能力有关，按照水平和垂直象素数目来分，可分为 640×480、800×600、1024×768、1280×1024、1600×1200 等几种。屏幕的分辨率越高，同一时刻在屏幕上能够看到的数据或激活窗口就越多，处理的效率就越高。分辨率过低，在处理图像时无法在屏幕上同时显示图像的全部象素，就不利于对图像质量的准确分析与判别。

完全平面型显示器与其它类型显示器相比，有着更大的显示面积，图像显示更为清晰逼真，显示画面几何失真小。

数字图像处理所配备的显示器，最好还要有色温调节、RGB（即三原色）调节和枕形失真调节等功能，计算机所配置显卡的内存也要相当大。

以上有关配置计算机的要求，是就经常性地进行大的数字图像处理而言的，如偶尔处理数字图像，或虽是经常性处理数字图像，但处理图像的尺寸较小，则对计算机的配置要求可相应降低。

二、图像处理软件的选择

图像处理软件是计算机处理图像的灵魂，离开图像处理软件的支持，计算机就不能成为"电子暗房"。图像处理软件种类很多，基本可满足数字摄影对图像处理的要求，但不同的图像处理软件，在功能上、在处理的便捷性上和处理的精确性上，差异非常大，好的软件将使图像处理事半功倍，因而寻找合适的相宜软件至关重要。

1. 选择要点

处理加工数字图像，对图像处理软件有大能力、多功能、界面好、开放性等要求。

大能力是指软件要能处理大的数字图像文件。专业用图像处理软件，要有能快速处理几十兆字节甚至上百兆字节文件字长的能力。

多功能是指对图像进行处理的功能多、方法多。

界面好指完成指定操作所需要的处理工序较少。

开放性指软件对硬件或其它软件无过多苛求，适应性广。

符合以上要求的专业图像处理软件，主要有 Photoshop、PhotoImpact、PhotoStudio 等，其中 Photoshop 软件（2001 年的最高版本为 6.0）的功能最多、应用最广。此外，要加工处理得到趣味性强的效果，可选择 PhotoDeluxe、我形我速等图像处理软件，这些软件实用性的、趣味性的模板较多，可直接套用。

除了以上这些通用性图像处理软件外，还有为某些特定运用而设计的图像处理软件（如婚纱摄影软件）。

三、图像处理功能概览

从总体上看，数字图像处理功能主要分为修饰调整功能、特殊效果功能和组合功能等三大类。

1. 修饰调整功能

修饰调整功能是数字图像处理的基本功能，它包含以下几方面的具体功能：

①亮度反差调整——可对整个图像或局部图像的亮度、反差进行任意调整，从而表现出不同影调效果，以及得到传统照片加工中必须采用加光、遮挡等处理才能得到的效果。

②颜色调整——可调整颜色等级，去除不需要的颜色，直观地对偏色、饱和度进行调整、校正，轻而易举地使正像负像互转，准确地对局部色彩进行修饰。

消除灰雾、斑点——可方便地消去画面上的瑕疵，甚至于可去除画面中的撕痕。

2. 特技功能

利用数字图像软件处理，可轻易地得到传统摄影必须加特技效果镜才能得到的特技效果，以及传统技法不能得到的许多特殊效果。可得到的特技效果主要有以下几种：
①使图像产生各种变形
②处理得到风格各异的绘画效果
③模拟各种特技拍摄效果
④模拟传统暗房技法

3. 组合功能

可方便地将不同时代不同场景的画面加以合成。利用这一功能不仅可移花接木，而且可处理得天衣无缝。如果计算机上有光盘驱动器或已上网，通过调用光盘上的图像素材或下载网络上的图像，就可足不出户地在世界各地名胜前"留影"，使人们超越时空的限制，创造出超现实主义的佳作。

第三节　数字图像输出

经计算机加工处理过的数字图像，不仅可通过计算机显示器呈现，或存储在各种存储器上供方便的时候调用，而且可得到照片，或通过网络传输、展现，或刻录在光盘上，或通过投影机投影展示。

将经计算机处理后数字图像转制为照片的方式很多，最常见的是用打印机打印，而从社会化生产的角度看，人们更看好利用数字化彩扩机或数字化电子印相设备制得照片，除此之外，还可通过胶片记录仪或直接拍摄显示屏图像得到底片、幻灯片，然后再由这些所得到的底片、幻灯片通过常规的加工方法制得照片。

一、打印照片

打印机可将计算机输给它的数字图像文件直接打印为照片。可用于打印照片的打印机，主要有喷墨打印机、激光打印机、热升华打印机、热感打印机等几类。

1. 不同打印设备打印照片的特点

①彩色喷墨打印机

喷墨打印机具有打印速度快、噪音低、彩色化容易、幅面可很大等优点，是最价廉的照片打印设备（A4 幅面的最高档彩色喷墨打印机的售价，通常只有 2000 多元），高档的彩色喷墨打印机已可打印出令人满意的照片。

虽然喷墨打印机价格较低，但打印照片用照相级打印纸以及打印墨水的价格相对较高。

②激光打印机

无论是黑白的还是彩色的激光打印机，都可在数字图像输出方面大显伸手。

用黑白激光打印机打印黑白照片具有优势，如所打印的照片该黑处可很黑，表现出黑白照片应有的黑度，打印黑白照片的成本也较低，而且具有打印分辨率高的优势。彩色激光打印机打印彩色照片，有着耗材成本低的优势，而且打印出彩色照片的分辨率较高，然而彩色激光打印机的价格很高，都在万元以上。数字摄影业务量很大的摄影部门，采用彩色激光打印机输出彩色照片，往往可取得更高效益。

③热升华打印机

热升华打印机又叫染料升华打印机，是以感热作为记录手段，其最大特点是能在打印件上产生连续色调，所得图像非常精致，颜色过渡平滑自然，打印照片的质量非常高。热升华打印机的不足，一是要用特殊的纸，打印成本较高，二是打印时间较长。许多热升华打印机厂家也开发了许多小幅面的热升华打印机，最大输出幅面在7英寸以下。小幅面热升华打印机价位较低，往往用于旅游景点与数字照相机结合，为游人拍摄打印旅游纪念照，这比用即影照相机为游人拍摄纪念照，有更好的效果，能获得更大的利润。

2. 打印设置

无论用什么打印机打印输出数字图像，都必须在计算机中装有打印机的驱动程序，并要进行打印设置。

在高版本的 Windows 操作系统中，已安装了由微软公司编制的适用于打印机使用的通用打印驱动程序，但为了发挥具体打印机的最佳效能，最好还是安装使用打印机随机提供的打印驱动程序。

3. 打印操作

打印机的操作比较简单，但打印数字照片仅仅会操作打印机以及会打印设置是远远不够的，还必须善于挖掘打印窍门，力求取得最佳的打印效果，比如，对于彩色喷墨打印而言，除了按打印机说明书要求规范操作外，在提高打印质量方面还需要注意选择与质量要求相匹配的打印纸，设置最佳的打印分辨率等。

在数字摄影的初期，用打印的方法得到彩色照片，成本较高，因而在打印照片时，还要想方设法降低消耗，比如用喷墨打印机打印，就应在降低纸张消耗以及节约墨水上下功夫。

二、数字图像相纸化

传统卤化银相纸制作技术经过百年发展，已非常成熟，用卤化银相纸再现影像，无论是分辨率还是色彩方面，都可表现得淋漓尽致、纤细入微、逼真传神，而且高质量相纸的低价位，是其它高质量打印耗材所难以比拟的，将数字图像曝光于相纸上冲洗出以卤化银相纸为载体的照片，是数字图像输出的理想途径之一，许多公司也相应开发了多种类型的可将数字图像文件曝光于卤化银相纸上制得照片的电子印相设备，其中常见的就有数字激光放大机、LED 数字印相机以及数字彩扩机。这些数字图像相纸化输出设备的最大共性特点，是可用传统彩色扩印的价格得到高质量的数字化照片，而且出片速度快，是将数字化处理所长，与传统的照片加工所长珠联璧合的方式。

用数字激光放大机以及电子印相设备输出照片，与传统的照片放大方法相比，具有不要每次曝光都调校时间，可将传统放大方法中会出现的散光、尘埃、浪费物料和牛顿环等现象有效避免，使图像的密度、质感和层次都能保留与再现等特点。

1. 数字激光放大机

数字激光放大机是将来自于计算机的数字电信号进行数/模转换后，利用激光器发出红、绿、蓝三色激光使彩色感光材料曝光，从而使彩色感光材料冲洗得与数字图像对应的五彩缤纷的照片。激光具有亮度高、方向性好、单色性好、相干性好等特点，因而采用激光作为曝光源的数字激光放大机，有着加工精度高、分辨率高、加工速度快、色还原性好、可达到非常大幅面等优势，如有的数字激光放大机，最大可输出 1 米多宽几十米长的巨幅画卷，可使用相纸的规格也很多（如有 1.27m×50m、1.05m×50m、1.016m×30m、0.762m×30m、0.70m×50m、0.508m×30m 等多种），输出速度也很快，输出图像分辨率高，如代表性的机型每小时可输出 20 张 1.3m×1.3m 的照片，加工分辨率为 200ppi 或 400ppi，可还原出 1670 万种颜色。这里的 ppi 是指每英寸的象素数，而不是每英寸的点数（dpi），每个象素上都可表现出颜色、密度的差异，因而输出效果往往超过通常打印机所能达到的打印效果。

数字激光放大机有着广泛的适应性，无论是不透明的还是透明的感光材料，无论是高光面相纸还是光面或绒面相纸，都可利用（机内可同时存放多层感光材料，而且还可以互相替换，可快速地在绒面纸与光面纸，以及在透明的与不透明的感光材料之间交替使用）。

数字激光放大机可称得上是数字输出设备中的巨型机，价格很高，都在百万元的价位上。

2. LED 数字印相机

LED 数字印相机是将计算机传送给它的数字图像信号进行数/模转换后，使发光二极管发光，从而使相纸曝光。LED 数字印相机有两类形式。

一类是发光二极管直接靠近相纸发光。由于发光二极管发出的光线强度不高，要使相纸获得合适的曝光，曝光时间要较长，这对提高照片的输出速度是极为不利的，为此这类 LED 数字印相机通常使用为之专门设计的数字专用相纸。数字专用相纸与其它彩色相纸相比，感光度提高了几倍。2000 年这类 LED 数字印相机输出分辨率在 250ppi 左右，输出最大尺寸为 20 英寸×32 英寸。

另一类 LED 数字印相机是将发光二极管的发光通过光纤传至感光材料，使感光材料曝光，这类 LED 数字印相机对相纸感光度没有特殊要求，适用范围更广。

3. 数字彩扩系统

数字激光放大机、LED 数字印相机等设备，都是为专门输出数字图像而设计，具有使用的专一性，但通用性不好，要用它们将底片上的图像加工为照片，必须先将底片上的图像用扫描仪扫描进计算机后，才能用这些设备输出照片，即无法将底片上的图像直接输出为照片，很显然，用它从底片得到照片远没有通常的彩扩来得方便，是将简单问题复杂化了，为了兼顾底片的直接彩扩和将数字化图像文件输出为照片的双重需要，问世了许多数字彩扩系统，即在彩色扩印机的基础上，增加与计算机相连的接口，增加将计算机输送给它的电信号转化为光信号并分色曝光于彩色相纸上的机构，使得彩色扩印机也可扩印数字化照片。

数字化彩色扩印系统可输出照片的幅面较小（通常最大画幅为 18 英寸长），如若要输出大幅照片或灯箱广告，还是要采用用途单一的数字激光放大机或 LED 数字印相机。

三、数字图像胶片化

将利用计算机精心加工处理的数字文件转制到胶片上成为底片、幻灯片，既可在教学、科研、商务中直接映用，又可用常规的放大或扩印的方法得到照片。

将数字图像胶片化，通常有屏幕拍摄法、数字放大设备输出法和利用胶片记录仪直接记录法等三类方法。

1. 屏幕拍摄

屏幕拍摄法是利用普通照相机、普通胶卷，将计算机显示器呈现的图像拍摄下来再冲洗为底片、幻灯片，很显然有了数字影像的底片，就可用传统的放大或彩扩的方法得到照片。

用屏幕拍摄法将数字图像胶片化具有许多优点，一是最廉价的将数字图像转制到胶片上的方法，二是所得图像质量较高。计算机显示器技术发展很快，如屏幕越来越大，点距越来越小，分辨率越来越高，可真彩色显示的越来越多，完全平面的越来越多，这些都为人们直接从屏幕上摄得高质量图像创造了条件。

利用屏幕拍摄法，必须注意选择高质量显示器，并精心调整显示画面。

2. 利用数字化电子印相设备输出

利用电子印相设备输出，就是利用上面数字图像相纸化部分所介绍的设备，将计算机送给它的图像电信号变为光信号曝光于卤化银胶片上，然后再冲洗胶片为底片、幻灯片。

利用电子印相设备是将数字图像输出到大幅面胶片上的理想方法，主要用于灯箱广告制作上。

3. 利用胶片记录仪记录

胶片记录仪是专门用来将计算机数字化文件转为光信号并曝光于胶片上的仪器，有分辨率特别高的优势，胶片记录仪在每幅画面上的曝光分辨率在 1000～16000 线之间，但价格较高，在我国应用非常少。

四、数字图像光盘化

数字图像光盘化，是指将数字图像文件刻录到光盘上。

将数字图像刻录为光盘，是数字图像输出的理想形式之一，这是因为：①刻录于光盘上的数据保存寿命特别长，比如刻录到 CD-R 盘上的数据只要保存方法得当，可保存百年左右，将数字图像刻到光盘上保存，是将数字图像长期保存的理想方法；②光盘是容量价格比最高的存储媒体，CD-R 光盘每 100MB 容量的成本只有 1 元钱左右，将数字图像刻录到光盘上备份、存储，是廉价存储数字图像的理想方法；③将数字图像刻录到光盘上，是在计算机间传递大的数字图像文件的理想方法。

1. 光盘形式总览

可将数字图像文件写入光盘并从光盘上读出的方式很多。要将数字图像刻录到光盘上，人们首要考虑的是该选择哪一种光盘设备。

光盘设备很多，作为数字摄影用，应该更关注 MO、CD－R、CD－RW、DVD－D、DVD－RAM 等光盘设备。

① MO

MO 是磁光盘英文 Magneto－Optical Disc 的缩写。用于读出 MO 盘上的信息的设备称为磁光盘机或 MO 机。

② CD－R

CD－R 是 CD Recordable 的缩写，意为可记录式光盘。这种光盘可让人们在上面写入信息，但只能一次性写入，即记录上去的信息无法再改写。

1000 元以下的 CD－R 刻录机的价格、几元钱一张的 CD－R 盘片，使得 CD－R 成为可让人们自己将数字化图像文件写入光盘的最容易实现且花钱最少的形式，而且 CD－R 刻录机不仅可写入，还可读出，用它可替代 CD－ROM 驱动器。

CD－R 盘片长达 100 年的保存寿命，使它特别适用于需要将摄影作品长期保存的摄影者。

与 MO 相比，CD－R 所刻录的光盘，可在 CD－ROM、CD－R、CD－RW、DVD－ROM，有着广泛的兼容性，通用性特别好。

CD－R 盘有"绿盘"（又称"蓝盘"）和"金盘"之分，"金盘"保存信息更长久、更可靠。

③ CD－RW

CD－RW 是 CD－ReWritable 的缩写，为可擦写 CD 的意思，CD－RW 一词既表示可擦写式光盘，又表示可擦写式刻录机。

可擦写式刻录机的可贵之处，是可在 CD－RW 可擦写式光盘上反复写入或删改，是让使用者用起来没有什么限制的光盘刻录形式。

④ DVD－R、DVD－RAM

DVD 盘片与 CD 盘片的区别在于容量上，CD 盘片的容量在 650MB 左右，而 DVD 的盘片的容量要比 CD 盘片的容量大得多，未来 DVD 盘将会在数字图像光盘化方面得到广泛应用。

CD－R、CD－RW 所刻录的光盘，在 DVD－ROM 上照样可读出。

2. 刻录操作

进行光盘刻录，在计算机中一般要安装有刻录软件（所有刻录机销售时都随机附送有刻录软件），对于应用者而言，只要熟悉刻录软件的使用，就可自如地进行刻录操作。

刻录光盘操作是简单的，但刻录一张光盘要花较长时间，刻录的失败，意味着时间的浪费和盘片的报废（对 CD－R 而言），在刻录操作时，要倍加小心，至少要注意刻录前整理硬盘和关闭其它应用程序。

3. 刻录光盘的维护

刻录后的盘片，尤其是刻录后的 CD-R 盘片，一定要避光、低温、低湿保存。过量的光和热，会破坏 CD-R 盘的染料层，降低凹坑与非凹坑之间的对比，使数据读出更困难，而且过强紫外光照射在 CD-R 盘上，将使通常保存条件下有百年寿命的 CD-R 盘，寿命大大缩短，如菁蓝染料的 CD-R 盘，在夏天中午阳光下曝晒上百小时就会报废。过度的潮湿，会导致光盘中反射层的氧化。

思考与练习题：
1. 在数字摄影中，为什么把后期制作称为"数字暗房"？
2. 扫描仪有哪些种类？照相业应采用哪一种？
3. 数字图像处理在硬件方面应如何配置？
4. 应如何选择数字图像处理软件？
5. 简述图像处理的两大类功能。
6. 简述数字激光放大机的原理与特点。
7. 如何使数字图像胶片化？

第二章 培训管理

根据国家职业标准《摄影师》的规定，高级技师应具有从事教学和进行教学管理的能力。在教学方面，应能够系统地讲授人像摄影、广告摄影以及数码摄影的知识，能指导各种人像摄影、广告摄影的创作活动，能在教学中注意培养学员的个性；在教学管理方面，应能够制订摄影培训班教学计划、教学大纲，能够合理安排教学内容，选择适当的教学方式。

第一节 教　　学

第一单元 讲授与创作活动

一、讲授

讲授应做到重点明确、条理清楚、顺序得当，用语准确。

讲授的重点是基本原理和基本概念。摄影技术中的概念有不少是科学技术方面的知识，如物理知识、化学知识，计算机知识等，在对这些概念进行讲授时，应注意做到科学性与通俗性的统一。对比较陌生的概念，更应讲清其来龙去脉，以便于学员理解、掌握。此外，摄影教学中也有不少专门的术语，应讲清其相互间的关联，以及其专门的内涵。

条理清楚的讲授便于学员记忆和学习。在讲课之前，应认真准备教案，把条理理清、标明，在讲授过程中应紧紧围绕大纲，做到"纲举目张"。先讲什么，后讲什么的顺序应合理有序。本着先易后难，由浅入深，由简入繁的原则，逐层递进。

用语准确才能讲清各种概念和知识。应加深自己的语言文化功底，并对相关的知识、概念认真思索，深入领会，全面理解，否则就难以做到用语准确。

由于摄影技术技法具有实践性强的特点，在讲授过程中应注意演示与操作相结合，注意做到教学的形象性和直观性。

二、创作活动

人像摄影与广告摄影的创作活动都包括观察、构思、表现等几个环节，当然，还有一个了解客户和顾客的要求的前期准备过程。

（一）了解客户和顾客的要求

每一位顾客都有自己的个性。每一次走进照像馆前，他们也有自己的预期目的和明确打算；每一家广告客户对拍摄什么、如何拍、拍出什么样的照片、达到什么样的效果、实现什么样的目的均应已有认真的思考，弄清这些要求才能拍出有针对性的、能满足客户、顾客需要的好作品来。

创作活动的示范也应从这方面开始。应创造合适的空间和气氛，先让学员知道如何了解顾客和客户的愿望和要求，当然应先在讲授中讲清技巧；然后让学员了解如何与客户沟通，包括态度、举止、技术的运用等，让学员认真观察、做笔记、归纳、总结案例的实施步骤，具体技巧，注意事项等，交给老师加以指点、修正；第三是让学员自己去接待客户，老师在一侧观察、记录，然后进行指导、点评，讲清优、缺点，提出更高要求。这样的过程应反复多次，学员才能熟练起来，成为能独挡一面的合格摄影师。

（二）观察能力的培养

摄影大师布列松说：技巧并不重要，重要的是观察。

摄影师就是与形象打交道的工作，形象观察是其工作的重要内容之一。形象观察的特点是注重被摄对象的形象特点和图像意义，运用形象思维方法，看到被摄对象的线、形、色、质、空间、结构、动态等视觉要素。

对于视觉艺术的摄影来说，这种体验更多地依赖于观察。每次拍照，当被摄对象出现在照相机镜头面前时，摄影者首先要做的事就是观察。

言传知识不能替代意会知识，但是作为言传知识的理性认识可以指导和加强人们的感觉。对于每一个摄影者，培养自己的观察力显然是必要的。人们常把摄影艺术称作观察艺术，对善于观察的摄影家，称他们有一双"摄影眼"。摄影家的才能，主要的就表现在他的观察、发现才能上。有了这种感觉能力，也就有了创作的活力。感觉能力的获得只有靠实践，也就是俗话说的"熟能生巧"。因此，董其昌在《画禅室随笔·画诀》中又有这样一段名言："气韵不可学，此生而知之，自然天授。然亦有学得处，读万卷书，行万里路。"意思是说，气韵是不可学的，但有一种方法可以学到手，那就是："读万卷书"，学习前人的经验；"行万里路"，亲自去参加拍摄实践。

形象积累一方面来自对现实社会生活中形形色色的人和事物的形象观察和形象记忆，日常工作、生活中处处留心，把握不同人和事物的形象特点和形象规律，并用审美的眼光加以审视；另一方面向国内外摄影大师的佳作学习，向其他造型艺术如绘画等学习，丰富形象记忆库。多看展览，研讨别人的作品，均是形象积累的过程。

对自己拍摄经验的总结也是十分重要的。在拍摄实践的指导环节，应注重案例分析，自己多讲，学员多看、多记、多总结，才能培养出形象观察的真本领。

（三）构思与表现能力的培养

要认真学习构思的方法，了解表现的规律，掌握摄影表现的技巧。系统学习摄影构图、造型的理论，并在拍摄实践中不断加以灵活运用，才能真正培养出卓越的构思和表现能力。

1. 思维

只有能够通过创造性思维，才能拍出新颖、独特而具有审美价值的佳作。"熟能生巧"说的是技术、技法的熟练掌握和灵活运用。唯有如此，才可使技艺高超的人，放胆去创造与开拓新的艺术领域。创作离不开思维，思维按智力结构可分为聚合思维和发散思维两种类型。

聚合思维，是指利用已有的知识经验或传统方法来解决问题的一种有方向、有范围、有条理、有组织的思维方式。

发散思维，是既无一定方向，又无一定范围，不墨守成规，不因循传统，由已知探索未知的思维方式。

创造性思维主要是指发散思维，又称开拓性思维和灵感思维。这是一种开拓思路、激发灵感的创造性的认识与行为。

灵感思维是意识与潜意识相互作用的结果。

潜意识活动客观存在着。它先于显意识。当意识停止时，潜意识会更加活跃。浩如烟海的信息中，只有少数信息经过潜意识的筛选后方可进入显意识。潜意识活动区域多居于人脑同知觉与空间相关的右半球。开拓人脑右半球，有利于激发灵感的显现。

发散思维在行为上的表现有以下三个特性：机敏性、灵活性和独创性。这三个特性也可用来评价创造才能的高低。

机敏性表现为心智活动流利畅达，完成任务迅速，在一定时间内能表达较多的观念。

灵活性指思考灵活多变，可以举一反三，触类旁通，较少受心理定势的影响，能开拓思路。

独创性往往表现在能对事物产生超乎寻常的见解上。

创造性的联想也是发散思维不可缺少的心理过程。

创造性思维用通俗的话来讲，就是动脑子、想点子，出主意。平时参加猜谜语、做智力测验活动，主动去解决难题，经常动脑筋、想办法去克服各种困难，都会对创造能力和技巧的提高有益。此外，广泛的兴趣、爱好，广博的知识，也是举一反三触类旁通、开拓思维的有利条件。

2. 学习

总结他人的成功经验是前期学习的重要内容；认真总结、分析，归纳具体案例的构思、表现技巧是获得成功的必由阶段；全面培养文化底蕴，技术技巧功力，并注重个性，加强创作性培养，才能培养出独特的构思表现能力。

学摄影，一要学习知识，二要练习操作。知识是人脑中的经验系统，它以思想内容的形式为人所掌握。技能，是"自动化"、完善化了的动作系统，它以行动方式的形式为人所掌握。知识是技能形成的前提，而技能还需通过反复学习与实践才能形成。掌握摄影知识与技能的目的，又是为了发展从事摄影所必须的特殊能力。如观察力、反应力、形象记忆力、视觉想象力等等。学习、训练与实践同样决定着能力的发展。能力提高了，又会有助于知识的掌握和技能的熟练。

艺术，离不开"术"。术，精熟了就是技艺，高超的技艺正是"艺"。

艺，得之于心，缘之于"悟"，贵在于"新"，靠的是诚心诚意的学习。

技，得之于手，成之于"熟"，贵在于"巧"，靠的是持之以恒的学习。

（四）学生反应能力的培养

反应，在心理结构上包括三个方面：感知被摄对象、意识被摄对象和完成应答动作。据此，又可以把反应过程相应地分为三个阶段，即反应的预备期、潜伏期和结束期。

反应的预备期，相对应的是从感知被摄对象的信号刺激至准备拍摄的这段时期，如同百米赛跑起跑时的"预备"到"跑"这段时间。

反应潜伏期（又称反应中心期），相对应的是从意识被摄对象的刺激至判断按动快门的时期，也就是通常说的"反应时间"，如同百米赛跑起跑时从听到枪声到抬腿起跑的瞬间。这段时间极为短促，但在反应结构中起着很重要的作用。在这段时间里，拍摄者的大脑进行着强烈的神经活动，以准备完成启动快门的动作。它包含着感知信号刺激的感觉阶段、联想阶段和动作反应的运动阶段。

反应结束期，是指从应答动作开始到效应动作结束为止，也就是快门被启动的瞬间。这个时期所实现的应答动作，是由前两个时期准备出来的，它受两个时期中大脑皮层所进行的神经活动的制约。

了解反应过程的三个阶段内容，对抓拍能力训练是很有必要的。在反应的潜伏期，一般的简单视觉刺激，从接受信号到反应动作完成，平均要持续 0.16 秒至 0.175 秒。反应速度快的，潜伏期均持续时间可达 0.1 秒至 0.125 秒；潜伏期还因个人的身体状态、刺激强度、训练程序、主体经验、注意力和情绪状态等不同而产生差异。拍摄者从发现动体的最佳瞬间，经过神经通路的传导和神经中枢的调节，到牵动指关节肌肉启动快门的过程，一般约需 0.2 秒。因此，抓拍最佳瞬间的反应训练也包括着思维预测。也就是说，如不能准确预测运动客体的速度和动作变化，当快门启动时，至少要比拍摄者认定的最佳瞬间迟 0.2 秒。

准备一台录像机和一盘有节目的录像带，选出一段精彩片段，再用慢速重放。在慢速重放过程中，把自己认为"最佳"的一幅画面停幅（或称定格）并注意观察加深对这幅画面的印象。然后，将录像带倒回 2 分钟，按正常速度重放。这时手指要放在停幅钮上做好停幅准备，集中注意力看屏幕上的图像。当事先选定的那一幅画面出现在屏幕上时，立即按下停幅钮。这时，请你看一下，是否"拍"下了你事先选定的那一幅画面。试验中我们发现，未经训练的人是很难将虽已看过又已认定的画面捕捉住的。在按下停幅钮时，如果不是选定的图像处于动作停滞时间较长或者运动变化不大的变化中，原来选定的那一幅画面大都被放过去了，很少有提前停幅的。只有经过反复训练，在观察中把握了图像中动体的动作规律，掌握了停幅的"提前量"，一般才可以较好地捕捉住选定的瞬间。提前量的预测，主要通过长期实践，在观察的经验积累中获得，而反应速度的提高则需通过训练。用录像机训练瞬间的判断反应能力，属于简单反应训练，即事先有一个已知的条件刺激物，等这个条件刺激物一出现，立即给予相应的应答性动作。这种训练的预测内容比较容易掌握，训练重点应是反应速度的提高，这是基于拍摄实践中的动体活动大都具有"随机性"而考虑的。

抓拍具有"随机性"的活动画面，要求拍摄者具备较好的"随机应变"能力，即根据情况的变化，靠以往的经验采取果断措施的抓拍能力。人们在"知己知彼"的情况下容易获成功，而当碰到意想不到的"遭遇战"时，只有那些经验丰富又训练有素的"指挥官"，才有可能化险为夷乃至出奇制胜。因此，训练中要经常更换录像带图像的动作内容，在变化的情况中积累经验，提高反应的灵敏度。

注意与反应密切相关，所谓"来不及反应"，实际上是注意力不集中。我们这里所讲的反应能力训练，很大程度上是指注意力训练。因为，反应速度的绝对提高是相当困难的，反应时间是指人体神经系统对遗传特征影响的反射通路的传导时间。反应训练的作用在于使个人原来具有的反应速度得到充分而稳定的发挥。通过训练，使拍摄者的注意力集中，思想有准备，肌肉处于紧张待发状态，以利于及时作出应答动作。研究表明，注意力集中而使肌肉处于紧张待发状态时的反应速度，要比注意力不集中而使肌肉处于放松状态时的反应速度提高60%左右。注意力与情绪有关，当情绪状态高涨时，反应速度就会有所提高。据资料介绍，30岁以下的青年人通过训练，反应速度可以相对提高。30岁至60岁，反应速度将随年龄增长而减慢。女子比男子的反应速度稍慢，但差距很小。生理性疲劳、喝酒等都会影响反应速度。吸烟会影响视觉反应能力，而经常参加体育运动则有利于反应能力的提高。

心理反应时间的测定，是1850年由赫尔姆霍茨首次进行的。测定的仪器很简单：一块电子毫秒表串接一个灯泡，线路中要求在亮灯泡的瞬间，电子秒表也同步启动；在按钮开关按下时，电子秒表立即停止计数，同时灯也关掉。测试时由测试者点亮灯泡，这时电子秒表开始计数；当被试者看见灯亮，立即按下按钮开关，使电子秒表停止计数，并灭掉灯。这样就能测出被试者从眼睛看见灯亮到通知手按下按钮让灯灭掉所需的心理反应时间。

还可通过用照相机实拍来测试反应动作的灵敏程度。先准备一张桌子、一个皮球或篮、排球，由被试者在照相机内装上胶片，镜头对准桌子平面并调好焦距和曝光组合，再由测试者在桌面上拍球，此时请被试者拍下皮球与桌面接触的瞬间。

如有一个带钟摆的大座钟，就可以自己进行测试练习。在钟摆的后面画一条白色的垂直线，这条垂直线应与钟摆静止垂直时相吻合，然后拍下钟摆在摆动过程中它与后面白线相重合的瞬间。由于，钟摆的速度很慢，所以应注意后面的白线不要画得太宽。

以上测试练习，既有益于锻炼反应能力，也是对提前量预测的一种练习。不过这种测试，事先已知条件刺激物的动态，而且动体的动作也有一定的规律，因此属于简单反应的测试，比较容易掌握。即便如此，通过练习，对自己反应能力的情况有所了解，对今后的拍摄实践还是有好处的。

三、学员的个性化培养

每个学员因文化、家庭背景不同，个性也存在差异。应注重了解学员的个性特点，弄清其各方面能力的情况，对其优势、劣势加以认真的评价和分析，因材施教，才能培养出有个性的学员。

当前，我们正处于一个读者与观众的接受意识发生深刻变化的时期。社会的变革带来了人们思维方式、心理结构的变化，一代勤于思考、勇于探索的青年成为摄影艺术的主要接受者，他们的审美观念、审美情趣要求摄影艺术风格走向多元化。尽管其中有的摄影艺术作品由于形式上的怪异、内容上的晦涩或加工制作上的粗糙而显得有些不足，但是，一幅摄影艺术作品既然能被社会和人们接受，就说明它适应了某种期待。对于青年摄影作者在成长过程中的积极探索精神，一方面不应求全责备，另一方面也需要正确引导，因为作为个人接受的欣赏活动也同样反映社会的接受意识，受到社会状况的制约，艺术"生产"与"消费"是相互依存的。

和学员先交朋友，了解学员全面情况，相互交底交心，才能真正了解到学员的真实背景和个性特征。

在相处和教学的过程中，均应以诚相待，尊重对方的人格和个性才能让学员的个性得到正常的培养，并在学习、创作的过程中，发扬个性，把学员培养成为有个性的摄影师，拍出个性化的摄影作品。

发现学员的个性与特长之后，更应循循善诱，不断帮助学员总结、提高。

第二单元　艺术才能与艺术个性

艺术才能是指从事艺术创作的天赋、认识能力，技能与表现能力，是艺术家创造能力的总和。

艺术才能既有大脑发达程度与均衡状态的差异，又有后天学习、钻研和受教育情况不同造成的差别。

"艺术"一词的最广泛的含义就是"技艺"。从这个角度去理解，就有了"领导艺术"、"管理艺术"、"指挥艺术"等等说法。"艺术"强调的是巧妙灵活、精细熟练地把握某种技能。在摄影作品中就有不少是以拍摄技术和后期加工技术的精细、高超而取胜的。然而，"艺术"的本来含义并不是仅指技巧，当人们将技能、技巧作为一种手段，按照美的规律去表现摄影家对生活的某种看法，并传达某种感情态度时，才是艺术创作。曾经有人这样讲：摄影艺术创作是"拍个漂亮的女人呢，还是'漂亮地'拍一个女人？"回答应该是明确的：艺术创作要求摄影家能够在平凡的事物中发现美，并将自己的感受和情感内容按照美的规律，创造性地表现在自己的作品中，从而，"漂亮地"去拍一个"女人"。

艺术个性是指在艺术创作中走向成熟的艺术家所具有的与众不同的独特创造力以及通过其作品所展示出来的独特的艺术风格。具体而言，艺术个性指的是艺术家在审美创造中所显示出来的独特的思想见识、情感风韵、艺术才能、审美趣味、审美理想等。在任何艺术的创作过程中，所有的艺术家都要遵循审美思维、典型化等共同规律，但在如何选择和处理题材、概括主题、驾驭体裁，情节设置与安排、组织结构、表现手法方面，成熟的艺术家才能显示出与众不同的个性特色。

艺术家个人风格的形成还与其对社会生活的态度、熟悉和深入社会生活的情况有密切关系。

艺术风格既具有多样性，又具有统一性，其多样性表现为众多艺术家表现出的个人风格不同；其统一性则表现在艺术的时代风格和民族风格的一致性上。

应培养出一代具有鲜明时代风格和中华民族独特风格的人像摄影艺术师。

第二节　教　学　管　理

第一单元　教学计划、教学大纲的制定

一、教学计划的制订

教学计划的制订就是培养方案的制定。教学计划的制订涉及培养目标和课程设置。

在培养目标的制订上，应根据对初级摄影师、中级摄影师、高级摄影师、技师的不同要求，制订不同的培养目标。

在明确培养目标的基础上，要合理安排各类课程。从大的方面看，各职业等级的摄影师的课程设置均应分为三大学群：第一学群是文化基础课，包括语言文化课、法律基础知识课等；第二学群是摄影技术技法课，包括各种摄影器材、材料的知识及使用、摄影表现技法、摄影作品分析讲评等；第三学群是摄影艺术讨论课包括艺术概论、摄影美学、广告理论等。

开课内容应依据国家职业标准《摄影师》对不同职业等级摄影师的具体要求加以具体规定。

由于摄影课程的实践性强的特点，教学环节应侧重于实习，或在讲课中强调演示、示范。

二、教学大纲的制订

教学大纲的内容应包括：（一）课程性质和目的要求；（二）教材编选原则和学习方法；（三）课程内容和范围（分章、节等）；（四）必读书、推荐书和参考书目等内容。

在课程性质和目的要求的规定上，应明确课程的地位、设置目的和作用；就课程的基本理论、基本知识、基本技能提出总的要求，并做必要的解释，还应指出学习本课程所应具备的基础知识，本课程的重点、难点以及本课程与相关课程的联系、分工等。

在课程内容和范围的规定上，应明确学习目的与要求，列出课程内容，提出考核要求。必读书、推荐书和参考书目的推荐应多样化，强调差异性。

教学大纲应发至每个教员和学员手中，认真执行。

第二单元　因 材 施 教

一、根据职业等级的要求不同设置不同的培养方案，制订不同的教学大纲，采用不同的教学方法。

二、根据学员的文化水平的不同，领悟能力的差异，采取不同的讲授方法，执行不同的教学进度。在编班、分组时应依学员的上述情况，合理分配；在教学过程中应重视学员学习效果的了解和反馈，根据需要，灵活把握教学进度；

三、在教学培养过程中，应尊重学员的选择，了解学员的个性，加以合理的诱导，培养鼓励学员探索新的表现方法，张扬个性，鼓励创造的行为；

四、采用必要的奖惩措施，调动学员的积极性；

五、培养认真的态度和敬业精神，注重摄影师的道德、品格方面的培养，做到教学、传授技能和培育人才相结合。

六、要求学员全面发展，一专多能。

思考与练习题：
1. 谈谈创作与思维的关系问题。
2. 训练、培养学生的抓拍能力有几种方法，举例说明。
3. 为什么要注意培养学生的艺术个性？艺术个性与艺术才能的关系是什么？
4. 如何培养学生的个性化创作意识？
5. 在制定教学计划和大纲中，如何发挥因材施教的教学方法与特点。

第三章 经营管理

第一节 技术人员管理

一、学习目标

能够胜任本地区技术人员培训、比赛、技术交流等活动的组织工作。

二、工作程序

了解本地区技术人员工作状况和技术水平,了解本地区同行业的产品质量水平。

能够有把本地区同行业技术负责人召集起来的能力,能够有依靠行政关系、社会团体或自身的号召力来组织活动的能力。

与同行业的技术负责人们一起讨论本地区的技术实力,薄弱环节和发展方向等大家共同关心的问题并要取得共识。

编制技术人员的培训,比赛或技术交流活动的计划,提供给有关部门和人员讨论修改。

经确定后的方案或计划交由各主管部门下发,也可以通过相应的媒体进行宣传报道,争取广大技术人员的参与和协作。

组织好培训、比赛、交流等活动的具体事宜,包括:场地、人员、食宿、交通、评比、奖项、设备、材料、资金等等。

每次活动之后都要认真地总结经验和教训,以使这项工作长期地、连续地、有效地进行下去。

三、注意事项

高级摄影技师不一定是本地区的行政领导,也不一定是本地区社团组织的负责人。若组织全地区的大型活动,除了相应的组织保证之外,还要靠自身的资历与威望,这种人格因素在组织工作中是不可忽视的,人格因素不是一朝一夕的事,平日要多注意参加各项社会活动和技术活动,逐步加以积累。

培训、比赛、交流等,都是为本行业做贡献的公益性活动,切莫为私利或小团体的利益考虑。

办事要公正,对有竞技性比赛或展览的评比活动要公开和合理,对各种流派和风格要一视同仁，不能厚此薄彼。

作风要民主，态度要谦虚。在同一个地区里，同时会有若干个行业高手，也同样会有许多人都有各自的擅长之技。要广泛地、虚心地听取每一方面的意见，不断丰富和提高自己。

第二节　行业管理

一、学习目标

能够了解国际摄影发展动态和国内同行的经营状况，掌握社会消费动向，适时提出行业发展计划。

能够协助有关部门搞好行业规划，网点布局和物价管理，制定行业服务规范和产品质量标准，实施技术考核，当好政府参谋，促进企业间的联系，加强国内同行业的经济技术交流与合作。

二、操作步骤

认真学习国家和有关部门颁布和规定的产品质量标准，物价管理政策，经济发展计划，网点布局安排，对外经济技术交流的规定等各类文件，从而提高自己的政策水平。

细心了解同行业的经营情况，了解国际摄影发展的动态，特别是注意了解国际上商业摄影的发展动态。

通过力所能及的渠道，掌握社会消费动向，特别是注意掌握社会消费中用于摄影领域消费的变化趋势动向。

在适当的时候和适当的场合，提出行业发展计划的建议。

协助有关部门搞好行业规划、网点布局和物价管理。

在有关部门和组织的领导下，制定行业服务规范和产品质量标准，实施对本行业技术人员的技术考核工作。

努力为促进企业间的联系和国际国内同行业的经济、技术交流与合作贡献自己的力量。

三、注意事项

对于政策性很强的工作，要先学习政策，领会透精神而后才可开展工作。

对于牵涉面广的工作，要注意掌握工作范围，不可以偏盖全。

对于需要拿出结论性的工作，要注意所收集资料的真实性和信息量，做到科学合理，客观公正。

对于建议性的工作要观点明确，理由充足，切合实际，可操作性强。

四、市场营销学基本知识

市场营销学是一门为系统研究市场营销活动规律与策略而设的应用经济学科。市场观念是企业从事活动的基本思维方法和指导思想，即企业经营者对市场的根本态度和根本看法。企业经营者的指导思想正确与否，对于企业市场营销的成败是至关重要的。市场观念作为人们对市场营销的指导思想是市场活动与市场营销实践的产物，并随着商品经济的发展和市场供求关系的变化而不断发展变化

我国工商企业的市场观念大体经历了如下三个发展演变阶段，第一阶段是销售观念阶段，这种以扩大商业销售为中心的市场观念是在建国的初期至第一个五年计划期间形成的；第二阶段是生产观念阶段，这是一种以追求产值、产量为中心的市场观念，计划经济时期基本贯穿这一观念；第三阶段是现代市场营销观念，这是一种以充分满足消费者的需要为中心，全心全意为人民生活服务的市场观念，是一种社会市场营销观念，它是自党的十一届三中全会以后逐渐形成的。

现代市场观念有三大要素：

第一、以消费者为中心，以满足消费者的需求与愿望作为企业生存和发展的基本条件。

第二、在积极发挥企业优势，充分满足消费者需求的基础上，努力开拓市场，提高市场占有率，不断增加企业经济效益。

第三、在开发企业，满足市场需求，提高企业经济效益的过程中，注意维护消费者的眼前和长远利益，致力于提高社会经济效益与增进社会福利。

企业和环境之间存在着动态的相互作用，环境对企业市场营销活动产生着巨大的影响，企业必须去适应它和正确的利用它，以求得自身的生存和发展。企业的市场环境是指：能够给企业市场营销活动带来机会和造成威胁的内外界因素的集合，包括有六个层次：一是企业自身，它处于市场营销活动的中心；二是相关的市场营销机构，它影响企业的生产与经营活动；三是顾客，这是企业的服务对象，构成市场的主体；四是同行竞争者；五是公众，它监视企业与竞争者的行为；六是宏观环境，它包括人口环境，经济环境，法律环境，社会文化环境，技术环境等等。

现代市场营销观念要求企业以消费者为中心，根据消费者的要求来组织商品的生产和经营，这是企业获得长期利益的重要保证。

影响消费需求的因素，可分为企业可控制因素和不可控因素，可控因素包括：市场营销策略、产品策略、定价策略、促销策略等。

市场营销策略是企业营销活动成败的关键，一个完整的策略规划方案应该包括：战略方针、目标、重点、阶段、措施等项内容。

战略方针是制定市场营销策略的指针和总纲，体现着规划策略的基本指导思想、它规定着市场营销活动发展的基本方向和基本道路，决定着策略的成败。

目标是人们预期达到的目的或标准，也是人们关注的对象，确定战略目标是策略的核心和首要的问题。

步骤是实施策略的阶段，每个阶段都应有相应的阶段目标，通过阶段目标的实现，最终实现总目标。

重点是指对市场营销具有决定性的方面，它能带动全局，抓住它就能保证战略目标的顺利实现。重点选定之后，还应选定战略突破口，策略重点的关键部位是突破口，突破了这个部位，全局就会向战略目标推移。

措施是指实现策略目标与重点的对策，包括政策、策略、方法等。

选择目标市场是企业营销的重要问题，所谓目标市场是指：企业希望开拓和占领为自己带来最大经济效益的消费者群体，一个理想的目标市场必具备如下三个条件：一是要有足够的销售潜力，也就是有利可图的市场；二是本企业必须有能力满足这个市场的需求；第三是本企业必须在这个市场中具有竞争的优势，有足够的实力可以击败竞争对手，这个市场即可作为目标市场。

市场细分化给企业选择目标市场提供了行之有效的手段。所谓市场细分化，就是企业依据消费者在需求上的各种差异，把整体消费者划分成为若干个在需求上大体相近的消费群体，从而形成各种不同的细分市场的市场分类过程。通过对整体市场的细分，以利于企业选择目标市场和制定各种营销策略，它有利于中小企业开发和占领市场，有利于企业发挥优势，扬长避短。

商品的定价是企业营销的重要环节，定价的方法有：成本加成定价法、边益效益定价法、售价加成定价法、习惯定价法、比较定价法等。企业在定价时，必须根据企业的整个营销目标拟定价格，使整个企业活动形成一个有机的整体。

市场营销还应包括市场竞争策略、产品策略、市场管理、促销、广告等诸多方面的内容，应加以认真的研究和仔细的探讨。

思考与练习题：
1. 作为高级技师应如何对技术人员进行培训并组织比赛及技术交流活动？
2. 简述现代市场观念的三大要素。
3. 商品定价的方法有哪些？

第四章 艺术理论研究

第一节 摄影艺术创作的基本规律

摄影区别于绘画的最突出的特征，是其创作过程必须在现场进行，必须面对被摄对象进行直觉判断，迅速抓取最具典型意义的瞬间镜头。"好镜头"随时随地都有可能出现，但也具有偶然性。在摄影创作实践中，经常出现所谓"偶尔碰到"、"突然发现"的现象。这是摄影作者在长期的艺术实践中，锻炼了自己丰富的想像能力和敏锐的直觉能力，进而运用自己的审美标准对客观生活中某一具有审美价值的瞬间所作出的审美判断。所以，这偶然中其实体现着必然。

"偶尔碰到"，是摄影艺术创作中的外在偶然因素。

"突然发现"，则表现为摄影作者基于想像的直觉判断能力，这是摄影艺术创作中的内在偶然因素，由此又构成了摄影的语言特征——裸体语言。

承认偶然性在摄影艺术创作中的作用，目前在于透过偶然性找出摄影创作的规律及其必然性。承认必然性，与社会上流传的所谓摄影艺术创作是靠"一蒙、二碰、三运气，外加好机器"的片面性观点有着根本的区别。其区别在于人的主观能动作用等关键性问题的理解各不相同。

一、机缘——外在的偶然因素

黑格尔说："最伟大的艺术作品也往往是应外在的机缘而创造出来的。"

摄影作者经常面对不断运动着的纷繁复杂的大千世界，必须亲临现场才能进行创作。摄影创作的"现场性"要求摄影者必须承认机缘，只有承认了它，才能主动地去寻找、研究、把握和利用它。

如何理解"机缘"？

用黑格尔的话说，机缘就是当一个艺术家"与一种碰到的现存的材料发生了关系，通过一种外缘，一个事件，……通过这一类事物的推动，他自觉有一种要求，要把这种材料表现出来，并且因此也表现他自己。"这段话说明机缘是进行艺术创作的一种因素，包括材料、条件和推动力三方面。它可能是艺术构思的诱发物，也可能就是表现的对象本身。黑格尔在"碰到的现存的"这几个词下面加了着重号，其意在说明既然是"碰到的"材料，那就有可能碰到，也有可能碰不到，这说明"机缘"具有偶然性。既然又是"现存的"材料，则说明"机缘"具有客观性，是现实中具体存在着的材料。然而，现实的自然和现实的社会生活并不等于艺术，所以黑格尔又强调"惟一重要的要求是：艺术家应该从外来材料中抓到真正有艺术意义的东西，并且使对象在他心里变成有生命的东西。"这又说明"机缘"虽然客观地存在于现实世界中，但仍要靠艺术家去"抓"，去"变"，显然它不是任何人都可以随心所欲地发现或抓得住的。表面看来，"机缘"是"偶尔碰到"的，但这"偶尔"却考验着每个艺术家的生活根底和艺术功力，渗透着艺术家对生活的理解和审美的判断能力。所以，黑格尔又说："一个真正的有生命的艺术家就会从这种生活里找到无数的激发活动和灵感的机缘，这些机缘临到了旁人就不发生影响，就轻易放过了。"

就摄影艺术家来说，"机缘"具有偶然性，是因为在摄影创作过程中，有时它是作者预先未曾料到的。虽然，摄影者对那些曾经反复出现过的事物也有所估计，但对其是否必然出现和在什么时刻出现又不能肯定。另外，虽然说机缘是摄影创作中的一种偶然因素，但在对待机缘的态度上，如果不是自觉的，而是盲目的，只把希望寄托在侥幸的"偶尔碰到"上；如果不是主动、积极而是被动、消极地等待"好运气"，那么，"机缘"就不会对这样的摄影者"发生影响"，即使它就在面前，也会被"轻易放过了"。

人们称摄影是"瞬间艺术"，这在一定程度上说明摄影家们善于利用机缘捕捉那些时过境迁、永不再来的难得镜头，并果断抓住"偶尔碰到"的"仅只这一次"的瞬间场景。摄影创作利用机缘的实例是很多的，如人物摄影、动体摄影和以抓拍为主的摄影，此外，在时间、构思上比较从容的静物摄影和风光摄影创作中，机缘也起着推动作用。

机缘是客观的，但它只有同有意识、有目的的摄影作者发生联系时，才在摄影艺术创作中发挥作用。对机缘的捕捉、利用，离不开人的自觉活动，离不开摄影作者在生活中对客观规律的认识和把握。在摄影创作中，人对客观规律认识得越深刻，所获得的自由就越大，捕捉和利用机缘的机会就越多。恩格斯在《反杜林论》中说："人对一定问题的判断愈是自由，这个判断的内容所具有的必然性就愈大；而犹豫不决是以不知为基础的，它看来好像是在许多不同的和相互矛盾的可能的决定中任意进行选择，但恰好由此证明它的不自由，证明它被正好应该由它支配的对象所支配。"有的摄影者往往觉得没有什么可拍的，在生活中总是处于犹豫不决之中，其根本原因是自己对某些事物的认识仍处于无知的状态。俗话说："浅滩拾贝壳，深海得珍珠，"不经过艰苦的努力而靠侥幸是很难获得成功的。

什么是偶然性？它是指事物发展的必然过程中呈现出来的某种偏离，是可以这样出现也可以那样出现的、不确定的趋势。在摄影创作中，一个摄影作者将在什么时候、什么地点、利用什么机缘创作出摄影作品，就呈现出一种不确定的趋势，具有着偶然性。

摄影艺术创作所经历的是一个以生活为源泉、以感知为基础、以想象为手段、以情感为动力、以思想为灵魂，并通过照相机艺术地把握生活的复杂过程。它要求摄影作者必须具有善于观察和感受，善于学习和思考，善于发现和捕捉的本领，在生活、思想、技巧等方面进行艰苦的磨炼。因而，摄影艺术创作的必然性，体现于摄影作者遵循摄影创作的规律，依赖充实的生活、丰富的想象和独特的艺术见解创作出优秀摄影作品的综合素质与技能之中；而其偶然性体现在具体什么时候、什么样地方，拍摄什么对象或什么场景，以至用什么角度、如何构图等方面上。"一蒙、二碰、三运气，外加好机器"的观点，因为完全排除了人的主观能动作用这一重要因素，所以也就脱离了摄影艺术创作的必经过程。这种偶然不能反映摄影创作的必然。

偶然与必然的这种辩证统一关系还表现在：不通过偶然性只表现为纯粹必然性的现象是根本没有的。假如在摄影创作中根本不存在偶然因素，一切都是必然如此，那么所谓独创性、所谓摄影技巧也就不可能存在，摄影理论的研究也就失去了意义。同理，也没有脱离必然性的偶然性。所以，要求摄影艺术家对摄影创作既要利用偶然又必须把握必然有着深刻的认识。

由于客观世界的复杂性和多变性，偶然性与必然性的统一不仅表现在它们的相互依赖、相互渗透和不可分割的联系上，而且还表现在它们能够在一定条件上相互过渡、相互转化。然而，如果有人因为拍出一幅有影响的作品就从此止步不前，不再继续努力，这时的必然还会转化为偶然。即使是曾经有过一定成就的老摄影家，如果他不再深入生活，思想僵化，对新事物不感兴趣，那么他是否继续创作出有一定审美价值的摄影作品，就同样具有偶然性和不确定性。丁遵新的《丰富而艰难的艺术》一文中所说的那种"有的人刚涉足影坛就挂上了金牌，但'再而衰，三而竭'；有的人并不愿意吃老本，但只能有'一张照片'；有时刻意求工，竭尽心力，效果不佳，'信手拈来'反倒堪称佳作……"的现象，虽然原因可能很多，但至少是和我们谈到的偶然性和必然性的关系有些联系。其实，人和人的经历不同，生活环境各异，思想方法、学识水平、艺术修养、气质特征、审美观念又有着千差万别，无论对于那些初涉影坛就金榜提名的人，还是奋斗终生就"只有一张"作品的人，他们成败的偶然都一定是以各自的必然为依据的。

二、直觉——内在的偶然因素

摄影艺术形象的生成，遵循着其他艺术门类的形象思维过程，也是从客观的生活现象到主观的感性映象，再经过作者艺术的想像活动形成理性的审美意象，最后运用一定的物质的表现形式，塑造出具有审美价值的艺术形象。但是，摄影艺术创作由于受必须面对拍摄对象才能创作的"现场性"以及稍纵即逝、转瞬即变的"瞬时性"所局限，所以其艺术形象的生成过程往往不能按照常规的、严格的逻辑思维程序进行，而是以简化的、压缩的形式，由直接的综合判断来认识客观对象，因此直觉在摄影艺术创作中占有很重要的地位。

直觉不仅具有突发性、短暂性或"瞬间性"，而且具有偶然性。意外发现实际上就是一种直觉的认识活动。我们认为，直觉的认识活动是摄影创作构思的独特方式，它与作者的情绪、态度、早先的经验以及审美的评价因素等有关。我们平常说的所谓"摄影眼"，除了指技术上对明暗、影调和线条的分布、拍摄角度与透视的关系等等的判别能力之外，主要还是指摄影家们对拍摄对象审美特征的直觉认识能力。

　　直觉离不开想象。过去，在我们的摄影理论研究中，对于想象大都是采取了否定态度的。为什么要否定呢？原因很简单，摄影艺术创作不允许虚构。然而，我们认为，即便抛开摄影是否允许虚构的问题，也同样应该肯定想像对于摄影艺术形象的生成所具有的重要意义。也就是说，摄影艺术形象的生成同样需要经过"抽取"、"改善"、"拼凑"的加工过程，只是这个过程大都是在摄影作者的头脑中进行。没有这个过程，所谓"创作"将是不可思议的。摄影艺术必须在现实生活中去寻找符合自己想像中的那个角色，通过选择来完成自己头脑中经过"抽取"、"改善"、"拼凑"的艺术形象。这无疑会带有很大的偶然性。但是，谁头脑中的想像越丰富，"抽取"、"改善"、"拼凑"的功夫下得深，谁就会获得更多的"偶尔碰见"、"突然发现"的机会。

　　直觉的偶然性还突出地表现在它的模糊识别方面。它不受理性的支配，对审美对象的感受即是明晰的，又是模糊的。理由是什么呢？多数人并不能用理性的、准确的语言说清楚，只有凭着自己的直觉感受来评价。

　　正是由于直觉的模糊识别，才使摄影作者发自内心的审美情感得到抒发，从而排除了概念的干扰，使那种不可重复又难以摹仿的独创性得到发挥，也决不会与他人有所雷同。这是因为直觉的这种模糊识别能力主要来源于作者个人的强烈的情感和直观的感受，这种感受与情感的激发与变化不是理性可以随意支配的。当然这并不是说在直觉的认识活动中没有摄影作者自己的审美理想、观点、标准、趣味的要求，只是这些理想、观点、标准、趣味和要求，已经以"积淀物"的形式与积累的表象融合在经验中，作者在创作的那一瞬间，还未能明确意识到它们，也不能用概念的语言来描述它们。

三、摄影艺术创作对社会生活的依赖

　　一切艺术都是社会生活的反映。社会生活是艺术的惟一源泉。对于摄影来说更是如此。摄影创作必须由摄影者亲临现场，在观察体验生活的同时，面对被摄对象进行选择与判断。这一选择与判断的过程可能是非常短暂的，但无论如何短暂，仍要完成处理主体与环境的关系，选择合适的拍摄角度和曝光组合，调整焦距与景深，判断最佳拍摄瞬间等一系列造型任务。因此摄影者必须具备丰厚的生活积累、熟练的操作技能以及较强的审美感受能力。

　　生活的积累包括直接生活经验和间接生活经验。直接生活经验是摄影家在长期实践中获得的。间接生活经验是通过学习别人的作品、读书和听别人叙述获得的。

　　直接生活经验中最重要的是个人设身处地、精微体察现实的经历。人生的各种经历是摄影创作极宝贵的财富。行万里路，经千般事，交结各色人，经受生活各种磨难的锻炼，是摄影者陶冶心志、认识生活、理解生活的重要方式。王振德曾在《艺术论要》一书中提出：对艺术家而言，苦难和幸运、机遇和坎坷，都是可贵的财富。"悲愤出诗人"、"磨难出艺术"，在一定意义上说，是不无道理的。

逆境之所以会出人才，是由于生活经历中的逆境是一种激励因素，犹如流水遇到阻力才会激起浪花一样。为此，积极主动地到生活中去接受锻炼，对摄影艺术家来说是非常必要的。

当然，相对来说，摄影艺术创作更多地依赖于直接生活经验；即使是间接经验，对于前人和他人来说，也是从直接生活经验中获得的。

摄影对社会生活的依据还表现在社会物质生产对摄影艺术创作的影响。摄影艺术创作需要一定的物质条件，没有照相器材、感光材料等物质产品的支持，就不会有摄影艺术创作的发展与提高。到20世纪20年代，莱卡照相机的出现，快速感光材料和微粒显影液的不断改进，使摄影艺术抓取生活中的"决定性的瞬间"成为可能。没有这种物质条件的改善，摄影凝固生活瞬间的本质特性也难以充分发挥。

摄影对生活的依赖，还体现在摄影作品的内容与形式皆取之于社会生活，而且摄影家的思想感情及想像力，也是在生活实践的不断积累中得以丰富和发展的。摄影家才能的形成也与社会生活密切联系，如师承关系，同代人的影响，群体的激励，社会审美需求的反馈等。而摄影艺术所表现的内容又是摄影家对生活积极的、能动的反映。是摄影家深入生活、体验生活、艺术地把握生活的结果。

四、摄影艺术的社会功能

摄影艺术和其他艺术一样，同属于意识形态领域，同样对社会生活产生反作用，同样具有认识、教育和审美这三个方面的社会功能。

1. 摄影的认识功能

摄影的瞬间纪实特性，使其作品能够以真实的形象再现社会生活，反映时代精神和人物的思想感情，扩大人们的生活视野。许多风光摄影作品所反映的名川大山、古迹、陵园及有关旅游胜地等自然、人文景观，以及民俗题材的摄影作品，都可以帮助人们了解不同地域的风土人情、自然环境和生活习俗。现代广告艺术大量使用摄影作品，主要也是为了直观地宣传产品，让人们对产品有更具体的了解。

摄影艺术作品的认识功能，主要是通过作品帮助人们认识所反映的事物与生活，进一步提高人们对现实生活的认识能力。

2. 摄影的教育功能

摄影艺术作品在准确地反映客观现实生活的同时，也体现着摄影者对生活的态度和评价。当我们在欣赏摄影艺术作品时，也会潜移默化地受到作者倾向与态度的影响和教育。

摄影艺术作品的教育功能，与审美功能、娱乐功能是辩证的统一关系，这就是人们常说的"寓教于乐"。摄影艺术的教育功能不是耳提面命式的教育，而是在审美欣赏中受到教育。从某种意义上讲，审美本身也是教育，即美育。

3. 摄影的审美功能

摄影艺术作品能给人以美感，给人以审美愉悦。没有美，也就没有摄影艺术。在内容上，摄影作品反映的是摄影者对生活的审美评价以及具有审美价值与本质意义的生活本身；在形式上，摄影作品所表现的是符合美的规律，符合人们审美需要而能够给予人们美感的艺术形象。

美不是抽象的，美与真联系在一起，没有真就没有美。真的不都是美的，但真是美的基础。

美与善也是联系在一起的。美的形象总是体现在摄影者的道德观念、社会理想。为此，优秀的摄影艺术作品总是真、善、美三者的结合。没有真和善的作品，也就没有美可言；没有了美，摄影作品就会失去艺术感染力。

摄影的审美功能是普遍存在着的。在有些作品中，可能认识作用或教育作用较为突出，而有些作品是审美作用较为突出。当然，那些能使认识、教育与审美作用三位寓于一体的作品，则是更理想的作品。

第二节 摄影艺术主要流派简介

通过前人的摄影艺术活动、创作经历与作品分析，了解各种摄影风格流派及表现手法，对今天从事摄影工作和爱好摄影的人来说，具有很重要的借鉴意义。但需说明的是，摄影的流派又有别于其他艺术。

首先，摄影的所谓"流派"并不像绘画那样明晰，有的"流派"还仅仅处于一种新颖的表现手法阶段。

近些年来，由于摄影科技的发展以及摄影观念的更新，即使是照相机镜头所面对的客观事物是真人、真事、真场景的纪实摄影，也会由于摄影家们的不同理解和不同的处理方式，使其在表现内容和形式方面明显有别于传统现实主义的摄影作品。在西方国家，除了从事报道性职业的摄影家外，许多现实主义摄影家也在注意吸收现代派的某些形式、手段和语言，使现实主义摄影有了新的发展。

在我国的艺术人像摄影方面，尤其近十余年来，无论是技术手段的创新，抑或是艺术风格的形成，都有了可喜的突出发展。但客观而论，都还未能形成足以影响世界摄影艺术的发展而成为流派。下面我们就曾经在世界摄影史上产生过巨大影响的一些主要摄影流派做一简要介绍，以期使人们对今后摄影艺术、尤其是人像摄影艺术的发展走向及研究能够有所借鉴。

一、绘画派与新绘画派摄影

绘画派摄影又称为"高艺术"（High Art）摄影，始于19世纪50年代，以瑞典人雷兰德（O. G. Reilender）的《人生之路》（又名《人生的两条路》）为形成标志。

用现在的观点来看，旧绘画派摄影家是非纪实的，是与现实主义摄影完全相悖的。

新绘画派延续旧绘画派摄影的口号，运用各种手段使照片产生绘画效果。他们主张一幅画意摄影作品必须首先是一幅画，然后才是照片。新绘画派的拍摄题材多是人像、广告和生活摄影等。美国纯粹派摄影家爱德华·斯泰肯（Edward Steichen）也曾拍过带有印象画派风格的作品。特别是他拍的人像，在神态和影调处理上，明显地带有绘画派的倾向。

大部分新绘画派与旧绘画派摄影作品在构图法则及对影调、线条的处理方法上基本是一致的。所不同的是，旧绘画派的集锦照片是将拍好的一张张底片，按事先设计好的草图拼合在一起，画笔和剪刀只是为了消除接缝的痕迹。而新绘画派的某些摄影家，则是将画笔直接投入了创作过程，例如"影画合璧"照片和所谓"新式着色照片"就是这样创作出来的。

我国的剪辑照片在世界影坛上也很有影响，其特点是以中国画论为基础，追求中国画格调。

新绘画派在现代美术派的影响下，还创作出许多手法各异、形式新颖的画意摄影作品。

二、自然主义、纯粹派与新写实主义摄影

自然主义摄影的出现并非偶然，其主张艺术家应该是一位单纯的事实记录者，一个纯粹的自然主义者。主张摄影应是"自然主义意味着回到自然"，"它（摄影）是直接的观察、精确的剖解、对存在事物的接受和描写。作家和科学家的任务一直是相同的。"

纯粹主义与传统的学院派抗争的印象画派的兴起，终于导致了整个艺术上的分离运动。摄影界也与之呼应。他们反对绘画方法制作照片，主张从事纯粹的摄影。这就是摄影史上的"纯粹主义"。

纯粹主义强调发挥摄影自身独有的特质，追求照片的清晰度，注意现实世界的光影变化，着意于被摄对象的物质特性和表面质感、纹理的精细表现，强调摄影作品的真实感和可信性，反映现实世界的真实美。但是他们的追求并没有摆脱印象画派的影响，他们的作品明显地带着印象主义绘画的风格，特别是那些用逆光拍摄、具有软调效果的风景和人像作品。纯粹主义虽然在坚持摄影的纪实特性方面与绘画派有分歧，但仍坚持作品的画意风格。

新写实主义（德语：Neue Sachlichkeit）摄影，以阿尔贝特·伦格尔-帕丘（Albert Renger-Patzsch）为代表，出现于20世纪20年代的德国，他们主张用直率、朴素、清晰的手法来反映自然和现实。

新写实主义摄影的出现标志着摄影作为一门"独立"艺术的观念的成熟。一批摄影家以其大胆创新的精神，彻底动摇了绘画派摄影的统治地位，主张运用纪实的手法去表现客观世界。

三、抓拍派摄影

抓拍，常被人们理解为就是纪实摄影。这是因纪实摄影概念的含混而造成的误解。实际上，抓拍只不过是纪实摄影的一种拍摄手法。

抓拍派，又称"堪的"派。"堪的"是英文 Candid 的音译，是真诚、坦率、自然、真实的意思。其特点是在被摄对象无所察觉而保持自然、生动的形态下进行抢拍、偷拍，因此人们习惯称之为抓拍。

抓拍派中有相当一部分摄影家是遵循现实主义原则进行创作的。但应看到，抓拍既然是一种拍摄手法，又必须根据摄影家自己对于世界的理解去选取拍摄对象和"决定性的瞬间"，那就有可能会因人而异，可以是现实本质的再现，也可以是摄影家的自我表现，或是自然主义地抓取某种偶然的画面。

抓拍派摄影中也有用摆布手法拍摄的，特别是在人像摄影中。摆拍只是一种手法，有的摆拍是非纪实的，完全靠摄影家的主观意愿去设计安排；而在肖像摄影中的摆拍，实际上是一种组织加工，是在摆布中等待抓取被摄对象具有典型意义的生动瞬间。因此是摆中有抓，以抓为主。

四、印象主义、象征主义与超现实主义摄影

印象主义摄影最早由旧绘画派的一些摄影家提出，受西方印象派绘画影响较大。印象主义摄影主张摄影家在观察体验中凭借自己对现实的感受和印象来进行创作。第一次印象主义摄影展览 1890 年在英国举办。印象主义摄影不主张一般地客观地记录自然的景色，而倾向于把自己对大自然的感受和印象通过作品表达出来。

虽然印象主义作为一种风格渗透到一些摄影家的创作中，但并没有使他们摄影作品的艺术形象发生重大变化，也没有改变这些摄影家的创作基本原则。

象征主义摄影在摄影理论界讨论得很少，但它无可否认地存在于摄影艺术创作的实践中。象征主义摄影在很大程度上是不提倡以真人、真事、真场景为拍摄题材的，但它又不同于绘画派摄影和某些抽象派摄影。摄影家运用的是提示和含蓄的手法，追求的是作品的象征和寓意。

超现实主义是第一次世界大战之后在法国兴起的一种文艺思潮。主张把人的意识从逻辑观点和理性中解放出来，提出了关于探索自我中的秘密和隐蔽领域，以便使精神力量获得新生的理论。超现实主义绘画与摄影，都部分地继承了"达达派"的虚无主义主张，同时也有象征主义的某些成分；在表现手法上又兼有抽象和写实的语言。

超现实主义摄影趋向于对"心理自动化"和纯直觉的表现，并以自由的、随意的、松散的、不受逻辑支配的思维指导创作。但其作品又并非完全都是想象的漫无边际、感情的无端跳跃或怪诞形象的杂乱堆积，其中不少摄影作品都是纪实的，反映的是生活中客观存在的现实场景。它的创作特点在于：特别强调"想像"和"下意识"的活动。

五、抽象摄影

抽象摄影始于 20 世纪 20 年代，是在抽象绘画、抽象雕塑、抽象建筑的影响下出现的。他们认为：艺术是一个"自为自的领域，只被自身的和作用于自身的规律统治着"，它应该脱离自然的"表皮"。导致作品诞生的是艺术家内心里积累起来的感

受，而作为这种内心感受的最合适的表现形式是"无物象的"。他们还认为：形式因素是独立存在的，它只有自身的价值，然而艺术不是不表达现实，而是要去表达"精神的现实"、"更高级的现实"。这种无物象的抽象艺术纯以各种色彩来传达不同的情绪，对心灵发生影响，如色彩的浓淡、冷暖和色彩线条的粗细刚柔等，与以音响的高低强弱来表面心灵颤动的音乐相类似。主张通过艺术家"内在的眼睛"反映"精神的现实"，追求艺术语言的多义性。这些理论基本上也是符合抽象摄影的。

　　所谓抽象，在艺术上是和具体物象相对而言的，在哲学上则是"概括"的意思，也有非具体的意思。摄影的特性是纪实的，但如果严格地讲，摄影也是抽象的。因为摄影创作的主要手段——选择，就包括着对某一运动着的事物进行空间截取和时间凝固。选择就意味着概括。至于某些作品中被虚化了的前景或背景，也都具有抽象的因素。抽象摄影作品有时使人难以捉摸，不好理解。但一般大都没有脱离摄影的纪实特性，其创作对象仍是来自于生活中的具体形象。问题在于搞抽象摄影的摄影家们故意忽视了某一被摄对象的"正常面貌"，或只将其中某一部分拍成特写，或采取一般人没有选择过的拍摄角度（高度），从而使事物的具象产生了不具体性和不确定性。

思考与练习题：
1. 如何理解"机缘"在艺术创作中的重要性？
2. 谈谈你对"直觉"的理解。
3. 简述摄影艺术创作的几种语言表现。
4. 摄影艺术的社会功能有哪几方面？
5. 摄影艺术发展到目前，主要有哪些流派？
6. 结合摄影艺术的主要流派，谈谈你对今后人像摄影发展走向的看法。

附1：国内外主要感光材料种类及其性能介绍

感光材料作为一种高科技产品，其更新换代的频率很快，在飞速的研制发展当中，世界主要感光材料生产厂家纷纷推出自己的最新产品。在门类众多的感光材料中，胶卷是纪录影像最为普遍的感光片了。其种类、特性以及质量的优劣直接影响着我们的拍摄效果。下面我们就国内、国外主要感光材料的种类、性能分别加以介绍。

一、国外主要彩色、黑白胶卷的种类与性能，见表①、表②、表③。

二、国内主要感光材料种类及性能

目前，国产感光材料主要以"乐凯"产品为主。中国乐凯胶片集团公司是目前我国生产感光材料规模最大、市场覆盖面最广的大型企业。产品涉及12大类100多个品种，主导产品乐凯彩色胶卷和相纸行销全球四十多个国家和地区。

1. 常用民用摄影产品

①乐凯超金BR100彩色胶卷：适合在一般光线照度下使用，适用于电子闪光灯或蓝色闪光灯作光源的闪光摄影，是乐凯继新金BR100之后研制开发的新一代高清晰度彩色胶卷。

②乐凯新金BR100彩色胶卷：是一种日光型彩色胶卷，适合于一般自然光线下使用，是乐凯金BR100的改进产品。

③乐凯金BR200彩色胶卷：是一种日光型大宽容度的彩色负片，适用于闪光灯及在较远距离下拍摄集体场面，或光线照度较低（如天色阴暗）情况下的风景摄影。

④乐凯金BR400彩色胶卷：是乐凯金BR系列彩色胶卷的一个高感光度配套产品，适用于变焦镜头、小光圈情况下的摄影或高速拍摄动体，更适合于小口径镜头的一次性相机使用。

⑤新一代乐凯SHD100黑白胶卷：新一代SHD100是清晰度高、宽容度大的全色中速黑白胶卷，适合高温、高湿气候下使用，不易粘连，抗划伤，配合乐凯黑白涂塑相纸或其它类似相纸均能获得满意效果。

⑥新一代SHD400黑白胶卷：是一种清晰度高、宽容度大的全色高速黑白胶卷，适用于晨昏及室内光线不足的场合，也适合新闻体育摄影使用，具有较好的清晰度和细腻的颗粒功能。

⑦乐凯专业型120黑白胶卷：背面涂有防光晕层的片基，适合专业摄影使用。

⑧乐凯彩真SA-2彩色相纸：乐凯彩真SA-2彩色相纸是一种通用型彩色相纸，用于彩色负片的扩印或放大。采用RA-4工艺加工，印出的照片色彩鲜艳，层

次丰富。乐凯彩真 SA-2 是乐凯 SA-1 型彩色相纸的换代产品。

⑨乐凯 04 型彩色相纸：乐凯 04 型彩色相纸是一种通用型彩色相纸，采用 EP-2 加工工艺，适用于商业扩印，也适用于接触法印片或人像精制放大。它与乐凯金 BR 系列彩色负片或其他同类彩色负片配套使用均可得到色彩鲜艳、层次丰富的彩色照片。

⑩黑白相纸：本产品是为人像放大和制作大尺寸照片而设计的新产品，有 1 号、2 号、3 号、4 号四个反差等级，可满足不同用户对相纸反差的要求。产品灰雾度小、最大密度高、质地洁白，色调中黑、视觉明快、层次丰富，影像质感好。做印相使用也有同样效果。

2. 照相加工套药

①乐凯彩色胶卷套药 G71G72：适合于 C-41 工艺冲洗各类彩色胶卷，可满足各类型 C-41 工艺冲洗设备的需要。

②乐凯彩色相纸套药 G68RA：适合于冲洗乐凯 SA 系列彩色相纸及其它同类型 RA 工艺彩色相纸。套药补充量低，废液排放少，有利于环境保护。

③乐凯彩色相纸套药 G67LR：适用于 EP-2 工艺冲洗设备，可冲洗乐凯 04 型彩色相纸及其它 EP-2 工艺彩色相纸。

④乐凯 HB 黑白系列套药：乐凯 HB 黑白系列套药适用于黑白胶卷、黑白相纸的冲洗要求，本套药属于清洁高效的环保型绿色产品，即使过度氧化也不会变成深棕或黑色。

⑤乐凯 X 射线胶片套药 G30 G3911：适用于冲洗各种医用 X 射线、CT 胶片及工业 X 射线胶片，分别适用于冲洗机和手工冲洗，可满足不同医院及用户的要求。乐凯射线胶片套药有浓缩型包装和粉剂包装两种。

⑥乐凯印刷胶片 G36：乐凯 G36 印刷胶片冲洗套药适用于冲洗激光照排片、电子分色片、明室拷贝片等系列印刷胶片。具有抗氧化能力强、冲片量大、影像清晰、反差适中、灰雾小、最大密度高等特点。

3. 三醋酸纤维素酯片基

①乐凯彩色电影正片片基 CW135-DIJ（三醋片）

②乐凯彩色胶卷片基 CH125-DIJ

③乐凯黑白胶卷片基 CH125-D2J

④乐凯动画片基 CW125-020

4. 35mm 胶片

①乐凯彩色电影正片 5244：本产品是一种多层正片。适合 ECP-2 类高温快显加工，用于从彩色原底片、彩色翻底片或彩色中间片制作电影拷贝片。

②乐凯彩色电影正片 5242：适合从带有马斯克的彩色底片、彩色中间片及彩色翻底片印制电影拷贝，是一种高清晰度微粒型彩色正片，具有良好的色牢度，彩色影像染料稳定。

5. 射线胶片

①乐凯医用 CT 胶片 KX341
②乐凯感绿医用 X 射线胶片 KX170
③乐凯工业 X 射线胶片 KX221

6. 印刷版材
①华光 YP-1 型阳图 PS 版
②华光 YP-Ⅱ型阳图 PS 版
③华光 YPQ 型轻印刷阳图 PS 版
④华光印刷胶片冲洗套药

7. 仪器记录胶片
①乐凯荧光仪器记录胶片 KJ111（荧光信息记录片）
②乐凯光学仪器记录胶片 KJ211（电镜片）

表① 专 业 型 彩 色 负 片

制造商	彩 色 负 片	缩 写	解像力	清晰度	色彩饱和度	颗粒度	反差	宽容度	尺寸	注 释
柯达	＊Ektar 25 ISO 25	PHR	极高	极高	增强	极细	中高	窄	35mm 120	清晰、颗粒极细，适用于风光，自然界物体富有细节的放大。
柯达	Royal Gold 25 ISO 25	RZ	极高	极高	增强	极细	中高	宽	35mm 120	非常适合放大风光人像及自然界特写画面。
柯达	＊Vericolor Slide Film ISO 25	SO−279	高	很高	适度	极细	降低	窄	35mm	专门研制的用C−41冲洗由彩色负片制作幻灯片的负片。感光度是近似值。
爱克发	＊Ultra 50 ISO 50	Ultra	很高	高	增强	极细	中高	宽	35mm 120	色彩饱和，颗粒细，最适合明亮光线下的景物和人像。
柯尼卡	＊Impresa 50 ISO 50	IMP50	很高	极高	增强	极细	降低	宽	35mm 120	准确的色彩，极细的颗粒，适合拍摄风景、水下特写。
爱克发	Agfacolor HDC 100 ISO 100	HDC 100	高	很高	增加	极细	适度	宽	35mm	适合放大光线明亮的人像、风光、野生物。
富士	Super G Plus 100 ISO 100	CN	高	极高	增加	极细	中等	宽	35mm 120 110	极适合室外人像、风光以及放大。
柯达	＊Ektapress Plus 100 ISO100	PJA	高	极高	增加	极细	中高	宽	35mm	很好的色彩，极细的颗粒，适合于摄影记者，不需冷藏。
柯达	Gold 100 ISO 100	GA	高	极高	增加	极细	中高	宽	35mm	极好的各种场合均适用的胶片，人像级特写照片的印放效果较好。
柯达	Professional 100 ISO 100	PRN	很高	极高	增加	极细	适度	宽	35mm 120 220	有极好的肤色，适合于婚礼、人像及一般题材的新型胶片。
柯达	Professional 100T ISO 100	PRT	高	极高	增加	极细	中等	宽	120 散页	平衡于3200K钨丝灯，曝光宽容度大。
柯达	Royal Gold 100 ISO 100	RA	很高	极高	增加	极细	中等	宽	35mm	放大家庭人像及风光照片的顶级胶片。
柯尼卡	Konica VX 100 ISO 100	VX 100	高	很高	增加	极细	中等	宽	35mm	醒目的色彩，颗粒细，适合拍人像、室外聚会、时装。

续表 1

制造商	彩 色 负 片	缩 写	解像力	清晰度	色彩饱和度	颗粒度	反差	宽容度	尺寸	注 释
波拉	High Definition 100 ISO 100	HD 100	高	极高	增加	极细	中等	宽	35mm	适合于拍摄儿童聚会、室外事件、海滨风光的很好的胶片。
爱克发	＊Optima 100 ISO 100	OPT 100	很高	很高	适度	很细	中等	适度	35mm	精确的色彩，很细的颗粒，适合于拍摄风景、静物、时装。
爱克发	＊Portrait 160 ISO 160	XPS 160	很高	中等	适度	很细	降低	适度	35mm 120	适宜的反差，很细的颗粒，适合拍摄人像、婚礼、舞会。
富士	＊Fujicolor NPL 160 ISO 160	NPL 160	高	中等	适度	很细	降低	宽	120 散页	平衡于钨丝灯光，适合于照相室人像、静物的中速专业胶片。
富士	＊Fujicolor NPS 160 ISO 160	NPS 160	高	很高	适度	很细	降低	宽	35mm 120 220 散页	细颗粒，适宜的反差，适宜于混合光人像、风光。
柯达	＊Ektacolor Pro 160 ISO 160	GPX 160	高	很高	增加	很细	中等	宽	35mm	每卷拍 8 张，肤色好，色彩精确，适于法律实施过程所用。
柯达	＊Vericolor III ISO 160	VPS 160	高	很高	适度	很细	降低	宽	35mm 120 220 散页	理想中的中速胶片，适合于人像婚礼及放大。
柯尼卡	＊SR－G 160 ISO 160	SRG 160	高	很高	增加	极细	降低	适度	35mm 120 220	适宜的反差，超细的颗粒，适宜于人像、婚礼级放大。
爱克发	Agfacolor HDC 200 ISO 200	HDC 200	高	高	增加	很细	中等	宽	35mm 110	适合于一般目的，可有清晰效果的胶片，有活跃的色彩，很细的颗粒。
爱克发	＊Optima 200 ISO 200	OPT 200	高	高	适度	很细	中高	宽	35mm 120	优秀的中速专业型胶片，适合于静物、风光和人像。
富士	Super G Plus 200 ISO 200	CA	高	很高	增加	很细	中等	宽	35mm	改进的清晰度，适合于人像、风光及放大。
柯达	Gold 200 ISO 200	GB	高	很高	增加	很细	中等	宽	35mm 110	极好的色彩，很细的颗粒，适合于闪光人像、舞台、风光。

续表 2

制造商	彩 色 负 片	缩写	解像力	清晰度	色彩饱和度	颗粒度	反差	宽容度	尺寸	注 释
柯达	Royal Gold 200 ISO 200	RB	高	很高	增加	很细	中等	宽	35mm	新的顶级中速胶片,适合于人像、体育和婚礼。
柯尼卡	Super XG 200 ISO 200	XG 200	高	高	增加	极细	适度	宽	35mm	多种用公安处的胶片,有醒目的色彩,颗围细。
波拉	High Definition 200 ISO 200	HD 200	高	很高	增加	极细	中等	宽	35mm	清晰的,适合所有用途的胶片,有极细的颗粒和醒目的色彩。
波拉	OneFilm ISO 200	One Film	中等	中低	适度	很细	中等	宽	35mm	很好的适合于所有目的的快片,宽容度大,适合于"傻瓜"相机。
爱克发	Agfacolor HDC 400 ISO 400	HDC 400	高	高	适度	很细	中高	宽	35mm	适合于所有目的的快片,有很细的颗粒,醒目的色彩。
爱克发	*Agfacolor XRS 400 ISO 400	XRS 400	高	高	适度	细	中等	宽	35mm 120 散页	对于它的感光度来说,颗粒较小,适合于晚会、舞台活动。
爱克发	*Optima 400 ISO 400	OPT 400	高	高	适度	很细	中高	宽	35mm	精确的色彩,适合于弱光下的人像、舞台、快速的体育活动。
富士	*Fujicolor Prof. 400 HG ISO 400	NHG	高	高	适度	很细	降低	宽	35mm 120 220	色彩丰富的高速人像胶片,可以强制显影到ISO1600
富士	*Fujicolor Prof. NPH ISO 400	NPH	高	高	适度	很细	中等	宽	35mm 120 220	皮肤调子自然,灰色平衡不偏色,适合于拍摄动作和暗弱光线下的人像摄影师
富士	Super G Plus 400 ISO 400	CH	高	高	增加	很细	中等	宽	35mm 120	细颗粒的高速胶片,适合于婚礼和肖像人像。
柯达	Gold 400 ISO 400	GC	高	中高	增加	很细	中等	宽	35mm 110	极好的色彩饱和度,非常细的颗粒,优秀的多用途胶片。
柯达	*Pro 400 ISO 400	PPF	高	很高	增加	很细	中等	宽	35mm 120 220	很细的颗粒,高感光度,适用于人像、婚礼招待会。

续表 3

制造商	彩色负片	缩写	解像力	清晰度	色彩饱和度	颗粒度	反差	宽容度	尺寸	注释
柯达	*Pro 400 MC ISO 400	PMC	高	高	适度	很细	降低	宽	35mm	反差稍微低一点,特别适合硬光照明下的人像、体育活动以及自然界的特写。
柯达	Royal Gold 400 ISO 400	RC	高	很高	增加	很细	中高	宽	35mm	色彩饱和,颗粒很细,适合于人像、婚礼及放大。
柯达	*Vericolor 400 ISO 400	VPH	高	中等	适度	很细	适度	宽	35mm 120 220	具有很好的色彩和反差的快片,适合于人像、婚礼、体育。
柯尼卡	Super XG 400 ISO 400	XG 400	高	高	适度	很细	中等	宽	35mm	高感光度,颗粒细,适合于混合光照明的室内活动。
波拉	High Definition 400 ISO 400	HD 400	高	很高	适度	很细	中等	宽	35mm	清晰的高速胶片,拍摄动作、体育、舞台和室内晚会很理想。
富士	*Super G Plus 800 ISO 800	CZ	高	很高	适度	很细	中等	宽	35mm	高感光度,色彩醒目,颗粒很细,是极好的拍摄活动及体育运动的胶片。
柯达	Gold Max ISO 800	GT	高	高	适度	细	高	宽	35mm	曝光宽容度极大,曝光指数能够从 25 到 3200,是极好的适合于所有用途的胶片。
柯达	Pro 1000 ISO 1000	PMZ	中等	中等	中等	中等	中高	宽	35mm 120	用于现有光拍摄,对其曝光度来说,色彩和影像质量都是很好的。
柯达	Royal Gold 1000 ISO 1000	RF	中等	中等	适度	细	中高	宽	35mm	色彩丰富的高速胶片,适合于弱光下的人像、舞台与活动。
富士	Super HG 1600 ISO 1600	CU	中低	中等	适度	中粗	中等	宽	35mm	色彩好,颗粒细,适合于弱光下体育、舞台活动,可以强制显影到 ISO3200。
柯达	*Ektaprress Plus 1600 ISO 1600	PJC	中低	中等	适度	中等	中高	宽	35mm	色彩好,颗粒细,适合于体育及弱光下的舞台,可以强制显影。
柯尼卡	*SR-G 3200 ISO 3200	SRG 3200	中低	中低	降低	粗	中高	宽	35mm 120	超高感光度,有颗粒状,适用于弱光下晚会和监视摄影。

表②

专 业 型 彩 色 反 转 片

制造商	彩 色 反 转 片	缩 写	解像力	清晰度	色彩饱和度	颗粒度	反差	宽容度	尺寸	注 释
柯达	★SE Duplication Film ISO 12	SO-366	高	极高	适度	极细	中高	窄	35mm	日光型的幻灯片或负片复制胶片，感光度是近似值。
柯达	★Kodachrome 25 ISO 25	PKM	高	很高	增强	极细	中等	宽	35mm 120 散页	极适合于制作照明良好的特写、风光、人像的放大图像。
爱克发	★Agfachrome RSX 50 ISO 50	RSX50	高	极高	增强	极细	极细	窄	35mm 120 220 散页	清晰、颗粒细、色彩平衡好，适合于明亮的风景、特写。
富士	★Velvia ISO 50	RVP	很高	极高	增加	极细	极细	窄	35mm	调子稍暖，色彩醒目，颗粒细，适合于风景、特写。
柯达	Elite II ISO 50	EA	很高	高	降低	细	细	适度	35mm	色彩醒目，超细的颗粒，适合于明亮的风景、特写。
柯达	★Ektachrome Prof. IR ISO 50	EIR	中低	高	增加	很细	很细	适度	35mm 120 散页	不寻常的效果，特殊的滤过、处理和显影，感光度是近似值。
富士	★Fujichrome 64T ISO 64	RTP	高	高	增加	很细	很细	适度	35mm 120 220 散页	灯光型细颗粒胶片，适合于摄影室人像、静物。
柯达	★Ektachrome 64 ISO 64	EPR	高	极高	增加	很细	很细	窄	35mm 120 220 散页	曝光宽容度，醒目色彩和颗粒，使它受到专门的喜爱。
柯达	★Ektachrome 64T ISO 64	EPY	高	极高	增加	很细	中等	窄	35mm 120 散页	灯光型胶片，更适合摄影室人像和静物。

续表 1

制造商	彩色反转片	缩写	解像力	清晰度	色彩饱和度	颗粒度	反差	宽容度	尺寸	注	释
柯达	＊Kodachrome 64 ISO 64	PKR	高	极高	增加	极细	中高	窄	35mm	精确的色彩，颗粒细，适合于人像、自然物，有业余型	
爱克发	Agfachrome CTx 100 ISO 100	CTX 100	高	极高	增加	极细	中高	适度	35mm	非常清晰，色彩醒目，适合于人像、建筑和风景。	
爱克发	＊Agfachrome RSX 100 ISO 100	RSX 100	高	极高	增加	极高	中高	宽	35mm 120 散页	很清晰，色彩醒目，适合于时装人像和特写。	
富士	＊Fujichrome Astia 100 ISO 100	RAP	高	很高	增加	很细	中等	宽	120 220 散页	润滑自然的皮肤调子，精确的色彩，适合于时装和产品摄影。	
富士	＊Fujichrome 100D ISO 100	RDP	高	高	增加	很细	中高	宽	35mm 120 220 散页	良好的色彩饱和度和颗粒，适合于时装人像、风光摄影。	
富士	＊Provia 100 ISO 100	RDP II	高	很高	增加	极细	中等	宽	35mm 120 220 散页	醒目的色彩，颗粒极细，适合于时装、风光、人像。	
富士	Sensia II 100 ISO 100	RA	高	极高	增加	极细	中等	宽	35mm	极细的颗粒，适合于人像、自然物、水下特写。	
柯达	＊Ektachrome 100 ISO 100	EPN	高	很高	增加	很细	中等	适度	35mm 120 220 散页	改善了色彩饱和度和色彩平衡的新型胶片。	
柯达	＊Ektachrome 100 Plus Prof. ISO 100	EPP	高	很高	增加	很细	中等	适度	35mm 120 220 散页	精确的色彩平衡，适合于人像、风光、静物。	

续表 2

制造商	彩色反转片	缩写	解像力	清晰度	色彩饱和度	颗粒度	反差	宽容度	尺寸	注释
柯达	＊Ektachrome Prof. 100SW ISO 100	EPZ	高	很高	增加	很细	中等	适度	35mm 120 220 散页	色彩稍微暖一点,适合于阴天的风景和闪光人像。
柯达	Elite II 100 ISO 100	EB	很高	极高	增加	极细	中等	窄	35mm	极清晰的胶片,有良好的反差,醒目的色彩,适合于人像,风光。
柯尼卡	＊KonicaChrome R-100 ISO 100	无	中等	高	适度	细	中等	适度	35mm	色彩平衡于日光和电子闪光灯的一般用途的胶片。
波拉	＊Presentation Chrome ISO 100	PC	中等	高	适度	中等	高	窄	35mm	E-6显影。适合拍电脑屏幕,彩色图表。
柯达	＊Ektachrome 160T ISO 160	EPT	高	中等	适度	很细	中等	适度	35mm 120	灯光片。适合于摄影室人像和舞台。有业余型胶片。
爱克发	＊Agfachrome RSX200 ISO 200	RSX 200	高	中等	适度	很细	中等	宽	35mm 120	良好的感光度于颗粒之比,强制显影或缩短显影能获得可接受的效果。
爱克发	Agfachrome CTx 200 ISO 200	CTx 200	高	中等	适度	很细	中等	宽	35mm	颗粒非常细的中速片,适合于拍摄活动及儿童人像。
富士	Sensia II 200 ISO 200	RM	高	高	适度	很细	中等	宽	35mm	中等感光度,醒目的色彩。细颗粒,适合于体育,阴天的风景。
柯达	＊Ektachrome 200 ISO 200	EPD	高	中等	适度	很细	中等	适度	35mm 120 220 散页	良好的感光度于颗粒之比。适合于阴天的风景,体育活动。
柯达	Elite II 200 ISO 200	ED	高	高	增加	细	中等	窄	35mm	是Elite Ii 400的中速片,有较高的色彩饱和度。
柯达	＊Kodachrome 200 ISO 200	PKL	高	很高	增加	很细	中等	宽	35mm	适合于拍摄活动、人像和风景的中速片。有业余型。

续表 3

制造商	彩色反转片	缩写	解像力	清晰度	色彩饱和度	颗粒度	反差	宽容度	尺寸	注 释
柯达	＊Ektachrome 320T ISO 320	EPJ	高	高	增加	细	中等	宽	35mm	灯光型高速片。适合于拍摄舞台、现有光人像。
富士	＊Provia 400 ISO 400	RHP	高	中等	增加	很细	中等	宽	35mm 120	醒目的色彩，良好的色彩平衡。适合于拍摄舞台、弱光下的人像和体育活动。
富士	Sensia II 400 ISO 400	RH	高	中等	适度	很细	中等	宽	35mm	适合于拍摄体育活动、舞台以及强制显影。
柯达	＊Ektachrome 400 ISO 400	EPL	高	高	增加	细	中等	宽	35mm 120	色彩稍微暖一点，颗粒细，受摄影记者喜爱。
柯达	Elite II 400 ISO 400	EL	高	高	适度	细	中等	窄	35mm	是400X的业余型，色彩平衡更自然，颗粒细。
富士	＊Provia 1600 ISO 1600	RSP	中高	中等	适度	中等	中高	宽	35mm	为强制显影而设计。适用于体育、报道摄影用的快片。
柯达	＊Ektachrome P1600 ISO 1600	EPH	中等	中等	适度	中等	中等	宽	35mm	适合于弱光下的体育、舞台、弱光下的景物。需要强制显影。

表③ 　　　　　　　　　　黑 白 全 色 胶 卷

胶 卷 名 称	代 号	片 速 ISO	可 供 型 号
柯达 T-Max100 专业型*	TMX	100	135、120、页片
柯达 T-Max400 专业型*	TMY	400	135、120、页片
柯达 T-Max3200 专业型*	TMZ	800-25000 注	135
柯达 plus-X pan125	PXP	125	135、120、220
柯达 Tri-X pan 专业型	TXP	320	120、220、页片
柯达 Tri-X 400	TX	400	135、120
富士 Neopan400 专业型		400	135、120
富士 Neopan1600 专业型		1600	135
依尔福 pan F 50	Pan-F	50	135、120
依尔福 EP-4125 plus	FP-4	125	135、120、220
依尔福 HP-5400 plus	HP-5	400	135、120、220
依尔福 XP-1400 染料型	XP-1	400	135、120
依尔福 XP-2400 染料型	XP-2	400	135、120
阿克发 pan 25		25	135、120
阿克发 pan 100		100	135、120
阿克发 pan 400	400	400	135、120

附2：公民肖像权、名誉权的有关法律条款

　　《中华人民共和国民法通则》第一百条　公民享有肖像权，未经本人同意，不得以营利为目的使用公民的肖像；

　　《中华人民共和国民法通则》第一百二十条　公民的姓名权、肖像权、名誉权、荣誉权受到侵害的，有权要求停止侵害，恢复名誉，消除影响，赔礼道歉，并可以要求赔偿损失。

　　《中华人民共和国民法通则》第一百零一条　公民、法人享有名誉权，公民的人格尊严受法律保护，禁止用侮辱、诽谤等方式损害公民、法人的名誉。

　　公民的肖像权指公民的个人形象通过摄影、造型、艺术或其他形式在客观上的再现所享有的专有权。

　　公民的名誉权指社会或他人对特定公民、法人的品德、才干、信誉、商誉、功绩、资历、身份等各方面评价的总和。

　　照相馆或职业摄相师在日常工作或业务中，比较容易忽略但又容易出现肖像权或名誉权纠纷的情况有：

　　1. 未经公民本人同意，擅自利用公民的照片在橱窗中进行展示或广告宣传；

　　2. 未经公民本人同意，擅自将公民的照片交付他人并利用公民肖像进行以营利为目的的活动；

　　3. 利用所掌握的技术条件，对公民的肖像进行丑化、侮辱或其他负面技术处理；并足以导致社会或他人对公民的评价降低。

附3:《中华人民共和国消费者权益保护法》的相关条款

第十八条 经营者应当保证其提供的商品或者服务符合保障人身、财产安全的要求。

第十九条 经营者应当向消费者提供有关商品或者服务的真实信息,不得作引人误解的虚假宣传。

第二十五条 经营者不得对消费者进行侮辱、诽谤,不得搜查消费者的身体及其携带的物品,不得侵犯消费者的人身自由。

第四十九条 经营者提供商品或者服务有欺诈行为的,应当按照消费者的要求增加赔偿其受到的损失,增加赔偿的金额为消费者购买商品的价款或者接受服务的费用的一倍。

消费者权益保护法对经营者明确规定对消费者应尽的义务及消费者在接受购买商品或服务过程中享有的权利,归纳起来主要有以下几点:

1. 消费者的知情权

消费者有权根据商品或服务的不同情况,要求经营者提供商品或服务的内容、规格、费用等有关内容的真实情况。有权自主选择购买商品或接受服务时,进行比较、鉴别和挑选。

比如,照相馆在为客户提供服务时,应明确向客户说明可以选择的服务内容,价格,其中相纸的品牌、种类、价格,照相前的化妆是否另行收费、所有底片是否由客户保存等等均属于客户应当了解的内容。

2. 消费者的人身、财产权

消费者在购买商品或接受服务时享有人身、财产安全不受损害的权利。有权要求经营者提供的商品或服务,符合保障人身、财产安全的要求。

比如,客户在照相馆照相时,照相馆应当为客户提供一个安全的环境,如果由于安全设施不合理导致客户人身受到伤害,经营者就负有过错责任;

同时,客户在照相时,经营者应当对客户寄存在照相馆的随身物品予以妥善保管,如果由于照相馆的原因造成客户的物品丢失或损毁,经营者也应予以赔偿;

这里需要特别说明一点的是,有些客户自己提供底片要求照相馆提供冲洗业务时,因为有些底片对于客户来说具有纪念意义,或者某些特别的意义,非常珍贵,如果丢失或损毁,将会给客户带来难以弥补的遗憾,因此经营者在提供冲洗服务时一定要对客户提供的底片妥善保管。否则,经营者不但要求赔偿客户的财产损失,还要赔偿客户的精神损失。

3. 消费者的赔偿请求权

消费者因购买、使用商品或者接受服务受到人身、财产损害的，享有依法获得赔偿的权利。

其中，如果经营者在提供商品或服务时有欺诈行为的，消费者有权要求增加赔偿其受到的损失，增加赔偿的金额为消费者购买商品的价款或接受服务的费用的一倍。

比如，经营者出售照相用品时，应当保证出售的商品的价格、产地、生产者、用途、性能、规格、等级、主要成份、生产日期、有效期限、检验合格证明、使用方法说明书、售后服务，或者服务的内容、规格、费用等有关情况全部是真实的。不得以次充好，以假充真，或作出与事实不附的的虚假宣传。

附4：《中华人民共和国劳动法》的有关法律条款

第三条 劳动者享有平等就业和选择职业的权利、取得劳动报酬的权利、休息休假的权利、获得劳动安全卫生保护的权利、接受职业技能培训的权利、享受社会保险和福利的权利、提请劳动争议处理的权利以及法律规定的其他劳动权利。

第十六条 劳动合同是劳动者与用人单位确立劳动关系、明确双方权利和义务的协议。

第十九条 劳动合同应当以书面形式订立，并具备以下条款：

（一）劳动合同期限；（二）工作内容；（三）劳动保护和劳动条件；（四）劳动报酬；（五）劳动纪律；（六）劳动合同终止的条件；（七）违反劳动合同的责任。

第二十条 劳动合同的期限分为有固定期限、无固定期限和以完成一定的工作为期限。

劳动者在同一用人单位连续工作满十年以上，当事人双方同意延续劳动合同的，如果劳动者提出订立无固定期限的劳动合同，应当订立无固定期限的劳动合同。

第二十一条 劳动合同可以约定试用期。试用期最长不得超过六个月。

第二十三条 劳动合同期满或者当事人约定的劳动合同终止条件出现，劳动合同即行终止。

第二十四条 经劳动合同当事人协商一致，劳动合同可以解除。

第二十五条 劳动者有下列情形之一的，用人单位可以解除劳动合同：

（一）在试用期间被证明不符合录用条件的；

（二）严重违反劳动纪律或者用人单位规章制度的；

（三）严重失职，营私舞弊，对用人单位利益造成重大损害的；

（四）被依法追究刑事责任的。

第二十六条 有下列情形之一的，用人单位可以解除劳动合同，但是应当提前三十日以书面形式通知劳动者本人：

（一）劳动者患病或者非因工负伤，医疗期满后，不能从事原工作也不能从事由用人单位另行安排的工作的；

（二）劳动者不能胜任工作，经过培训或者调整工作岗位，仍不能胜任工作的；

（三）劳动合同订立时所依据的客观情况发生重大变化，致使原劳动合同无法履行，经当事人协商不能就变更劳动合同达成协议的。

第二十七条 用人单位濒临破产进行法定整顿期间或者生产经营状况发生严重困难，确需裁减人员的，应当提前三十日向工会或者全体职工说明情况，听取工会或者职工的意见，经向劳动行政部门报告后，可以裁减人员。

用人单位依据本条规定裁减人员，在六个月内录用人员的，应当优先录用被裁减的人员。

第二十八条 用人单位依据本法第二十四条、第二十六条、第二十七条的规定解除劳动合同的，应当依照国家有关规定给予经济补偿。

第二十九条 劳动者有下列情形之一的，用人单位不得依据本法第二十六条、第二十七条的规定解除劳动合同：

（一）患职业病或者因工负伤并被确认丧失或者部分丧失劳动能力的；

（二）患病或者负伤，在规定的医疗期内的；

（三）女职工在孕期、产假、哺乳期内的；

（四）法律、行政法规规定的其他情形。

第三十二条 有下列情形之一的，劳动者可以随时通知用人单位解除劳动合同：

（一）在试用期内的；

（二）用人单位以暴力、威胁或者非法限制人身自由的手段强迫劳动的；

（三）用人单位未按照劳动合同约定支付劳动报酬或者提供劳动条件的。

第三十六条 国家实行劳动者每日工作时间不超过八小时、平均每周工作时间不超过四十四小时的工时制度。

第三十八条 用人单位应当保证劳动者每周至少休息一日。

第三十九条 企业因生产特点不能实行本法第三十六条、第三十八条规定的，经劳动行政部门批准，可以实行其他工作和休息办法。

第四十条 用人单位在下列节日期间应当依法安排劳动者休假：

（一）元旦；

（二）春节；

（三）国际劳动节；

（四）国庆节；

（五）法律、法规规定的其他休假节日。

第四十四条 有下列情形之一的，用人单位应当按照下列标准支付高于劳动者正常工作时间工资的工资报酬：

（一）安排劳动者延长工作时间的，支付不低于工资的百分之一百五十的工资报酬；

（二）休息日安排劳动者工作又不能安排补休的，支付不低于工资的百分之二百的工资报酬；

（三）法定休假日安排劳动者工作的，支付不低于工资的百分之三百的工资报酬。

第四十七条 用人单位根据本单位的生产经营特点和经济效益，依法自主确定本单位的工资分配方式和工资水平。

第四十八条 国家实行最低工资保障制度。最低工资的具体标准由省、自治区、直辖市人民政府规定，报国务院备案。

用人单位支付劳动者的工资不得低于当地最低工资标准。

第五十条 工资应当以货币形式按月支付给劳动者本人。不得克扣或者无故拖欠劳动者的工资。

第五十一条 劳动者在法定休假日和婚丧假期间以及依法参加社会活动期间，用人单位应当依法支付工资。

第七十二条 社会保险基金按照保险类型确定资金来源，逐步实行社会统筹。用人单位和劳动者必须依法参加社会保险，缴纳社会保险费。

第七十七条 用人单位与劳动者发生劳动争议，当事人可以依法申请调解、仲裁、提起诉讼，也可以协商解决。

调解原则适用于仲裁和诉讼程序。

第七十九条 劳动争议发生后，当事人可以向本单位劳动争议调解委员会申请调解；调解不成，当事人一方要求仲裁的，可以向劳动争议仲裁委员会申请仲裁。当事人一方也可以直接向劳动争议仲裁委员会申请仲裁。对仲裁裁决不服的，可以向人民法院提起诉讼。

第八十二条 提出仲裁要求的一方应当自劳动争议发生之日起六十日内向劳动争议仲裁委员会提出书面申请。仲裁裁决一般应在收到仲裁申请的六十日内作出。对仲裁裁决无异议的，当事人必须履行。

第八十三条 劳动争议当事人对仲裁裁决不服的，可以自收到仲裁裁决书之日起十五日内向人民法院提起诉讼。一方当事人在法定期限内不起诉又不履行仲裁裁决的，另一方当事人可以申请人民法院强制执行。

编 后 记

本书执笔情况如下：

接待、证件照、合影照、婚纱照及经营管理和影室设计部分：许喜占；艺术人像、影调线条色彩、摄影艺术表现手法和艺术人像综合处理及摄影分类研究部分：唐东平；室内人像摄影技法、儿童摄影、人物形神、质感拍摄技法部分：于方敏；培训部分：盛希贵；摄影艺术创作规律及摄影艺术主要流派部分：夏放；基础知识部分：朱传明；翻拍、产品照、广告摄影部分：周晶；数字摄影部分：陈琳。

全书由张景山担任统稿。

本书在编写过程中还得到了有关专家及领导的积极支持和合作，还参考了中国摄影出版社历年间出版的图书，有《照相机及其使用》（沙占祥著），《摄影手册》（贺修桂等著），《实用摄影技术指南》（王琦著），《广告摄影技术教程》（刘立宾著），此外，还参考了《摄影技艺教程》（颜志刚著），《曝光技术与技巧》（屠明非著）一书，在此表示最诚挚的感谢。

编 者

2000 年 12 月

高调照片　谢荣生　摄

高调照片　于万敏　摄

低调照片　于方敏　摄

低调照片　谢荣生　摄

婚纱摄影 刘光孝 摄

彩色光室内人物肖像　谢荣生　摄

婚纱摄影　　谢荣生　摄

婚纱摄影　　谢荣生　摄

婚纱摄影　　谢荣生　摄

婚纱摄影　　谢荣生　摄

正片负冲　谢荣生　摄

黑白彩扩　谢荣生　摄

婚纱摄影　于方敏　摄

多次曝光　于方敏　摄

人物肖像　于方敏　摄

婚纱摄影　　许喜占　摄

婚纱摄影　　许喜占　摄

中间调人物肖像　　谢荣生　摄

中间调人物肖像　　谢荣生　摄